普通高等教育"十一五"国家级规划教材

基础化学

（第二版）

谢吉民　主编

张万明　张利民　副主编

科学出版社

北京

内 容 简 介

本书结合现阶段高等医学院校本科基础化学的教学实际，遵循教材“三基”、“五性”和“三特定”的原则，根据医学专业本科生的培养目标和要求编写而成。本书重点阐述基础化学的基本概念和基本理论，删除与中学化学重叠的部分，适当降低难度，充实专业实例，突出医学专业化学教学的特点。

全书共 14 章，内容包括溶液化学（溶液、电解质溶液与离子平衡、缓冲溶液、乳状液和胶体）、化学反应原理（化学热力学基础、化学动力学基础、氧化还原与电极电势）、物质结构（原子结构和元素周期表、共价键与分子间作用力、配位化合物）、常用分析测试技术（滴定分析、常用仪器分析方法简介）等。为了拓宽学生的知识面，启发学生认识化学元素在提高人类生命质量方面的基础作用，本书适当介绍了化学元素与人类健康的关系。

本书可供高等医学院校临床医学、基础医学、预防医学、全科医学、儿科、护理、影像、麻醉、口腔、医疗保险等各专业本科生使用，也可供成人教育相关专业以及医务人员继续教育参考使用。

图书在版编目(CIP)数据

基础化学/谢吉民主编. —2 版. —北京：科学出版社，2009

普通高等教育“十一五”国家级规划教材

ISBN 978-7-03-024824-4

Ⅰ. 基…　Ⅱ. 谢…　Ⅲ. 化学-高等学校-教材　Ⅳ. O6

中国版本图书馆 CIP 数据核字(2009)第 101256 号

责任编辑：赵晓霞　杨向萍 / 责任校对：刘小梅

责任印制：张克忠 / 封面设计：耕者工作室

科学出版社 出版

北京东黄城根北街 16 号

邮政编码：100717

http://www.sciencep.com

骏杰印刷厂 印刷

科学出版社发行　各地新华书店经销

*

2004 年 7 月第　一　版　开本：B5(720×1000)

2009 年 7 月第　二　版　印张：18 1/2　插页：1

2009 年 7 月第八次印刷　字数：370 000

印数：39 001—44 000

定价：28.00 元

（如有印装质量问题，我社负责调换〈环伟〉）

《基础化学》(第二版)编委会

主　编　谢吉民

副主编　张万明　张利民

编　委(按作者姓氏拼音排序)

陈建华　(南通大学)

刁海鹏　(山西医科大学)

付煜荣　(河北北方学院)

廖力夫　(南华大学)

刘永民　(徐州医学院)

孙衍增　(青岛大学)

王伟军　(皖南医学院)

谢吉民　(江苏大学)

杨金香　(长治医学院)

于素华　(扬州大学)

张利民　(蚌埠医学院)

张万明　(河北北方学院)

朱卫华　(江苏大学)

庄海旗　(广东医学院)

第二版前言

《基础化学》(第二版)是“普通高等教育‘十一五’国家级规划教材”,是在第一版的基础上修订而成的。本书于2007年被列入教育部“普通高等教育‘十一五’国家级规划教材”后,即由编写组筹划编写工作。2008年7月在山西医科大学召开了《基础化学》(第二版)编写讨论会,与会代表对编写大纲和具体编写细则进行了热烈、认真的讨论。

当前,生命科学的发展已步入分子水平,其发展一日千里,它将越来越多地需要运用化学的概念和方法,医学的许多研究领域与化学的界限正在变得模糊,而作为化学教师日感形势逼人。为适应当前教学改革的形势,以符合21世纪医学发展的需要,在修订过程中努力遵循“加强基础,趋向前沿,反映现代,注意交叉”的现代课程建设理念。这次修订在保持第一版简明、适用的基础上,编者主要做了如下工作:

(1) 对第一版各章节内容进行充实、调整和修改。

(2) 将乳状液和胶体的有关内容单独成章,以适应有关知识特别是纳米技术在医学中应用日益增加的需要。

(3) 为适应学有余力的读者需要,在有关章节增加了“知识拓展”,以开阔视野,培养创新意识。

(4) 考虑到各校教学学时的差异,部分章节以 * 表示,各校可根据教学需求选讲。

参加本书编写的教师(按编写章节先后顺序)有:江苏大学谢吉民,广东医学院庄海旗,扬州大学于素华,皖南医学院王伟军,南华大学廖力夫,南通大学陈建华,徐州医学院刘永民,河北北方学院张万明、付煜荣,长治医学院杨金香,青岛大学孙衍增,江苏大学朱卫华,蚌埠医学院张利民,山西医科大学刁海鹏。

由于编者水平有限,恳请读者对本书的错误和不妥之处批评指正。

编　者

2009年2月

第一版前言

为了贯彻执行教育部全面提高教育质量，培养造就高素质人才以及加强新世纪教材建设的精神，结合现阶段高等医药院校本科基础化学的教学实际，我们编写了这本具有思想性、科学性、先进性、启发性和适用性的基础化学教材。本书编写的指导思想是：

(1) 注意简明、适用。遵循教材的"三基" 和"三特定"原则，即"基础理论、基本知识、基本技能"和"特定的对象、特定的要求、特定的限制"。根据医学专业本科生的培养目标和要求，重点阐述基础化学的基本概念和基本理论，删除与中学重叠部分，适当降低难度，充实专业实例，突出医学专业化学特点，力求使教材内容的广度和深度切合教学实际。

(2) 为适应化学与生物学和医药学相互渗透的发展趋势，适当增加与生物学、医药学以及营养学有关的知识，激发学生学习基础化学的兴趣，联系实际，启发思维，培养综合能力，力求对后续课程的学习和日后工作的发展有所裨益。

(3) 全书按照理论课 60 学时编写，由于各院校教学时数不尽相同，教材中一部分内容用 * 号标示，供各校选用或学生自学时参考。

(4) 本书采用以国际单位制(SI)为基础的《中华人民共和国法定计量单位》和国家标准(GB 3100～3102—93)中所规定的符号和单位。

全书共分 13 章，内容包括溶液化学(溶液与胶体，电解质溶液与离子平衡，缓冲溶液)、化学反应原理(化学热力学基础，化学动力学基础，氧化还原与电极电势)、物质结构(原子结构和元素周期律，共价键和分子间作用力，配位化合物)、常用分析测试技术(滴定分析，常用仪器分析方法概论)等。为了拓宽学生的知识面、启发学生认识化学元素在提高人类生命质量方面的基础作用，本书适当介绍了化学元素与人类健康的关系。

本书可供高等医学院校临床医学、基础医学、预防医学、全科医学、儿科、护理、影像、麻醉、口腔、医疗保险等各专业本科生使用，也可供成人教育相关专业以及医务人员继续教育参考使用。

参加本次教材编写的教师(按编写章节先后顺序)有：江苏大学谢吉民；苏州大

学朱琴玉；扬州大学于素华；南华大学廖力夫；长治医学院杨金香；南通大学刘杰；徐州医学院刘永民；河北北方学院张万明、付煜荣；江苏大学朱卫华；蚌埠医学院张利民。

南京医科大学祁嘉义教授对教材的编写提出了许多宝贵意见；编委所在的各院校给予了热情鼓励；科学出版社对本书的编写给予了大力支持，在此一并表示衷心的感谢。

由于作者水平所限，书中不妥和错误之处，恳请广大读者批评指正。

编　者

2004 年 6 月

目录

第1章 绪 论

§1.1 化学研究的对象和目的

自然界是由物质组成的。自然科学的研究对象是客观存在的物质。物质(matter)可分为实物(substance)和场(field)两种基本形态。实物具有静止质量,如原子、分子、电子等。场不具有静止质量,如电场、磁场、原子核内力场等。化学(chemistry)研究的主要对象是实物(习惯上实物仍称为物质),是在原子、分子层次上研究物质的组成、结构、性质及其变化规律和变化过程中能量关系的自然科学。

化学研究的内容非常丰富,随着人们对物质化学运动形式认识的逐渐加深,到19世纪末,化学形成了以下四大分支:

无机化学　研究所有元素的单质及其化合物(碳氢化合物及其衍生物除外)。

有机化学　研究碳氢化合物及其衍生物。

分析化学　研究物质成分的测定方法和原理。

物理化学　运用物理学的原理和实验方法研究物质化学变化的基本规律。

化学与其他学科之间相互渗透,相互融合,化学学科内部各分支学科之间也相互交叉,又不断形成许多新的边缘学科和应用学科,如生物化学、环境化学、食品化学、药物化学、农业化学、量子化学、结构化学、高分子化学等。

20世纪后期,化学进入了一个崭新的发展阶段,主要表现为从描述性的科学向推理性的科学过渡,从静态向动态,从定性向定量发展,从宏观向微观深入。化学的发展必将对生命科学、环境保护、能源开发、新材料的合成等世人瞩目的重大课题的研究起到重要作用。化学已被公认是一门中心科学。

§1.2 化学与医学的关系

早在16世纪,欧洲化学家就致力于研制医治疾病的化学药物,从而推动了医学和化学的同步发展。1800年,英国化学家Davy发现了一氧化二氮的麻醉作用,后来乙醚、普鲁卡因等更加有效的麻醉药物被发现,使无痛外科手术成为可能。1932年,德国科学家Domagk发现一种偶氮磺胺染料可治愈细菌性败血症。此后,化学家制备了许多新型的磺胺药物,并开发了青霉素等新的抗生素。青霉素等抗生素的应用挽救了千百万人的生命。因此,医学的发展与化学密切相关。

现代医学与化学关系更加密切。医学是研究人体生理现象和病理现象、寻求防病治病的方法、保障人类健康的科学。体内的生理现象和病理现象与体内物质代谢作用密切相关,而这些代谢作用又与体内的化学变化相关。因此,只有掌握一定的化学知识,才能更好地研究生命活动的规律,从而深入了解生理、病理现象的实质。

在疾病的诊断、治疗过程中,需要进行化验和使用药物。例如,临床检验常需要利用化学方法进行一系列的分析,测定血、尿等生物样品中某些成分的含量,以帮助正确诊断疾病。治疗疾病时所用的药物,其化学结构、化学性质以及纯度直接影响药理作用和毒副作用;药物间的配伍也与其化学性质密切相关,要正确合理用药,必须掌握有关的化学知识。

在卫生监督、疾病预防等方面,如环境卫生、营养卫生、劳动卫生等常需进行饮水分析、食品检验、环境监测等,都离不开化学。

随着科学技术的进步,现代医学的研究已逐渐由传统的细胞层次深入到分子层次,化学的研究成果对此起了重要的推动作用。例如,由于化学家对生物大分子(主要是核酸和蛋白质)的认识取得了突破,形成了一门新兴的学科——分子生物学,分子生物学的形成和发展对医学乃至整个生命科学都产生了重大影响。又如,从有机物分子的立体结构研究酶和底物的作用以及药物和受体的作用,从分子水平上研究某些疾病的致病因子,从微量元素的研究为疾病的早期诊断提供科学依据等,都说明现代医学的发展需要更多、更深的化学知识。

从事现代生命科学研究需要扎实的化学及其他学科基础。现代医学的发展已突破传统的生物学范畴,形成多学科的交叉。基础化学课的学习目的不仅是为后续课程作铺垫,或者说是为了学好生物化学、生理学、药理学等医学课程所必需,而且是整体知识体系的基本积累,是一种从化学这一科学的角度进行科学思维和从事科学研究所需知识与技能的综合素质训练,是从中学到大学转变和适应的过程中知识、能力与素质的共同提高,对形成生物医学研究的思维方法具有前瞻性和可持续发展性。

§1.3 基础化学的内容和学习方法

由于医学和化学的密切关系,世界各国在医学教育中都把化学作为重要的基础课。我国五年制的医学教学通常将化学分成基础化学和有机化学两门课程。基础化学是从无机化学、分析化学以及物理化学内容中选编的,主要讲授大学化学的基本概念、原理和技术,包括稀溶液通性,水溶液中四大离子平衡,化学反应的热力学和动力学描述,物质结构及其与性质的关系,滴定分析与基础仪器分析等传统内容,以及元素医学等新的交叉领域的初步知识。基础化学的任务是使学生获得学习医学和从事生物医学研究所必需的化学基本理论、基本知识和基本技能，为学习后续课程打下基础，同时培养学生分析和解决实际问题的能力，并使学生逐步树立辩证唯物主义观点和科学的思维方法。

讲究学习方法是提高学习效率的重要保证。学习方法既有通则，又无定则，应在不断总结和交流的基础上，选择最适合自己的学习方法。大学的教学方法与中学有较大差别，大学课程的特点是课堂讲授知识容量大，教学进度快。这就要求学生尽快实现从中学到大学在学习方法和学习习惯上的转变，通过课前预习、课堂听讲、课后复习、认真练习和课外阅读等几个重要环节，养成高效率的学习方法，培养较强的自学能力，提高发现问题、分析问题和解决问题的能力。学习新内容前要预习，这样就能对教师本节课要讲授的内容有所了解；听课时要集中精力，主动跟踪老师的思维脉络，形成共鸣，特别要注意预习时未理解的部分；要学会记课堂笔记，重点记下授课纲目、基本结论、补充材料以及听课中发生的疑难；课后必须及时复习，不妨先按照笔记梳理一下授课内容，然后边阅读教材、参考书，边整理笔记。

基础化学的特点是理论性强，涉及的概念多，要注意掌握其基本理论和基本知识，处理好理解和记忆的关系，学会善于运用分析对比和联系归纳的方法，善于从例题中体会解题的思路和方法、技巧，掌握概念、原理、公式的涵义、应用条件和使用范围，在理解的基础上，记忆一些涉及基本概念和基本原理的重点和重要公式，努力做到熟练掌握、融会贯通，并运用所掌握的理论和知识去分析、解决实际问题。

化学是一门以实验为基础的学科，实验课是基础化学课程的重要组成部分。著名美国化学教育家 Henry Armstrong 说过，“I hear，I forget；I read，I remember；I do，I understand”。他生动地表达了实践出真知的真理。许多科学知识，要想真正懂得，非亲自动手做不可。通过实验不仅可以加深理解、巩固所学到的基本理论和知识，而且还可以训练有关的实验基本技能，学习科学的实验方法，培养动手能力。学生在实验前要预习实验内容，做到原理清楚、步骤明确；实验过程中要认真观察实验现象，正确记录结果；实验完毕要认真处理实验数据，分析实验现象和问题，得出正确结论，做好实验报告。通过实验，养成严谨的科学态度和科学的思维方法，培养独立工作能力和科学研究能力。

§1.4　数字的科学表达

在表达实验测量结果时，所用的数据不仅要反映测量值的大小，还应反映测量的准确程度。有效数字(significant figure)就是这种既能表达数值大小，又能表明测量值准确程度的数字表示方法，它是指在实际工作中能测量到的具有实际意义的数字，包括测得的全部准确数字和一位可疑数字。

由于只能保留一位可疑数字，这位数字通常是根据测量仪器的最小刻度而估计的，因此有效数字反映了所用仪器实际达到的精度。例如，用万分之一分析天平称得某样品质量为1.1342g，它是五位有效数字，前四位是准确的，最后一位是可疑的，它不仅表明样品的具体质量，而且反映了所用的分析天平能准至±0.0001g。又如，滴定管读数为22.43mL，其中“22.4”是准确的，而末位的“3”是估计的，表明滴定管能精确到四位有效数字。反过来，按照数字的精度要求也可选择合适的仪器。例如，要求加入某样品20.00mL，必须使用移液管或滴定管；加入某样品2.00mL，要求用刻度吸管；加入某样品2.0mL，用量筒即可；而若要加入样品2mL，则用滴管滴入30～40滴即可。

计录实验数据和表示计算结果时应保留几位数字，一定要根据测定方法和所用仪器的精度来决定。例如，滴定管读数能准至±0.01mL，如滴定时用去22.10mL，就不可记录为22.1mL。又如，用感量为0.01g的台秤称量某一试样的质量，如果称量为12.40g，则应记录为12.40g，不能写成12.4g或12.400g。

除“0”以外，“1～9”的每位数字均表示一位有效数字。例如，22.43为四位有效数字，1.1342为五位有效数字。数字“0”则分为几种情况：①在“1～9”数字前面的“0”只表示定位，不算作有效数字，如0.003仅为一位有效数字，通常应按科学计数法表示为3×10^{-3}；②“1～9”数字中间的“0”是有效数字，如0.602为三位有效数字；③小数点后面末尾的“0”是有效数字，如0.0530为三位有效数字，1.0000为五位有效数字。某些不规范的习惯表达中，在其他数字后面的“0”，有时仅起定位作用，其有效数字位数不能确定，一般应根据量具的精度而定，同时应规范写出，如4000应写成4×10^{3}或4.0×10^{3}等。

需要说明的是，在化学计量中，常遇到倍数或分数的换算，所乘系数的有效位数不受限制，因为它是自然数，非测量所得，可视为无限多位有效数字。有效数字也不因单位的换算而改变，如0.1342g＝134.2mg，同样为四位有效数字。此外，一般计算时也不考虑相对原子质量等常数的有效数字位数。

化学中常见的pH、pK、lg$c$等对数值，其有效数字的位数仅取决于小数部分的有效位数。整数部分只代表该真数中的10的方次。例如，pH＝11.20为两位有效数字，换算为$[H^+]$时，$[H^+]=6.3\times10^{-12}\ mol\cdot L^{-1}$；p$K_a$＝4.75为两位有效数字，换算为$K_a$时，$K_a=1.8\times10^{-5}$。

在数据处理过程中，涉及各测量数据的有效位数可能不同。因此，为了达到分析目的所要求的准确度，同时减少计算麻烦，就要按一定规则弃去多余的数字，即数字的修约(rounding)。

根据国家标准(GB 3103—93)，有效数字的修约规则有两种，而在化学分析中为了使修约误差最小，我们常采用“四舍六入五成双”，即测量数值中被修约的数字等于或小于4时，该数字舍去，等于或大于6时，则进位；等于5且后面的数皆为0时，则视5前面的数而定，若5前面的为偶数，则舍去，若5前面的数为奇数，则进位，使修约后的最后一位为偶数。当5后面还有不为0的任何数时，无论5前面是偶数或奇数都进位。例如，将下列测定值修约为两位有效数字时，结果应为4.487(4.5)，2.350(2.4)，2.450(2.4)，2.4501(2.5)，2.3499(2.3)。

在进行有效数字修约时，如多次修约可能会产生误差，因此要一次修约到所需位数。例如，2.3499修约为两位有效数字时，不能先修约为2.350，再修约为2.4，而应一次修约为2.3。

§1.5　有效数字的运算规则

1. 有效数字的加减法

几个数相加或相减时，它们的和或差的有效数字的保留，应以原始数据中小数点后位数最少(绝对误差最大)的数为依据。用科学表示法表示的数据要先修约成相同的位数，然后才能加减。例如，将35.6250、2.51、16.419三个数字相加，首先找出小数点后位数最少的数为2.51(其绝对误差为0.01最大)，然后以它为标准，将35.6250修约为35.62，16.419修约为16.42，再将三个数字进行相加，结果为：$35.62+2.51+16.42=54.55$。

2. 有效数字的乘除法

几个数据相乘或相除时，它们的积或商的有效数字的保留，应以原始数据中有效数字位数最少(相对误差最大)的数为依据。这样，结果的相对误差才会与各数中相对误差最大的数相匹配。

例如，$0.0138\times21.67\times8.2671$三个数相乘之积，有效数字的保留以0.0138为准，其他各数均修约为三位有效数字，修约后再相乘：

$$0.0138\times21.67\times8.2671=0.0138\times21.7\times8.27=2.48$$

最后结果仍然保留三位有效数字。

3. 有效数字及计算规则的应用注意事项

(1) 在进行对数运算时，所取对数的小数(尾数)位数应与真数的有效数字位数相同。例如，$\lg(1.8\times10^{-5})=4.74$。

(2) 在定量分析一般计算中，要求保留四位有效数字。精度只要求达到±0.01%，故含量测定的结果只需保留小数点后两位。例如，高含量(≥10%)测定时，分析结果以四位有效数字报告；含量为1%～10%时，以三位有效数字报告；含量<1%时，以两位有效数字报告结果。

(3) 在运算过程中，若某一个数的首位是8或9时，则有效数字的位数可多算一位。例如，9.66有三位有效数字，但已接近10.00，故可看作四位有效数字。

(4) 使用计算器处理数据时，不必对每一步计算结果都进行修约，但要注意对最后的有效数字的位数应进行合理取舍。否则计算器计算得到的一长串数字将会降低结果的可信度，成为一堆“垃圾数字”。

习　题

1. 下列数值各有几位有效数字？

(1) 1.026；(2) 0.020 8；(3) 0.003；(4) 23.40；(5) 3 000；(6) 1.0×10^{-3}。

2. 应用有效数字计算规则计算下列各式。

(1) 21.10－0.263＋2.3；　(2) 3.20×23.45×8.912；

(3) $\dfrac{3.22\times23.17}{1.26\times10^{3}}$；　(4) $\dfrac{5.4\times4.32\times10^{-2}}{2.325\times2.15}$。

3. 同一小组甲、乙两位同学共同测定同一样品中某物质的含量，称取某样品 0.1400g。实验结束后，他们分别对共同测得的结果写出了实验报告，甲报告样品中指定物质的含量为5.21%，而乙报告为5.124%，谁的报告合理？为什么？

（谢吉民）

第2章　溶　液

§2.1　溶液组成标度的表示方法

溶液是一种或多种物质以分子、原子或离子状态分散在另一种物质中所形成的均匀而稳定的系统。溶液可分为固体溶液(如合金)、气体溶液(如空气)和液体溶液。最常见的是液体溶液,其中,最重要的溶剂是水,通常不指明溶剂的溶液是水溶液。

溶液与人体的生命过程有着密切的关系。例如,食物的消化和吸收、营养物质的运输和转化、代谢废物的排泄等一般在溶液中进行,离开溶液,也就没有生命。在医学检验中,有关的化学反应几乎都在溶液中进行,许多药物要配成溶液使用。因此,掌握溶液的基本知识是学习医学科学所必需的。

溶液的浓或稀常用其组成标度来表示。溶液组成标度是用来表示在一定量溶液或溶剂中所含溶质量多少的一些物理量。它们的表示方法很多,可分为两大类:一类用一定体积溶液中所含溶质的量表示;另一类用溶质与溶液(或溶剂)的相对量(比值)表示。这里所指的量可以是质量(m)、物质的量(n)或体积(V)。

§2.1.1　物质的量

物质的量(amount of substance)是表示微观物质数量的基本物理量。物质B的物质的量用符号 n_B 表示,其基本单位是摩尔(mole),单位符号为mol。摩尔是一系统的物质的量,该系统中所包含的基本单元(elementary entity)数与0.012kg ^{12}C 的原子数目相等。在使用单位摩尔时,应注意以下两点:

(1) 摩尔是物质的量的单位,不是质量(mass)的单位。0.012kg ^{12}C 的原子数目是 6.023×10^{23},这个数称为阿伏伽德罗常量(Avogadro constant)。所以,1mol是 6.023×10^{23} 个微粒的集合。若系统中所含基本单元的数目是阿伏伽德罗常量的多少倍,则系统物质的量就是多少摩尔。

(2) 在使用物质的量时,应该用粒子符号、物质的化学式或它们的特定组合来指明其基本单元(分子、原子、离子、电子及其他粒子或这些粒子的特定组合)。例如,我们可以说 H、H_2、H_2O、$\frac{1}{2}H_2O$、$\frac{1}{2}SO_4^{2-}$、$\left(H_2+\frac{1}{2}O_2\right)$ 等物质的量,但是,如果说硫酸的物质的量,含义就不清了,因为没有指明基本单元的化学式,它可能是

H_2SO_4,也可能是$\frac{1}{2}H_2SO_4$ 的物质的量。

基本单元确定后,物质 B 的物质的量 n_B 就可以通过该物质的质量和摩尔质量(molar mass)求算。物质 B 的摩尔质量 M_B 定义为 B 的质量 m_B 除以 B 的物质的量 n_B,即

$$M_B = \frac{m_B}{n_B} \tag{2-1}$$

式(2-1)可改写为

$$n_B = \frac{m_B}{M_B} \tag{2-2}$$

摩尔质量的常用单位为 g · mol^{-1}。某原子的摩尔质量在数值上等于其相对原子质量(relative atomic mass)A_r,某分子的摩尔质量的数值等于其相对分子质量(relative molecular mass)M_r。相对原子质量和相对分子质量的量纲均为一。

【例 2-1】 计算 5.3g 无水碳酸钠的物质的量:

(1) 以 Na_2CO_3 为基本单元;

(2) 以$\frac{1}{2}Na_2CO_3$ 为基本单元。

解 (1) $m(Na_2CO_3) = 5.3\text{g} \quad M(Na_2CO_3) = 106\text{g} \cdot \text{mol}^{-1}$

$$n(Na_2CO_3) = \frac{5.3}{106} = 0.05(\text{mol})$$

(2) $m\left(\frac{1}{2}Na_2CO_3\right) = 5.3\text{g} \quad M\left(\frac{1}{2}Na_2CO_3\right) = \frac{1}{2}M(Na_2CO_3) = 53\text{g} \cdot \text{mol}^{-1}$

$$n\left(\frac{1}{2}Na_2CO_3\right) = \frac{5.3}{53} = 0.10(\text{mol})$$

从上述计算结果可知,同一系统的物质,所指定的基本单元不同,则物质的量就不同。

§ 2.1.2 物质的量浓度

物质的量浓度(amount of substance concentration)用符号 c_B 表示,定义为溶质 B 的物质的量 n_B 除以溶液的体积 V,即

$$c_B = \frac{n_B}{V} \tag{2-3}$$

物质的量浓度的 SI 单位为摩尔每立方米(mol · m^{-3}),医学上常用的单位为摩尔每升(mol · L^{-1})、毫摩尔每升(mmol · L^{-1})和微摩尔每升(μmol · L^{-1})等。

物质的量浓度可简称为浓度(concentration),常用 c_B 表示物质 B 的总浓度,[B]表示物质 B 的平衡浓度。

在使用物质的量浓度时，必须指明物质 B 的基本单元。基本单元可以是原子、分子、离子以及其他粒子或这些粒子的特定组合，可以是实际存在的，也可以是根据需要而指定的。例如

$c(H_2SO_4)=0.1\ mol \cdot L^{-1}$，表示每升溶液中含 0.1 mol H_2SO_4；

$c\left(\frac{1}{2}H_2SO_4\right)=0.2\ mol \cdot L^{-1}$，表示每升溶液中含 0.2 mol$\left(\frac{1}{2}H_2SO_4\right)$；

$c(2NaOH)=0.1\ mol \cdot L^{-1}$，表示每升溶液中含 0.1 mol(2NaOH)。

由于浓度只是物质的量浓度的简称，其他溶液组成标度的表示法中，若使用“浓度”两字时，前面应用特定的定语，如质量浓度、质量摩尔浓度等。

§2.1.3　质量浓度

物质 B 的质量浓度(mass concentration)用符号 ρ_B 表示，定义为溶质 B 的质量 m_B 除以溶液的体积 V，即

$$\rho_B = \frac{m_B}{V} \tag{2-4}$$

质量浓度的 SI 单位为千克每立方米($kg \cdot m^{-3}$)，医学上常用的单位为克每升($g \cdot L^{-1}$)、毫克每升($mg \cdot L^{-1}$)和微克每升($\mu g \cdot L^{-1}$)。

世界卫生组织提议，凡是摩尔质量已知的物质，在人体内的含量统一用物质的量浓度表示。例如，人体血液葡萄糖含量的正常值，过去常表示为(70～100)mg%，按法定计量单位则应表示为 $c(C_6H_{12}O_6)=(3.9\sim5.6)\ mmol \cdot L^{-1}$。对于摩尔质量未知的物质，在人体内的含量则可用质量浓度表示。

§2.1.4　质量摩尔浓度和摩尔分数

1. 质量摩尔浓度

物质 B 的质量摩尔浓度(molality) 用符号 b_B 表示，定义为溶质 B 的物质的量 n_B 除以溶剂 A 的质量 m_A(单位为 kg)，即

$$b_B = \frac{n_B}{m_A} \tag{2-5}$$

质量摩尔浓度的 SI 单位是 $mol \cdot kg^{-1}$，使用时应注明基本单元。

2. 摩尔分数

摩尔分数(mole fraction)又称为物质的量分数，用符号 x_B 表示，定义为物质 B 的物质的量 n_B 除以混合物的物质的量 $\sum_i n_i$，即

$$x_B = n_B \Big/ \sum_i n_i \tag{2-6}$$

若溶液由溶质 B 和溶剂 A 组成,则溶质 B 和溶剂 A 的摩尔分数分别为

$$x_B = \frac{n_B}{n_A + n_B} \qquad x_A = \frac{n_A}{n_A + n_B}$$

式中,n_B 为溶质 B 的物质的量;n_A 为溶剂 A 的物质的量。显然 $x_A + x_B = 1$。

【例 2-2】 将 7.00g 结晶草酸($H_2C_2O_4 \cdot 2H_2O$)溶于 93.0g 水中,求草酸的质量摩尔浓度 $b(H_2C_2O_4)$和摩尔分数 $x(H_2C_2O_4)$。

解 $M(H_2C_2O_4 \cdot 2H_2O) = 126\text{g} \cdot \text{mol}^{-1}$,$M(H_2C_2O_4) = 90.0\text{g} \cdot \text{mol}^{-1}$

在 7.00g$H_2C_2O_4 \cdot 2H_2O$ 中 $H_2C_2O_4$ 的质量为

$$m(H_2C_2O_4) = \frac{7.00 \times 90.0}{126} = 5.00(\text{g})$$

溶液中水的质量为

$$m(H_2O) = 93.0 + (7.00 - 5.00) = 95.0(\text{g})$$

草酸的质量摩尔浓度和摩尔分数分别为

$$b(H_2C_2O_4) = \frac{5.00/90.0}{95.0/1000} = 0.585\ (\text{mol} \cdot \text{kg}^{-1})$$

$$x(H_2C_2O_4) = \frac{5.00/90.0}{(5.00/90.0) + (95.0/18.0)} = 0.0104$$

§2.1.5 质量分数和体积分数

1. 质量分数

物质 B 的质量分数 (mass fraction) 用符号 w_B 表示,定义为物质 B 的质量 m_B 除以混合物的质量 $\sum_i m_i$,即

$$w_B = m_B \Big/ \sum_i m_i \tag{2-7}$$

对于溶液而言,溶质 B 和溶剂 A 的质量分数分别为

$$w_B = \frac{m_B}{m_A + m_B} \qquad w_A = \frac{m_A}{m_A + m_B}$$

式中,m_A 为溶剂 A 的质量;m_B 为溶质 B 的质量。显然,$w_A + w_B = 1$。

2. 体积分数

物质 B 的体积分数(volume fraction)用符号 φ_B 表示,定义为物质 B 的体积 V_B 除以混合物的体积 $\sum_i V_i$,即

$$\varphi_B = V_B \Big/ \sum_i V_i \tag{2-8}$$

【例 2-3】 市售浓硫酸的密度为 1.84kg · L^{-1},质量分数为 96.0%,试求该溶液的 $c(H_2SO_4)$、$x(H_2SO_4)$和 $b(H_2SO_4)$。

解

$$M(H_2SO_4) = 98g \cdot mol^{-1}$$

$$c(H_2SO_4) = \frac{(1.84 \times 1000) \times 0.960}{98} = 18.0(mol \cdot L^{-1})$$

$$x(H_2SO_4) = \frac{96.0/98}{(96.0/98) + (4.00/18)} = 0.815$$

$$b(H_2SO_4) = \frac{96.0/98}{4.00/1000} = 245\ (mol \cdot kg^{-1})$$

§2.2 稀溶液的依数性

不同的溶质和溶剂组成的溶液，具有不同的性质。溶液的颜色、体积和导电性等变化与溶质的本性有关，溶质不同，则性质各异；而溶液的蒸气压下降、沸点升高、凝固点降低以及渗透压力等性质的变化则与溶质的本性无关，仅取决于溶液中所含溶质微粒的数量，由于这类性质的变化规律只适用于稀溶液，所以统称为稀溶液的通性即依数性(colligative properties)。本节主要介绍难挥发性非电解质稀溶液的依数性。

§2.2.1 溶液的蒸气压下降

在一定温度下，将某纯溶剂(如水)置于一密闭容器中，一部分动能较高的水分子将克服液体分子间的引力自液面逸出，成为蒸气分子，这一过程称为蒸发(evaporation)。同时，气相中的水蒸气分子也会接触到液面并被吸引到液相中，这一过程称为凝结(condensation)。开始时，蒸发过程占优势，但随着水蒸气密度的增大，凝结的速率也随之增大，当液体蒸发的速率与蒸气凝结的速率相等时，气、液两相处于动态平衡。与液相处于平衡状态的蒸气所具有的压力称为该温度下的饱和蒸气压，简称蒸气压(vapor pressure)，用符号 p 表示，单位是帕(Pa)或千帕(kPa)。

在温度一定时，蒸气压的大小与液体的本性有关，同一液体的蒸气压随温度的升高而增大。固体升华时也有一定的蒸气压，但一般很小，它也随温度的升高而增大。表 2-1 列出了不同温度下冰和水的蒸气压。

表 2-1 不同温度下冰和水的蒸气压

温度/K	蒸气压/kPa		温度/K	蒸气压/kPa
	冰	水		水
263	0.26	0.29	283	1.23
268	0.40	0.42	293	2.34
269	0.44	0.45	298	3.17
270	0.48	0.49	303	4.24
271	0.52	0.53	323	12.33
272	0.56	0.57	353	47.34
273	0.61	0.61	373	101.32

在一定温度下，纯溶剂的蒸气压（p^0）为一定值。当难挥发的溶质(B)溶入溶剂(A)后，部分液面被溶质分子占据，从而在单位时间内逸出液面的溶剂分子数比纯溶剂减少，当在一定温度下达到平衡时，溶液的蒸气压（p）必然低于纯溶剂的蒸气压（p^0），这称为溶液的蒸气压下降（Δp）。

1887 年，法国化学家拉乌尔（Raoult）根据大量实验结果，得出了一定温度下难挥发性非电解质稀溶液的蒸气压下降值（Δp）与溶液浓度关系的著名的拉乌尔定律。该定律可用式(2-9)表达为

$$\Delta p = K \cdot b_B \tag{2-9}$$

式中，Δp 为难挥发性非电解质稀溶液的蒸气压下降值；b_B 为溶质 B 的质量摩尔浓度；K 为比例常数。

式(2-9)是常用的拉乌尔定律的数学表达式。它表明：在一定温度下，难挥发性非电解质稀溶液的蒸气压下降与溶液的质量摩尔浓度成正比。说明溶液的蒸气压下降只与一定量溶剂中所含溶质的微粒数有关，而与溶质的本性无关。

强电解质稀溶液也具有依数性。因强电解质在溶液中解离成离子，则式(2-9)需变成 $\Delta p = iKb_B$，i 为 1“分子”强电解质解离出的离子个数，如强电解质 NaCl，$i=2$；Na_2HPO_4，$i=3$ 等。NaCl 稀溶液中，$\Delta p = iKb(NaCl)$ $(i=2)$ 或 $\Delta p = K \cdot [b(Na^+)+b(Cl^-)]$；$Na_2HPO_4$ 稀溶液中，$\Delta p = iKb(Na_2HPO_4)$ $(i=3)$ 或 $\Delta p = K \cdot [2b(Na^+)+b(HPO_4^{2-})]$。对于强电解质的 i，在后面的依数性应用也是如此。

同理，若溶液中存在两种以上的溶质微粒时，式(2-9)中 b_B 为溶液中溶质微粒的总质量摩尔浓度。

应该说明的是，溶液浓度较大时，溶质对溶剂分子间的作用力有明显的影响，应用拉乌尔定律会出现误差；对于强电解质，由于离子间的相互作用，溶液依数性计算结果与实验测得值相差较大，因此拉乌尔定律仅适用于难挥发性非电解质稀溶液，对于强电解质溶液的依数性，一般只作近似处理，且不考虑离子间的相互作用。

§2.2.2 溶液的沸点升高与凝固点降低

1. 溶液的沸点升高

液体的沸点（boiling point）是液体的蒸气压等于外压时的温度。液体的正常沸点（normal boiling point）是指外压为标准大气压即 101.3kPa 时的沸点。例如，水的正常沸点为 373K。通常情况下，没有注明压力条件的沸点都是指正常沸点。

实验证明，难挥发性溶质溶液的沸点高于纯溶剂的沸点，这一现象称为溶液的沸点升高（boiling point elevation）。溶液沸点升高的原因是溶液的蒸气压低于纯

溶剂的蒸气压。稀溶液的沸点升高示意图如图 2-1 所示，aa'表示纯溶剂水的蒸气压曲线，bb'表示稀溶液的蒸气压曲线。在纯水的沸点 373K（T_b^0）处，溶液的蒸气压小于外界的大气压，当温度升高至 T_b（b'点）时，溶液的蒸气压才与外界大气压相等而沸腾，溶液的沸点上升 $\Delta T_b = T_b - T_b^0$。溶液越浓，其蒸气压下降越多，沸点升高越多。根据拉乌尔定律，稀溶液的沸点升高与蒸气压下降成正比，即

$$\Delta T_b = K'\Delta p$$

而 $$\Delta p = Kb_B$$

所以 $$\Delta T_b = K'Kb_B = K_b b_B \quad (2\text{-}10)$$

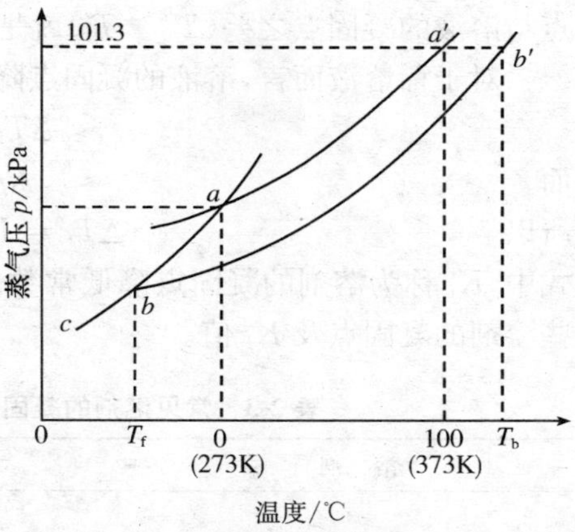

图 2-1 水、冰和溶液的蒸气压与温度的关系

式中，K_b 称为溶剂的沸点升高常数，它只与溶剂的本性有关。表 2-2 列出了常见溶剂的沸点及 K_b 值。

表 2-2 常见溶剂的沸点（T_b^0）及沸点升高常数（K_b）

溶 剂	T_b^0/K	K_b/(K · kg · mol^{-1})
萘	491	5.80
乙酸	391	2.93
水	373	0.512
苯	353	2.53
乙醇	351	1.22
四氯化碳	350	5.03
氯仿	334	3.63
乙醚	308	2.02

从式(2-10)可以看出，在一定条件下，难挥发性非电解质稀溶液的沸点升高只与溶液的质量摩尔浓度成正比，而与溶质的本性无关。

2. 溶液的凝固点降低

物质的凝固点(freezing point)是指在一定外压下（一般是 101.3kPa）物质的液相与固相具有相同蒸气压，可以平衡共存时的温度。水的凝固点又称冰点。图 2-1 中 ac 为冰的蒸气压曲线，在 101.3kPa 压力下，当温度为 273K 时，冰和水的蒸气压均为 0.61kPa（aa'和 ac 曲线的交点 a），此时冰和水可以平衡共存，故水的凝固点为 273K（T_f^0）。而对难挥发的非电解质溶液，其蒸气压小于冰的蒸气压，冰将不断融化，只有当温度降低至 T_f（b 点）时，溶液的蒸气压才与冰的蒸气压相等，水和冰重新处于平衡状态。图 2-1 中的 T_f 便是该溶液的凝固点。溶剂的凝固

点与溶液的凝固点之差（$T_f^0 - T_f$）就是该溶液的凝固点降低 ΔT_f。

对于稀溶液而言，溶液的凝固点降低（ΔT_f）与溶液的蒸气压下降 Δp 成正比：

$$\Delta T_f = K'' \Delta p$$

而

$$\Delta p = K b_B$$

所以

$$\Delta T_f = K'' K b_B = K_f b_B \tag{2-11}$$

式中，K_f 称为溶剂的凝固点降低常数，它只与溶剂的本性有关。表 2-3 列出了一些溶剂的凝固点及 K_f 值。

表 2-3 常见溶剂的凝固点（T_f^0）及凝固点降低常数（K_f）

溶 剂	T_f^0/K	K_f/(K · kg · mol^{-1})
萘	353	6.90
乙酸	290	3.90
苯	278	5.10
水	273	1.86
四氯化碳	250	32.0
乙醚	157	1.80

从式(2-11)可以看出，难挥发性非电解质稀溶液的凝固点降低与溶液的质量摩尔浓度成正比，而与溶质的本性无关。

通过测定溶液的沸点升高和凝固点降低都可以求算溶质的摩尔质量（或相对分子质量）。但在实际工作中，多采用凝固点降低法，这是因为大多数溶剂的 K_f 值大于 K_b 值，所以同一溶液的凝固点降低值比沸点升高值大，测定灵敏度高且相对误差小。溶液的凝固点测定是在低温下进行的，不会引起生物样品的变性或破坏，溶液浓度也不会变化，因此在医学和生物科学实验中凝固点降低法的应用更为广泛。

【例 2-4】 计算 0.20mol · kg^{-1} 葡萄糖溶液的沸点和凝固点。

解 查表得

$$K_b = 0.512\text{K} \cdot \text{kg} \cdot \text{mol}^{-1}, K_f = 1.86\text{K} \cdot \text{kg} \cdot \text{mol}^{-1}$$

$$\Delta T_b = K_b b_B = 0.512 \times 0.20 = 0.102(\text{K})$$

$$T_b = T_b^0 + \Delta T_b = 373 + 0.102 = 373.102(\text{K})（或 100.102℃）$$

即溶液的沸点为 373.102K（或 100.102℃）。

$$\Delta T_f = K_f b_B = 1.86 \times 0.20 = 0.372(\text{K})$$

$$T_f = T_f^0 - \Delta T_f = 273 - 0.372 = 272.628(\text{K})（或 -0.372℃）$$

即溶液的凝固点为 272.628K（或−0.372℃）。

由式(2-11)，实验测出溶液的凝固点降低值 ΔT_f，即可计算溶质的摩尔质量：

$$\Delta T_f = K_f b_B = K_f \frac{m_B / M_B}{m_A}$$

所以
$$M_B = K_f \frac{m_B}{\Delta T_f \cdot m_A} \tag{2-12}$$
式中，m_B 为溶质的质量，g；m_A 为溶剂的质量，kg；M_B 为溶质的摩尔质量，$g \cdot mol^{-1}$。

【例 2-5】 取谷氨酸 0.749g 溶于 50.0g 水中，测得凝固点为－0.188℃，试求谷氨酸的摩尔质量。

解
$$\Delta T_f = K_f\, b_B = K_f \frac{m_B/M_B}{m_A}$$
$$M_B = K_f \frac{m_B}{m_A \Delta T_f} = 1.86 \times \frac{0.749}{50.0 \times 10^{-3} \times 0.188} = 148(g \cdot mol^{-1})$$

按谷氨酸的分子式[$HOOCCHNH_2(CH_2)_2COOH$]计算，其摩尔质量应为 $147g \cdot mol^{-1}$，由此可见，实验测定与理论值相差不大。

【例 2-6】 实验测得 4.94g $K_3Fe(CN)_6$ 溶解在 100g 水中所得溶液的凝固点为－1.10℃，$M[K_3Fe(CN)_6] = 329g \cdot mol^{-1}$，写出 $K_3Fe(CN)_6$ 在水中的解离方程式。

解
$$b[K_3Fe(CN)_6] = \frac{4.94/329}{0.100} = 0.150\ (mol \cdot kg^{-1})$$

由凝固点降低测得溶液中各种溶质(包括分子和离子)的总质量摩尔浓度为
$$b(\text{总}) = \frac{\Delta T_f}{K_f} = \frac{1.10}{1.86} = 0.591(mol \cdot kg^{-1})$$

$b[K_3Fe(CN)_6]$不等于 b(总)是 $K_3Fe(CN)_6$ 在水中解离成离子所致。设 1 分子 $K_3Fe(CN)_6$ 解离成 x 个离子，则
$$b(\text{总}) = x\,b[K_3Fe(CN)_6]$$
$$x = \frac{b(\text{总})}{b[K_3Fe(CN)_6]} = \frac{0.519}{0.150} \approx 4$$

由此可知，$K_3Fe(CN)_6$ 在水中按下式进行解离：
$$K_3Fe(CN)_6 \longrightarrow 3K^+ + [Fe(CN)_6]^{3-}$$

利用凝固点降低原理，可制作防冻剂和冷冻剂。在严寒的冬天，为防止汽车水箱冻裂，常在水箱中加入甘油或乙二醇以降低水的凝固点，防止水因结冰体积膨大而引起水箱胀裂。在实验室中，常用食盐和冰的混合物作制冷剂，可使温度降至 251K(－22℃)，将氯化钙和冰混合，可使温度降至 218 K(－55℃)。在水产事业和食品储藏及运输中，广泛使用食盐和冰混合而成的冷却剂。

§2.2.3 溶液的渗透压力

1. 渗透现象与渗透压力

若在浓的蔗糖溶液的液面上小心地加一层水，在避免任何机械振动的情况下静置一段时间，则蔗糖分子将由溶液层向水层扩散，同时，水分子也将从水层向溶

液层扩散，直至浓度均匀为止。这种物质从高浓度区域向低浓度区域的自动迁移过程称为扩散(diffusion)。

若将蔗糖溶液和纯水用一种只允许溶剂(如水)分子透过而溶质分子不能透过的半透膜(semi-permeable membrane)隔开(如动物的肠衣、动植物的细胞膜、毛细血管壁、人工制备的羊皮纸、火棉胶等，都具有半透膜的性质)，使膜一侧溶液的液面和膜另一侧的水面相平，如图 2-2(a)所示，不久便可见因纯水透过半透膜进入溶液而使溶液的液面上升，如图 2-2(b)所示。这种由溶剂分子透过半透膜自动扩散的过程称为渗透(osmosis)。若将溶质相同而浓度不同的两种溶液用半透膜隔开，由于渗透，水从稀溶液一侧透入浓溶液一侧，浓溶液的液面将上升。

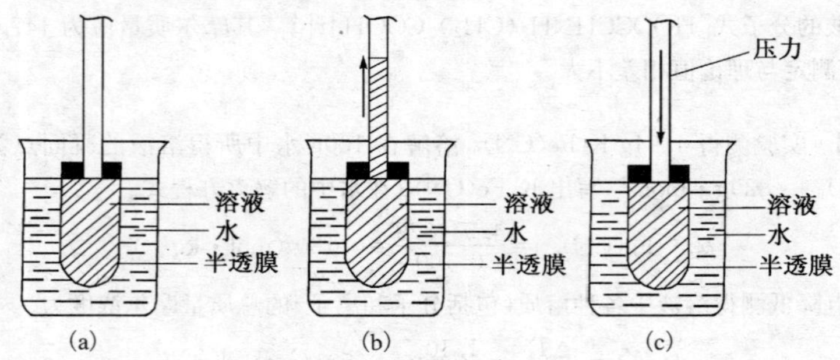

图 2-2　渗透现象与渗透压力

产生渗透的原因是膜两侧单位体积内溶剂分子数不相等。当纯水和蔗糖溶液被半透膜隔开时，由于半透膜只允许水分子自由透过，而单位体积内纯水比蔗糖溶液中的水分子数目多，因此单位时间内由纯溶剂进入溶液中的溶剂分子数要比由溶液进入纯溶剂的溶剂分子数多，其结果是溶液一侧的液面升高，溶液液面升高后，静水压增大，驱使溶液中的溶剂分子加速通过半透膜，当静水压增大至一定值后，单位时间内从膜两侧透过的溶剂分子数相等，渗透作用达到平衡，称为渗透平衡。

由此可见，产生渗透现象必须具备两个条件：一是要有半透膜存在；二是膜两侧单位体积内溶剂分子数不相等，即存在浓度差。渗透现象不仅在溶液和纯溶剂之间可以发生，在浓度不同的两种溶液之间也可以发生。渗透的方向总是溶剂分子从纯溶剂向溶液，或是从稀溶液向浓溶液进行渗透。

如图 2-2(c)所示，为了阻止渗透的进行，必须在溶液液面上施加一超额的压力。国家标准规定：为维持只允许溶剂分子通过的膜所隔开的溶液与溶剂之间的渗透平衡而需要的超额压力称为渗透压力(osmotic pressure)。渗透压力用符号 Π 表示，单位为 Pa 或 kPa。如果被半透膜隔开的是两种不同浓度的溶液，为阻止渗透现象发生，应在浓溶液液面上施加一超额压力。实验证明，此压力既不是浓溶液的渗透压力，也不是稀溶液的渗透压力，而是浓溶液与稀溶液的渗透压力之差。

假如在溶液液面上施加的外压大于渗透压力时，溶液中通过半透膜进入纯溶剂一侧的溶剂分子数将多于由纯溶剂进入溶液一侧的溶剂分子数，这种由外压驱使渗透作用逆向进行的过程称为反向渗透，简称反渗透。利用反渗透可以进行海水淡化、工业废水处理、重金属盐的回收和溶液的浓缩等。目前一些超净水的制备已广泛利用了这种技术。一般采用的半透膜是醋酸纤维素膜和用芳香酰胺制成的空心纤维素膜，为了增加半透膜的强度，甚至可用陶瓷制成半透膜。

理想的半透膜只能允许水分子通过，但实际上许多生物膜是允许不同的物质通过的，因此溶质能否使溶液产生渗透现象取决于半透膜的功能。例如，毛细血管壁可以允许水分子和各种小分子（如氨基酸、葡萄糖等）或离子自由透过，而不允许蛋白质等大分子物质透过，因此毛细血管的渗透现象仅限于对蛋白质等大分子溶质起作用，而对小分子物质则不起作用。

2. 溶液的渗透压力与浓度及温度的关系

1886 年，荷兰物理学家范特霍夫（van't Hoff）根据实验结果提出：难挥发性非电解质稀溶液的渗透压力可用与理想气体状态方程相似的方程表示。

$$\Pi V = n_B RT \qquad (2\text{-}13)$$

$$\Pi = c_B RT \qquad (2\text{-}14)$$

式中，Π 为溶液的渗透压力，kPa；n_B 为溶液中溶质的物质的量，mol；V 为溶液的体积，L；c_B 为溶液的物质的量浓度，$mol \cdot L^{-1}$；T 为热力学温度，K；R 为摩尔气体常量，$8.314 J \cdot K^{-1} \cdot mol^{-1}$。

式(2-13)和式(2-14)称为范特霍夫定律。它表明在一定温度下，稀溶液渗透压力的大小仅与单位体积溶液中溶质微粒数的多少有关，而与溶质的本性无关。因此，渗透压力也是稀溶液的一种依数性。

对于稀溶液来说，其物质的量浓度与质量摩尔浓度近似相等，即 $c_B \approx b_B$，因此式(2-14)可改写为

$$\Pi \approx b_B RT \qquad (2\text{-}15)$$

【例 2-7】 计算 25℃时，$0.10 mol \cdot L^{-1}$ 葡萄糖溶液的渗透压力。

解

$$\Pi = c_B RT$$

$$\Pi = 0.10 \times 8.314 \times (25 + 273) = 2.5 \times 10^2 (kPa)$$

从例 2-7 可以看出，仅 $0.10 mol \cdot L^{-1}$ 葡萄糖溶液就可以在常温下产生约 250kPa 的渗透压力，相当于水柱约 24m 高。由此可见，渗透压力的作用在生命体系中是一种强大的推动力。

利用渗透压力法来也可测定大分子物质的摩尔质量。

$$\Pi V = n_B RT = \frac{m_B}{M_B} RT$$

所以
$$M_B = \frac{m_B}{\Pi V} RT \tag{2-16}$$

式中，m_B 为溶质的质量，g；M_B 为溶质的摩尔质量，$g \cdot mol^{-1}$。

【例 2-8】 1L 溶液中含 5.0g 马的血红素，在 298K 时测得溶液的渗透压力为 1.80×10^2 Pa，求马的血红素的相对分子质量。

解
$$\Pi V = n_B RT = \frac{m}{M} RT$$

$$M = \frac{mRT}{\Pi V} = \frac{5.0 \times 8.31 \times 298}{180 \times 1 \times 10^{-3}} = 6.9 \times 10^4 (g \cdot mol^{-1})$$

则
$$M_r = 6.9 \times 10^4$$

尽管从理论上讲，利用凝固点降低法和测定溶液渗透压力法均可推算溶质的相对分子质量，但在实际工作中，由于溶液的渗透压力越高，对半透膜耐压的要求就越高，就越难直接测定，故确定小分子溶质的相对分子质量多用凝固点降低法；而对大分子溶质的稀溶液，溶质的质点数很少，其凝固点降低值很小，使用一般仪器无法测定，但其渗透压力足以达到可以进行观测的程度，故确定大分子溶质的相对分子质量多用渗透压力法。

§2.2.4 渗透压力在医学上的意义

1. 渗透浓度

稀溶液的渗透压力是依数性，它仅与溶液中溶质粒子的浓度有关，而与溶质的本性无关。我们把溶液中能产生渗透效应的溶质微粒（分子，离子等）统称为渗透活性物质。渗透活性物质的物质的量除以溶液的体积称为溶液的渗透浓度(osmolarity)，用符号 c_{os} 表示，单位为 $mol \cdot L^{-1}$ 或 $mmol \cdot L^{-1}$。根据范特霍夫定律，在一定温度下，对于任一稀溶液，其渗透压力与溶液的渗透浓度成正比。因此，医学上常用渗透浓度来比较溶液渗透压力的大小。

【例 2-9】 计算 $50.0g \cdot L^{-1}$ 葡萄糖溶液和生理盐水的渗透浓度(用 $mmol \cdot L^{-1}$ 表示)。

解 葡萄糖($C_6H_{12}O_6$)的摩尔质量为 $180g \cdot mol^{-1}$，$50.0g \cdot L^{-1}$ 葡萄糖溶液的渗透浓度为

$$c_{os} = \frac{50.0 \times 1000}{180} = 278\ (mmol \cdot L^{-1})$$

NaCl 的摩尔质量为 $58.5g \cdot mol^{-1}$，生理盐水($9.00g \cdot L^{-1}$ NaCl 溶液)的渗透活性物质为 Na^+ 和 Cl^-，其渗透浓度为

$$c_{os} = 2 \times \frac{9.00 \times 1000}{58.5} = 308\ (mmol \cdot L^{-1})$$

2. 等渗、低渗和高渗溶液

渗透压力相等的溶液称为等渗溶液(isotonic solution)。渗透压力不相等的溶液,相对而言,渗透压力高的称为高渗溶液(hypertonic solution),渗透压力低的则称为低渗溶液(hypotonic solution)。

在临床上,溶液的等渗、低渗和高渗是以血浆的渗透压力为标准来衡量的。正常人血浆的总渗透浓度约为 303.7mmol · L^{-1},临床上规定,凡渗透浓度为 280~320mmol · L^{-1}的溶液称为等渗溶液;渗透浓度低于 280mmol · L^{-1}的溶液称为低渗溶液;渗透浓度高于 320mmol · L^{-1}的溶液称为高渗溶液。9.0g · L^{-1}的 NaCl 溶液(生理盐水)和 12.5g · L^{-1}的 $NaHCO_3$ 溶液是临床上常用的等渗溶液。医用等渗溶液可稍低于或略高于此范围,如 50g · L^{-1}的葡萄糖溶液和 18.7g · L^{-1}的乳酸钠($NaC_3H_5O_3$)溶液。

人体血浆中的红细胞膜是半透膜,红细胞形态与所处的介质的渗透压力有关。例如,红细胞分别在不同质量浓度 NaCl 溶液中将产生不同的现象。

若将红细胞置于稀 NaCl 溶液(如 5.0g · L^{-1})中,在显微镜下观察,可以看到红细胞逐渐膨胀,最后破裂[图 2-3(a)]释放出红细胞内的血红蛋白将溶液染成红色,这种现象医学上称为溶血(hemolysis)。这是由于红细胞内溶液的渗透压力高于稀 NaCl 溶液,水从膜外向膜内渗透,致使细胞胀大甚至破裂。

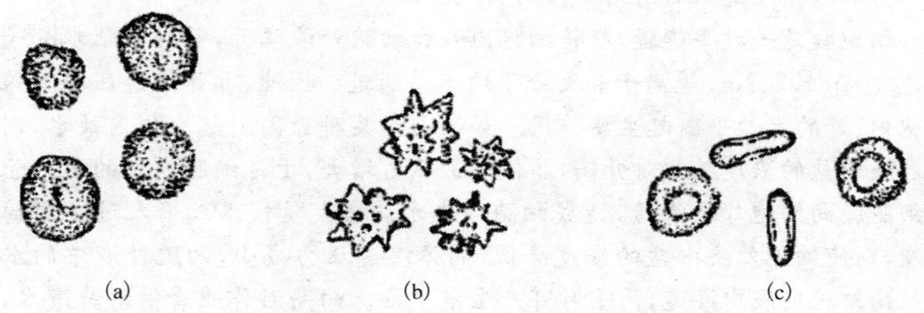

图 2-3 红细胞在渗透压力不同的 NaCl 溶液中的形态图

若将红细胞置于较浓的 NaCl 溶液(如 15g · L^{-1})中,在显微镜下观察可见红细胞逐渐皱缩[图 2-3(b)],这种现象称为胞浆分离。皱缩的红细胞互相聚结成团,若此现象发生于血管中,将产生"栓塞"。这是由于红细胞内液的渗透压力低于浓 NaCl 溶液,红细胞内液的水分子向浓 NaCl 溶液渗透,致使红细胞皱缩。

若将红细胞置于生理盐水(9.0g · L^{-1}的 NaCl 溶液)中,从显微镜下观察,红细胞既不会膨胀,也不会皱缩,维持原来的形态不变[图 2-3(c)],这是由于生理盐水和红细胞内液的渗透压力相等,细胞内、外液处于渗透平衡状态。因此,为防止血液中红细胞变形或破坏,临床上给病人大量补液时,必须考虑等渗。常用生理盐水和 50g · L^{-1} 葡萄糖溶液等。但在治疗疾病时，也常根据病情用一些高渗溶液，如给低血糖病人注射 500g · L^{-1} 葡萄糖溶液等。使用高渗溶液时，用量不能太多，注射速度不能过快。少量高渗溶液进入血液后，随着血液循环被稀释，并逐渐被组织细胞利用而使浓度降低，故不会出现胞浆分离的现象。

知识拓展：晶体渗透压力和胶体渗透压力

血浆中含有小分子物质，如氯化钠、碳酸氢钠、葡萄糖、尿素等，也有大分子物质，如蛋白质、核酸等。小分子物质产生的渗透压力称为晶体渗透压力(crystal osmotic pressure)；大分子物质产生的渗透压力称为胶体渗透压力(colloidal osmotic pressure)。血浆中小分子物质的含量(约为 7.5g · L^{-1})虽低于大分子物质的含量(约为 70g · L^{-1})，但是小分子物质的摩尔质量小，其中的电解质又以离子形式存在，因此它们在单位体积血浆中所占的微粒数很多，产生的晶体渗透压力就很高。例如，310K 时，血浆的总渗透压力约为 7.7×10^2 kPa，其中晶体渗透压力约占 99.5%，胶体渗透压力约占 0.5%，只有 2.9～4.0kPa。

由于人体内各种半透膜的通透性不同，在维持体内水、盐平衡上，晶体渗透压力和胶体渗透压力有着不同的功能。

细胞膜是一种半透膜，它将细胞内液和细胞外液隔开，并且只让水分子自由通过，而 K^+、Na^+ 等离子和大分子均不易通过。因此，晶体渗透压力对维持细胞内、外的水盐平衡起主要作用。如果由于某种原因引起人体内缺水，则细胞外液中盐的浓度将相对升高，晶体渗透压力增大，于是细胞内液的水分子透过细胞膜向细胞外液渗透，造成细胞内失水。若大量饮水或输入过多葡萄糖溶液，则使细胞外液中盐的浓度降低，晶体渗透压力减小，细胞外液中的水分子就向细胞内液中渗透，严重时可产生水中毒。向高温作业者供给盐汽水，就是为了维持细胞外液晶体渗透压力的恒定。

毛细血管壁与细胞膜不同，它可以允许水分子和各种小离子自由透过，而不允许蛋白质等大分子物质透过。因此，胶体渗透压力虽然很小，却对维持毛细血管内外的水盐平衡起主要作用。如果由于某种疾病造成血浆蛋白质减少时，则血浆的胶体渗透压力降低，血浆中的水和盐等小分子物质就会透过毛细血管壁进入组织间液，严重时会形成水肿。因此，临床上对大面积烧伤或失血的病人，除补给电解质溶液外，还要输给血浆或右旋糖酐等代血浆，以恢复血浆的胶体渗透压力。

习　　题

1. 在25℃时，质量分数为0.0947的稀硫酸溶液的密度为1.06kg · L^{-1}，在该温度下纯水的密度为0.997kg · L^{-1}。计算 H_2SO_4 的物质的量分数、物质的量浓度和质量摩尔浓度。
2. 乙醚的正常沸点为34.5℃，在40℃时向100g乙醚中至少加入多少摩尔不挥发溶质才能防止乙醚沸腾？
3. 苯的凝固点为5.50℃，K_f=5.12K · kg · mol^{-1}。现测得1.00g单质砷溶于86.0g苯所得溶液的凝固点为5.30℃，通过计算推算砷在苯中的分子式。
4. 有两种溶液在同一温度时结冰，已知其中一种溶液为1.5g尿素[$CO(NH_2)_2$]溶于200g水中，另一种溶液为4.28g某未知物溶于100g水中，求该未知物的摩尔质量(尿素的摩尔质量为60g · mol^{-1})。
5. 测得泪水的凝固点为−0.52℃，求泪水的渗透浓度及在310K时的渗透压力。
6. 排出下列稀溶液在310K时，渗透压力由大到小的顺序。

   (1) $c(C_6H_{12}O_6)=0.20mol \cdot L^{-1}$

   (2) $c(NaCl)=0.20mol \cdot L^{-1}$

   (3) $c(Na_2CO_3)=0.20mol \cdot L^{-1}$

7. 生理盐水、50g · L^{-1}的葡萄糖($C_6H_{12}O_6$)溶液、12.5g · L^{-1}的碳酸氢钠($NaHCO_3$)溶液和18.7g · L^{-1}的乳酸钠($NaC_3H_5O_3$)溶液均为临床上常用的等渗溶液。现取其体积，按下列配方配成三种混合液：

   (1) $\frac{1}{2}(50g \cdot L^{-1}\ C_6H_{12}O_6)+\frac{1}{2}$(生理盐水)

   (2) $\frac{1}{3}(18.7g \cdot L^{-1}\ NaC_3H_5O_3)+\frac{2}{3}$(生理盐水)

   (3) $\frac{1}{3}(12.5g \cdot L^{-1}\ NaHCO_3)+\frac{2}{3}$(生理盐水)

   试通过计算回答上述三种混合液是等渗、低渗还是高渗溶液。

8. 将1.01g胰岛素溶于适量水中配制成100mL溶液，测得298K时该溶液的渗透压力为4.34kPa。该胰岛素的摩尔质量为多少？

（庄海旗）

第 3 章　电解质溶液与离子平衡

电解质通常指的是其熔(融)态或水溶液能导电的物质,主要有酸、碱、盐三大类的化合物,它们的水溶液称为电解质溶液(electrolytic solution)。电解质有强电解质(strong electrolyte)和弱电解质(weak electrolyte)之分。在水中完全解离的电解质称为强电解质,在水中部分解离的称为弱电解质。弱电解质溶液中始终存在解离产生的正、负离子和未解离的分子之间的平衡。另外在水溶液中还有盐的水解平衡、难溶强电解质的少量离子与固体之间存在的平衡等,这些都称为电解质溶液中的离子平衡(ion equilibrium)。

人的体液和组织中存在多种离子,如 HCO_3^-、CO_3^{2-}、$H_2PO_4^-$、HPO_4^{2-}、Na^+、K^+、Cl^- 等,这些离子在体液和组织中维持体内的渗透平衡和酸碱平衡及无机盐代谢平衡。因此,学习有关电解质溶液的理论、各类电解质在溶液中的特征及其变化规律和有关计算,并用化学平衡的原理来讨论溶液中的离子平衡,是学习医学科学所必需的。

§3.1　强电解质溶液理论

根据近代物质结构理论,强电解质在水中是完全解离的,其解离度(dissociation degree)应该是 100%。但是根据电导实验所测得强电解质在水溶液中的解离度都小于 100%,见表 3-1。

表 3-1　强电解质水溶液的解离度(298K,0.10mol·L^{-1})

电解质	KCl	$ZnSO_4$	HCl	HNO_3	H_2SO_4	NaOH	$Ba(OH)_2$
解离度 α/%	86	40	92	92	61	91	81

为了解释强电解质在水溶液中完全解离,而实验数据表现出不完全解离的矛盾,1923 年德拜(Debye)和休克尔(Hückel)提出了离子相互作用理论(ion-ion interaction theory)。

§3.1.1　离子相互作用理论

德拜和休克尔认为强电解质在水溶液中是完全解离的,因而溶液中离子浓度很大。不同电荷离子之间的相互吸引和相同电荷离子之间的相互排斥作用,使得离子在溶液中倾向于有规则地分布。每个离子周围都被异号电荷离子所包围,形成离子氛(ion atmosphere),如图 3-1 所示。阳离子周围有较多阴离子,阴离子周围有较多阳离子,这样离子在溶液中移动不完全自由,而是相互影响。如果将电流通过电解质溶液,阳离子向阴极移动,而它的离子氛向阳极移动。因此离子的迁移速率变慢,溶液的导电性就比理论值小,产生一种解离不完全的假象。溶液中离子浓度越大,这种现象越明显。

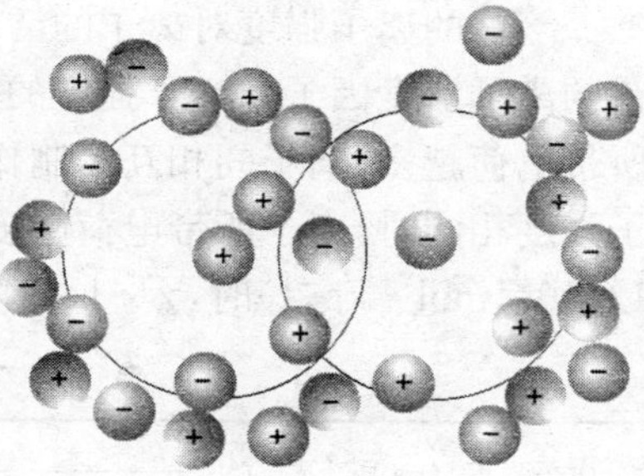

图 3-1　离子氛示意图

由此可以看出,强电解质的解离度与弱电解质解离度意义不同,强电解质的解离度仅反映溶液中离子的相互牵制作用的强弱,通常称为表观解离度(apparent dissociation degree);弱电解质解离度则表示弱电解质解离的百分数。

§3.1.2　活度和活度因子

由于强电解质溶液中离子之间的相互牵制作用,因此离子的有效浓度(表观浓度)比理论浓度(配制浓度)小。离子的有效浓度称为活度(activity),用 a 表示,活度等于活度因子乘以理论浓度,量纲为一。

$$a = \gamma \cdot c \tag{3-1}$$

式中,c 为离子的理论浓度;γ 为活度因子(activity factor),反映离子之间相互牵制作用的大小。离子浓度越大,电荷越高,离子之间相互牵制的作用越强,γ 越小($\gamma<1$),活度与浓度之间差别越大。反之,当浓度极稀时,离子之间平均距离增大,相互牵制的作用极小,γ 趋近于 1,活度越接近浓度。在近似计算中,通常把中性分子、液态和固态纯物质、纯水以及弱电解质的活度因子视为 1。

§3.1.3　离子强度

离子的活度因子,不仅与本身浓度有关,也与离子所带的电荷数有关。同时还受到溶液中其他各种离子的浓度和电荷的影响。为了进一步衡量溶液中离子之间相互作用情况,人们引入了离子强度(ionic strength)的概念。

离子强度定义为

$$I = \frac{1}{2}(b_1 z_1^2 + b_2 z_2^2 + b_3 z_3^2 + \cdots + b_i z_i^2) = \frac{1}{2}\sum b_i z_i^2 \tag{3-2}$$

式中,I 为离子强度;b_1、b_2、b_3、…分别为溶液中各离子质量摩尔浓度;z_1、z_2、z_3、…分别为各离子所带电荷数。

离子强度是溶液中存在的离子所产生的电场强度的量度,它仅与溶液中各种离子的浓度和电荷有关,而与离子本性无关。

溶液的离子强度对离子的活度因子有明显的影响，表 3-2 列出 298K，不同电荷的离子活度因子与离子强度的关系。从表 3-2 看出，溶液的离子强度越大，离子所带电荷越多，离子间相互牵制作用越强，活度因子越小；反之，活度因子越大。离子强度相同时，离子所带电荷越多，活度因子越小。当溶液中的离子强度很小（$I<1\times10^{-4}\text{mol}\cdot\text{kg}^{-1}$）时，$\gamma\rightarrow1$，活度越接近浓度。

表 3-2　不同离子强度时的活度系数

离子强度/($\text{mol}\cdot\text{kg}^{-1}$)	活度系数		
	$z=1$	$z=2$	$z=3$
1×10^{-4}	0.99	0.95	0.90
5×10^{-4}	0.97	0.90	0.80
1×10^{-3}	0.96	0.86	0.73
5×10^{-3}	0.92	0.72	0.51
1×10^{-2}	0.89	0.63	0.39
5×10^{-2}	0.81	0.44	0.15
0.1	0.78	0.33	0.08
0.2	0.70	0.24	0.04

【例 3-1】 $0.010\text{mol}\cdot\text{kg}^{-1}$ HCl 溶液中，同时含有 $0.090\text{mol}\cdot\text{kg}^{-1}$ KCl，求该溶液中 H^+ 的离子活度。

解 $I=\frac{1}{2}[0.010\times1^2+0.010\times(-1)^2+0.090\times1^2+0.090\times(-1)^2]=0.10(\text{mol}\cdot\text{kg}^{-1})$

从表 3-2 查出 $I=0.10$ 时，一价离子 $\gamma=0.78$，则

$$a(H^+)=\gamma\cdot c=0.78\times0.010=0.0078(\text{mol}\cdot\text{kg}^{-1})$$

活度与离子强度等概念，对理解生物化学过程有重要意义。人体血液中存在多种离子，其离子强度约为 $0.16\text{mol}\cdot\text{kg}^{-1}$。

§3.2　酸碱质子理论

酸和碱是两类非常重要的电解质。人们对酸和碱在组成、结构、性质等方面进行了长期的研究，对酸、碱的概念提出了不同的理论。

酸碱的经典理论即酸碱电离理论是 19 世纪末由阿伦尼乌斯（Arrhenius）提出的。他认为，凡是在水溶液中解离出的阳离子全部是 H^+ 的物质是酸（acid），解离出的阴离子全部是 OH^- 的物质是碱（base）。酸碱反应的实质是 H^+ 与 OH^- 结合生成 H_2O 的反应。酸碱电离理论从物质的化学组成上揭示了酸碱的本质，这是人们对酸碱的认识从现象到本质的一次飞跃，直到现在这个理论仍在普遍应用。近几十年来，在科学实验中，越来越多的反应是在非水溶液中进行的，许多不含 H^+ 和 OH^- 的物质也表现出酸碱的性质，这是电离理论所无法解释的。此外，电离理

论把碱限制为氢氧化物，但氨水呈碱性这一事实也无法解释，使人们长期错误地认为 NH_3 溶于水后，先形成 NH_4OH，再解离出 OH^-，因而显碱性。可是人们至今也未能分离出 NH_4OH，这说明酸碱电离理论尚不完善，需要进一步补充和发展。

后来有不少学者提出过各种酸碱理论，其中较重要的是酸碱质子理论(proton theory of acid and base)。它是 1923 年由布朗斯台德(Brönsted)和劳瑞(Lowry)提出来的。同年，美国化学家路易斯(Lewis)提出了酸碱电子理论，此外还有软硬酸碱理论等。这些理论克服了电离理论的局限性，大大扩大了酸碱的范围。

§3.2.1　酸、碱的定义

质子理论认为：凡是能给出质子的物质都是酸，凡是能接受质子的物质都是碱，即酸是质子的给予体；碱是质子的接受体。它们的关系如下：

$$\text{酸} \rightleftharpoons \text{碱} + \text{质子}$$
$$HCl \rightleftharpoons Cl^- + H^+$$
$$HAc \rightleftharpoons Ac^- + H^+$$
$$H_2O \rightleftharpoons OH^- + H^+$$
$$H_3O^+ \rightleftharpoons H_2O + H^+$$
$$NH_4^+ \rightleftharpoons NH_3 + H^+$$
$$H_2PO_4^- \rightleftharpoons HPO_4^{2-} + H^+$$
$$HPO_4^{2-} \rightleftharpoons PO_4^{3-} + H^+$$
$$[Al(H_2O)_6]^{3+} \rightleftharpoons [Al(H_2O)_5OH]^{2+} + H^+$$

从以上酸碱半反应可以看出，左侧物质都能给出质子，所以是酸。右侧物质都能接受质子，所以是碱。酸可以是分子酸，如 HCl、HAc；也可以是正离子酸，如 NH_4^+、H_3O^+；或负离子酸，如 $H_2PO_4^-$、HPO_4^{2-}。碱可以是分子碱，如 NH_3、H_2O；也可以是正离子碱，如$[Al(H_2O)_5OH]^{2+}$；或负离子碱，如 OH^-、Ac^-。如 H_2O、HPO_4^{2-} 等物质，给出质子表现为酸，接受质子表现为碱，是两性物质(amphoteric substance)。应该指出，质子理论中没有盐的概念，如 NH_4Cl 在质子理论中 NH_4^+ 是酸，Cl^- 是碱。上述关系式中还可以看出，酸和碱并不孤立，酸给出质子即成为碱，碱接受质子即成为酸。这种酸和碱之间仅相差一个质子的关系称为共轭关系，其相应的酸碱对称为共轭酸碱对(conjugate acid-base pairs)。在上述半反应式中左边的酸是右边碱的共轭酸(conjugate acid)，而右边的碱则是左边酸的共轭碱(conjugate base)。

§3.2.2　酸碱反应的实质

事实上质子不可能单独存在，酸给出质子的同时质子就和另一碱结合。根

据酸碱质子理论，酸碱反应的实质就是两对共轭酸碱对之间的质子传递的过程。例如

$$\overset{H^+}{\overbrace{HCl + NH_3}} \rightleftharpoons NH_4^+ + Cl^-$$

$$\text{酸}_1 \quad \text{碱}_2 \quad \text{酸}_2 \quad \text{碱}_1$$

HCl 与 NH_3 的反应，无论是在水溶液中、液氨中、苯溶剂中或气相中，其实质都是一样，即酸$_1$（HCl）将质子传递给碱$_2$（NH_3），转变为它的共轭碱$_1$（Cl^-）；碱$_2$（NH_3）接受质子，转变为它的共轭酸$_2$（NH_4^+）。质子理论的意义在于强调酸碱相互依赖关系，摆脱了溶剂是水的限制，可以用于非水体系和气体之间酸碱反应，扩大酸碱物质的范围。

质子理论把电离理论中的解离反应、中和反应和水解反应等都归纳为酸碱反应。其质子传递情况如下：

$$\overset{H^+}{\overbrace{HCl + H_2O}} \rightleftharpoons H_3O^+ + Cl^- \qquad \text{（解离反应）}$$

$$\overset{H^+}{\overbrace{HAc + H_2O}} \rightleftharpoons H_3O^+ + Ac^-$$

$$\overset{H^+}{\overbrace{H_3O^+ + OH^-}} \rightleftharpoons H_2O + H_2O \qquad \text{（中和反应）}$$

$$\overset{H^+}{\overbrace{NH_4^+ + H_2O}} \rightleftharpoons H_3O^+ + NH_3 \qquad \text{（水解反应）}$$

$$\overset{H^+}{\overbrace{H_2O + Ac^-}} \rightleftharpoons HAc + OH^-$$

从以上反应可以看出，一种酸和一种碱反应，总是导致新酸、新碱的生成。酸碱反应的方向，总是由较强的酸和较强的碱反应，向生成较弱的酸和较弱的碱的方向进行。

§3.2.3　酸碱强度

根据质子理论，具有共轭关系的酸碱对其强度是互相制约的。酸给出质子能力越强即酸性越强，其共轭碱的碱性则越弱；同理，碱接受质子能力越强即碱性越强，其共轭酸的酸性则越弱。例如，HCl 和 HAc 的解离反应，HCl 给质子能力强，在水中是强酸，其共轭碱 Cl^- 接受质子能力小于 H_2O，所以 Cl^- 是弱碱；HAc 给质子能力小于 H_3O^+，在水中是弱酸，HAc 的共轭碱 Ac^- 接受质子能力大

于 H_2O，Ac^- 是较强的碱，故解离反应不完全。因此，从酸性上看 HCl＞HAc；从碱性上看 Ac^-＞Cl^-。

酸碱在溶液中所表现出来的强度不仅与酸碱的本性有关，而且也与溶剂的性质有关。同一种酸在不同的溶剂中由于溶剂接受质子能力不同而显示不同的酸性。例如，HAc 在 H_2O 中表现为弱酸，在液 NH_3 中表现为强酸，这是由于接受质子能力 NH_3＞H_2O。

HNO_3 在 H_2O 中是强酸，在冰醋酸中酸的强度大为减弱，在 H_2SO_4 中则表现为弱碱。其原因就是冰醋酸、H_2SO_4 是酸性溶剂，冰醋酸接受质子能力小于 H_2O，H_2SO_4 给出质子能力大于 HNO_3。

$$HNO_3 + HAc \overset{H^+}{\rightleftharpoons} H_2Ac^+ + NO_3^-$$

$$HNO_3 + H_2SO_4 \overset{H^+}{\rightleftharpoons} H_2NO_3^+ + HSO_4^-$$

$HClO_4$、HCl、H_2SO_4、HNO_3 在冰醋酸溶剂中的强弱顺序为 $HClO_4$＞HCl＞H_2SO_4＞HNO_3，冰醋酸把这四种强酸的强度区分开来，这种能够区分酸碱强度的作用称为区分效应（differentiating effect）。冰醋酸是这四种酸的区分溶剂。在水中这四种强酸的强度都表现为 H_3O^+ 水平，它们的相对强弱在水溶液中显示不出来。H_3O^+ 是水溶液中最强酸的形式。水对这四种强酸起着拉平的作用，称为拉平效应（leveling effect）。水是这四种酸的拉平溶剂。

酸碱质子理论发展了经典电离理论，扩大了酸碱的定义和酸碱反应的范围，突破了酸碱反应必须在水溶液中进行的局限性，解释了非水溶剂或气体间的酸碱反应，把电离理论中的解离反应、水解反应都归结为质子传递反应，同时把酸碱的性质和溶剂的性质相联系，建立了酸碱的强度与质子传递反应的辩证关系。

§3.3 水溶液中的质子转移平衡及有关计算

§3.3.1 水的质子自递作用和溶液的 pH

水是两性物质，它的分子之间存在质子自递作用，也称质子自递反应。

$$H_2O + H_2O \overset{H^+}{\rightleftharpoons} H_3O^+ + OH^-$$

其平衡常数表示式为

$$K = \frac{[H_3O^+][OH^-]}{[H_2O]^2}$$

因为水是极弱电解质，自递反应十分弱，故把$[H_2O]$看成常数。

$$[H_3O^+][OH^-] = K[H_2O]^2 = K_w$$

为简便起见$[H_3O^+]$写成$[H^+]$,则

$$K_w = [H^+][OH^-] \tag{3-3}$$

K_w 称为水的质子自递平衡常数,又称水的离子积(ion product of water)。

实验测得 298K 纯水中,$[H^+]=[OH^-]=1.0\times10^{-7}\text{mol}\cdot\text{L}^{-1}$,代入式(3-3)得

$$K_w = [H^+][OH^-] = 1.0\times10^{-14} \tag{3-4}$$

水的质子自递作用是吸热过程,故 K_w 随温度升高而增大,但室温下改变不大,均可按 1.0×10^{-14} 计算。

式(3-4)不仅适用于纯水,也适用于稀的水溶液。通过水的质子自递常数 K_w 只要知道水溶液的 H^+ 浓度,就可计算出 OH^- 浓度;反之亦然。因此可以用 H^+ 浓度或 OH^- 浓度表示溶液的酸碱性。

一般溶液中酸的浓度,直接用酸的物质的量浓度 c 表示,而酸度则用$[H^+]$表示。例如,$0.10\text{mol}\cdot\text{L}^{-1}$ HCl 和 $0.10\text{mol}\cdot\text{L}^{-1}$ HAc 浓度相同,但酸度显然不同。当 H^+、OH^- 浓度较小时,如血清中$[H^+]=3.98\times10^{-8}\text{mol}\cdot\text{L}^{-1}$,用浓度表示溶液的酸度就很不方便。为此常用 a_{H^+} 的负对数即 pH 来表示:

$$\text{pH} = -\lg a_{H^+} \tag{3-5}$$

在稀溶液中,浓度和活度基本相等:

$$\text{pH} = -\lg[H^+] \tag{3-6}$$

同样也可以用$[OH^-]$的负对数 pOH 来表示溶液的酸碱性,$\text{pOH}=-\lg[OH^-]$,常温下$[H^+][OH^-]=1.0\times10^{-14}$,则

$$\text{pH} + \text{pOH} = 14 \tag{3-7}$$

pH 的概念不仅在化学领域而且在医学、生物学中也很重要,正常人体中各种体液都有一定的 pH 范围,见表 3-3。

表 3-3　人体中各种体液的 pH

体　液	pH	体　液	pH
血清	7.35～7.45	大肠液	8.3～8.4
成人胃液	0.9～1.5	乳汁	6.6～6.9
婴儿胃液	5.0	泪水	～7.4
唾液	6.35～6.85	尿液	4.8～7.5
胰	7.5～8.0	脑脊液	7.35～7.45
小肠液	～7.6		

§3.3.2　酸碱在水溶液中的质子转移平衡

1. 质子转移平衡及平衡常数

一元弱酸(如 HAc,NH_4^+)、一元弱碱(如 NH_3,Ac^-)在水溶液中发生质子转

移平衡，用 HB 表示一元弱酸，B^- 表示其共轭碱，有

$$HB + H_2O \rightleftharpoons H_3O^+ + B^-$$

$$K_a = \frac{[H_3O^+][B^-]}{[HB]} \tag{3-8}$$

式中，K_a 为弱酸的质子转移平衡常数，通常称为酸的解离常数(dissociation constant of acid)，简称酸常数。K_a 数值随温度而变，但与浓度大小无关。K_a 越大，说明酸在水溶液中越容易给出质子，酸性越强。例如，HAc、NH_4^+、HS^- 的 K_a 分别为 1.76×10^{-5}、5.6×10^{-10}、1.0×10^{-14}，故这三种弱酸强弱顺序为 HAc>NH_4^+>HS^-。

同理，一元弱碱(B^-)在水溶液中发生质子转移平衡：

$$B^- + H_2O \rightleftharpoons OH^- + HB$$

$$K_b = \frac{[HB][OH^-]}{[B]} \tag{3-9}$$

K_b 为弱碱质子转移平衡常数，通常称为碱的解离常数(dissociation constant of base)，简称碱常数，表示弱碱在水溶液中接受质子的能力的大小。K_b 越大，越容易接受质子，碱性越强。

由于一些弱酸、弱碱的解离常数 K 很小，为使用方便，常用 K_a 或 K_b 的负对数即 pK_a 或 pK_b 来表示。表 3-4 是一些常见的弱酸、弱碱的解离常数。

表 3-4　某些弱酸和弱碱的质子转移平衡常数(298K)

酸	分子式	K_a	pK_a
乙酸	CH_3COOH	1.76×10^{-5}	4.75
硼酸	H_3BO_3	7.30×10^{-10}	9.14
甲酸	HCOOH	1.77×10^{-4}	3.75
氢氰酸	HCN	4.93×10^{-10}	9.31
氢氟酸	HF	3.53×10^{-4}	3.45
碱	**分子式**	K_b	pK_b
乙胺	$C_2H_5NH_2$	5.01×10^{-4}	3.30
氨	NH_3	1.79×10^{-5}	4.75

2. 共轭酸碱常数关系

弱酸的 K_a 与其共轭碱的 K_b 之间有确定关系，现以共轭酸碱对 HB-B^- 为例说明：

$$K_a \cdot K_b = \frac{[H_3O^+][B^-]}{[HB]} \cdot \frac{[HB][OH^-]}{[B^-]} = [H_3O^+]\cdot[OH^-] = K_w$$

$$K_a \cdot K_b = K_w \tag{3-10}$$

$$pK_a + pK_b = pK_w \tag{3-11}$$

式(3-11)说明 K_a 与 K_b 成反比，也说明 HB 与 B^- 强度互成反比，酸越强其共轭碱越弱，碱越强其共轭酸越弱。只要知道酸的解离常数 K_a，就可以计算出其共轭碱的解离常数 K_b，反之亦然。通常把 $K_a=10^{-2}\sim10^{-7}$ 的酸称为弱酸，$K_a\approx10^{-7}$ 称为极弱酸；弱碱也按 K_b 大小分类。

【例 3-2】 已知 NH_3 的 $K_b=1.79\times10^{-5}$，求 NH_4^+ 的 K_a。

解 298K 时，$K_w=10^{-14}$，NH_4^+ 是 NH_3 的共轭酸，所以

$$K_a=\frac{K_w}{K_b}=\frac{10^{-14}}{1.79\times10^{-5}}=5.59\times10^{-10}$$

3. 质子转移平衡的移动

质子转移平衡是相对的、暂时的动态平衡。当外界条件改变时，平衡发生移动。移动的结果使得弱酸、弱碱的解离度增大或减小。一般温度变化对质子转移平衡的影响较小，影响质子转移平衡移动的主要因素是浓度、同离子效应和盐效应。

(1) 浓度对质子转移平衡的影响。在弱酸 HB 质子转移平衡体系中，加水使溶液稀释，则平衡右移，HB 浓度降低，HB 解离度 α 增大。

$$HB+H_2O \rightleftharpoons H_3O^+ + B^-$$

初始浓度 $\quad c \quad\quad 0 \quad\quad 0$

平衡浓度 $\quad c-c\alpha \quad\quad c\alpha \quad\quad c\alpha$

$$K_a=\frac{[H_3O^+][B^-]}{[HB]}=\frac{(c\alpha)^2}{c-c\alpha}=\frac{c\alpha^2}{1-\alpha}$$

弱酸属弱电解质，一般 $\alpha<5\%$，$1-\alpha\approx1$，$K_a\approx c\alpha^2$，则

$$\alpha=\sqrt{\frac{K_a}{c}} \tag{3-12}$$

式(3-12)称为稀释定律，它表明在一定温度下，弱电解质的解离度 α 与浓度 c 的定量关系。

(2) 同离子效应。在弱电解质溶液中加入与弱电解质含有相同离子的易溶强电解质，使得弱电解质解离度降低的现象，称为同离子效应(common ion effect)，可用平衡移动原理说明。

$$HAc+H_2O \rightleftharpoons H_3O^+ + Ac^-$$

$\longleftarrow$ 平衡移动方向

$$NaAc \longrightarrow Na^+ + Ac^-$$

若在弱电解质 HAc 溶液中，加入少量 NaAc，由于 NaAc 是强电解质，在溶液中全部解离为 Na^+ 和 Ac^-，使溶液中 Ac^- 浓度增大，HAc 在水溶液中质子转移，平衡向左移动，生成更多的 HAc 分子，从而降低了 HAc 解离度。

【例 3-3】 计算(1) 0.100mol · L^{-1} HAc 溶液的[H^+]和解离度 α；(2) 如果在 1L 0.100mol · L^{-1} HAc 溶液加入 0.100mol NaAc(溶液体积的增加忽略不计)，则溶液的[H^+]和解离度 α 各为多少？已知 HAc 的 $K_a = 1.76\times10^{-5}$ 。

解 (1) 未加入 Ac^- 时，有

$$HAc + H_2O \rightleftharpoons H_3O^+ + Ac^-$$

$$\alpha = \sqrt{\frac{K_a}{c}} = \sqrt{\frac{1.76\times10^{-5}}{0.100}} = 1.33\times10^{-2} = 1.33\%$$

$$[H^+] = c\,\alpha = 0.100\times1.33\times10^{-2} = 1.33\times10^{-3}(\text{mol}\cdot\text{L}^{-1})$$

(2) 加入 Ac^- 后有同离子效应存在，[H^+]≠[Ac^-]，不能用式(3-12)，设此时 [H^+]为 x mol · L^{-1}，达到新平衡时有

$$\begin{array}{lcccc} HAc & + H_2O & \rightleftharpoons & H_3O^+ & + Ac^- \\ 0.100 - x & & & x & x + 0.100 \end{array}$$

$$K_a = \frac{[H^+][Ac^-]}{[HAc]} = \frac{x(x+0.100)}{0.100 - x}$$

由于 $x \ll 0.100$，$x + 0.100 \approx 0.100$，上式可简化为 $K_a = \frac{0.100x}{0.100} = x$，则

$$[H^+] = x = K_a = 1.76\times10^{-5}(\text{mol}\cdot\text{L}^{-1})$$

$$\alpha = \frac{[H^+]}{c} = \frac{1.76\times10^{-5}}{0.100} = 1.76\times10^{-4} = 0.0176\%$$

加入 NaAc 后 HAc 解离度显著下降。在工业生产和科学实验中，人们常利用同离子效应来调节溶液中 H^+ 和 OH^- 的浓度以达到控制溶液酸度的目的。

(3) 盐效应。在弱电解质溶液中加入不含有相同离子的易溶强电解质，可使弱电解质解离度略有增大的现象称为盐效应(salt effect)。例如，在 1.00L 0.100 mol · L^{-1} HAc 溶液中加入 0.100 mol NaCl，HAc 的解离度由 1.33%增大到 1.82%。其原因是强电解质的加入增加了溶液的离子强度，使溶液中离子之间牵制作用加强，HAc 解离度略有增大。以弱酸 HB 为例：

$$HB + H_2O \rightleftharpoons H_3O^+ + B^-$$

$$K_a = \frac{a_{H^+}a_{B^-}}{a_{HB}} = \frac{\gamma_{H^+}[H^+]\cdot\gamma_{B^-}[B^-]}{[HB]} = \gamma_{H^+}\gamma_{B^-}\cdot\frac{[H^+][B^-]}{[HB]}$$

因为 $\gamma < 1$，K_a 不变，[H^+]、[B^-]必须增大。

产生同离子效应时，必然伴随盐效应，但盐效应的影响要比同离子效应小得多。因此，对离子强度不大的溶液，可以忽略盐效应。

§3.3.3　酸碱溶液 pH 计算

1. 一元弱酸溶液

一元弱酸包括分子酸(如 HAc、HCN 等)和离子酸[如 NH_4^+、$(C_2H_5)_3NH^+$

等]。它们在水溶液中存在两种质子转移平衡：

$$HB + H_2O \rightleftharpoons H_3O^+ + B^- \qquad H_2O + H_2O \rightleftharpoons H_3O^+ + OH^-$$

HB、H_3O^+、B^-、OH^-四种物质在溶液中的平衡浓度都是未知的，要精确计算相当复杂。当$c \cdot K_a > 20K_w$可以忽略水的质子转移平衡，溶液中H^+主要来自酸的质子转移平衡。

以HAc为例，设HAc的起始浓度为c，有

$$HAc + H_2O \rightleftharpoons H_3O^+ + Ac^-$$

平衡时　　　　$c-[H^+]$　　　　$[H^+]$　$[H^+]$

$$K_a = \frac{[H^+][Ac^-]}{[HAc]} = \frac{[H^+]^2}{c-[H^+]}$$

$$[H^+]^2 + K_a[H^+] - K_a c = 0$$

$$[H^+] = \frac{-K_a + \sqrt{K_a^2 + 4K_a c}}{2} \tag{3-13}$$

式(3-13)是计算一元弱酸$[H^+]$的近似公式。

通常，当$c/K_a \geqslant 400$时，质子转移平衡中$[H^+] \ll c$，则$[HAc] = c-[H^+] \approx c$，$K_a = \dfrac{[H^+]^2}{c-[H^+]}$可简化为

$$[H^+] = \sqrt{K_a \cdot c} \tag{3-14}$$

式(3-14)是计算一元弱酸$[H^+]$的最简式，误差小于5%。

【例3-4】 计算下列HAc溶液的$[H^+]$：(1) $0.10 mol \cdot L^{-1}$；(2) $1.0 \times 10^{-5} mol \cdot L^{-1}$。已知$K_a(HAc) = 1.76 \times 10^{-5}$。

解 (1) $c/K_a = \dfrac{0.100}{1.76 \times 10^{-5}} > 400$，根据最简式(3-14)，有

$$[H^+] = \sqrt{K_a c} = \sqrt{1.76 \times 10^{-5} \times 0.10} = 1.3 \times 10^{-3} (mol \cdot L^{-1})$$

(2) $c/K_a = \dfrac{1.0 \times 10^{-5}}{1.76 \times 10^{-5}} < 400$，根据近似公式(3-13)，有

$$[H^+] = \frac{-K_a + \sqrt{K_a^2 + 4K_a c}}{2}$$

$$= \frac{-1.76 \times 10^{-5} + \sqrt{(1.76 \times 10^{-5})^2 + 4 \times 1.76 \times 10^{-5} \times 1.0 \times 10^{-5}}}{2}$$

$$= 7.1 \times 10^{-6} (mol \cdot L^{-1})$$

如果根据最简式(3-14)计算$[H^+] = \sqrt{K_a \cdot c} = 1.3 \times 10^{-5} mol \cdot L^{-1} > 1.0 \times 10^{-5} mol \cdot L^{-1}$，此结果显然不合理。

【例3-5】 求$0.10 mol \cdot L^{-1}$ NH_4Cl溶液的pH。已知$K_b(NH_3) = 1.79 \times 10^{-5}$。

解 NH_4Cl溶于水后解离成NH_4^+和Cl^-。Cl^-是极弱的碱，不和水发生反应，NH_4^+与

H_2O 存在质子转移平衡：

$$NH_4^+ + H_2O \rightleftharpoons H_3O^+ + NH_3$$

$$K_a = \frac{K_w}{K_b} = \frac{1.0\times10^{-14}}{1.79\times10^{-5}} = 5.6\times10^{-10}$$

$c/K_a = \dfrac{0.10}{5.6\times10^{-10}} > 400$，根据最简式(3-14)，有

$$[H^+] = \sqrt{K_a \cdot c} = \sqrt{5.6\times10^{-10}\times0.10} = 7.5\times10^{-6}(mol\cdot L^{-1})$$

$$pH = 5.13$$

2. *一元弱碱溶液*

一元弱碱包括分子碱(如 NH_3)和离子碱(如 Ac^-)。一元弱碱$[OH^-]$的计算公式和一元弱酸相似，只是$[H^+]$换成$[OH^-]$，K_a 换成 K_b。

近似公式：

$$[OH^-] = \frac{-K_b + \sqrt{K_b^2 + 4K_b c}}{2}$$

(适用条件 $c\cdot K_b > 20K_w$；$c/K_b < 400$)　　(3-15)

最简式：

$$[OH^-] = \sqrt{K_b c}$$

(适用条件 $c\cdot K_b < 20K_w$；$c/K_b > 400$)　　(3-16)

【例 3-6】 求 0.10mol · L^{-1} NaAc 溶液的 pH。已知 $K_a(HAc) = 1.76\times10^{-5}$。

解　NaAc 在水中完全解离，Ac^- 与 H_2O 存在质子转移平衡：

$$Ac^- + H_2O \rightleftharpoons HAc + OH^-$$

$$K_b = \frac{K_w}{K_a} = 5.68\times10^{-10}$$

$c/K_b = \dfrac{0.10}{5.68\times10^{-10}} > 400$，根据最简式(3-16)，有

$$[OH^-] = \sqrt{K_b c} = \sqrt{5.68\times10^{-10}\times0.10} = 7.5\times10^{-6}(mol\cdot L^{-1})$$

$$pOH = 5.12 \qquad pH = 14 - 5.13 = 8.88$$

3. *多元酸(碱)溶液*

多元酸(如 H_2CO_3、H_2S、H_3PO_4 等)与水的质子传递反应是分步进行的，以 H_2CO_3 为例。

$$H_2CO_3 + H_2O \rightleftharpoons H_3O^+ + HCO_3^- \quad K_{a_1} = \frac{[HCO_3^-][H^+]}{[H_2CO_3]} = 4.30\times10^{-7}$$

$$HCO_3^- + H_2O \rightleftharpoons H_3O^+ + CO_3^{2-} \quad K_{a_2} = \frac{[CO_3^{2-}][H^+]}{[HCO_3^-]} = 5.61\times10^{-11}$$

由于 $K_{a_1} \gg K_{a_2}$，酸的强度 $H_2CO_3 \gg HCO_3^-$，碱的强度 $CO_3^{2-} \gg HCO_3^-$。当

$K_{a_1}/K_{a_2}>10^2$，溶液中$[H^+]$主要来自第一步质子转移平衡，忽略第二步质子转移产生的H^+，可将多元酸当作一元弱酸处理。注意，这里$[H^+]$和$[HCO_3^-]$是指溶液中的平衡浓度，它们必须同时满足溶液中的所有平衡。

【例 3-7】 计算室温下H_2CO_3饱和溶液（$0.040mol\cdot L^{-1}$）的$[H^+]$、$[HCO_3^-]$、$[H_2CO_3]$、$[CO_3^{2-}]$。

解 $K_{a_1}/K_{a_2}>10^2$，忽略第二步质子转移产生的H^+，按一元弱酸处理。

$c/K_{a_1}=\dfrac{0.040}{4.30\times10^{-7}}>400$，根据最简式(3-14)，有

$$[H^+]=\sqrt{K_{a_1}\cdot c}=\sqrt{4.30\times10^{-7}\times0.040}=1.3\times10^{-4}(mol\cdot L^{-1})$$

$$[HCO_3^-]\approx[H^+]=1.3\times10^{-4}(mol\cdot L^{-1})$$

$$[H_2CO_3]=0.040-1.3\times10^{-4}\approx0.040(mol\cdot L^{-1})$$

CO_3^{2-} 是第二步质子转移的产物，用K_{a_2}计算：

$$K_{a_2}=\frac{[CO_3^{2-}][H^+]}{[HCO_3^-]}=5.6\times10^{-11}$$

因$[HCO_3^-]\approx[H^+]$，故$[CO_3^{2-}]\approx K_{a_2}=5.6\times10^{-11}(mol\cdot L^{-1})$。

对于没有同离子效应时的多元弱酸溶液，可以得出如下结论：

(1) 当多元弱酸的$K_{a_1}\gg K_{a_2}\gg K_{a_3}$，且$K_{a_1}/K_{a_2}>10^2$时，计算$[H^+]$可按一元弱酸处理，因此$K_{a_1}$可作为衡量多元弱酸强度的标志。

(2) 多元弱酸第二步质子转移平衡产物共轭碱的浓度近似等于K_{a_2}，与酸的起始浓度关系不大，如H_3PO_4中$[HPO_4^{2-}]=K_{a_2}$。

(3) 若改变多元弱酸溶液的pH，将使质子转移平衡发生移动，其平衡关系为

$$K=K_{a_1}\cdot K_{a_2}=\frac{[CO_3^{2-}][H^+]^2}{[H_2CO_3]} \tag{3-17}$$

多元弱碱，如CO_3^{2-}、S^{2-}、PO_4^{3-}等，其质子转移与多元弱酸相似。例如

$$CO_3^{2-}+H_2O \rightleftharpoons HCO_3^-+OH^- \qquad K_{b_1}=K_w/K_{a_2}=1.78\times10^{-4}$$

$$HCO_3^-+H_2O \rightleftharpoons H_2CO_3+OH^- \qquad K_{b_2}=K_w/K_{a_1}=2.38\times10^{-8}$$

多元弱碱$K_{b_1}\gg K_{b_2}$，$K_{b_1}/K_{b_2}>10^2$时，计算$[OH^-]$可按一元弱碱处理；K_{b_1}可作为衡量弱碱强度的标志。

【例 3-8】 求$0.10mol\cdot L^{-1}$ Na_2CO_3溶液的pH和$[H_2CO_3]$。

解 $K_{b_1}/K_{b_2}>10^2$，忽略第二步质子转移产生的OH^-，按一元弱碱处理。

$c/K_{b_1}=\dfrac{0.10}{1.78\times10^{-4}}>400$，根据最简式(3-16)，有

$$[OH^-]=\sqrt{K_{b_1}c}=\sqrt{1.78\times10^{-4}\times0.10}=4.2\times10^{-3}(mol\cdot L^{-1})$$

$$pOH=2.37 \qquad pH=11.62$$

因为$[OH^-]\approx[HCO_3^-]$，所以

$$K_{b_2}=\frac{[H_2CO_3][OH^-]}{[HCO_3^-]}=[H_2CO_3]=2.4\times10^{-8}$$

4. 两性物质

质子理论认为既能接受质子又能给出质子的物质是两性物质，一般可分为三种类型：①两性阴离子型（多元酸的酸根离子），如 HCO_3^-、HPO_4^{2-}、$H_2PO_4^-$；②阳离子酸和阴离子碱型（弱酸弱碱盐），如 NH_4Ac；③氨基酸型，如 H_2NCH_2COOH。两性物质在溶液中质子转移平衡比较复杂，本节只给出近似计算公式，以 HCO_3^- 为例。

HCO_3^- 作为酸与 H_2O 发生质子转移：

$$HCO_3^-+H_2O \rightleftharpoons CO_3^{2-}+H_3O^+$$

HCO_3^- 作为碱与 H_2O 发生质子转移：

$$HCO_3^-+H_2O \rightleftharpoons H_2CO_3+OH^-$$

溶液中水的质子自递反应为

$$H_2O+H_2O \rightleftharpoons H_3O^++OH^-$$

当 $c\cdot K_{a_2}>20K_w$，可忽略水的自递反应，当 $c>20K_{a_1}$，两性物质浓度较大，计算两性物质$[H^+]$近似公式为

$$[H^+]=\sqrt{K_{a_1}\cdot K_{a_2}} \tag{3-18}$$

$$pH=\frac{1}{2}(pK_{a_1}+pK_{a_2}) \tag{3-19}$$

同理，对于 $H_2PO_4^-$ 溶液有

$$[H^+]=\sqrt{K_{a_1}\cdot K_{a_2}} \quad 或 \quad pH=\frac{1}{2}(pK_{a_1}+pK_{a_2})$$

K_{a_1}、K_{a_2} 分别为 H_3PO_4 的一级、二级酸常数。

对于 HPO_4^{2-} 溶液：

$$[H^+]=\sqrt{K_{a_2}\cdot K_{a_3}} \quad 或 \quad pH=\frac{1}{2}(pK_{a_2}+pK_{a_3})$$

K_{a_2}、K_{a_3} 分别为 H_3PO_4 的二级、三级酸常数。

对于阳离子酸型和阴离子碱型的两性物质（弱酸弱碱盐），以 NH_4Ac 为例，K_a 表示阳离子酸 NH_4^+ 的酸常数，K_a'表示阴离子碱 Ac^- 的共轭酸 HAc 的酸常数。

当 $c\cdot K_a>20K_w$，$c>20K_a'$，有

$$[H^+]=\sqrt{K_a\cdot K_a'} \tag{3-20}$$

$$pH=\frac{1}{2}(pK_a+pK_a') \tag{3-21}$$

【例 3-9】 求 $0.10mol\cdot L^{-1}$ NH_4F 溶液的 pH。已知 $pK_a(NH_4^+)=9.25$，$pK_a'(HF)=3.20$。

解　$c \cdot K_a > 20K_w$，$c > 20K'_a$，根据式(3-21)，有

$$pH = \frac{1}{2}(pK_a + pK'_a) = \frac{1}{2}(9.25 + 3.20) = 6.23$$

§3.4　沉淀-溶解平衡

在强电解质中，有一类物质在水中溶解度(solubility)较小，但溶解的部分是全部解离的，如 AgCl、$CaCO_3$、PbS 等，称为难溶强电解质。难溶通常是指在 25℃时溶解度小于 0.01g /[100g (H_2O)]的电解质。在含有难溶强电解质的饱和溶液中存在未溶解固体与已溶解的离子之间的平衡，称为沉淀溶解平衡(precipitation-dissolution equilibrium)。与酸碱平衡不同的是，这是一种多相体系平衡。而弱酸、弱碱的解离平衡，均属于单相体系的平衡。

§3.4.1　溶度积

1. *溶度积常数*

难溶强电解质(如 AgCl、$BaSO_4$ 等)在水中的溶解度很小，但它们是离子型晶体，一旦溶解就完全解离。当溶解速率与沉淀速率相等，溶液达到饱和时，未溶解的固体与已溶解的离子之间将形成一个动态平衡。AgCl 的沉淀溶解平衡可表示如下：

$$AgCl(s) \underset{\text{沉淀}}{\overset{\text{溶解}}{\rightleftharpoons}} Ag^+(aq) + Cl^-(aq)$$

其平衡常数为

$$K = \frac{[Ag^+][Cl^-]}{[AgCl]}$$

固体 AgCl 的浓度为一常数，与 K 合并得一新的常数，以 K_{sp} 表示，则

$$K_{sp} = [Ag^+][Cl^-]$$

K_{sp}称为溶度积常数(solubility product constant)，简称溶度积(solubility product)。它表明在一定温度下，难溶强电解质的饱和溶液中，有关离子浓度幂的乘积是一个常数。它的大小与难溶强电解质的溶解度有关，故称为溶度积常数。

严格地说，溶度积应以离子活度幂的乘积(简称活度积 K_{ap})来表示。由于难溶强电解质的溶解度很小，溶液中离子强度不大，离子的活度与浓度相差甚微，故 $K_{sp} \approx K_{ap}$。通常在计算中为了方便，可用 K_{sp} 代替 K_{ap}。不同类型难溶强电解质溶度积的表达形式不同。

(1) AB 型：由一个阳离子和一个阴离子形成的难溶强电解质，如 AgCl、$BaSO_4$ 等，它们在水溶液中的沉淀与溶解平衡关系式以及溶度积表达式为

$$AB(s) \rightleftharpoons A^+ + B^- \qquad K_{sp} = [A^+][B^-]$$

(2) AB_2 型：如 PbI_2、$Ca(OH)_2$ 等，则有

$$AB_2(s) \rightleftharpoons A^{2+} + 2B^- \qquad K_{sp} = [A^{2+}][B^-]^2$$

(3) A_2B 型：如 Ag_2CrO_4、Ag_2S 等，则有

$$A_2B(s) \rightleftharpoons 2A^+ + B^{2-} \qquad K_{sp} = [A^+]^2[B^{2-}]$$

若写成一般形式则为

$$A_mB_n(s) \rightleftharpoons mA^{n+} + nB^{m-} \qquad K_{sp} = [A^{n+}]^m[B^{m-}]^n \tag{3-22}$$

应用式(3-22)时须注意：只有难溶强电解质为饱和溶液时才能成立，否则溶液中就不能建立动态平衡，也就不能导出上述关系式；公式中是有关离子的浓度，而不是难溶强电解质的浓度，K_{sp}与沉淀的量无关；溶液中离子浓度改变只能使平衡移动，而不能改变溶度积。

K_{sp}与其他平衡常数一样，只与物质的本性和温度有关，当温度一定时，同一物质的 K_{sp} 为一常数；温度不同时，溶解度不同，K_{sp}也不同。一些难溶强电解质的溶度积列于本书附录Ⅲ中。

2. 溶度积和溶解度的相互换算

溶度积与溶解度都可以用来表示难溶强电解质的溶解能力。当温度一定时，对于相同类型的难溶强电解质，K_{sp}越大，其溶解度越大；反之，则越小。但对不同类型的难溶强电解质，则不能直接由 K_{sp}来比较其溶解度的大小，必须通过计算作出判断。

根据溶度积和溶解度的关系，一般可以对溶解度和溶度积进行相互换算，由于难溶电解质类型不同，两者之间换算关系式不同。换算时应注意浓度的单位，溶解度和离子浓度的单位必须用 $mol \cdot L^{-1}$表示。

【例 3-10】 25℃时，AgCl 的溶解度为 $1.91\times10^{-3}\ g \cdot L^{-1}$，试求该温度下 AgCl 的溶度积(AgCl 的相对分子质量为 143.4)。

解 AgCl 的溶解度以 $mol \cdot L^{-1}$表示时为

$$\frac{1.91\times10^{-3}}{143.4} = 1.33\times10^{-5}\ (mol \cdot L^{-1})$$

AgCl 为 AB 型难溶强电解质，所以

$$[Ag^+] = [Cl^-] = 1.33\times10^{-5}\ mol \cdot L^{-1}$$

$$K_{sp} = [Ag^+][Cl^-] = (1.33\times10^{-5})^2 = 1.77\times10^{-10}$$

【例 3-11】 Ag_2CrO_4 在 298K 时的溶解度为 $6.54\times10^{-3}\ mol \cdot L^{-1}$，计算其溶度积。

解 Ag_2CrO_4 按下式溶于水形成饱和溶液：

$$Ag_2CrO_4(s) \rightleftharpoons 2Ag^+ + CrO_4^{2-}$$

由上述溶解平衡式可知，每溶解 1mol Ag_2CrO_4，必生成 1mol CrO_4^{2-}、2mol Ag^+。

因此 $[Ag^+] = 2\times6.54\times10^{-3}\ mol \cdot L^{-1}$，$[CrO_4^{2-}] = 6.54\times10^{-3}\ mol \cdot L^{-1}$

$$K_{sp}(Ag_2CrO_4) = [Ag^+]^2[CrO_4^{2-}] = (2\times6.54\times10^{-3})^2(6.54\times10^{-3}) = 1.12\times10^{-12}$$

【例 3-12】 298K 时，$Mg(OH)_2$ 的 K_{sp} 为 5.61×10^{-12}，求该温度下以 $mol\cdot L^{-1}$ 表示的 $Mg(OH)_2$ 的溶解度。

解 设 $Mg(OH)_2$ 的溶解度为 $S mol\cdot L^{-1}$，则

$$Mg(OH)_2(s) \rightleftharpoons Mg^{2+} + 2OH^-$$
$$S \qquad 2S$$

$$K_{sp} = [Mg^{2+}][OH^-]^2$$
$$= S(2S)^2 = 4S^3 = 5.61\times10^{-12}$$
$$S = \sqrt[3]{5.61\times10^{-12}/4} = 1.12\times10^{-4}(mol\cdot L^{-1})$$

应该指出，由于影响难溶强电解质溶解度的因素很多，因此上述 K_{sp} 与溶解度间的相互换算仅适用于下列情况：

(1) 离子强度很小，浓度可以代替活度的难溶强电解质溶液。对于溶解度较大的微溶电解质（如 $CaSO_4$、$CaCrO_4$ 等），由于离子强度较大，用上述方法换算将产生较大的误差。

(2) 溶解后解离出的正、负离子在水溶液中不发生水解等副反应或副反应程度很小的物质。对于微溶的硫化物、碳酸盐、磷酸盐等，由于 S^{2-}、CO_3^{2-}、PO_4^{3-} 的水解，就不宜用上述方法换算。

(3) 离子型难溶强电解质。对于共价型难溶电解质（如 Hg_2Cl_2，Hg_2I_2），由于溶液中还存在溶解了的分子与水合离子间的解离平衡，用上述方法换算也会产生较大的误差。

3. 溶度积规则

影响沉淀溶解平衡的因素很多，与弱酸、弱碱的质子转移平衡类似，易溶强电解质对沉淀溶解平衡也产生同离子效应和盐效应。沉淀溶解平衡的移动具体表现为沉淀的生成与溶解，可以根据溶度积规则予以判断。

在难溶强电解质的溶液中，任意情况下离子浓度幂的乘积称为离子积（ionic product），用符号 IP 表示。例如，难溶强电解质 A_mB_n 的离子积 $IP = c^m(A^{n+})\cdot c^n(B^{m-})$。对于某一给定的溶液，IP 与 K_{sp} 间的大小关系可能有三种情况：

(1) $IP = K_{sp}$，此时溶液为饱和溶液，溶液中的沉淀与溶解达到动态平衡。若溶液中有未溶固体，则上清液为饱和溶液。

(2) $IP > K_{sp}$，此时溶液为过饱和，体系处于非平衡状态，可析出沉淀，直至建立平衡。

(3) $IP < K_{sp}$，此时溶液为未饱和，体系处于非平衡状态，无沉淀生成。若向溶液加入固体，固体会溶解，直至建立平衡。

上述 IP 与 K_{sp} 的关系是难溶强电解质多相离子平衡移动规律的总结，称为溶度积规则。根据溶度积规则可以控制溶液中难溶强电解质的离子浓度，使之产生

沉淀或使沉淀溶解。

§3.4.2　沉淀的生成

根据溶度积规则可知，要使沉淀自溶液中析出，必须增大溶液中有关离子的浓度，使难溶强电解质的离子积大于溶度积，即 IP＞K_{sp}。一般可采取以下几种措施。

1. 加入过量沉淀剂

【例 3-13】 已知 $BaSO_4$ 的溶度积 $K_{sp}=1.07\times10^{-10}$，若在 $0.010mol\cdot L^{-1}$ 的 $BaCl_2$ 溶液中加入等体积的 $0.010mol\cdot L^{-1}$ Na_2SO_4 溶液，是否有沉淀生成？

解　当两溶液等体积混合时，Ba^{2+} 和 SO_4^{2-} 的浓度都减至原来的一半，即

$$c(Ba^{2+})=c(SO_4^{2-})=\frac{0.010}{2}=0.0050(mol\cdot L^{-1})$$

$$c(Ba^{2+})\cdot c(SO_4^{2-})=0.0050\times0.0050=2.5\times10^{-5}$$

此时

$$2.5\times10^{-5}\gg1.07\times10^{-10}$$

表明 IP＞K_{sp}，所以有 $BaSO_4$ 沉淀生成。

2. 控制溶液的 pH

通过控制溶液的 pH，可以使某些难溶的弱酸盐及氢氧化物沉淀或溶解。

【例 3-14】 已知 $K_{sp}[Fe(OH)_3]=2.79\times10^{-39}$，计算欲使 $0.0100mol\cdot L^{-1}$ 的 Fe^{3+} 开始生成 $Fe(OH)_3$ 沉淀和沉淀完全（通常指 $[Fe^{3+}]\leqslant1.00\times10^{-5}mol\cdot L^{-1}$）时溶液的 pH。

解　根据沉淀溶解平衡时的 K_{sp} 有

$$Fe(OH)_3(s)\rightleftharpoons Fe^{3+}+3OH^-$$

$$[OH^-]=\sqrt[3]{\frac{K_{sp}}{[Fe^{3+}]}}$$

$$K_{sp}=[Fe^{3+}][OH^-]^3$$

(1) 开始沉淀所需 $[OH^-]$ 的最低浓度：

$$[OH^-]=\sqrt[3]{\frac{2.79\times10^{-39}}{0.0100}}=6.53\times10^{-13}(mol\cdot L^{-1})$$

$$pOH=13-\lg6.53=12.19$$

$$pH=1.81$$

(2) 沉淀完全时：

$$[Fe^{3+}]\leqslant1.00\times10^{-5}mol\cdot L^{-1}$$

$$[OH^-]=\sqrt[3]{\frac{2.79\times10^{-39}}{1.00\times10^{-5}}}=6.53\times10^{-12}(mol\cdot L^{-1})$$

$$pH\geqslant[14-(12-\lg6.53)]=2.83$$

溶液 pH 必须大于 2.83 才能沉淀完全。

3. 同离子效应与盐效应

根据化学平衡移动规律，在难溶强电解质饱和溶液中加入含有相同离子的易溶强电解质时，难溶强电解质的多相离子平衡将向生成沉淀方向移动，其结果使得难溶强电解质的溶解度降低，这种现象就是沉淀溶解平衡中的同离子效应。

【例 3-15】 已知在 298K 时 $BaSO_4$ 在纯水中的溶解度为 $1.0\times10^{-5}\,mol\cdot L^{-1}$，试计算在 $0.10mol\cdot L^{-1}\,Na_2SO_4$ 溶液中的溶解度，并与 $BaSO_4$ 在水中的溶解度相比较。

解 设 $BaSO_4$ 在 $0.10mol\cdot L^{-1}\,Na_2SO_4$ 溶液中的溶解度为 $S\,mol\cdot L^{-1}$，则

$$BaSO_4(s) \rightleftharpoons Ba^{2+} + SO_4^{2-}$$

平衡浓度/($mol\cdot L^{-1}$)　　　S　　　$0.10+S\approx0.10$

$$K_{sp}=[Ba^{2+}][SO_4^{2-}]=S(0.10+S)\approx0.10S=1.07\times10^{-10}$$

$$S=1.1\times10^{-9}\,mol\cdot L^{-1}$$

计算结果表明，$BaSO_4$ 的溶解度从 $1.0\times10^{-5}\,mol\cdot L^{-1}$ 降低到 $1.1\times10^{-9}\,mol\cdot L^{-1}$，几乎是纯水中的万分之一，这就是同离子效应的结果。

实际工作中，根据同离子效应降低难溶强电解质的溶解度的原理，加入适当过量沉淀剂就可使沉淀反应更完全。在定量分析中，如果溶液中残留的离子浓度小于 $1.0\times10^{-5}\,mol\cdot L^{-1}$，便可认为沉淀已经“完全”。

若在难溶强电解质溶液中，加入不含相同离子的易溶强电解质，将使难溶强电解质的溶解度略有增加，这种现象称为盐效应。例如，$BaSO_4$ 在 KNO_3 溶液中的溶解度就比在纯水中大一些，并且 KNO_3 的浓度越大，$BaSO_4$ 的溶解度也变大。

必须指出的是，在加入含有相同离子的易溶强电解质产生同离子效应的同时，也能产生盐效应。前者使沉淀的溶解度降低，后者使溶解度增大，但一般盐效应不如同离子效应明显，故在一般计算中可忽略盐效应。

§3.4.3 分步沉淀和沉淀的转化

1. 分步沉淀

如果在溶液中有两种以上的离子可与同一试剂反应产生沉淀，首先析出的是离子积最先达到溶度积的化合物。这种按先后顺序沉淀的现象，称为分步沉淀(fractional precipitate)。例如，在含有相同浓度的 I^- 和 Cl^- 的溶液中，逐滴加入 $AgNO_3$ 溶液，最先看到淡黄色 AgI 沉淀，至加到一定量 $AgNO_3$ 溶液后，才生成白色 AgCl 沉淀，通过下面的例子可以说明最先达到溶度积的 I^- 首先沉淀。

【例 3-16】 在含有 $0.010mol\cdot L^{-1}\,Cl^-$ 和 I^- 的溶液中，逐滴加入 $AgNO_3$：(1) AgCl 和 AgI 哪个先析出？(2) 当 AgCl 开始沉淀时，溶液中 I^- 的浓度为多少？

解 已知 $K_{sp}(AgCl)=1.77\times10^{-10}$，$K_{sp}(AgI)=8.51\times10^{-17}$。

(1) AgCl 开始沉淀所需 Ag^+ 的最低浓度为

$$c(Ag^+)=\frac{1.77\times10^{-10}}{0.010}=1.8\times10^{-8}(mol\cdot L^{-1})$$

AgI 开始沉淀所需 Ag^+ 的最低浓度为

$$c(Ag^+)=\frac{8.51\times10^{-17}}{0.010}=8.5\times10^{-15}(mol\cdot L^{-1})$$

计算结果表明，沉淀 I^- 所需的 Ag^+ 浓度比沉淀 Cl^- 所需的 Ag^+ 浓度小得多，所以 AgI 先析出。

(2) 当 AgCl 开始沉淀时，溶液对 AgCl 来说已达到饱和，此时 $[Ag^+]\geqslant1.77\times10^{-8}\,mol\cdot L^{-1}$ 并同时满足这两个沉淀溶解平衡，所以

$$[I^-]=\frac{K_{sp}(AgI)}{[Ag^+]}=\frac{8.51\times10^{-17}}{1.8\times10^{-8}}=4.8\times10^{-9}(mol\cdot L^{-1})$$

由计算可知，当 AgCl 开始沉淀时，$[I^-]<10^{-5}\,mol\cdot L^{-1}$，已沉淀完全。

可见对于同种类型的难溶强电解质来说，K_{sp} 小的先沉淀，而且溶度积差别越大，后沉淀离子(例 3-16 中的 Cl^-)的浓度越小，分离的效果越好。但对于不同类型的难强溶电解质，因有不同浓度幂次关系，就不能直接根据其溶度积的大小来判断沉淀的先后次序和分离效果。

【例 3-17】　在浓度均为 $0.010mol\cdot L^{-1}$ 的 KCl 和 K_2CrO_4 的混合溶液中，逐滴加入 $AgNO_3$ 溶液时，AgCl 和 Ag_2CrO_4 哪个先沉淀析出？

解　　$K_{sp}(AgCl)=1.77\times10^{-10}$，$K_{sp}(Ag_2CrO_4)=1.12\times10^{-12}$

$$AgCl(s)\rightleftharpoons Ag^++Cl^-$$

$$K_{sp}=[Ag^+][Cl^-]$$

AgCl 开始沉淀时所需 $[Ag^+]$ 为

$$[Ag^+]=\frac{K_{sp}(AgCl)}{[Cl^-]}=\frac{1.77\times10^{-10}}{0.010}=1.8\times10^{-8}(mol\cdot L^{-1})$$

$$Ag_2CrO_4(s)\rightleftharpoons 2Ag^++CrO_4^{2-}$$

$$K_{sp}(Ag_2CrO_4)=[Ag^+]^2[CrO_4^{2-}]$$

Ag_2CrO_4 开始沉淀时所需 $[Ag^+]$ 为

$$[Ag^+]=\sqrt{\frac{K_{sp}(Ag_2CrO_4)}{[CrO_4^{2-}]}}=\sqrt{\frac{1.12\times10^{-12}}{0.010}}=1.1\times10^{-5}(mol\cdot L^{-1})$$

虽然 Ag_2CrO_4 的 K_{sp} 比 AgCl 的小，但沉淀 Cl^- 所需的 $[Ag^+]$ 却比沉淀 CrO_4^{2-} 所需 $[Ag^+]$ 小得多，在这种情况下，反而 K_{sp} 大的 AgCl 先沉淀。

分步沉淀常应用于离子的分离。当一种试剂能沉淀溶液中几种离子时，生成沉淀所需试剂离子浓度越小的越先沉淀；如果生成各个沉淀所需试剂离子的浓度相差较大，就能分步沉淀，从而达到分离目的。当然，分离效果还与溶液中被沉淀离子的起始浓度有关。

2. 沉淀转化

在实际工作中，常需要将沉淀从一种形式转化为另一种形式。例如，锅炉中锅垢含有$CaSO_4$不易去除，可以用Na_2CO_3处理，使其转化为易溶于酸的沉淀 $CaCO_3$，便于清除。

$$CaSO_4(s)+Na_2CO_3 \longrightarrow CaCO_3(s)+Na_2SO_4$$

这种把一种沉淀转化为另一种沉淀的过程，称为沉淀转化(inversion of preciptate)。

应该指出，由一种难溶强电解质转化为另一种更难溶强电解质是比较容易的，反之，则比较困难，甚至不可能转化。

§3.4.4 沉淀的溶解

根据溶度积规则，要使沉淀溶解，只需加入适当试剂，降低溶液中难溶电解质的某种离子浓度，使离子积小于该物质的溶度积，即 IP<K_{sp}。常用的方法有以下几种。

1. 生成弱电解质

难溶强电解质由于生成难解离的水、弱酸、弱碱等弱电解质而使难溶强电解质沉淀溶解。

例如，CaC_2O_4 在水中不易溶解，加入 HCl 溶液后，CaC_2O_4 逐渐溶解：

$$\begin{array}{rcl} CaC_2O_4 \rightleftharpoons Ca^{2+} + & C_2O_4^{2-} & \\ & + & \\ HCl \longrightarrow Cl^- + & H^+ & \\ & \Updownarrow & \\ & HC_2O_4^- & \xrightleftharpoons{+H^+} H_2C_2O_4 \end{array}$$

这是因为加入 HCl 溶液后，H^+ 与 $C_2O_4^{2-}$ 结合成弱酸根 $HC_2O_4^-$，使溶液中的 $C_2O_4^{2-}$ 浓度降低，平衡向右移动，所以 CaC_2O_4 沉淀溶解。

又如，$Mg(OH)_2$沉淀溶解于 HCl 溶液，是由于 HCl 中的 H^+ 与 $Mg(OH)_2$ 解离的 OH^-相结合，生成难解离的水，致使 Mg^{2+} 和 OH^- 的离子积小于 $Mg(OH)_2$ 的溶度积，因而使沉淀溶解。

$$\begin{array}{rc} Mg(OH)_2 \rightleftharpoons Mg^{2+} + & 2OH^- \\ & + \\ 2HCl \longrightarrow 2Cl^- + & 2H^+ \\ & \Updownarrow \\ & 2H_2O \end{array}$$

2. 生成配合物

有些沉淀由于形成难解离的配离子，而使难溶强电解质的沉淀溶解。

例如，AgCl 能溶于氨水，就是由于发生了配位反应，生成微弱解离的配离子 $[Ag(NH_3)_2]^+$，从而降低了溶液中 Ag^+ 的浓度，使 AgCl 沉淀溶解。

$$AgCl(s) \rightleftharpoons Ag^+ + Cl^-$$
$$+$$
$$2NH_3 \rightleftharpoons [Ag(NH_3)_2]^+$$

3. 利用氧化还原反应

通过氧化还原反应可改变离子的价态，从而降低溶液中某种离子浓度，使沉淀溶解。例如，As_2S_3 不溶于盐酸，这是由于其 K_{sp} 数值特别小，在饱和溶液中存在的 S^{2-} 浓度非常小，所以在盐酸中难以形成 H_2S。在稀硝酸作用下，As_2S_3 虽可溶解，但 S^{2-} 被氧化成不溶于水的单质 S。用浓硝酸把 S^{2-} 氧化成 SO_4^{2-}，As^{3+} 被氧化为 AsO_4^{3-}，As_2S_3 才完全溶解。

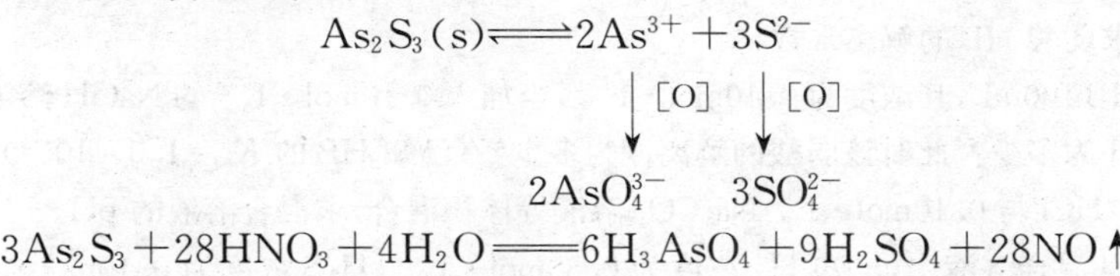

$$As_2S_3(s) \rightleftharpoons 2As^{3+} + 3S^{2-}$$
$$\downarrow [O] \quad \downarrow [O]$$
$$2AsO_4^{3-} \quad 3SO_4^{2-}$$
$$3As_2S_3 + 28HNO_3 + 4H_2O = 6H_3AsO_4 + 9H_2SO_4 + 28NO\uparrow$$

知识拓展：尿结石的形成

尿是通过肾脏排泄出来的物质。据分析，尿液中含有 Ca^{2+}、Mg^{2+}、NH_4^+、$C_2O_4^{2-}$、PO_4^{3-}、H^+ 和 OH^- 等离子，这些物质可以形成尿结石。

在人体内，尿形成的第一步是进入肾脏的血液并在肾小球的组织内过滤，把蛋白质、细胞等大分子和“有形物质”滤掉，出来的滤液就是原始的尿，这些尿经过肾小管进入膀胱。来自肾小球的滤液通常对草酸钙是过饱和的，即 $IP = c(Ca^{2+})c(C_2O_4^{2-}) > K_{sp}(CaC_2O_4)$。在血液中有蛋白质这样的结晶抑制剂，黏度也比较大，所以草酸钙难以形成沉淀。经过肾小球过滤后，蛋白质等大分子被去掉，黏度也大大降低，因此在进入肾小管之前或管内会有 CaC_2O_4 结晶形成。这种现象在许多没有尿结石病的人尿中也会发生，不过不会形成大的结石堵塞通道，这种 CaC_2O_4 小结石在肾小管中停留时间短，容易随尿液排出，则不会形成结石。有些人之所以形成结石病，是由于尿中成石抑制物浓度太低，或肾功能不好，滤液流动速率太慢，在肾小管内停留时间较长等，在这一段细小管道中就会形成结石。因此，医学上可用加快排尿速率（降低滤液停留时间）、增加尿液排出量（降低体内 Ca^{2+}、$C_2O_4^{2-}$ 的浓度）等防治尿结石。日常多饮水，是防治尿结石的一种简便方法。

习　题

1. 计算 0.10mol·kg^{-1} $K_3[Fe(CN)_6]$ 溶液的离子强度。
2. 根据酸碱质子理论，下列物质在水溶液中哪些是酸？哪些是碱？哪些是两性物质？写出它们的共轭酸或共轭碱。

HS^-、HCO_3^-、CO_3^{2-}、ClO^-、OH^-、H_2O、NH_3、$[Cu(H_2O)_4]^{2+}$

3. 计算下列溶液的 pH：(1) 0.10mol·L^{-1} HCN；(2) 0.10mol·L^{-1} KCN；(3) 0.020mol·L^{-1} NH_4Cl；(4) 500mL 含 0.17g NH_3 溶液。
4. 实验测得某氨水的 pH 为 11.26，已知 $K_b(NH_3)=1.79\times10^{-5}$，求氨水的浓度。
5. 将 0.10mol·L^{-1} HB 溶液 50mL 与 0.10mol·L^{-1} KOH 20mL 混合，并稀释至 100mL，测得 pH 为 5.25，求弱酸 HB 的解离常数。
6. 某一元弱酸 HB 100mL，其浓度为 0.10mol·L^{-1}，当加入 0.10mol·L^{-1} 的 NaOH 溶液 50mL 后，溶液的 pH 为多少？此时该弱酸的解离度为多少？（已知 HB 的 $K_a=1.0\times10^{-5}$）
7. 0.10mol·L^{-1} HCl 与 0.10mol·L^{-1} Na_2CO_3 溶液等体积混合，求混合溶液的 pH。
8. 在 H_2S 和 HCl 混合溶液中，已知 H^+ 浓度为 0.30mol·L^{-1}，H_2S 浓度为 0.10mol·L^{-1}，求该溶液中 S^{2-} 的浓度。（H_2S 的 $K_{a_1}=5.10\times10^{-8}$，$K_{a_2}=1.20\times10^{-15}$）
9. 已知 Ag_2S 的 $K_{sp}=6.69\times10^{-50}$，PbS 的 $K_{sp}=9.04\times10^{-29}$，在各自的饱和溶液中，$[Ag^+]$、$[Pb^{2+}]$ 各是多少（mol·L^{-1}）？
10. 已知 298K 时 PbI_2 在纯水中的溶解度为 1.35×10^{-3} mol·L^{-1}，求其溶度积。
11. Ag^+、Pb^{2+} 两种离子的质量浓度均为 100mg·L^{-1}，要使之生成碘化物沉淀，需用最低的 $[I^-]$ 各为多少？AgI 和 PbI_2 沉淀哪个先析出？[已知 $K_{sp}(AgI)=8.51\times10^{-17}$，$K_{sp}(PbI_2)=8.49\times10^{-9}$]
12. 一种溶液含有 Fe^{3+} 和 Fe^{2+}，它们的浓度均为 0.010mol·L^{-1}，当 $Fe(OH)_2$ 开始沉淀时，Fe^{3+} 的浓度是多少？[已知 $K_{sp}(Fe(OH)_3)=2.64\times10^{-39}$，$K_{sp}(Fe(OH)_2)=4.87\times10^{-17}$]

（于素华）

第4章 缓冲溶液

许多化学反应常需要在一定的酸度下进行。人体血液 pH 正常在 7.35～7.45,如果超出这个范围,细胞的正常生理功能就会丧失,某些酶的活性也会受到影响。然而正常生理条件下,组织细胞在代谢过程中不断产生酸性物质或碱性物质进入血液,摄入的某些食物或药物也有酸性或碱性作用,但血液 pH 仍稳定地维持在上述狭窄范围内,这些都与血液的缓冲作用密切相关。学习缓冲溶液的基本原理及配制方法等基本知识,在医学上具有重要意义。

§4.1 缓冲溶液的基本概念

§4.1.1 缓冲溶液及其作用原理

取纯水、NaCl 溶液和 HAc-NaAc 的混合溶液各 1.0L,分别加入等量的酸或碱,溶液的 pH 变化见表 4-1。

表 4-1 强酸强碱的加入对溶液 pH 的影响

试液	pH	加入 0.010mol HCl		加入 0.010mol NaOH	
		pH	ΔpH	pH	ΔpH
H_2O	7	2	5	12	5
0.1mol·L^{-1}NaCl	7	2	5	12	5
0.1mol·L^{-1}HAc-NaAc	4.75	4.66	0.09	4.84	0.09

表 4-1 数据说明,当向上述溶液中加入等量的 HCl 或 NaOH 时,H_2O 和 NaCl 溶液的 pH 改变了 5 个单位,HAc 和 NaAc 混合溶液的 pH 改变不到 0.1 个单位。若在一定范围内加水稀释时,HAc 和 NaAc 混合溶液的 pH 基本不变。这种能抵抗外加少量强酸、少量强碱或稍加稀释后仍能保持溶液 pH 基本不变的作用称为缓冲作用(buffer action),具有缓冲作用的溶液称为缓冲溶液(buffer solution)。

缓冲溶液为什么具有缓冲作用呢?现以 HAc-NaAc 缓冲溶液为例来说明缓冲溶液的作用原理。

HAc-NaAc 缓冲溶液中,NaAc 为强电解质,在溶液中全部解离成 Ac^- 及 Na^+;而 HAc 是弱电解质,在溶液中只部分解离,并且因来自 NaAc 的 Ac^- 引起的同离子效应,使 HAc 几乎完全以分子形式存在于溶液中。在 HAc-NaAc 缓冲溶液中存在着大量的 HAc 和 Ac^-,且二者是共轭酸碱对,它们之间的质子转移平衡关系可表示如下：

$$\boxed{HAc} + H_2O \rightleftharpoons H_3O^+ + \boxed{Ac^-}$$
$$NaAc \longrightarrow Na^+ + Ac^-$$

当有少量强酸如 HCl 侵入时，相当于在溶液中加入 H_3O^+，则溶液中大量存在的 Ac^- 立即与侵入的 H_3O^+ 结合成 HAc，使上式平衡向左移动，从而消耗了侵入的绝大部分 H_3O^+，达到新平衡时，溶液中的 H_3O^+ 浓度无明显增加，因而溶液的 pH 基本保持不变。由此可见，缓冲系中的共轭碱（Ac^-）起到了抵抗外来强酸的作用，称为缓冲溶液的抗酸成分。

当有少量强碱如 NaOH 侵入时，相当于在溶液中加入 OH^-，则 H_3O^+ 立即与 OH^- 结合成水分子，使 HAc 质子转移平衡向右移动，补充消耗掉的 H_3O^+，达到新平衡时，溶液中的 H_3O^+ 浓度无明显降低，溶液的 pH 基本保持不变。缓冲系中的共轭酸（HAc）起到了抵抗外来强碱的作用，称为缓冲溶液的抗碱成分。

当加入少量水稀释时，溶液中的 H_3O^+ 浓度降低。但加水稀释后，共轭碱（Ac^-）浓度也同时降低，因而同离子效应减弱，使 HAc 解离度增大，结果是溶液中的 H_3O^+ 浓度不发生显著改变，溶液的 pH 基本保持不变。

总之，在缓冲溶液中，由于同时存在着大量的抗酸成分和抗碱成分，它们通过弱酸的质子转移平衡的移动以达到消耗掉外加的少量强酸、强碱或对抗稍加稀释的作用而维持溶液 pH 基本保持不变，因此缓冲溶液具有缓冲作用。

§4.1.2 缓冲溶液的组成

缓冲溶液一般是由具有足够浓度、适当比例的共轭酸碱对组成的。例如，HAc-NaAc、NH_3-NH_4Cl、NaH_2PO_4-Na_2HPO_4 等。在缓冲溶液中，这些共轭酸碱对称为缓冲对（buffer pair）或缓冲系（buffer system）。一些常见的缓冲系见表 4-2。

表 4-2 常见缓冲系

缓冲系	弱 酸	共轭碱	质子转移平衡式	pK_a（25℃）
HAc-Ac^-	HAc	Ac^-	$HAc + H_2O \rightleftharpoons Ac^- + H_3O^+$	4.75
H_2CO_3-HCO_3^-	H_2CO_3	HCO_3^-	$H_2CO_3 + H_2O \rightleftharpoons HCO_3^- + H_3O^+$	6.37
H_3PO_4-$H_2PO_4^-$	H_3PO_4	$H_2PO_4^-$	$H_3PO_4 + H_2O \rightleftharpoons H_2PO_4^- + H_3O^+$	2.12
$H_2C_8H_4O_4$(1)-$HC_8H_4O_4^-$	$H_2C_8H_4O_4$	$HC_8H_4O_4^-$	$H_2C_8H_4O_4 + H_2O \rightleftharpoons HC_8H_4O_4^- + H_3O^+$	2.92
Tris · HCl-Tris(2)	Tris · H^+	Tris	$Tris \cdot H^+ + H_2O \rightleftharpoons Tris + H_3O^+$	8.08
NH_4^+-NH_3	NH_4^+	NH_3	$NH_4^+ + H_2O \rightleftharpoons NH_3 + H_3O^+$	9.25
$CH_3NH_3^+Cl^-$-CH_3NH_2	$CH_3NH_3^+$	CH_3NH_2	$CH_3NH_3^+ + H_2O \rightleftharpoons CH_3NH_2 + H_3O^+$	10.7
NaH_2PO_4-Na_2HPO_4	$H_2PO_4^-$	HPO_4^{2-}	$H_2PO_4^- + H_2O \rightleftharpoons HPO_4^{2-} + H_3O^+$	7.21
Na_2HPO_4-Na_3PO_4	HPO_4^{2-}	PO_4^{3-}	$HPO_4^{2-} + H_3O \rightleftharpoons PO_4^{3-} + H_3O^+$	12.67

注：(1) 邻苯二甲酸；(2) 三(羟甲基)甲胺。

较浓的强酸和强碱(如 HCl 和 NaOH)溶液，当加入少量强酸或强碱时，其 pH 也基本保持不变，所以它们也具有抗酸、抗碱作用，但无抗稀释能力。由于这类溶液的酸性或碱性太强，因此很少当作缓冲溶液使用。

§4.2　缓冲溶液 pH 的计算

§4.2.1　Henderson-Hasselbalch 方程

以 HB-NaB 缓冲系为例来说明缓冲溶液 pH 的计算。

HB 和 B^- 之间的质子转移平衡为

$$HB + H_2O \rightleftharpoons H_3O^+ + B^- \tag{4-1}$$

平衡时，有

$$K_a = \frac{[H_3O^+][B^-]}{[HB]}$$

$$[H_3O^+] = K_a \cdot \frac{[HB]}{[B^-]}$$

等式两边同取负对数：

$$-\lg[H_3O^+] = -\lg K_a + \lg\frac{[B^-]}{[HB]}$$

即

$$pH = pK_a + \lg\frac{[B^-]}{[HB]} = pK_a + \lg\frac{[\text{共轭碱}]}{[\text{弱酸}]} \tag{4-2}$$

式(4-2)就是计算缓冲溶液 pH 的 Henderson-Hasselbalch① 方程，又称缓冲公式。式中，pK_a 为表示缓冲对中弱酸解离常数的负对数；[HB]、[B^-]均为平衡浓度；[B^-]/[HB]称为缓冲比(buffer ratio)。

在反应式(4-1)平衡中，设 HB 的起始浓度为 c(HB)，其已解离部分的浓度为 c'(HB)，B^- 的起始浓度为 $c(B^-)$，则 HB 和 B^- 的平衡浓度分别为

$$[HB] = c(HB) - c'(HB)$$

$$[B^-] = c(B^-) + c'(HB)$$

由于 B^- 的同离子效应，使得 HB 的解离很小，c'(HB)可以忽略，则[HB]≈c(HB)，[B^-]≈c(NaB)。因此，式(4-2)可改写为

$$pH = pK_a + \lg\frac{[B^-]}{[HB]} = pK_a + \lg\frac{c(B^-)}{c(HB)} \tag{4-3}$$

若以 n(HB) 和 $n(B^-)$分别表示 V 体积(L 或 mL)缓冲溶液中所含弱酸及其

① L. J. Henderson (1878—1942)，美国生物学家，提出生理缓冲体系的计算公式，经丹麦化学家 K. Hasselbalch 修改。

共轭碱物质的量(mol 或 mmol)，则式(4-3)可改写成为

$$pH = pK_a + \lg\frac{n(B^-)/V}{n(HB)/V} = pK_a + \lg\frac{n(B^-)}{n(HB)} \tag{4-4}$$

在实际计算中，利用式(4-4)可不必计算出缓冲溶液中 $c(HB)$ 和 $c(B^-)$ 的实际浓度，只需要计算出 $n(HB)$ 和 $n(B^-)$ 的物质的量，因此使计算更简便。

由以上各式可知：

(1) 缓冲溶液的 pH 首先取决于组成缓冲对的共轭酸的 pK_a，而弱酸的解离常数与温度有关，所以温度对缓冲溶液的 pH 有影响。但温度对缓冲溶液 pH 的影响比较复杂，这里不深入讨论。

(2) 同一缓冲系的缓冲溶液即缓冲对确定后，pK_a 一定，则缓冲溶液的 pH 随着缓冲比改变而改变。当缓冲比等于 1 时，$pH = pK_a$。

(3) 在一定范围内加水稀释时，因稀释前后 $c(B^-)$ 与 $c(HB)$ 的比值不变，所以 pH 基本不变，即缓冲溶液有一定的抗稀释能力。但稀释会引起溶液离子强度改变，使 HB 和 B^- 的活度因子受到不同程度影响，因此缓冲溶液的 pH 也会随之有微小的改变。若过分稀释，不能维持缓冲系物质足够的浓度，缓冲溶液即丧失缓冲能力。

§4.2.2 计算缓冲溶液 pH

下面通过计算说明缓冲溶液的 pH 及缓冲性能。

【例 4-1】 在 1L 含有 $0.10 mol \cdot L^{-1}$ HAc 和 $0.10 mol \cdot L^{-1}$ NaAc(HAc 的 $pK_a = 4.75$) 溶液中，计算：

(1) 该溶液的 pH；

(2) 在此溶液中加入 0.010 mol HCl 或 0.010 mol NaOH 后，溶液 pH 的改变；

(3) 此混合液稀释一倍后的 pH。

解 (1) 由式(4-3)得

$$pH = pK_a + \lg\frac{c(B^-)}{c(HB)} = 4.75 + \lg\frac{0.10}{0.10} = 4.75$$

(2) 加入 0.010mol HCl 后，外加的 H^+ 与 Ac^- 结合生成 HAc，使 HAc 的量增加，Ac^- 的量减少，因此

$$n(HAc) = 0.10 + 0.010 = 0.11(mol) \qquad n(Ac^-) = 0.10 - 0.010 = 0.09(mol)$$

代入式(4-4)得

$$pH = pK_a + \lg\frac{n(B^-)}{n(HB)} = 4.75 + \lg\frac{0.09}{0.11} = 4.66$$

$$\Delta pH = 4.66 - 4.75 = -0.09$$

即缓冲溶液的 pH 改变值为 −0.09pH 单位。

加入 0.010mol NaOH 后，NaOH 与 HAc 反应生成 Ac^-，使 HAc 的量减少，Ac^- 的量增加，

所以

$$n(\mathrm{HAc}) = 0.10 - 0.010 = 0.09(\mathrm{mol}) \qquad n(\mathrm{Ac^-}) = 0.10 + 0.010 = 0.11(\mathrm{mol})$$

代入式(4-4)得

$$\mathrm{pH} = 4.75 + \lg\frac{0.11}{0.09} = 4.84$$

$$\Delta\mathrm{pH} = 4.84 - 4.75 = 0.09$$

即缓冲溶液 pH 改变值为 0.09pH 单位。

(3) 该混合液稀释一倍后，缓冲溶液中 HAc 和 NaAc 的浓度均为它们原浓度的 1/2，即

$$c(\mathrm{HAc}) = c(\mathrm{Ac^-}) = 0.050\mathrm{mol \cdot L^{-1}}$$

代入式(4-3)得

$$\mathrm{pH} = 4.75 + \lg\frac{0.050}{0.050} = 4.75$$

通过计算说明缓冲溶液具有缓冲作用。

【例 4-2】 已知 $H_2PO_4^-$ 的 $\mathrm{p}K_a = 7.21$，求 $0.100\mathrm{mol \cdot L^{-1}}[c(H_2PO_4^-) + c(HPO_4^{2-})]$、pH=7.40 的磷酸盐缓冲溶液的缓冲比及 HPO_4^{2-} 和 $H_2PO_4^-$ 的浓度。

解 设 $c(HPO_4^{2-})$ 为 $x\mathrm{mol \cdot L^{-1}}$。

因为缓冲溶液总浓度 $c = 0.100\mathrm{mol \cdot L^{-1}}$，所以 $c(H_2PO_4^-) = (0.100 - x)\mathrm{mol \cdot L^{-1}}$，由式(4-3)，得

$$\mathrm{pH} = \mathrm{p}K_a + \lg\frac{c(\mathrm{B^-})}{c(\mathrm{HB})}$$

$$7.40 = 7.21 + \lg\frac{x}{0.100 - x}$$

$$\lg\frac{x}{0.100 - x} = 0.19$$

故缓冲比为

$$\frac{x}{0.100 - x} = 1.55$$

HPO_4^{2-} 的浓度为　$x = 0.061\mathrm{mol \cdot L^{-1}}$

$H_2PO_4^-$ 的浓度为　$0.100 - x = 0.100 - 0.061 = 0.039(\mathrm{mol \cdot L^{-1}})$

* §4.2.3　缓冲溶液 pH 计算公式的校正

用式(4-2)、(4-3)、(4-4)计算缓冲溶液的 pH 只是近似值，忽略了离子强度的影响。为使计算值准确，并与测定值接近，应在式(4-2)中引入活度因子，即以活度代替平衡浓度，则式(4-2)可改写为

$$\mathrm{pH} = \mathrm{p}K_a + \lg\frac{a_{\mathrm{B^-}}}{a_{\mathrm{HB}}} = \mathrm{p}K_a + \lg\frac{\gamma_{\mathrm{B^-}}[\mathrm{B^-}]}{\gamma_{\mathrm{HB}}[\mathrm{HB}]}$$

$$\mathrm{pH} = \mathrm{p}K_a + \lg\frac{\gamma_{\mathrm{B^-}}}{\gamma_{\mathrm{HB}}} + \lg\frac{[\mathrm{B^-}]}{[\mathrm{HB}]} \tag{4-5}$$

式(4-5)就是校正的缓冲溶液 pH 计算公式。式中,$\lg\frac{\gamma_{B^-}}{\gamma_{HB}}$为校正因数,校正因数与缓冲溶液总的离子强度 I 及缓冲系中弱酸的电荷数 z 有关。例如,对于 NH_4^+-NH_3 缓冲对,$z=+1$;对于 HAc-Ac^- 缓冲对,$z=0$;对于 $H_2PO_4^-$-HPO_4^{2-} 缓冲对,$z=-1$;对于 HPO_4^{2-}-PO_4^{3-} 缓冲对,$z=-2$ 等。表 4-3 列出了弱酸电荷数 z 不同的缓冲系的一些校正因数,供参考使用。0～30℃的校正因数与 20℃时的基本相同。

表 4-3 不同 I 和 z 时缓冲溶液的校正因数 $\lg\frac{\gamma_{B^-}}{\gamma_{HB}}$(20℃)

I/(mol·kg⁻¹)	$z=+1$	$z=0$	$z=-1$	$z=-2$
0.10	+0.11	−0.11	−0.32	−0.53
0.05	+0.08	−0.08	−0.25	−0.42
0.01	+0.04	−0.04	−0.13	−0.22

已知缓冲溶液的 I 和弱酸的 z,从表 4-3 查出校正因数,即可计算出缓冲溶液的准确 pH。

【例 4-3】 已知 $H_2PO_4^-$ 的 $pK_a=7.21$。

(1) 求 0.025mol·L^{-1} KH_2PO_4-0.025mol·L^{-1} Na_2HPO_4 缓冲溶液的近似 pH;

(2) 考虑离子强度的影响,求此缓冲溶液校正的 pH,并与测定值 6.86 比较。

解 (1) 由式(4-3),得

$$\mathrm{pH}=\mathrm{p}K_a+\lg\frac{c(B^-)}{c(HB)}=7.21+\lg\frac{0.025}{0.025}=7.21$$

(2) 由于 KH_2PO_4 和 Na_2HPO_4 都是强电解质,考虑到离子强度的影响,溶液中存在四种离子,质量摩尔浓度(稀溶液 $b\approx c$)分别为

离 子	K^+	Na^+	$H_2PO_4^-$	HPO_4^{2-}
b(mol·kg⁻¹)	0.025	0.05	0.025	0.025

$$\begin{aligned}I&=\frac{1}{2}\sum b_iz_i^2\\&=\frac{1}{2}[b(K^+)\times1^2+b(Na^+)\times1^2+b(H_2PO_4^-)\times1^2+b(HPO_4^{2-})\times2^2]\\&=0.10(\mathrm{mol\cdot kg^{-1}})\end{aligned}$$

$I=0.1\mathrm{mol\cdot kg^{-1}}$,$z=-1$,查表 4-3 得校正因数 $\lg\frac{\gamma_{B^-}}{\gamma_{HB}}=-0.32$,代入式(4-5),得校正后的 pH 为

$$\mathrm{pH}=7.21+(-0.32)+\lg\frac{0.025}{0.025}=7.21-0.32=6.89$$

此校正后的计算值 6.89 与测定值 6.86 很接近。

在医学实际应用中，由于体液和培养液组分比较复杂，需要使用酸度计来精确测定溶液的 pH。

§4.3 缓冲容量

§4.3.1 缓冲容量

前述当向缓冲溶液中加入少量强酸或强碱，溶液的 pH 基本上保持不变。但是，随着强酸或强碱的继续加入，缓冲溶液对酸或碱的抵抗能力就要不断减弱，直至失去它的缓冲作用。一切缓冲溶液的缓冲作用是有一定限度的。1922 年，Van Slyke 提出用缓冲容量(buffer capacity)β 作为衡量缓冲能力大小的尺度。所谓缓冲容量，在数值上等于使单位体积缓冲溶液的 pH 改变 1 个单位时，所需加一元强酸或一元强碱物质的量，其微分定义式为

$$\beta = \frac{dn}{V\,|\,dpH\,|} \tag{4-6}$$

式中，V 是缓冲溶液的体积；dn 是加入微小量的一元强酸或一元强碱物质的量；|dpH| 是缓冲溶液 pH 改变量。由式(4-6)可知，β 为正值。很明显，β 越大，缓冲溶液的缓冲能力越强。

§4.3.2 影响缓冲容量的因素

缓冲容量的大小与缓冲溶液的总浓度($c_{总}=[HB]+[B^-]$)及缓冲比有关，经推导其关系为

$$\beta = 2.303\,\frac{[HB][B^-]}{c_{总}} \tag{4-7}$$

等式右边分子分母同乘 $c_{总}=[HB]+[B^-]$，得

$$\beta = 2.303\,\frac{[HB]}{([HB]+[B^-])} \times \frac{[B^-]}{([HB]+[B^-])} \times ([HB]+[B^-])$$

即

$$\beta = 2.303\,\frac{1}{\left(1+\frac{[B^-]}{[HB]}\right)} \times \frac{\frac{[B^-]}{[HB]}}{\left(1+\frac{[B^-]}{[HB]}\right)} \times c_{总} \tag{4-8}$$

公式表明，缓冲容量 β 与缓冲系的总浓度 $c_{总}=[HB]+[B^-]$ 及缓冲比 $[B^-]/[HB]$ 有关，而缓冲比又影响缓冲溶液的 pH，所以缓冲容量也与 pH 有关，如图 4-1 所示。

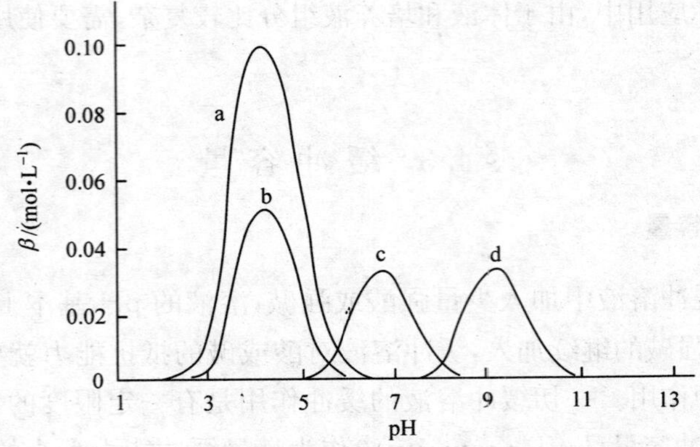

图 4-1　缓冲容量与 pH 的关系

a. 0.2mol·L^{-1} HAc+NaOH；b. 0.1mol·L^{-1} HAc+NaOH；

c. 0.05mol·L^{-1} H_3PO_4+NaOH；d. 0.05mol·L^{-1} H_3BO_3+NaOH

1. β与总浓度的关系

对于同一缓冲系，当缓冲比一定时，由式(4-8)可见β与$c_{总}$成正比，即总浓度越大，抗酸抗碱组分越多，缓冲容量也越大；反之，总浓度越小，缓冲容量也越小。缓冲容量与总浓度的关系见图 4-1 中的曲线 a、b，HAc-Ac^-缓冲系的总浓度增大一倍，缓冲容量也增大一倍。

2. β与缓冲比的关系

(1) 对于同一缓冲系，当缓冲溶液的总浓度相同时，其缓冲比越接近于 1，缓冲容量越大；缓冲比为 1 时，缓冲容量最大，此缓冲溶液的 pH＝pK_a，所以缓冲溶液的 pH 距离 pK_a 越近，缓冲能力越强。如图 4-1 中曲线 a～d 的最高点。

当缓冲比$[B^-]/[HB]=1$时，$[HB]=[B^-]=\frac{1}{2}c_{总}$，代入式(4-7)，得

$$\beta_{极大}=2.303\frac{[HB][B^-]}{c_{总}}=2.303\left(\frac{1}{2}c_{总}\right)\left(\frac{1}{2}c_{总}\right)\Big/c_{总}=0.576c_{总} \qquad (4\text{-}9)$$

(2) 缓冲比越远离 1，缓冲容量越小。如果缓冲比大于 10/1 或小于 1/10 时，缓冲溶液的 pH 与 pK_a 相差将超过 1 个单位，这时缓冲容量很小，缓冲能力显著下降。所以 pH＝pK_a±1 为缓冲最有效的区间，称为缓冲溶液的缓冲范围(range of buffer)。

【例 4-4】 计算总浓度为 0.20mol·L^{-1}和 0.050 mol·L^{-1}，缓冲比为 1∶1 的某缓冲系的缓冲容量。

解　根据式(4-8)，得

$$\beta_1 = 2.303 \times \frac{1}{(1+1)} \times \frac{1}{(1+1)} \times 0.20 = 0.12(\text{mol} \cdot \text{L}^{-1})$$

$$\beta_2 = 2.303 \times \frac{1}{(1+1)} \times \frac{1}{(1+1)} \times 0.050 = 0.029(\text{mol} \cdot \text{L}^{-1})$$

计算结果表明,总浓度对缓冲容量有较大的影响。

【例 4-5】 将 0.20mol · L^{-1} HB 溶液和 0.20mol · L^{-1} B^- 溶液以 9∶1、3∶1 及 1∶1 的体积比混合,计算各种情况下,缓冲系的缓冲容量。

解 设混合时取 HB 溶液体积 aV,取 B^- 溶液体积 bV。

由于 $c(\text{HB}) = c(\text{B}^-) = 0.20\text{mol} \cdot \text{L}^{-1}$,则混合溶液中:

$$[\text{HB}] = \frac{c(\text{HB}) \times a}{(a+b)} = \frac{a}{(a+b)} \times 0.20(\text{mol} \cdot \text{L}^{-1})$$

$$[\text{B}^-] = \frac{c(\text{B}^-) \times b}{(a+b)} = \frac{b}{(a+b)} \times 0.20(\text{mol} \cdot \text{L}^{-1})$$

$$c_{总} = [\text{HB}] + [\text{B}^-] = 0.20(\text{mol} \cdot \text{L}^{-1})$$

根据式(4-7),得

$$\beta = 2.303 \frac{[\text{HB}][\text{B}^-]}{c_{总}}$$

$$= 2.303 \times \frac{a}{(a+b)} \times \frac{b}{(a+b)} \times c_{总}$$

$$= 0.46 \times \frac{a}{(a+b)} \times \frac{b}{(a+b)} (\text{mol} \cdot \text{L}^{-1})$$

当 $a : b = 9 : 1$ 时 $\beta = 0.041\text{mol} \cdot \text{L}^{-1}$

当 $a : b = 3 : 1$ 时 $\beta = 0.086\text{mol} \cdot \text{L}^{-1}$

当 $a : b = 1 : 1$ 时 $\beta = 0.12\text{mol} \cdot \text{L}^{-1}$

计算结果表明,缓冲比对缓冲容量也有较大影响。

§4.4 缓冲溶液的配制

§4.4.1 缓冲溶液的配制方法

1. 用同浓度的弱酸及其共轭碱配制(HB-NaB)

在实际工作中,配制缓冲溶液应按下述原则和步骤进行。

(1) 选择合适的缓冲系。原则是 ①根据所配制缓冲溶液的 pH,应选择缓冲体系弱酸的 $\text{p}K_\text{a}$ 尽量与溶液的 pH 接近,且在缓冲范围内,即 $\text{pH} = \text{p}K_\text{a} \pm 1$,这样所配制的缓冲溶液可有较大的缓冲容量;②所选缓冲系应稳定、无毒,不与溶液中的物质发生反应。例如,硼酸-硼酸盐缓冲体系有毒,就不能用来配制作为培养细菌或用作注射液、口服液的缓冲溶液。

(2) 要有合适的总浓度。生物医学中合适的总浓度尤为重要,总浓度太高,离子强度和渗透浓度偏大不适合；总浓度太低，缓冲容量偏小。在实际工作中，一般总浓度控制在 0.05～0.2mol·L^{-1}。

(3) 计算。选定缓冲体系后，就可根据 Henderson-Hasselbalch 方程，计算所需弱酸及其共轭碱的量或体积。一般为配制方便，常采用相同浓度的弱酸和共轭碱，若配制缓冲溶液的总体积为 V，其中弱酸的体积为 $V(HB)$，共轭碱的体积为 $V(B^-)$，即 $V=V(HB)+V(B^-)$，混合前共轭酸、碱的浓度均为 c，则由式(4-4)，得

$$\begin{aligned} pH &= pK_a + \lg\frac{n(B^-)}{n(HB)} = pK_a + \lg\frac{c(B^-)\cdot V(B^-)}{c(HB)\cdot V(HB)} \\ &= pK_a + \lg\frac{V(B^-)}{V(HB)} = pK_a + \lg\frac{V(B^-)}{V-V(B^-)} \end{aligned} \tag{4-10}$$

利用式(4-10)较容易算出所需共轭酸、碱的体积。

(4) 配制。按照计算结果，分别量取 $V(HB)$ 的 HB 与 $V(B^-)$ 的 NaB 相混合，即得体积 V 的所需 pH 的缓冲溶液。

(5) 校正。按照 Henderson-Hasselbalch 方程的计算值所配制的缓冲溶液，由于未考虑离子强度的影响等因素，计算结果与实测值有差别。因此对某些 pH 要求严格的实验，还需在 pH 计监控下，用加入少量强酸或强碱的方法，对所配缓冲溶液的 pH 加以校正。若应用缓冲溶液来控制溶液的酸度，只需控制 pH 于一定范围而无需控制在某一固定 pH 时，就可直接采用近似计算的结果。

【例 4-6】 如何配制 1000mL，pH=5.00 的缓冲溶液？

解 (1) 选择缓冲系。由表 4-2 可知选用 $HAc\text{-}Ac^-$ 缓冲体系，$pK_a=4.75$ 接近所配制的 pH。

(2) 确定总浓度。一般要求具备中等缓冲能力，并考虑计算方便，选用 0.10mol·L^{-1} 的 HAc 和 0.10mol·L^{-1} NaAc 溶液。

设取 NaAc 溶液体积为 $V(Ac^-)$，则 HAc 溶液体积为 $1000-V(Ac^-)$，代入式(4-10)，得

$$5.00 = 4.75 + \lg\frac{V(Ac^-)}{1000-V(Ac^-)}$$

$$0.25 = \lg\frac{V(Ac^-)}{1000-V(Ac^-)}$$

$$1.78 = \frac{V(Ac^-)}{1000-V(Ac^-)}$$

$$V(Ac^-) = 640\text{mL}$$

$$V(HAc) = 1000-640 = 360(\text{mL})$$

应取 0.10mol·L^{-1} HAc 溶液 360mL 和 0.10mol·L^{-1} NaAc 溶液 640mL，混合均匀，然后用酸度计校正所配缓冲溶液的 pH，即得。

2. 用酸碱反应的生成物与剩余的反应物配制

实际上，配制缓冲溶液时，常采用下列方法：

（1）过量弱酸＋强碱，如 HAc（过量）＋NaOH。

（2）过量弱碱＋强酸，如 NH_3（过量）＋HCl。

【例 4-7】 欲配制 pH＝7.40，$c(H_2PO_4^-)=0.10mol \cdot L^{-1}$ 的缓冲溶液 500mL，如何用 $0.50mol \cdot L^{-1}$ NaH_2PO_4 和固体 NaOH 配制（H_3PO_4 的 $pK_{a_2}=7.21$）？

解　NaH_2PO_4 中加入 NaOH 后发生如下反应：

$$H_2PO_4^- + NaOH \longrightarrow HPO_4^{2-} + H_2O$$

只要 NaOH 不过量溶液中就存在 $H_2PO_4^-$-HPO_4^{2-}，同时 $n(HPO_4^{2-})=n(NaOH)$，即加入 NaOH 的物质的量等于生成 HPO_4^{2-} 的物质的量。

因为

$$pH = pK_{a_2} + \lg\frac{c(HPO_4^{2-})}{c(H_2PO_4^-)}$$

所以

$$\lg\frac{c(HPO_4^{2-})}{c(H_2PO_4^-)} = pH - pK_{a_2} = 7.40 - 7.21 = 0.19$$

$$\frac{c(HPO_4^{2-})}{c(H_2PO_4^-)} = 1.55$$

在缓冲溶液中：

$$c(H_2PO_4^-) = 0.10mol \cdot L^{-1}$$

$$c(HPO_4^-) = 0.10 \times 1.55 = 0.155(mol \cdot L^{-1})$$

配制 500mL 溶液，应称取 NaOH 固体为

$$0.50 \times 0.155 \times 40 = 3.1(g)$$

所需 $0.50mol \cdot L^{-1}$ 的 NaH_2PO_4 溶液体积 V：

$$\frac{0.50 \times V - 0.155 \times 500}{500} = 0.10$$

$$V = 255mL$$

即称取 3.1g 固体 NaOH 溶于少量水中，加入 255mL $0.50mol \cdot L^{-1}$ NaH_2PO_4，然后加水至 500mL 即可。

§4.4.2　常用缓冲溶液

1. 标准缓冲溶液

用酸度计测量溶液 pH 时，必须用标准缓冲溶液校正仪器刻度。表 4-4 列出 1970 年国际纯粹与应用化学联合会（IUPAC）确定的 5 个主要的标准缓冲溶液。

表 4-4　标准缓冲溶液的 pH(298K)

pH 标准缓冲溶液	标准 pH
饱和酒石酸氢钾（$0.034mol \cdot L^{-1}$）	3.557
$0.05mol \cdot L^{-1}$ 邻苯二甲酸氢钾	4.008
$0.025mol \cdot L^{-1}$ KH_2PO_4-$0.025mol \cdot L^{-1}$ Na_2HPO_4	6.865
$0.00869mol \cdot L^{-1}$ KH_2PO_4-$0.03043mol \cdot L^{-1}$ Na_2HPO_4	7.413
$0.01mol \cdot L^{-1}$ 硼砂	9.180

表 4-4 中，酒石酸氢钾、邻苯二甲酸氢钾、硼砂都是由一种化合物配制而成。这些化合物所具有的缓冲作用，其原因各不相同。

如酒石酸氢钾溶于水后，解离成 $HC_4H_4C_6^-$ 与 K^+，而 $HC_4H_4C_6^-$ 是两性离子，在水溶液中形成 $H_2C_4H_4C_6$-$HC_4H_4C_6^-$ 和 $HC_4H_4C_6^-$-$C_4H_4C_6^{2-}$ 两个缓冲系。由于 $H_2C_4H_4C_6$ 和 $HC_4H_4C_6^-$ 的 pK_a 分别为 2.98 与 4.30，比较接近，缓冲范围叠加，缓冲能力增强。其抗酸和抗碱组分有足够的浓度，因此用一种酒石酸氢钾就可以配成满意的标准缓冲溶液。而硼砂溶液，则是由于 1mol 硼砂在水中相当于 2mol 偏硼酸(HBO_2)和 2mol 偏硼酸钠($NaBO_2$)组成一对缓冲对，故具有良好的缓冲作用。仅用硼砂也可以配成满意的标准缓冲溶液。

标准缓冲溶液的具体配制方法可查阅有关化学手册。

2. 实用缓冲溶液

为了准确、方便地配制缓冲溶液，对一般常用缓冲系无需计算，可查阅化学手册及生物化学手册，依照现成的配方进行配制。生物培养液所需缓冲溶液及临床上测定血液 pH 常用的标准缓冲溶液是 KH_2PO_4 和 Na_2HPO_4 缓冲体系和 Tris 缓冲体系，见表 4-5、表 4-6。

表 4-5 $H_2PO_4^-$-HPO_4^{2-} 缓冲溶液(298K)

50mL 0.1mol·L⁻¹ KH_2PO_4 + xmL 0.1mol·L^{-1} NaOH 稀释至 100mL			50mL 0.1mol·L^{-1} KH_2PO_4 + xmL 0.1mol·L^{-1} NaOH 稀释至 100mL		
pH	x	β	pH	x	β
5.80	3.6	—	7.00	29.1	0.031
5.90	4.6	0.010	7.10	32.1	0.028
6.00	5.6	0.011	7.20	34.7	0.025
6.10	6.8	0.012	7.30	37.0	0.022
6.20	8.1	0.015	7.40	39.1	0.020
6.30	9.7	0.017	7.50	41.1	0.018
6.40	11.6	0.021	7.60	42.8	0.015
6.50	13.9	0.024	7.70	44.2	0.012
6.60	16.4	0.027	7.80	45.3	0.010
6.70	19.3	0.030	7.90	46.1	0.07
6.80	22.4	0.033	8.00	46.7	—
6.90	25.9	0.033			

注：x 为配制时所加另一种试剂的体积。

表 4-6 Tris 和 Tris·HCl 组成的缓冲溶液

组成			pH	
b(Tris) /(mol·kg^{-1})	b(Tris·HCl) /(mol·kg^{-1})	b(NaCl) /(mol·kg^{-1})	298K	310K
0.020 0	0.020 0	0.140	8.220	7.904
0.050 0	0.050 0	0.110	8.225	7.908
0.006 667	0.020 0	0.140	7.745	7.428
0.016 67	0.050 0	0.110	7.745	7.427
0.050 0	0.050 0		8.173	7.851
0.016 67	0.050 0		7.690	7.382

表 4-6 中，Tris 和 Tris·HCl 分别为三(羟甲基)甲胺及其盐酸盐的符号，在 Tris 缓冲系中，常加入 NaCl 调节离子强度为 0.16，离子强度为 0.16 的 Tris 缓冲液与生理盐水等渗，不影响血液中某些酶的活性。因此，这种缓冲系符合生理和生物化学的要求，常用于生物体系 pH 的测定和一定酸度的控制，在医学上被广泛使用。

§4.5 缓冲溶液在医学上的意义

缓冲溶液应用极为广泛，在药剂生产上，根据人的生理状况及药物稳定性和溶解度等情况，选择适当的缓冲溶液来稳定溶液的 pH，才能达到预期效果。另外在微生物培养、组织切片与染色、血液的冷藏保存、酶的催化研究，以及临床检验都需要一定 pH 的缓冲溶液。

生物体内的许多化学反应，受各种酶的控制，而每一种酶只有在特定的 pH 下才具有活性。例如，胃蛋白酶 pH 为 1.5～2.0，当 pH>4.0 时失去活性。因此生物化学研究，更离不开缓冲溶液。

缓冲体系的缓冲作用在人体内也很重要，正常人体血液的 pH 保持在 7.35～7.45 的狭小范围内。由于人体食物消化、吸收或组织中新陈代谢会产生大量的酸性物质和碱性物质，血液的 pH 仍然保持恒定，说明血液存在多种缓冲对，如

$$\frac{NaHCO_3}{H_2CO_3} \qquad \frac{\text{Na-蛋白质}}{\text{H-蛋白质}} \qquad \frac{Na_2HPO_4}{H_3PO_4}$$

其中$\frac{HCO_3^-}{H_2CO_3}$缓冲对在血液中浓度最高，缓冲能力最强，对维持血液恒定的 pH 起着重要的作用。在血液或细胞中 H_2CO_3 主要以溶解的 CO_2 形式存在，与 HCO_3^- 存在以下平衡：

$$CO_2(\text{溶解}) + H_2O \rightleftharpoons HCO_3^- + H^+$$

$$pH = pK_a(校) + \lg \frac{[HCO_3^-]}{[CO_2]_{溶解}} \tag{4-11}$$

25℃，纯水中 H_2CO_3 的 pK_a 为 6.35；37℃时，血浆的离子强度为 0.16，经校正后 pK_a(校)为 6.10。正常人体血浆中$[CO_2]_{溶解}$约为 0.0012mol·L^{-1}，$[HCO_3^-]$约为 0.024mol·L^{-1}，代入式(4-11)得

$$pH = 6.10 + \lg\frac{0.024}{0.0012} = 6.10 + \lg\frac{20}{1} = 7.40$$

人体血液中的缓冲对 HCO_3^--H_2CO_3 的缓冲比虽然超过 1/10～10/1 的缓冲范围，但是仍然能很好地维持血液的 pH(7.35～7.45)基本不变。其原因是血液为敞开体系，抗酸、抗碱组分的消耗与补充，可由肺、肾的生理功能得到及时的调节，其关系式表示：

$$\begin{array}{ccc} & H_2CO_3 \underset{H^+}{\overset{OH^-}{\rightleftharpoons}} HCO_3^- & \\ & \Updownarrow \qquad\qquad \Updownarrow & \\ 肺 \rightleftharpoons & CO_2 + H_2O \qquad 肾 & \end{array}$$

当物质代谢产生非挥发性的酸如乳酸、磷酸进入血浆时，平衡左移，HCO_3^- 起抗酸作用，生成 CO_2 与 H_2O。生成的 CO_2 经肺部呼吸排出，而消耗的 HCO_3^- 则由肾脏调节得到补充。当代谢产生碱或食物摄取碱进入血浆时，平衡右移，H_2CO_3 起抗碱作用，生成过量的 HCO_3^-，通过肾脏经尿液排出；消耗的 H_2CO_3，则由肺通过控制 CO_2 排出量得到补充。从而使$[HCO_3^-]/[CO_2]$缓冲比仍然恢复到 20/1 的水平，使血液的 pH 保持基本恒定。正常人体血液中$[HCO_3^-]/[CO_2]$缓冲比在18/1～22/1，pH 保持在 7.35～7.45。血液的 pH 低于 7.35，就会出现酸中毒；高于 7.45 就会出现碱中毒。

知识拓展：酸碱中毒

临床上酸中毒分为代谢性酸中毒和呼吸性酸中毒。代谢性酸中毒主要发生在未控制糖尿病、肾功能不全、严重腹泻导致大量 HCO_3^- 丢失，使$[HCO_3^-]/[CO_2]<18/1$，血液 pH<7.35。呼吸性酸中毒是由于发生呼吸损伤的疾病，如肺炎、肺气肿、呼吸中枢受抑制(吗啡中毒)而引起 CO_2 相对增多，也使$[HCO_3^-]/[CO_2]<18/1$，血液 pH<7.35。

碱中毒分为代谢性碱中毒和呼吸性碱中毒。代谢性碱中毒主要发生大量胃液丢失，如呕吐、洗胃，大剂量服用碱性药物而引起 HCO_3^- 增加，使$[HCO_3^-]/[CO_2]>22/1$，血液 pH>7.45。呼吸性碱中毒主要发生过度换气，如脑炎、高烧、肝昏迷病人，导致呼出过多 CO_2，致使$[HCO_3^-]/[CO_2]>22/1$，血液 pH>7.45。

习 题

1. 什么是缓冲溶液和缓冲容量？决定缓冲溶液的 pH 和缓冲容量的主要因素有哪些？
2. 求下列各缓冲溶液 pH：
   (1) 0.20mol · L^{-1} HAc 50mL 和 0.10mol · L^{-1} NaAc 100mL 的混合溶液。
   (2) 0.50mol · L^{-1} $NH_3 \cdot H_2O$ 100mL 和 0.10mol · L^{-1} HCl 200mL 的混合溶液，NH_3 的 $pK_b=4.75$。
   (3) 0.10mol · L^{-1} $NaHCO_3$ 和 0.010mol · L^{-1} Na_2CO_3 各 50mL 的混合溶液，H_2CO_3 的 $pK_{a_2}=10.25$。
   (4) 0.10mol · L^{-1} HAc 50mL 和 0.10mol · L^{-1} NaOH 25mL 的混合溶液。
3. 用 0.10mol · L^{-1} HAc 溶液和 0.20mol · L^{-1} NaAc 溶液等体积混合，配成 0.50L 缓冲溶液。当加入 0.005mol NaOH 后，此缓冲溶液 pH 变化如何？缓冲容量为多少？
4. 已知巴比妥酸 $pK_a=7.40$，试计算总浓度为 0.10mol · L^{-1} 的巴比妥缓冲溶液的最大缓冲容量和 pH 为 8.00 时的缓冲容量。
5. 取 0.10mol · L^{-1} 某一元弱酸 50mL 和 0.10mol · L^{-1} KOH 溶液 20mL 相混合，将混合液稀释至 100mL，测得此溶液的 pH 为 5.25，求该一元弱酸的解离常数。
6. 将 0.30mol · L^{-1} 的 HAc 溶液和 0.10mol · L^{-1} 的 NaOH 溶液各 10mL 混合，配制成缓冲溶液，计算近似 pH 和校正后的 pH。
7. 用 0.067mol · L^{-1} Na_2HPO_4 溶液和同浓度的 KH_2PO_4 溶液配制 pH 近似为 6.80 的缓冲溶液 100mL，应取上述溶液各多少毫升？
8. 欲配制 pH=5.00 的缓冲溶液 500mL，现有 6mol · L^{-1} 的 HAc 34.0mL，需加入 $NaAc \cdot 3H_2O$ (M=136.1g · mol^{-1})多少克？如何配制？
9. 临床检验得知甲、乙、丙三人血浆中 HCO_3^- 和溶解的 CO_2 浓度分别为

   甲 $[HCO_3^-]$=24.0mmol · L^{-1} $[CO_2]_{溶解}$=1.2mmol · L^{-1}

   乙 $[HCO_3^-]$=21.6mmol · L^{-1} $[CO_2]_{溶解}$=1.35mmol · L^{-1}

   丙 $[HCO_3^-]$=56.0mmol · L^{-1} $[CO_2]_{溶解}$=1.40mmol · L^{-1}

   37℃时的 pK_a 为 6.1，求血浆中 pH 各为多少？并判断谁为酸中毒？谁为碱中毒？
10. 已知 Tris · HCl 在 37℃时的 $pK_a=7.85$，欲配制 pH=7.40 的缓冲溶液，在含有 Tris 和 Tris · HCl 浓度均为 0.050mol · L^{-1} 的体积各为 100mL 的溶液中，需加入 0.050mol · L^{-1} HCl 多少毫升？在此溶液中需加入固体 NaCl 多少克才能配成与 300mmol · L^{-1} 的渗透浓度等渗的缓冲溶液(忽略离子强度的影响)？

（王伟军）

第5章　化学热力学基础

化学热力学是应用热力学基本原理研究化学反应的物质转变规律和能量转变规律的一门科学。在化学反应研究中经常遇到一些基本问题:反应过程中的能量是如何转化的?在一定条件下一个化学反应可能向哪个方向进行?反应可能进行到什么限度为止?外界条件(如温度,压力,浓度等)对化学反应的方向和限度有什么影响等。这一类问题都属于化学热力学的研究范畴。

热力学是研究能量转变规律的一门科学,其基础是热力学第一定律和热力学第二定律。这两个定律是人类长期实践经验的总结,有着非常牢固的实验基础。

应用化学热力学研究化学反应具有十分重要的理论和实际意义。例如,正是在化学热力学理论的指导下,人们才由石墨合成了金刚石。化学热力学在医药领域同样有着非常广泛的应用。例如,体内物质代谢过程中能量转换与利用问题,药物合成路线的可能性等问题都涉及化学热力学。

§5.1　基本概念和术语

§5.1.1　体系和环境

为了研究的方便,可把要研究的那部分物质人为地与其他物质划分开来作为研究对象。这种被划定的研究对象称为体系(system),体系又称为系统。体系之外与体系密切相关影响所能及的部分称为环境(surroundings),环境又称为外界。

体系与环境之间的联系包括物质交换和能量交换。根据两者之间联系情况的不同,可将体系分为三类:

(1) 敞开体系(opened system)。与环境之间既有物质交换又有能量交换的体系,敞开体系又称为开放体系。

(2) 封闭体系(closed system)。与环境之间只有能量交换而无物质交换的体系。

(3) 隔离体系(isolated system)。与环境之间既无物质交换又无能量交换的体系,隔离体系又称为孤立体系。隔离体系是一个理想模型,自然界并不存在真正的隔离体系。

以置于保温瓶中的热水为例。当瓶未加盖时热水是敞开体系,此时体系与环境之间既有水的蒸发这一物质交换,又有传热这一能量交换。当瓶加上普通盖时热水则为封闭体系,此时体系与环境之间只有传热这一能量交换但却没有物质交换。当瓶加上特制的隔热盖时，热水则近似为隔离体系，此时体系与环境之间既无物质交换又无能量交换。

在以上三类体系中，封闭体系是研究中最常用的体系。本章以后提到的体系，如未加特别说明，均是指封闭体系。

§5.1.2　状态、状态函数和过程

体系的状态(state)即体系的存在形式。体系所处的状态，需要用一些宏观物理量如体积 V、温度 T、压力 p、质量 m、物质的量 n 等进行描述和规定。这些用于描述和规定体系状态的宏观物理量称为体系的状态函数(state function)，又称为状态性质(state property)。当体系的各种状态函数均有确定的值时，体系就处于一确定的状态。因此体系的状态是体系各种状态性质的综合表现。体系的状态是可以变化的。当体系的状态发生了变化时，则体系至少有一个状态函数的值发生了改变。同样，若体系有一个状态函数的值发生了改变，则体系的状态必然发生了变化。

体系的各种状态函数之间是相互联系的，即相互之间存在函数关系。例如，理想气体的 p、V、n、T 之间就存在关系式 $pV=nRT$。因此在描述和规定体系的状态时，只需要列出某几个状态函数的值即可，因为其他状态函数的值已由相应的函数关系确定，即并不需要将体系所有状态函数的值均列出来。例如，要描述理想气体的状态，只需列出 p、V、n、T 这四个状态函数中任意三个的值即可。

体系从一种状态变化到另一种状态的经历称为过程(process)。变化前的状态称为过程的始态(initial state)，变化后的状态称为过程的终态(final process)。过程包括物理变化过程和化学反应过程。对于化学反应而言，过程的始态和终态通常就是反应前反应物的状态和反应后生成物的状态。

根据过程进行的条件可将过程进行分类。常见的过程有：

(1) 等温过程　体系的始态温度与终态温度相等并等于环境温度的过程。

(2) 等压过程　体系的始态压力与终态压力相等并等于环境压力的过程。

(3) 等容过程　体系容积即体积恒定不变的过程。

(4) 循环过程　体系从某一状态出发，经过一系列变化又回到原态的过程。

随着条件的不同，体系从一个状态变化到另一状态的过程进行的方式也就不同。也就是说，对于指定的始终态，过程的具体方式是多种多样的。这与由多种方式从一个地方到达另一地方的道理是一样的(如可以采用不同的路线，不同的交通工具等)。例如，气体从体积为 V_1 的始态膨胀到体积为 V_2 的终态的过程，既可以通过反抗一定环境压力的方式从 V_1 膨胀到 V_2，也可以通过向真空膨胀的方式从 V_1 膨胀到 V_2。我们将过程进行的不同方式称为不同的途径。

当体系进行了一个过程后，体系的状态发生了变化，因而必定有某些状态函数

发生了变化。状态函数 Z 的变化量用 ΔZ 表示。当体系进行的是一个化学反应过程时,相应的状态函数 Z 的变化量可用 $\Delta_r Z$ 表示,下标"r"表示化学反应(reaction)。状态函数具有共同的基本特征:①对于一个指定的状态,每一个状态函数均只有唯一的确定值;②当过程是在指定的始态和终态之间进行时,状态函数 Z 的变化量 ΔZ 只取决于始态和终态,具有唯一确定值,而与过程进行的具体方式无关,即 $\Delta Z = Z_2 - Z_1$(Z_1 和 Z_2 分别表示始态和终态的 Z 值);③体系经一循环过程后,Z 的变化量为零。

§5.1.3 热和功

体系和环境之间能量交换的形式有两种:热和功。

体系和环境之间因温差而传递的能量称为热(heat),用符号 Q 表示,单位 J。我们规定体系吸热 Q 为正值,体系放热 Q 为负值,这样就可以根据 Q 的正负判断热传递方向。

体系和环境之间除热以外的以其他各种形式传递的能量统称为功(work),用符号 W 表示,单位 J。我们规定环境对体系做功 W 为正值,体系对环境做功 W 为负值,这样就可以根据 W 的正负判断功传递方向。

需要指出的是,体系在与环境交换能量时,体系的状态必定要发生变化,即体系必定进行一个过程。也就是说能量交换是与过程联系在一起的,没有过程就没有能量交换,即没有热和功。可见,热和功不是状态函数,不可以用其来描述状态,说体系在某一状态下有多少热和功是毫无意义的。

功可以分为体积功和非体积功两类。其中体积功是由于体系的体积变化而与环境交换的功。除体积功之外的其他各种类型的功都属于非体积功。常见的非体积功有电功、机械功、表面功等,用 W' 表示。

对于环境压力为定值的过程,体积功的计算公式为

$$W = -p_{sur}\Delta V \tag{5-1}$$

式中,p_{sur} 是环境压力即外压;$\Delta V = V_2 - V_1$,是体系的体积变化。当体系被压缩时($\Delta V < 0$)体积功为正值,即环境对体系做体积功。当体系膨胀时($\Delta V > 0$)体积功为负值,即体系对环境做体积功。

在等压过程中体系始终态压力 p 与 p_{sur} 相等,因而等压过程的体积功的计算公式可化为

$$W = -p\Delta V \tag{5-2}$$

§5.1.4 化学反应进度

设有如下化学反应:

$$d\mathrm{D} + e\mathrm{E} \longequal g\mathrm{G} + h\mathrm{H}$$

也可改写为　　$0 = -d\mathrm{D} - e\mathrm{E} + g\mathrm{G} + h\mathrm{H}$

或　　$$0 = \sum_{\mathrm{B}} \nu_{\mathrm{B}} \mathrm{B}$$

式中，B 为参与化学反应的各物质；ν_{B} 为所给化学反应式中各物质前面的系数，称为物质 B 的化学计量数(stoichiometric number)，是单位为 1 的量。对于反应物，ν_{B} 是负值，对于产物，ν_{B} 是正值。假设反应进行一段时间后，各物质的变化量为 Δn_{B}，则有

$$\frac{\Delta n_{\mathrm{D}}}{-d} = \frac{\Delta n_{\mathrm{E}}}{-e} = \frac{\Delta n_{\mathrm{G}}}{g} = \frac{\Delta n_{\mathrm{H}}}{h} = \frac{\Delta n_{\mathrm{B}}}{\nu_{\mathrm{B}}}$$

令　　$$\xi = \frac{\Delta n_{\mathrm{B}}}{\nu_{\mathrm{B}}} \tag{5-3}$$

式中，ξ 称为化学反应进度，简称反应进度，是一个衡量化学反应进行程度的物理量，单位是 mol。

【例 5-1】 将一定量 H_2 和 N_2 放入反应器中进行合成 NH_3 的反应，一定时间后有 2mol NH_3 生成，同时相应减少了 3mol H_2 和 1mol N_2。

(1) 设合成氨反应式为 $\frac{3}{2}H_2 + \frac{1}{2}N_2 \xlongequal{} NH_3$，试应用该反应式分别用 NH_3、H_2、N_2 计算反应进度 ξ。

(2)若将合成氨反应写为 $3H_2 + N_2 \xlongequal{} 2NH_3$，试应用该反应式计算反应进度 ξ。

解　(1) $\xi = \frac{\Delta n_{NH_3}}{\nu_{NH_3}} = \frac{2}{1} = 2(\mathrm{mol})$，$\xi = \frac{\Delta n_{H_2}}{\nu_{H_2}} = \frac{-3}{-\frac{3}{2}} = 2(\mathrm{mol})$，$\xi = \frac{\Delta n_{N_2}}{\nu_{N_2}} = \frac{-1}{-\frac{1}{2}} = 2(\mathrm{mol})$

(2)　　$$\xi = \frac{\Delta n_{NH_3}}{\nu_{NH_3}} = \frac{2}{2} = 1(\mathrm{mol})$$

由例 5-1 可知，对于同一反应式，不论选择哪一种物质来求算 ξ，所得的值是一样的。但是当反应式的写法不同时，所得的 ξ 值不同。可见，ξ 值与反应方程式的写法有关。因此，在论及反应进度时，必须同时给出具体化学反应方程式。

§5.2　化学反应热

§5.2.1　热力学能和焓

体系内物质所含有的一切形式的能量总和称为体系的热力学能(thermodynamic energy)，用符号 U 表示。热力学能又称为内能(internal energy)。热力学能包括体系内的分子的动能，分子之间的相互作用能，分子内的各种粒子(原子、原子核、电子等)的动能及相互作用能等。热力学能是描述体系状态的一个宏观物理量，因而是体系的一个状态函数。

体系在一定状态下的热力学能具有唯一的确定值，但其绝对值目前尚无法求得。不过这并不影响应用热力学能解决实际问题。在通常的情况下人们只需要了解体系从一个状态变化到另一状态时热力学能的变化值 ΔU，而 ΔU 是很容易求得的。对于指定的始终态，$\Delta U = U_2 - U_1$ 是定值，与过程的具体方式无关。

在热力学中，人们为了应用的方便，定义了一个称为焓（enthalpy）的物理量。焓的符号用 H 表示，定义式为

$$H = U + pV \tag{5-4}$$

由焓的定义式(5-4)可知，焓是由几个状态函数组合而成的。状态函数的组合仍然是状态函数，因此 H 也是一个状态函数。焓的单位与热力学能的单位一样，都是 J。由于热力学能的绝对值目前尚无法求得，因此焓的绝对值也尚无法求得。但体系从一个状态变化到另一状态时的焓变 ΔH 是可以求得的。对于指定的始终态，ΔH 是定值，与过程的具体方式即与途径无关。

根据焓的定义，有

$$\Delta H = \Delta(U + pV) = \Delta U + \Delta(pV)$$

在等压过程中体系始终态压力 p 相等。因此对于等压过程，有

$$\Delta H = \Delta U + p\Delta V \tag{5-5}$$

§5.2.2 热力学第一定律

热力学第一定律即能量守恒与转化定律，该定律可表述为："自然界的一切物质都具有能量，能量有各种不同的形式，并可以从一种形式转化为另一种形式，在转化过程中，能量的总值是恒定不变的。"

热力学第一定律是人类长期实践经验的总结，是绝对可靠的。

设体系在一过程中的热力学能变化为 ΔU，过程中体系与环境交换热 Q，交换功 W。则过程中体系与环境交换的净能量是 $Q + W$，根据热力学第一定律，有

$$\Delta U = Q + W \tag{5-6}$$

式(5-6)就是热力学第一定律的数学表达式。

在没有非体积功的等容过程中，体系与环境之间交换的功为零，即 $W = 0$；此过程的热称为等容热，用 Q_V 表示。根据热力学第一定律，对于此过程有

$$\Delta U = Q_V \tag{5-7}$$

从式(5-7)可知，对于指定的始终态，等容热 Q_V 是定值，与途径无关，因为 ΔU 只取决于始终态。

在没有非体积功的等压过程中，体系与环境之间交换的功 $W = -p\Delta V$；此过程的热称为等压热，用 Q_p 表示。根据热力学第一定律，对于此过程有

$$\Delta U = Q_p - p\Delta V \quad 或 \quad \Delta U + p\Delta V = Q_p$$

将式(5-5)代入上式，即有

$$\Delta H = Q_p \tag{5-8}$$

从式(5-8)可知,对于指定的始终态,等压热 Q_p 是定值,与途径无关,因为 ΔH 只取决于始终态。

§5.2.3　化学反应热

体系在没有非体积功的等温等容或等温等压反应过程中与环境交换的热称为化学反应热,简称反应热(heat of reaction)。其中在等容条件下的反应热称为等容反应热,在等压条件下的反应热称为等压反应热。

由反应热的定义可知,等容反应热属于等容热 Q_V 范畴,因而其值等于反应体系的热力学能变 $\Delta_r U$,即

$$\Delta_r U = Q_V \tag{5-9}$$

由反应热的定义同样可知,等压反应热属于等压热 Q_p 范畴,因而其值等于反应体系的焓变 $\Delta_r H$,即

$$\Delta_r H = Q_p \tag{5-10}$$

$\Delta_r H$ 又称为反应焓。

在等压反应热和等容反应热中,用得最多的是等压反应热,因为反应一般都是在等温等压条件下进行的。因此通常将等压反应热直接称为反应热,也在习惯上将反应焓 $\Delta_r H$ 直接称为反应热。后面在提到反应热时,如未特别说明,均指的是等压反应热。

§5.2.4　热化学方程式

表示化学反应与反应热关系的方程式称为热化学方程式。下面是一个具体的热化学方程式:

$$2C(gra) + O_2(g) = 2CO(g) \quad \Delta_r H^{\ominus}_{m,298} = -221kJ \cdot mol^{-1}$$

该式的具体含义是:在没有非体积功、各物质温度均为298K、压力均为100kPa的等温等压条件下,当反应进度 ξ 为1mol时(当有2mol石墨态的C与1mol O_2 反应生成2mol CO时)体系向环境放热221kJ。

由于反应热与物态、温度、压力、物质的量等有关,因此对热化学方程式需做如下一些说明。

(1) 式中 $\Delta_r H^{\ominus}_m$ 称为标准摩尔反应焓(standard molar enthalpy of reaction),又称标准摩尔反应热(standard molar heat of reaction),单位 $kJ \cdot mol^{-1}$(注意:在这里mol是反应进度的单位)。下标"m"表示反应进度为1mol,上标"$\ominus$"表示标准态。

(2) 反应热与物质聚集状态有关,反应物和产物的聚集状态应在热化学方程式中注明。一般用"g"代表气体,"l"代表液体,"s"代表固体,"aq"代表水溶液,对于固体,如有不同的结晶形态,还应注明其结晶形态。如在某温度和压力下某物质

只有一种聚集状态时，可不注明。

(3) 反应热与温度有关，因此一般要标明反应温度。如未标明反应温度，则表示反应温度为 298K[①]。

(4) 反应热与压力有关，规定 100kPa 的压力为标准压力，用 $p^{\ominus}$ 表示。$\Delta_r H_m^{\ominus}$ 的准确含义是：在指定温度下，由处于标准态的反应物反应变成处于标准态的产物，当反应进度为 1mol 时体系的焓变。

(5) 由于反应进度与反应式的写法有关，因此反应热也与反应式的写法有关。我们在提到某反应的反应热时，应指明对应的反应式。例如，同样是碳与氧气生成一氧化碳的反应，按下面反应式书写时，标准摩尔反应热就为 $-110.5\text{kJ}\cdot\text{mol}^{-1}$。

$$\text{C(gra)} + \frac{1}{2}\text{O}_2\text{(g)} \longrightarrow \text{CO(g)} \qquad \Delta_r H_m^{\ominus} = -110.5\text{kJ}\cdot\text{mol}^{-1}$$

(6) 正、逆反应的反应热绝对值相等，符号相反。例如

$$\text{CO(g)} \longrightarrow \text{C(gra)} + \frac{1}{2}\text{O}_2\text{(g)} \qquad \Delta_r H_m^{\ominus} = 110.5\text{kJ}\cdot\text{mol}^{-1}$$

§5.2.5 Hess 定律

反应热可以通过实验测定。化学反应非常之多，要将每个反应的反应热都通过实验直接测出来显然太麻烦，而且有的反应热尚无法通过实验直接测定。例如，反应 $2\text{C(gra)}+\text{O}_2\text{(g)} \longrightarrow 2\text{CO(g)}$ 的反应热事实上就无法直接测定，因为碳与氧气的反应很难控制在只生成一氧化碳这一步，它还会继续反应生成二氧化碳。要解决这类问题，需要应用 Hess 定律。

1840 年，Hess 在总结了大量实验事实的基础上，提出了著名的 Hess 定律：化学反应热只取决于体系的始终态，与反应过程是一步完成还是分几步完成无关。

Hess 定律出现在热力学第一定律之前，在那时是一个客观规律的总结。热力学第一定律确立之后，它就成了热力学第一定律推论的必然结果了。从式(5-10)可知，反应热等于体系的焓变 $\Delta_r H$。因为 $\Delta_r H$ 是状态函数 H 的变化值，该值只与体系的始终态有关，与反应过程的具体方式无关，因此只要始终态确定了，反应热 $\Delta_r H$ 就是定值，而与反应过程是一步完成还是分几步完成无关。

应用 Hess 定律，就可以根据一些已知的反应热来计算出另一些未知的反应热，使工作得到简化。尤其是对那些难以通过实验直接测定的反应热，更是只有应用 Hess 定律才可求得。

【例 5-2】 下列反应中，反应(1)的 $\Delta_r H_{m,1}^{\ominus}$ 和反应(2)的 $\Delta_r H_{m,2}^{\ominus}$ 已知，试利用其计算反应(3)的 $\Delta_r H_{m,3}^{\ominus}$。

① 严格说来，25℃时的热力学温度应为 298.15K，本书为简化起见，一律用 298K。

(1) $C(gra) + O_2(g) \longrightarrow CO_2(g)$　　$\Delta_r H_{m,1}^\ominus = -393.5 kJ \cdot mol^{-1}$

(2) $CO(g) + \frac{1}{2}O_2(g) \longrightarrow CO_2(g)$　　$\Delta_r H_{m,2}^\ominus = -283.0 kJ \cdot mol^{-1}$

(3) $C(gra) + \frac{1}{2}O_2(g) \longrightarrow CO(g)$　　$\Delta_r H_{m,3}^\ominus = ?$

解　解法一：可将 $C(gra)+O_2(g)$作为始态，$CO_2(g)$作为终态。反应可一步完成，也可分两步完成，如下所示：

$$\begin{array}{ccc} C(gra)+O_2(g) & \xrightarrow{\Delta_r H_{m,1}^\ominus} & CO_2(g) \\ \downarrow \Delta_r H_{m,3}^\ominus & & \uparrow \Delta_r H_{m,2}^\ominus \\ & CO(g)+\frac{1}{2}O_2(g) & \end{array}$$

根据 Hess 定律，有　　$\Delta_r H_{m,3}^\ominus + \Delta_r H_{m,2}^\ominus = \Delta_r H_{m,1}^\ominus$

从而有　$\Delta_r H_{m,3}^\ominus = \Delta_r H_{m,1}^\ominus - \Delta_r H_{m,2}^\ominus = (-393.5)-(-283.0) = -110.5(kJ \cdot mol^{-1})$

解法二：以 $C(gra)+O_2(g)$为始态，$CO_2(g)$为终态时，反应可通过反应(1)一步完成，也可以通过反应(3)和反应(2)两步完成，因此反应式(1)等于反应式(2)和反应式(3)的加和，即(3)+(2)=(1)。根据 Hess 定律，就应有 $\Delta_r H_{m,3}^\ominus + \Delta_r H_{m,2}^\ominus = \Delta_r H_{m,1}^\ominus$。因此可以利用热化学方程式进行代数运算求得相应的反应热。算式如下：

$$C(gra) + O_2(g) \longrightarrow CO_2(g) \qquad \Delta_r H_{m,1}^\ominus = -393.5 kJ \cdot mol^{-1}$$

$$-)\ CO(g) + \frac{1}{2}O_2(g) \longrightarrow CO_2(g) \qquad \Delta_r H_{m,2}^\ominus = -283.0 kJ \cdot mol^{-1}$$

$$C(gra) + \frac{1}{2}O_2(g) \longrightarrow CO(g) \qquad \Delta_r H_{m,3}^\ominus = -110.5 kJ \cdot mol^{-1}$$

从例 5-2 可知，若几个反应式之间存在一定的代数关系，根据 Hess 定律，则相应的反应热之间也存在着相同的代数关系。即若反应式(1)、(2)和(3)之间存在代数关系 $a(1)+b(2)=c(3)$，则相应的 $\Delta_r H_{m,1}^\ominus$、$\Delta_r H_{m,2}^\ominus$ 和 $\Delta_r H_{m,3}^\ominus$ 也存在关系 $a\Delta_r H_{m,1}^\ominus + b\Delta_r H_{m,2}^\ominus = c\Delta_r H_{m,3}^\ominus$，可用热化学方程式通过代数方法计算反应热。在计算时，相同的物质(状态也要相同)可合并、消去，物质可在等式两边移项，移项时要改变符号。

【例 5-3】　已知(1) $C(gra)+O_2(g) \longrightarrow CO_2(g)$　　$\Delta_r H_{m,1}^\ominus = -393.5 kJ \cdot mol^{-1}$

(2) $H_2(g)+\frac{1}{2}O_2(g) \longrightarrow H_2O(l)$　　$\Delta_r H_{m,2}^\ominus = -285.8 kJ \cdot mol^{-1}$

(3) $CH_3COOH + 2O_2(g) \longrightarrow 2CO_2(g) + 2H_2O(l)$　　$\Delta_r H_{m,3}^\ominus = -874.2 kJ \cdot mol^{-1}$

求反应(4) $2C(gra)+2H_2(g)+O_2(g) \longrightarrow CH_3COOH$ 的 $\Delta_r H_{m,4}^\ominus$。

解　上述热化学方程式之间的关系为

$$(4) = 2\times(1) + 2\times(2) - (3)$$

因此有

$$\begin{aligned} \Delta_r H_{m,4}^\ominus &= 2\times\Delta_r H_{m,1}^\ominus + 2\times\Delta_r H_{m,2}^\ominus - \Delta_r H_{m,3}^\ominus \\ &= 2\times(-393.5) + 2\times(-285.8) - (-874.2) \\ &= -484.4(kJ \cdot mol^{-1}) \end{aligned}$$

§5.2.6 标准摩尔生成焓

应用 Hess 定律可由已知反应热计算未知反应热。于是人们希望在只测出为数不多的一些反应热的情况下，能利用这些反应热计算出尽可能多的反应热来。为此，建立了生成焓和燃烧焓的概念。

在指定温度下，由最稳定的单质生成 1mol 某物质时的标准反应焓为该物质的标准摩尔生成焓(standard molar enthalpy of formation)，又称为标准摩尔生成热(standard molar heat of formation)，用符号 $\Delta_f H_m^\ominus$ 表示，单位为 $kJ \cdot mol^{-1}$。下标“f”表示生成(formation)。

最稳定的单质是指在指定温度和标准压力下单质的最稳定形态。对于有同素异形体存在的物质，这一规定更具有重要性。例如，碳的最稳定单质是石墨而不是金刚石。根据标准生成焓的定义，最稳定单质的标准生成焓都等于零，因为它们自己生成自己是没有反应热的。

一些常见物质在温度为 298K 时的 $\Delta_f H_m^\ominus$ 值均已被人们直接或间接测定出来。例如，由 $2C(gra) + O_2(g) \longrightarrow 2CO(g)$，$\Delta_r H_{m,298K}^\ominus = -221kJ \cdot mol^{-1}$ 可知 CO(g)在 298K 时的 $\Delta_f H_m^\ominus$ 值为 $-110.5kJ \cdot mol^{-1}$。部分物质在 298K 时的 $\Delta_f H_m^\ominus$ 值见附录Ⅳ。

对于在指定温度和标准态下进行的任意化学反应：

$$dD + eE \longrightarrow gG + hH$$

只要已知各物质在此温度的 $\Delta_f H_m^\ominus$ 值，就可以根据 $\Delta_f H_m^\ominus$ 数据计算出该反应的 $\Delta_r H_m^\ominus$ 值，可由 Hess 定律加以证明。

现以最稳定的单质为始态，以 $gG + hH$ 为终态，则由最稳定单质生成 $gG + hH$ 的反应可以一步完成，也可以分两步完成，如下所示：

$$dD + eE \xrightarrow{\Delta_r H_m^\ominus} gG + hH$$

$$\Delta_r H_{m,1}^\ominus \uparrow \qquad \text{最稳定单质} \qquad \uparrow \Delta_r H_{m,2}^\ominus$$

根据 Hess 定律，有 $\Delta_r H_{m,1}^\ominus + \Delta_r H_m^\ominus = \Delta_r H_{m,2}^\ominus$

即

$$\Delta_r H_m^\ominus = -\Delta_r H_{m,1}^\ominus + \Delta_r H_{m,2}^\ominus$$

因为

$$\Delta_r H_{m,1}^\ominus = d\Delta_f H_m^\ominus(D) + e\Delta_f H_m^\ominus(E)$$

$$\Delta_r H_{m,2}^\ominus = g\Delta_f H_m^\ominus(G) + h\Delta_f H_m^\ominus(H)$$

所以

$$\Delta_r H = -[d\Delta_f H_m^\ominus(D) + e\Delta_f H_m^\ominus(E)] + [g\Delta_f H_m^\ominus(G) + h\Delta_f H_m^\ominus(H)]$$

可简写为

$$\Delta_r H_m^\ominus = \sum \nu_B \Delta_f H_m^\ominus(B) \qquad (5\text{-}11)$$

式(5-11)即为由标准摩尔生成焓计算反应焓的公式。可见，通过式(5-11)可以由有限的生成焓数据来计算成千上万种由这些化合物参加的化学反应的反应热。

【例 5-4】 查表计算下面反应在 298K，100kPa 下进行时的反应热。

$$Fe_2O_3(s) + 3CO(g) \xlongequal{\quad} 2Fe(s) + 3CO_2(g)$$

解　查表，得到各物质的标准生成焓数据：

	$Fe_2O_3(s)$	$+\ 3CO(g)$	$=\ 2Fe(s)$	$+\ 3CO_2(g)$
$\Delta_f H_m^\ominus/(kJ \cdot mol^{-1})$	-822.2	-110.5	0	-393.5

$$\begin{aligned}\Delta_r H_m^\ominus &= \sum \nu_B \Delta_f H_m^\ominus(B)\\ &= (-1)\times(-822.21)+(-3)\times(-110.5)+2\times 0+3\times(-393.5)\\ &= -26.8(kJ\cdot mol^{-1})\end{aligned}$$

§5.2.7　标准摩尔燃烧焓

很多有机物由于其结构的复杂性，使其生成焓不能或不易直接测得，这样就无法应用式(5-11)计算这些有机物参与的反应的反应热。但绝大部分有机化合物都能燃烧，因此建立了应用燃烧热计算反应热的方法。

在指定温度下，1mol 某物质完全燃烧时的标准反应热称为该物质的标准摩尔燃烧焓（standard molar enthalpy of combustion），又称标准摩尔燃烧热（standard molar heat of combustion），用符号 $\Delta_c H_m^\ominus$ 表示，单位为 $kJ \cdot mol^{-1}$。下标“c”表示燃烧（combustion）。

所谓完全燃烧，是指燃烧的最终产物是：C 变成 $CO_2(g)$、H 变成 $H_2O(l)$、S 变成 $SO_2(g)$、N 变成 $N_2(g)$、Cl 变成 HCl(aq)、金属成为氧化态。附录Ⅳ-2 中给出了一些有机物在 298K 时的标准摩尔燃烧焓数据。

对于在指定温度和标准态下进行的任意化学反应：

$$dD + eE \xlongequal{\quad} gG + hH$$

只要已知各物质在此温度的 $\Delta_c H_m^\ominus$ 值，就可以根据 $\Delta_c H_m^\ominus$ 数据计算出该反应的 $\Delta_r H_m^\ominus$ 值，也可由 Hess 定律加以证明。

现以 $dD+eE$ 为始态，以燃烧的最终产物为终态，则由 $dD+eE$ 生成燃烧最终产物的反应可以一步完成，也可以分两步完成，如下所示。

$$\begin{array}{ccc} dD+eE & \xrightarrow{\Delta_r H_m^\ominus} & gG+hH \\ \Big\downarrow \Delta_r H_{m,1}^\ominus & & \Big\downarrow \Delta_r H_{m,2}^\ominus \\ & \text{燃烧最终产物} & \end{array}$$

根据 Hess 定律，有　$\Delta_r H_m^\ominus + \Delta_r H_{m,2}^\ominus = \Delta_r H_{m,1}^\ominus$

即　$\Delta_r H_m^\ominus = \Delta_r H_{m,1}^\ominus - \Delta_r H_{m,2}^\ominus$

因为　$\Delta_r H_{m,1}^\ominus = d\Delta_c H_m^\ominus(D) + e\Delta_c H_m^\ominus(E)$

$$\Delta_r H_{m,2}^{\ominus}=g\Delta_c H_m^{\ominus}(G)+h\Delta_c H_m^{\ominus}(H)$$

故 $$\Delta_r H_m^{\ominus}=[d\Delta_c H_m^{\ominus}(D)+e\Delta_c H_m^{\ominus}(E)]-[g\Delta_c H_m^{\ominus}(G)+h\Delta_c H_m^{\ominus}(H)]$$

可简写为 $$\Delta_r H_m^{\ominus}=\sum(-\nu_B)\Delta_c H_m^{\ominus}(B) \tag{5-12}$$

注意,式(5-12)与式(5-11)相比较化学计量数前有一个负号。

【例 5-5】 利用标准摩尔燃烧焓数据求乙醇与乙酸发生酯化反应时的标准摩尔反应热。

解 查表,得到各物质的标准摩尔燃烧焓:

	$CH_3COOH(l)$	$+CH_3CH_2OH(l)$	$=\!=\!=CH_3COOCH_2CH_3(l)$	$+H_2O(l)$
$\Delta_c H_m^{\ominus}/(kJ\cdot mol^{-1})$	-874.5	-1366.8	-2254.2	0

$$\Delta_r H_m^{\ominus}=(-874.5)+(-1366.8)+(-1)\times(-2254.2)+(-1)\times 0$$
$$=12.9(kJ\cdot mol^{-1})$$

燃烧焓在生物体系中有非常重要的意义,人们常说的碳水化合物、脂肪、蛋白质的发热量实际上就是这些有机化合物在 298K 时的燃烧焓,这些数值科学地表明了某种食物能给人体提供能量的最大值。各种食物的发热量是营养学计算合理食谱的非常重要的依据。

食物的发热量常用热值表示。食物的热值是指 1g 食物完全氧化时的反应热。食物在体内是经过许多步复杂的反应过程才最终完全氧化的。根据 Hess 定律,其体内总的反应热与其在体外一步完全氧化的燃烧热是相等的,因此可用食物的燃烧热计算其热值。

【例 5-6】 葡萄糖在体内氧化供给能量的反应是食物供能的重要反应之一。其完全氧化的总反应为:$C_6H_{12}O_6(s)+6O_2(g)=\!=\!=6CO_2(g)+6H_2O(l)$。试利用 298K 时各物质的 $\Delta_f H_m^{\ominus}$ 计算葡萄糖在 298K 的标准摩尔燃烧焓和其热值。

解 葡萄糖的标准摩尔燃烧焓即为上述反应的标准摩尔反应焓。查表得到所需数据如下:

	$C_6H_{12}O_6(s)$	$+6O_2(g)$	$=\!=\!=6CO_2(g)$	$+6H_2O(l)$
$\Delta_f H_m^{\ominus}/(kJ\cdot mol^{-1})$	-1268	0	-393.5	-285.8

$$\Delta_c H_m^{\ominus}=\Delta_r H_m^{\ominus}=\sum\nu_B\Delta_f H_m^{\ominus}(B)$$
$$=(-1)\times(-1268)+(-6)\times 0+6\times(-393.5)+6\times(-285.8)$$
$$=-2808(kJ\cdot mol^{-1})$$
$$热值=-2808/180=-15.6(kJ\cdot g^{-1})$$

一些常见物质在 298K 的 $\Delta_f H_m^{\ominus}$ 和 $\Delta_c H_m^{\ominus}$ 人们都已经测出。利用这些数据可以计算大量反应在 298K 和标准态下进行时的反应热,但是有很多反应并不是在 298K 和标准态下进行的。若反应是在其他温度或非标态下进行,则相应的反应热与 298K 下的标准反应热 $\Delta_r H_m^{\ominus}$ 是有差异的。但研究表明,只要反应体系中的各物质不发生物态变化,则这种差异往往可忽略不计,即可以用 298K 下的标准反应

热 $\Delta_r H_m^\ominus$ 近似估算其他温度和非标态的反应热。

§5.3　化学反应的方向和限度

应用热力学第一定律可以定量解决化学反应过程中的能量转换问题，但却不能解决如何准确判断一个反应在一定条件下能否自发进行以及进行到什么限度为止的问题。例如，已知葡萄糖可氧化生成二氧化碳和水并放出热量，那么如果向一密闭容器中加入二氧化碳和水并供热能否合成葡萄糖？要解决这类问题需要应用热力学第二定律。

§5.3.1　自发过程

1. 自发过程的概念

不需要借助外力(不需要环境向体系做非体积功)就能发生的过程称为自发过程(spontaneous process)，如为化学反应过程则称为自发反应(spontaneous reaction)。在自然界自发过程比比皆是，如热从高温物体向低温物体传递的过程，气体从高压处向低压处流动的过程，锌与硫酸铜溶液发生置换反应的过程等。

如果一个过程必须要靠环境对体系做非体积功才能进行，则这样的过程称为非自发过程。如果环境不对体系做非体积功，非自发过程是不可能进行的。

一定条件下，若体系从状态 1 到状态 2 的变化能以自发过程的方式进行，则称体系从状态 1 到状态 2 的变化方向是自发方向。反之，若体系从状态 1 到状态 2 的变化必须借助外力才能进行，则称体系从状态 1 到状态 2 的变化方向是非自发方向。

2. 自发过程的基本特征

自发过程具有如下共同的基本特征：

(1) 自发过程具有单向性。所谓单向性指的是，如果在一定条件下体系从状态 1 变化至状态 2 的过程能自发进行，则此条件下相反的过程即体系从状态 2 变化到状态 1 的过程必定不能自发进行，即必定是非自发过程(当没有非体积功时则为不可能进行的过程)。例如，热从高温物体传向低温物体的过程能自发进行，而热从低温物体传向高温物体的过程则不可能自发进行(此过程在没有非体积功时不可能进行，要使其进行，环境必须对体系做非体积功，电冰箱致冷要做电功即为其例)。

(2) 自发过程具有做功的能力。例如，可利用热从高温物体传向低温物体的过程推动热机做功。

(3) 自发过程有一定限度。自发过程不会无休止地进行下去，当进行到一定程度时就会停止，即有一定限度。例如，热从高温物体传向低温物体的过程，随着过程的进行，两物体温差越来越小，当两物体温度相等即达到热平衡时，传热过程就停止。又如，气体从高压处向低压处流动的过程，当各处压力相等即达到压力平衡时，气体扩散过程就停止。再如，在密闭容器中氢气与氮气反应生成氨的过程，当正逆反应速率相等即达到化学平衡时，反应过程就停止。这几个例子说明，自发过程的终态都是平衡态。平衡态就是自发过程的限度，当体系达到平衡态时，自发过程终止。

3. 决定过程方向的因素

对于热传递过程，决定过程方向的因素是温度差，可以根据温度差来判断热传递的方向，即温度差是过程方向的判据。对于气体流动过程，决定过程方向的因素则是压力差，即压力差是过程的判据。那么对于包括化学反应在内的一切过程，是否存在着决定过程方向的共同因素，即是否存在过程方向的共同判据呢？回答是肯定的。

人们经过研究发现自然界许多自发过程都是朝着体系能量降低的方向进行的。能量越低体系的状态就越稳定，这就是能量最低原理。放热是体系降低能量的主要途径，因而许多放热过程都是自发过程。例如，碳与氧气的燃烧反应、酸与碱的中和反应等放热反应都是自发过程。可见，热是决定过程方向的重要因素。

但是在现实中有不少吸热过程也是自发过程。例如，硝酸钾溶于水的过程显然是自发过程，但却是一个吸热过程。可见除了热之外，还存在着决定过程方向的另一因素。

体系由大量的微观粒子组成。在不同的状态下这些微粒运动的混乱程度即混乱度是不一样的。考察硝酸钾晶体溶于水的自发过程，可以发现在过程的始态，硝酸钾处于晶体状态，晶体中的离子均固定在一定位置并排列整齐有序，即混乱度较小。而在过程的终态，有关离子已与水分子混合在一起且位置时时刻刻在变化，即混乱度较大。可见，自发过程往往是体系从相对有序、混乱度较小的状态变化到相对无序、混乱度较大的状态的过程。大量的事实表明：混乱度的变化是除热以外决定过程方向的另一因素。

为了定量地用热和混乱度的变化来判断过程的方向，需要引入熵和 Gibbs 自由能的概念。

§5.3.2 熵

1. 熵的概念

在热力学中，用熵(entropy)来定量描述混乱度的大小，熵越大则混乱度越大。熵的符号用 S 表示，单位为 $J \cdot K^{-1}$。熵是描述体系状态的一个物理量，因此熵是一个状态函数。

由于熵是状态函数，因此当体系从状态 1 变化到状态 2 时，熵的改变量即熵变即 $\Delta S = S_2 - S_1$ 是定值，与过程的具体方式无关。

熵值相对大小的一般规律：物质含微粒越多，熵值越大；混合物比相应的纯净物熵值大；同一物质，温度越高，熵值越大；同一物质，体积越大，熵值越大；同一物质的不同聚集态中，气态熵值最大，液态次之，固态熵值最小；体系所含微粒结构越复杂，熵值越大。

2. 化学反应熵变的计算

熵变 $\Delta S = S_2 - S_1$ 可以通过实验准确测定。如果能找到体系的一个状态，体系在此状态的熵值为零，则以熵值为零的状态为始态，通过实验测出体系在其他状态的熵值。

考察熵值变化的一般规律，可知物质在固态时熵值最小，温度越低熵值越小，物质越纯熵值越小。人们根据这一规律就规定：在热力学温度 0K 时，任何纯物质的完整晶体的熵值都等于零。按照这个规定，就可以通过实验求得物质在其他状态的熵值，这样求得的熵值称为规定熵。把物质在标准状态的规定熵称为标准熵，记做 $S^\ominus$。1mol 物质的标准熵称为标准摩尔熵，记做 $S_m^\ominus$，单位为 $J \cdot K^{-1} \cdot mol^{-1}$。附录Ⅳ中给出了一些物质在 298K 时的标准摩尔熵值。利用 $S_m^\ominus$ 可以计算有关反应在标准态下反应进度为 1mol 时的标准摩尔熵变 $\Delta_r S_m^\ominus$。$\Delta_r S_m^\ominus$ 的单位为 $J \cdot K^{-1} \cdot mol^{-1}$。

设反应式为 $$dD + eE = gG + hH$$

则有 $$\Delta_r S_m^\ominus = [gS_m^\ominus(G) + hS_m^\ominus(H)] - [dS_m^\ominus(D) + eS_m^\ominus(E)]$$

可简写为 $$\Delta_r S_m^\ominus = \sum \nu_B S_m^\ominus(B) \tag{5-13}$$

【例 5-7】 计算反应 $6CO_2(g) + 6H_2O(l) = C_6H_{12}O_6(s) + 6O_2(g)$ 在 100kPa、298K 进行时的 $\Delta_r S_m^\ominus$。

解　查附录Ⅳ得到所需数据如下：

	$6CO_2(g)$	$+ 6H_2O(l)$	$= C_6H_{12}O_6(s)$	$+ 6O_2(g)$
$S_m^\ominus/(J \cdot K^{-1} \cdot mol^{-1})$	213.6	69.94	228.0	205.0

$$\begin{aligned}\Delta_r S_m^\ominus &= \sum \nu_B S_m^\ominus(B) \\ &= (-6) \times 213.6 + (-6) \times 69.94 + 228.0 + 6 \times 205.0 \\ &= -243.2(J \cdot K^{-1} \cdot mol^{-1})\end{aligned}$$

§5.3.3　Gibbs 自由能

1. Gibbs 自由能的概念

在热力学中，为了应用的方便，定义了一个称为 Gibbs 自由能(Gibbs free

energy)的物理量。Gibbs 自由能用符号 G 表示，单位为 J，其定义式为

$$G = H - TS \tag{5-14}$$

由定义式(5-14)可知，G 是由几个状态函数组合而成的，因此 G 也是一个状态函数。由于焓的绝对值目前尚无法求得，因此 Gibbs 自由能 G 的绝对值也无法求得。但体系从一个状态变化到另一状态时的 Gibbs 自由能变 ΔG 是可以求得的。对于指定的始终态，ΔG 是定值，与过程的具体方式无关。

2. Gibbs 方程

根据 Gibbs 自由能的定义，对于等温过程体系始终态温度 T 相等，因此

$$\Delta G = \Delta H - T\Delta S \tag{5-15}$$

式(5-15)称为 Gibbs 方程，是一个非常重要的公式。

3. 标准摩尔反应 Gibbs 自由能

在等温等压下的化学反应，当反应进度为 1mol 时，相应的自由能变化 $\Delta_r G_m$ 称为化学反应的自由能变，单位 $kJ \cdot mol^{-1}$。对于在标准态下进度为 1mol 的化学反应，相应的自由能变化 $\Delta_r G_m^\ominus$ 称为化学反应的标准自由能变。

将 Gibbs 方程(5-15)应用于标准态下的化学反应，有

$$\Delta_r G_m^\ominus = \Delta_r H_m^\ominus - T\Delta_r S_m^\ominus \tag{5-16}$$

§5.3.4 自发过程的 Gibbs 自由能判据

很多过程(包括化学反应)都是在等温等压且没有非体积功条件下进行的。此条件下，可以用 ΔG 来判断过程的方向和限度。具体判断方法如下：

$$\Delta G < 0 \quad 自发过程 \tag{5-17}$$

$$\Delta G > 0 \quad 非自发过程 \tag{5-18}$$

$$\Delta G = 0 \quad 体系达到平衡态。 \tag{5-19}$$

式(5-19)称为 Gibbs 自由能判据。注意：Gibbs 自由能判据只能用于等温等压条件下的过程。

Gibbs 方程表明了在等温等压条件下一个过程的 Gibbs 自由能变 ΔG 与焓变 ΔH、熵变 ΔS 及温度 T 的关系。

根据式(5-16)可知，在等温等压条件下，推动过程自发进行的因素有两个，一个是熵增加($\Delta S > 0$，混乱度增大)，另一个是焓减少($\Delta H < 0$，没有非体积功时体现为放热)。具体情况如下：

(1) $\Delta H < 0$ 且 $\Delta S > 0$ 的过程必为 $\Delta G < 0$ 的过程，即必为自发过程。

(2) $\Delta H > 0$ 且 $\Delta S < 0$ 的过程必为 $\Delta G > 0$ 的过程，即必为非自发过程。

(3) $\Delta H > 0$ 且 $\Delta S > 0$ 的过程的自发方向取决于 ΔH 和 $T\Delta S$ 的相对大小，此

时温度是决定过程方向的一个重要因素。通常 ΔH 随温度变化不大，而 $T\Delta S$ 则随温度显著变化。因此当温度高于某一值时，必有 $\Delta G<0$，此时过程能自发进行；当温度低于此值时则 $\Delta G>0$，即过程不能自发进行。该温度值称为转化温度或平衡温度，用 T_{eq} 表示。在 T_{eq} 时体系处于平衡态，即 $\Delta G=0$，因此有

$$T_{eq}=\Delta H/\Delta S \qquad (5\text{-}20)$$

简言之，$\Delta H>0$ 且 $\Delta S>0$ 的过程高温下自发，低温下非自发。

(4) $\Delta H<0$ 且 $\Delta S<0$ 的过程低温下自发，高温下非自发。此类过程的转化温度 T_{eq} 也可按式(5-20)计算。

对于化学反应，Gibbs 自由能判据就化为

$$\Delta_r G_m<0 \quad \text{正向反应自发} \qquad (5\text{-}21)$$

$$\Delta_r G_m>0 \quad \text{逆向反应自发} \qquad (5\text{-}22)$$

$$\Delta_r G_m=0 \quad \text{反应达到平衡} \qquad (5\text{-}23)$$

§5.3.5　化学反应的自由能变计算

1. 应用 Gibbs 方程计算

对于标准态下的化学反应，只要计算出 $\Delta_r G_m^\ominus$，即可应用 Gibbs 自由能判据判断其方向和限度，而 $\Delta_r G_m^\ominus$ 可应用 Gibbs 方程 $\Delta_r G_m^\ominus=\Delta_r H_m^\ominus-T\Delta_r S_m^\ominus$ 进行计算。

【例 5-8】 计算反应 $6CO_2(g)+6H_2O(l)=\!=\!=C_6H_{12}O_6(s)+6O_2(g)$ 在 298K 进行时的 $\Delta_r G_m^\ominus$，并判断该反应在此条件下能否进行。

解　该反应与例 5-6 的反应互为逆反应，根据例 5-6 的结果，可知该反应的 $\Delta_r H_m^\ominus=2808\text{kJ}\cdot\text{mol}^{-1}$。又由例 5-7 知该反应的 $\Delta_r S_m^\ominus=-243.2\text{J}\cdot\text{K}^{-1}\cdot\text{mol}^{-1}$。从而有

$$\begin{aligned}\Delta_r G_m^\ominus&=\Delta_r H_m^\ominus-T\Delta_r S_m^\ominus=2808\times10^3-298\times(-243.2)\\&=2880\times10^3(\text{J}\cdot\text{mol}^{-1})=2880(\text{kJ}\cdot\text{mol}^{-1})>0\end{aligned}$$

计算结果表明，此条件下正向反应是非自发反应，在没有非体积功时正向反应不可能进行。

2. 标准生成 Gibbs 自由能

应用 Gibbs 方程计算 $\Delta_r G_m^\ominus$ 需进行几步运算，为进一步简化运算，人们建立了标准生成 Gibbs 自由能的概念。

在指定温度下由最稳定的单质生成 1mol 某物质时的标准摩尔反应 Gibbs 自由能称为该物质的标准摩尔生成 Gibbs 自由能(standard molar free energe of formation)，用符号 $\Delta_f G_m^\ominus$ 表示。根据这个规定，最稳定单质的标准摩尔生成 Gibbs 自由能为零。附录Ⅳ中给出了部分物质在 298K 时的标准摩尔生成 Gibbs 自由能数值。

显然，对于反应：　　$d\text{D}+e\text{E}=\!=\!=g\text{G}+h\text{H}$

有 $\Delta_r G_m^{\ominus} = [g\Delta_f G_m^{\ominus}(G) + h\Delta_f G_m^{\ominus}(H)] - [d\Delta_f G_m^{\ominus}(D) + e\Delta_f G_m^{\ominus}(E)]$

可简写为 $$\Delta_r G_m^{\ominus} = \sum \nu_B \Delta_f G_m^{\ominus}(B) \tag{5-24}$$

【例 5-9】 试求 298K 时下列反应的 $\Delta_r G_m^{\ominus}$，并指出该反应在此条件下是否自发进行。

$$4NH_3(g) + 5O_2(g) = 4NO(g) + 6H_2O(l)$$

解 由附录查出该反应中各物质的标准摩尔生成自由能：

	$4NH_3(g)$	$+5O_2(g)$	$= 4NO(g)$	$+6H_2O(l)$
$\Delta_f G_m^{\ominus}/(kJ \cdot mol^{-1})$	−16.64	0	87.6	−237.1

$$\begin{aligned}\Delta_r G_m^{\ominus} &= \sum \nu_B \Delta_f G_m^{\ominus}(B) \\ &= (-4) \times (-16.64) + (-5) \times 0 + 4 \times 87.6 + 6 \times (-237.1) \\ &= -1006(kJ \cdot mol^{-1}) < 0\end{aligned}$$

该反应在 298K 的标态下可正向自发进行。

对于指定的反应，$\Delta_r G_m^{\ominus}$ 只随温度变化，在一定温度下 $\Delta_r G_m^{\ominus}$ 则是定值。当保持各物质总是处于标准态时，温度不变，反应方向是不会改变的。在保持各物质总是处于标准态的情况下，只有当 $\Delta_r H_m^{\ominus}$ 和 $\Delta_r S_m^{\ominus}$ 同号时，才有可能通过改变温度来改变 $\Delta_r G_m^{\ominus}$ 的符号，从而改变标准态反应的方向。将式(5-20)用于化学反应，反应方向转变温度就为

$$T_{eq} = \Delta_r H_m^{\ominus}(T_{eq}) / \Delta_r S_m^{\ominus}(T_{eq})$$

但 $\Delta_r H_m^{\ominus}(T_{eq})$ 和 $\Delta_r S_m^{\ominus}(T_{eq})$ 的数据不易获得。在近似计算中，可用 298K 的 $\Delta_r H_m^{\ominus}$ 和 $\Delta_r S_m^{\ominus}$ 估算 T_{eq}，即

$$T_{eq} \approx \Delta_r H_m^{\ominus}(298K) / \Delta_r S_m^{\ominus}(298K) \tag{5-25}$$

【例 5-10】 碳酸钙分解反应： $CaCO_3(s) = CaO(s) + CO_2(g)$

(1) 利用附录Ⅳ的 $\Delta_f H_m^{\ominus}$ 和 $S_m^{\ominus}$ 数据计算该反应在 298K 的 $\Delta_r G_m^{\ominus}$，并判断该反应在 298K 和标准态下能否自发进行；(2) 试估算该反应在标准态下自发进行所需要的最低温度。

解 (1) 查附录Ⅳ得 298K 时的下列各项数据：

	$CaCO_3(s)$	$= CaO(s)$	$+ CO_2(g)$
$\Delta_f H_m^{\ominus}/(kJ \cdot mol^{-1})$	−1206.9	−634.9	−393.5
$S_m^{\ominus}/(J \cdot K^{-1} \cdot mol^{-1})$	92.9	38.1	213.8

$$\begin{aligned}\Delta_r H_m^{\ominus} &= \sum \nu_B \Delta_f H_m^{\ominus}(B) \\ &= (-1) \times (-1\,206.9) + (-634.9) + (-393.5) \\ &= 178.5(kJ \cdot mol^{-1})\end{aligned}$$

$$\Delta_r S_m^{\ominus} = \sum \nu_B S_m^{\ominus}(B) = (-1) \times 92.9 + 38.1 + 213.8 = 159.0\ (J \cdot K^{-1} \cdot mol^{-1})$$

$$\Delta_r G_m^{\ominus} = \Delta_r H_m^{\ominus} - T\Delta_r S_m^{\ominus} = 178.5 - 298 \times 159.0 \times 10^{-3} = 131.1(kJ \cdot mol^{-1}) > 0$$

在 298K 和标准态下，该反应不能自发进行。

(2)
$$T_{eq} \approx \Delta_r H_m^\ominus(298K)/\Delta_r S_m^\ominus(298K)$$
$$= 178.5/159.0 \times 10^{-3} = 1123(K)$$

故此反应在标准状态下温度要高于 1122.6K 才能自发进行。

3. 化学反应等温方程式——非标准态下 $\Delta_r G_m$ 的计算

应用 $\Delta_r G_m^\ominus$ 只能判断标准状态下反应的方向。当等温等压下的反应体系中有的物质处于非标准态时，就必须用 $\Delta_r G_m$ 来判断反应方向。设有反应：

$$dD + eE \longrightarrow gG + hH$$

如反应式中各物质都是溶液中的溶质，浓度分别为 c_D、c_E、c_G、c_H，令

$$J = \frac{(c_G/c^\ominus)^g (c_H/c^\ominus)^h}{(c_D/c^\ominus)^d (c_E/c^\ominus)^e} = \prod (c_B/c^\ominus)^{\nu_B} \tag{5-26}$$

式中，$c^\ominus$ 为标准浓度，$c^\ominus = 1\ mol \cdot L^{-1}$；$\Pi$ 为连乘号；J 称为该反应的反应商。式(5-26)为反应商的表达式。

如上述反应式中各物质都是气体，各气体物质的分压分别为 p_D、p_E、p_G、p_H，则该反应的反应商的表达式要改为如下形式：

$$J = \frac{(p_G/p^\ominus)^g (p_H/p^\ominus)^h}{(p_D/p^\ominus)^d (p_E/p^\ominus)^e} \tag{5-27}$$

式中，$p^\ominus$ 为标准压力，$p^\ominus = 100kPa$。

如果反应式中的物质既有溶液中的溶质，又有气体物质，则在写反应商 J 的表达式时，溶质 B 用 $(c_B/c^\ominus)^{\nu_B}$，气体 B 用 $(p_B/p^\ominus)^{\nu_B}$。

书写反应商表达式时还要注意以下两点：

(1) 纯固体、纯液体和稀溶液的溶剂不写入表达式中。

(2) J 的表达式及其值与反应式的写法有关，因此书写 J 的表达式时必须指明反应式。

从反应商 J 的表达式可知，当各物质均处于标准态时 $J=1$。

应用热力学原理可以推导出下面公式：

$$\Delta_r G_m = \Delta_r G_m^\ominus + RT\ln J \tag{5-28}$$

式(5-28)称为化学反应等温方程式。该式给出了非标态的摩尔反应 Gibbs 自由能 $\Delta_r G_m$ 与标准摩尔反应 Gibbs 自由能 $\Delta_r G_m^\ominus$ 及反应商 J 之间的关系。因此如果已知 $\Delta_r G_m^\ominus$ 和 J，就可用该式求出 $\Delta_r G_m$，从而可判断在相应的等温等压条件下反应的方向和限度。

【例 5-11】 用 MnO_2 和 HCl 反应制备 Cl_2(g)，已知该反应的方程式为

$$MnO_2(s) + 4H^+(aq) + 2Cl^-(aq) \longrightarrow Mn^{2+}(aq) + Cl_2(g) + 2H_2O(l)$$

试问：(1) 在 298K 标准态时，反应能否自发进行？(2)若用 12.0mol · L^{-1} 的 HCl，其他物质仍

为标准态,298K 时反应能否自发进行?

解 (1) $MnO_2(s)+4H^+(aq)+2Cl^-(aq) \longrightarrow Mn^{2+}(aq)+Cl_2(g)+2H_2O(l)$

$\Delta_f G_m^\ominus/(kJ \cdot mol^{-1})$ -464.8 0 -131.17 -228 0 -237.19

$$\begin{aligned}\Delta_r G_m^\ominus &= \sum \nu_B \Delta_f G_m^\ominus(B)\\ &= (-1)\times(-464.8)+(-4)\times 0+(-2)\times(-131.17)+(-228)+2\times(-237.19)\\ &= 24.8(kJ \cdot mol^{-1}) > 0\end{aligned}$$

故在 298K、标准态时,该反应不能自发进行

(2) 用 $12.0mol \cdot L^{-1}$ HCl 时,有

$$\begin{aligned}J &= \frac{(c_{Mn^{2+}}/c^\ominus)\cdot(p_{Cl_2}/p^\ominus)}{(c_{H^+}/c^\ominus)^4(c_{Cl^-}/c^\ominus)^2}\\ &= \frac{(1.0/1.0)\times(100/100)}{(12.0/1.0)^4\times(12.0/1.0)^2} = 3.30\times 10^{-7}\end{aligned}$$

$$\begin{aligned}\Delta_r G_m &= \Delta_r G_m^\ominus + RT\ln J\\ &= 24.8\times 10^3 + 8.314\times 298\times \ln(3.30\times 10^{-7})\\ &= -12.2\times 10^3(J \cdot mol^{-1}) = -12.2(kJ \cdot mol^{-1}) < 0\end{aligned}$$

故在 298K 时,用 $12.0mol \cdot L^{-1}$ 的浓 HCl 制备 $Cl_2(g)$能自发进行。

§5.4 化学平衡

§5.4.1 化学平衡与标准平衡常数

化学反应的限度就是化学平衡。等温等压下当正向反应自发时,$\Delta_r G_m < 0$。根据式(5-28),此时应有 $\Delta_r G_m^\ominus + RT\ln J < 0$。对于指定的反应,$\Delta_r G_m^\ominus$ 在一定温度下是定值。随着反应的进行,反应物的浓度不断降低,产物浓度不断升高,由反应商 J 的表达式可知,J 是随反应的进行而不断增大的。$\Delta_r G_m$ 则随着 J 的增大而逐渐趋向于零。当 J 增大到一定限度最终使 $\Delta_r G_m$ 等于零时,反应就达到平衡。此时有

$$\Delta_r G_m^\ominus + RT\ln J_{eq} = 0$$

式中,J_{eq}为平衡时的反应商。令

$$K^\ominus = J_{eq} \tag{5-29}$$

$K^\ominus$称为标准平衡常数,有

$$\Delta_r G_m^\ominus = -RT\ln K^\ominus \tag{5-30}$$

式(5-30)为标准平衡常数的定义式。

因为对于指定的反应,$\Delta_r G_m^\ominus$ 在一定温度下是定值,所以对于指定的反应 $K^\ominus$ 在一定温度下是定值,与反应开始时各物质浓度大小无关。

由于 $K^\ominus = J_{eq}$,因此书写标准平衡常数表达式的要点与书写反应商表达式的要点一样。但在 $K^\ominus$的表达式中有关物质的浓度是平衡浓度,B 的平衡浓度常用

[B]表示；气体的分压也是平衡分压。

§5.4.2　标准平衡常数的计算

对于指定的反应，标准平衡常数的值可通过以下几种方式求得。

1. 根据式 $\Delta_r G_m^\ominus = -RT\ln K^\ominus$ 求得

【例 5-12】 根据例 5-11 的结果，计算下面反应在 298K 的标准平衡常数 $K^\ominus$。

$$MnO_2(s) + 4H^+(aq) + 2Cl^-(aq) \longrightarrow Mn^{2+}(aq) + Cl_2(g) + 2H_2O(l)$$

解　从例 5-11 得 $\Delta_r G_m^\ominus = 24.8\text{kJ}\cdot\text{mol}^{-1}$，根据 $\Delta_r G_m^\ominus = -RT\ln K^\ominus$ 得

$$K^\ominus = \exp(-\Delta_r G_m^\ominus/RT) = \exp[-24.8\times10^3/(8.314\times298)] = 4.52\times10^{-5}$$

2. 利用已知反应的 $K^\ominus$ 进行计算

前面已述及，若反应式(1)、(2)和(3)之间存在代数关系 $a(1)+b(2)=c(3)$，则各反应式的标准摩尔反应焓也存在相应的代数关系。事实上，此时各反应式的标准摩尔反应 Gibbs 自由能同样也存在相应的代数关系，即

$$a\Delta_r G_{m,1}^\ominus + b\Delta_r G_{m,2}^\ominus = c\Delta_r G_{m,3}^\ominus$$

将式(5-30)代入，即可得各反应式标准平衡常数的关系：

$$(K_1^\ominus)^a(K_2^\ominus)^b = (K_3^\ominus)^c$$

利用此关系式可由已知的 $K^\ominus$ 求得未知的 $K^\ominus$ 值。

【例 5-13】 已知下列反应在 1 123K 的标准平衡常数：

(1)　$C(gra) + CO_2(g) \xlongequal{\quad} 2CO(g)$　　$K_1^\ominus = 1.3\times10^{14}$

(2)　$CO(g) + Cl_2(g) \xlongequal{\quad} COCl_2(g)$　　$K_2^\ominus = 6.0\times10^{-3}$

试计算反应(3) $2COCl_2(g) \xlongequal{\quad} C(gra) + CO_2(g) + Cl_2(g)$ 在 1123K 时的 $K_3^\ominus$。

解　分析上述反应式，可以得出它们的关系为(3)＝－(1)－2×(2)，故

$$K_3^\ominus = (K_1^\ominus)^{-1}(K_2^\ominus)^{-2} = (1.3\times10^{14})^{-1}\times(6.0\times10^{-3})^{-2} = 2.1\times10^{-10}$$

3. 根据关系式 $K^\ominus = J_{eq}$ 求得

【例 5-14】 将 NH_4HS 固体放入一真空密闭容器中在某温度下按下式进行分解反应：

$$NH_4HS(s) \xlongequal{\quad} NH_3(g) + H_2S(g)$$

平衡时测得容器内的总压力 p 为 70.0kPa。计算反应在该温度下的平衡常数。

解　由反应式知，容器中 $NH_3(g)$ 的分压和 $H_2S(g)$ 的分压相等，总压力等于分压之和，因此平衡时有

$$p_{NH_3} = p_{H_2S} = \frac{1}{2}p = 35.0\text{kPa}$$

$$K^{\ominus} = J_{eq} = [(p_{NH_3}/p^{\ominus})(p_{H_2S}/p^{\ominus})]_{eq} = (35.0/100) \times (35.0/100)$$
$$= 0.122$$

* §5.4.3 化学平衡的移动

将式(5-30)代入式(5-28)，可得

$$\Delta_r G_m = -RT\ln K^{\ominus} + RT\ln J = RT\ln(J/K^{\ominus}) \tag{5-31}$$

由式(5-31)和式(5-25)可知，可以根据 J 和 $K^{\ominus}$ 的相对大小判断反应方向和限度：

$J<K^{\ominus}$，$\Delta_r G_m<0$，正向反应自发进行，即平衡向生成产物的方向移动；

$J>K^{\ominus}$，$\Delta_r G_m>0$，逆向反应自发进行，即平衡向生成产物的方向移动；

$J=K^{\ominus}$，$\Delta_r G_m=0$，反应达到平衡。

化学平衡是动态平衡，在平衡时 $J=K^{\ominus}$。如果改变条件使 J 不等于 $K^{\ominus}$，平衡就被破坏，反应继续进行，直至在新的条件下使 J 重新等于 $K^{\ominus}$，从而达到新的平衡为止，这种过程称为化学平衡的移动。下面讨论浓度、压力和温度对化学平衡的影响。

1. 浓度对化学平衡的影响

从反应商 J 的表达式可知，反应物的浓度越大，产物的浓度越小，则 J 值越小；反之，反应物的浓度越小，产物的浓度越大，则 J 值越大。

平衡时 $J=K^{\ominus}$，此时若增大反应物浓度或减小产物浓度，将使 J 小于 $K^{\ominus}$，于是正向反应就要自发进行以增大 J 值，当 J 增大到与 $K^{\ominus}$ 相等时，反应体系又重新达到平衡。这种过程称为平衡向正反应方向移动，即增大反应物浓度或减小生成物浓度将使平衡向正反应方向移动。类似地，减小反应物浓度或增大生成物浓度将使平衡向逆反应方向移动。

2. 压力对化学平衡的影响

当反应体系中没有气体物质时，压力对反应商的值基本上没有影响。因此对于没有气体参与的反应，压力对平衡基本没有影响。

下面讨论有气体物质参与的反应。设下面反应式中各物质均为气体：

$$d\text{D} + e\text{E} \longrightarrow g\text{G} + h\text{H}$$

则该反应式的反应商表达式为

$$J = \frac{(p_G/p^{\ominus})^g (p_H/p^{\ominus})^h}{(p_D/p^{\ominus})^d (p_E/p^{\ominus})^e} = \prod (p_B/p^{\ominus})^{\nu_B}$$

从上面 J 的表达式可知，气体反应物的分压越大，气体产物的分压越小，则 J 值越

小；反之，气体反应物的分压越小，气体产物的分压越大，则 J 值越大。平衡时 $J=K^{\ominus}$，增大气体反应物的分压或减小气体产物的分压，将使平衡向正反应方向移动；减小气体反应物的分压或增大气体产物的分压，将使平衡向逆反应方向移动。

当通过减小体系的体积来增大体系的总压力时，气体反应物和产物的分压都要增大，减小体系的总压力时气体反应物和产物的分压都要减小。此时总压力对平衡的影响与反应前后气体分子数的变化有关。气体体系的总压力等于各气体物质分压力之和，即 $p_{总}=\sum p_{\mathrm{B}}$。当总压改变 x 倍时，各物质分压也改变 x 倍，即 $xp_{总}=\sum xp_{\mathrm{B}}$。因而改变总压后的反应商 $J_{后}$ 与改变总压前的反应商 J 的关系为

$$J_{后}=\prod(xp_{\mathrm{B}}/p^{\ominus})^{\nu_{\mathrm{B}}}=x^{\sum\nu_{\mathrm{B}}}\prod(p_{\mathrm{B}}/p^{\ominus})^{\nu_{\mathrm{B}}}=x^{\sum\nu_{\mathrm{B}}}J$$

当正向反应是气体分子数减少的反应时，$\sum\nu_{\mathrm{B}}<0$；当正向反应是气体分子数增多的反应时，$\sum\nu_{\mathrm{B}}>0$。于是，当正向反应是气体分子数减少的反应时，增大总压力将使反应商变小，减小总压力将使反应商变大；当正向反应是气体分子数增多的反应时，增大总压力将使反应商变大，减小总压力将使反应商变小。

平衡时 $J=K^{\ominus}$，因此如果正向反应是气体分子数减少的反应，则增大总压力将使平衡向正反应方向移动，减小总压力将使平衡向逆反应方向移动；如果正向反应是气体分子数增多的反应，则增大总压力将使平衡向逆反应方向移动，减小总压力将使平衡向正反应方向移动。

总压力对平衡的影响可总结为增大总压力将使平衡向气体分子数减少的反应方向移动，减小总压力将使平衡向气体分子数增多的反应方向移动。如反应前后气体分子数不变，则改变总压力对平衡无影响。

3. 温度对化学平衡的影响

一个反应的标准平衡常数是随温度变化的，因此改变温度将使化学平衡发生移动。由式(5-30)和式(5-16)可得

$$-RT\ln K^{\ominus}=\Delta_{\mathrm{r}}G_{\mathrm{m}}^{\ominus}=\Delta_{\mathrm{r}}H_{\mathrm{m}}^{\ominus}-T\Delta_{\mathrm{r}}S_{\mathrm{m}}^{\ominus}$$

整理可得

$$R\ln K^{\ominus}=\Delta_{\mathrm{r}}S_{\mathrm{m}}^{\ominus}-\Delta_{\mathrm{r}}H_{\mathrm{m}}^{\ominus}/T \tag{5-32}$$

设在温度为 T_1 和 T_2 时反应的标准平衡常数分别为 $K_{T_1}^{\ominus}$ 和 $K_{T_2}^{\ominus}$，忽略温度对 $\Delta_{\mathrm{r}}S_{\mathrm{m}}^{\ominus}$ 和 $\Delta_{\mathrm{r}}H_{\mathrm{m}}^{\ominus}$ 的影响，则有

$$R\ln K_{T_1}^{\ominus}=\Delta_{\mathrm{r}}S_{\mathrm{m}}^{\ominus}-\Delta_{\mathrm{r}}H_{\mathrm{m}}^{\ominus}/T_1$$
$$R\ln K_{T_2}^{\ominus}=\Delta_{\mathrm{r}}S_{\mathrm{m}}^{\ominus}-\Delta_{\mathrm{r}}H_{\mathrm{m}}^{\ominus}/T_2$$

将上两式相减，整理可得

$$\ln K_{T_2}^{\ominus}-\ln K_{T_1}^{\ominus}=\frac{\Delta_{\mathrm{r}}H_{\mathrm{m}}^{\ominus}}{R}\left(\frac{1}{T_1}-\frac{1}{T_2}\right) \tag{5-33}$$

式(5-33)表示了标准平衡常数与温度之间的关系。利用该式可计算不同温度下的标准平衡常数。

从式(5-33)可知，如果 $\Delta_r H_m^\ominus > 0$（正向反应是吸热反应），则当时 $T_2 > T_1$（升温）时必有$K_{T_2}^\ominus > K_{T_1}^\ominus$，当 $T_2 < T_1$（降温）时必有$K_{T_2}^\ominus < K_{T_1}^\ominus$。也就是说，当正向反应是吸热反应时，升温使标准平衡常数增大，降温使标准平衡常数减小。设反应原来在温度 T_1 已达到平衡，即 $J = K_{T_1}^\ominus$。现升高温度至 T_2，因为$K_{T_1}^\ominus < K_{T_2}^\ominus$，因而此时反应商 J 小于$K_{T_2}^\ominus$，于是正向反应要自发进行，直至当 J 等于$K_{T_2}^\ominus$时达到新的平衡。可见，升高温度将使平衡向吸热反应方向移动。同理，降低温度使平衡向放热反应方向移动。

法国化学家 Le Chatelier 在综合考虑浓度、压力和温度等因素对化学平衡的影响的基础上，总结出一条关于平衡移动的普遍规律：当体系达到平衡后，若改变平衡状态的任一条件，平衡就向着能减弱其改变的方向移动。这条规律称为 Le Chatelier 原理，又称平衡移动原理。

习 题

1. 体系经过某一过程Ⅰ从状态 A 变化到状态 B 时，吸热 90J。当体系经过另一过程Ⅱ从状态 B 变化到状态 A 时，放热 50J，并对环境做功 160J。试计算：(1) 体系从状态 B 变化到状态 A 的热力学能变 $\Delta U_{\text{Ⅱ}}$；(2) 体系从状态 A 变化到状态 B 的热力学能变 $\Delta U_{\text{Ⅰ}}$。
2. 有 2.00mol 理想气体在 350K 和 152kPa 条件下，经一等压过程冷却至体积为 35.0L，此过程放出了 1260J 热，试计算：(1) 起始体积；(2) 终态温度；(3) 体积功；(4) 热力学能变化；(5) 焓变。
3. 已知 298K 时

$$H_2(g) + 1/2O_2(g) \longrightarrow H_2O(g) \qquad \Delta_r H_{m,1}^\ominus = -241.8\text{kJ}\cdot\text{mol}^{-1}$$

$$H_2(g) + O_2(g) \longrightarrow H_2O_2(g) \qquad \Delta_r H_{m,2}^\ominus = -136.3\text{kJ}\cdot\text{mol}^{-1}$$

试求反应 $H_2O(g) + 1/2O_2(g) \longrightarrow H_2O_2(g)$ 的 $\Delta_r H_{m,3}^\ominus$ 值。

4. 用附录Ⅳ的标准摩尔生成焓数据计算下列反应在 298K 和 100kPa 下的反应热。

(1) $NH_3(g) + HCl(g) \longrightarrow NH_4Cl(s)$

(2) $CaO(s) + CO_2(g) \longrightarrow CaCO_3(s)$

5. 用附录Ⅳ的标准摩尔燃烧焓数据计算下列反应在 298K 和 100kPa 下的反应热。

(1) $2C_2H_2(g) + 5O_2(g) \longrightarrow 4CO_2(g) + 2H_2O(l)$

(2) $C_2H_5OH(l) \longrightarrow CH_3CHO(l) + H_2(g)$

6. 用附录Ⅳ的标准摩尔熵数据和习题 4 的计算结果计算习题 4 的有关反应的标准摩尔反应 Gibbs 自由能，并判断反应在 298K 及标准态下能否自发向右进行。
7. 用附录Ⅳ的标准摩尔生成 Gibbs 自由能数据计算下列反应的标准摩尔反应 Gibbs 自由能，并判断反应在 298K 及标准态下能否自发向右进行。

(1) $2SO_2(g) + O_2(g) \longrightarrow 2SO_3(g)$

(2) $Fe_2O_3(s)+3CO(g)=2Fe(s)+3CO_2(g)$

8. 甲醇的分解反应：

$$CH_3OH(l) \longrightarrow CH_4(g)+1/2O_2(g)$$

(1) 计算该反应在 298K 时的标准摩尔反应熵和标准摩尔反应焓；

(2) 计算该反应在 298K 时的标准摩尔反应 Gibbs 自由能，并判断该反应在 298K 和标准态下能否自发进行；

(3) 要使该反应在标准态下自发正向进行，估算温度必须在多少以上。

9. 已知反应 $2SO_2(g)+O_2(g)=2SO_3(g)$ 在 723K 的标准摩尔反应 Gibbs 自由能等于 $-61.8kJ \cdot mol^{-1}$。当在 723K 下 $SO_2(g)$、$O_2(g)$ 和 $SO_3(g)$ 的分压分别为 $1.00 \times 10^4 Pa$、$1.00 \times 10^4 Pa$ 和 $1.00 \times 10^8 Pa$ 时，计算此时反应的 $\Delta_r G_m$，并判断反应自发方向。

10. 计算在 298K 时下面反应的 $\Delta_r G_m$，并判断反应自发方向。

$2BiO^+(0.1mol \cdot L^{-1})+3Cu(s)+4H^+(2.0mol \cdot L^{-1})=2Bi(s)+3Cu^{2+}(0.01mol \cdot L^{-1})+2H_2O(l)$

已知 298K 时该反应的标准摩尔反应 Gibbs 自由能为 $11.5kJ \cdot mol^{-1}$。

11. 将 NO 和 O_2 注入一保持在 1000K 的固定密闭容器中进行如下反应 $2NO(g)+O_2(g)=2NO_2(g)$。在反应发生以前，NO 和 O_2 的分压分别为 100kPa 和 300kPa。达平衡时，NO_2 的分压为 12kPa。计算该反应在 1000K 的 $K^{\ominus}$ 和 $\Delta_r G_m^{\ominus}$ 值。

12. 298K 时，反应 $2H_2O_2(l)=2H_2O(l)+O_2(g)$ 的 $\Delta_r H_m^{\ominus}=-196.10kJ \cdot mol^{-1}$，$\Delta_r S_m^{\ominus}=125.76J \cdot mol^{-1} \cdot K^{-1}$。试分别计算该反应在 298K 和 373K 的 $K^{\ominus}$ 值。

（廖力夫）

第 6 章　化学动力学基础

化学反应的种类繁多，但涉及的基本问题只有两个方面：一是反应的可能性问题，即反应在指定的条件下能否发生、反应的方向和限度如何，这已在化学热力学基础一章讨论过。二是反应的速率、反应条件和反应机理问题，它研究反应的现实性问题。化学动力学(chemical kinetics)是研究化学反应的速率、反应条件和反应机理的科学。

§6.1　化学反应速率

化学反应速率(rate of chemical reaction)是指化学反应过程进行的快慢，通常用单位时间内反应物浓度的减少或生成物浓度的增加来表示。反应速率又分为平均速率和瞬时速率。

平均速率(average rate)是在一个时间间隔内反应体系某组分浓度的改变量。

$$\bar{v}=-\frac{\Delta c_{\text{反应物}}}{\Delta t}\qquad \text{或}\qquad \bar{v}=\frac{\Delta c_{\text{生成物}}}{\Delta t}$$

$\bar{v}$ 的单位通常为 $mol \cdot L^{-1} \cdot s^{-1}$，时间单位除了秒(s)外，根据反应的快慢也可以用分(min)、小时(h)、天(d)和年(a)等。

瞬时速率(instantaneous rate) 是缩短时间间隔，令 Δt 趋近于零时的速率。

$$v=-\lim_{\Delta t\to 0}\frac{\Delta c_{\text{反应物}}}{\Delta t}=-\frac{\mathrm{d}c_{\text{反应物}}}{\mathrm{d}t}\qquad \text{或}\qquad v=\lim_{\Delta t\to 0}\frac{\Delta c_{\text{生成物}}}{\Delta t}=\frac{\mathrm{d}c_{\text{生成物}}}{\mathrm{d}t}$$

对于一般反应：

$$a\mathrm{A}+b\mathrm{B}=\!=\!=d\mathrm{D}+e\mathrm{E}$$

用不同物质表示的反应速率之间有以下关系：

$$v=-\frac{1}{a}\frac{\mathrm{d}c_{\mathrm{A}}}{\mathrm{d}t}=-\frac{1}{b}\frac{\mathrm{d}c_{\mathrm{B}}}{\mathrm{d}t}=\frac{1}{d}\frac{\mathrm{d}c_{\mathrm{D}}}{\mathrm{d}t}=\frac{1}{e}\frac{\mathrm{d}c_{\mathrm{E}}}{\mathrm{d}t}\tag{6-1}$$

原则上可用任意一种反应物或生成物浓度随时间的变化率来表示反应速率，但通常采用其浓度变化易于测定的物质来表示。

反应速率也可用反应进度的概念来表示。可定义为：单位体积内反应进度随时间的变化率，即

$$v=\frac{1}{V}\frac{\mathrm{d}\xi}{\mathrm{d}t}$$

式中，V 为体系的体积。对任何一个化学反应计量方程式：

$$d\xi = \frac{dn_B}{\nu_B}$$

故可将上式改写为

$$v = \frac{1}{V}\frac{dn_B}{\nu_B dt} = \frac{1}{\nu_B}\frac{dc_B}{dt}$$

此式与式(6-1)的形式一致，ν_B 为反应体系中任一物质的化学计量系数。对于反应物 ν_B 为负，对于生成物 ν_B 为正。这种方法表示的优点是无论选用反应体系中的何种物质表示反应速率，其数值都相同，但必须列出计量方程式。

【例 6-1】 室温下，过氧化氢(H_2O_2)水溶液在含有少量 I^- 存在下的分解反应为

$$2H_2O_2(aq) \longrightarrow 2H_2O + O_2(g)$$

在不同时间后 H_2O_2 的剩余浓度如下所示：

时间/min	0	20	40	60	80
浓度/($mol \cdot L^{-1}$)	0.80	0.40	0.20	0.10	0.05

试求反应在 40min 之内的平均速率和 40min 时的瞬时速率。

解　反应在前 40min 内的平均速率为

$$\bar{v} = -\frac{\Delta c_{H_2O_2}}{\Delta t} = -\frac{0.20-0.80}{40} = 0.015(mol \cdot L^{-1} \cdot min^{-1})$$

随着反应的进行，反应物的浓度不断减小，反应速率会不断变化，所以反应在不同阶段的相同时间间隔内的平均速率不同。

瞬时速率可通过作图法求得。据例 6-1 中数据，以 H_2O_2 浓度为纵坐标，时间为横坐标，绘制 H_2O_2 浓度随时间变化的曲线(图 6-1)。欲求在第 40min 时 H_2O_2 分解的瞬时速率，可在图 6-1 的曲线上找到对应于 40min 时的 a 点，求出曲线上 a 点切线的斜率，去掉负号即可。

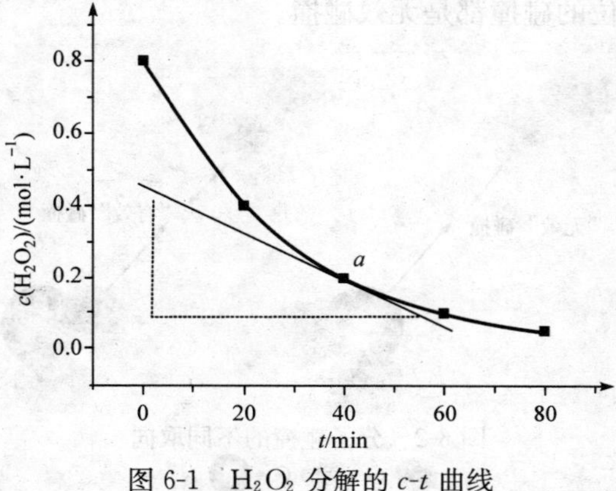

图 6-1　H_2O_2 分解的 c-t 曲线

$$v_{40\text{min}}=-\frac{0.10-0.42}{55-2}=6.0\times10^{-3}(\text{mol}\cdot\text{L}^{-1}\cdot\text{min}^{-1})$$

*§6.2 影响化学反应速率的内在因素——活化能

自然界各化学反应的速率是千差万别的,有的瞬间完成,如炸药爆炸、酸碱中和等,而有的却很慢,如氢和氧化合成水在常温下几乎无法觉察。决定和影响化学反应速率的因素可分为内在因素和外在因素两大类。活化能是决定化学反应速率的内在因素。

§6.2.1 有效碰撞理论与活化能

1889 年,瑞典化学家 Arrhenius 提出有效碰撞理论(effective collision theory)。其要点是反应物分子间的相互碰撞是化学反应进行的先决条件,碰撞频率越高,反应速率越快。但事实上并不是每次碰撞都能发生反应,否则所有气相反应都在瞬间完成了。在亿万次碰撞中,只有极少数碰撞发生反应,这种能发生反应的碰撞称为有效碰撞,不能发生反应的碰撞则称为弹性碰撞。要发生有效碰撞,反应物分子或离子必须具备两个条件:

(1) 要有足够的能量,如动能,这样才能克服外层电子之间的斥力而充分接近并发生反应。

(2) 碰撞时要有合适的方向,要恰好碰在能起反应的部位上,如果碰撞的部位不合适,即使反应物分子具有足够的能量,也不会起反应。

一般而言,结构越复杂的分子之间的反应,这种情况越突出,它们的反应也就越慢,如

$$CO(g)+NO_2(g)\longrightarrow CO_2(g)+NO(g)$$

只有当 CO 分子中的 C 原子与 NO_2 分子中的 O 原子迎头碰撞才有可能发生反应(图 6-2),而其他方位的碰撞都是无效碰撞。

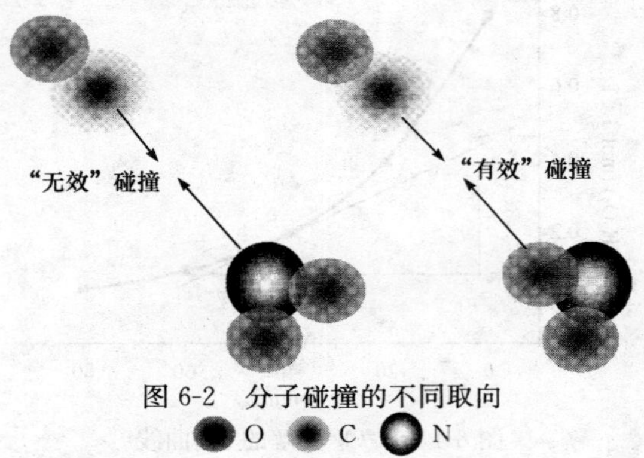

图 6-2 分子碰撞的不同取向

O C N

能够发生有效碰撞的分子称为活化分子(activated molecule)，通常它只是分子总数中的一小部分。一定温度下的气体，由于分子间相互碰撞等原因，每个分子的能量并不固定在一定值，但从统计的观点看，具有一定能量的分子分数不随时间而改变。把具有一定动能区间(ΔE)内的分子分数($\Delta N/N$)与动能区间之比$[\Delta N/(N\Delta E)]$作为纵坐标，分子的动能作为横坐标，可得出气体分子能量分布曲线(图 6-3)。由能量分布曲线可见，大部分分子的动能在平均动能 E_m 附近，但也有少数分子动能比 E_m 低得多或高得多。假设分子达到有效碰撞的最低能量为 E_0，则曲线下阴影部分表示活化分子所占的数目，右边阴影部分的面积和整个分布曲线下总面积之比是活化分子在分子总数中所占的比值，即活化分子分数。活化能(activation energy)就是把反应物分子转化为活化分子所需的能量。由于反应物分子的能量各不相同，活化分子的能量彼此也不同，只能从统计平均的角度来比较反应物分子和活化分子的能量。因此活化能可定义为活化分子的平均能量(E_m^*)与反应物分子的平均能量(E_m)之差，用符号 E_a 表示，即

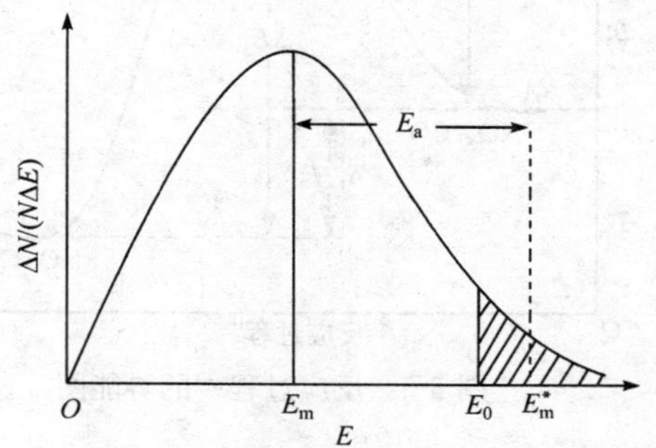

图 6-3　气体分子的能量分布示意图

$$E_a = E_m^* - E_m$$

§6.2.2　过渡状态理论与活化能

碰撞理论比较直观，对于简单反应的解释比较成功，但对结构较复杂的分子间的反应就难以解释。随着人们对原子、分子内部结构认识的深入，20 世纪 40 年代，Eyring 等人在量子力学和统计学的基础上，提出了化学反应速率的过渡状态理论(theory of transition state)。该理论认为，化学反应并不是通过反应物分子间简单的碰撞完成的，而是具有足够能量的两个分子相互接近时，分子中的化学键经过重排和能量的重新分配，在反应物变成产物的过程中，要经过一个中间的过渡状态。如图 6-4，当具有较高能量的 CO 和 NO_2 分子互相以适当的取向充分靠近时，价电子云可互相穿透，使原有的 N—O 键部分破裂，而新的 C—O 部分形成，即

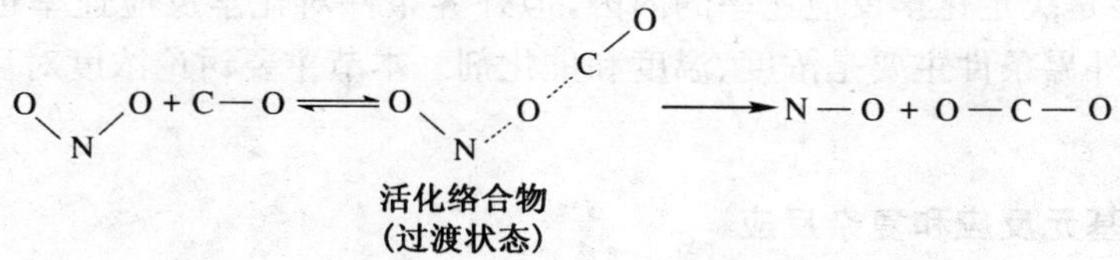

O—N—O + C—O ⇌ O—N···O···C—O ⟶ N—O + O—C—O

活化络合物
(过渡状态)

图 6-4　NO_2 与 CO 的反应过程

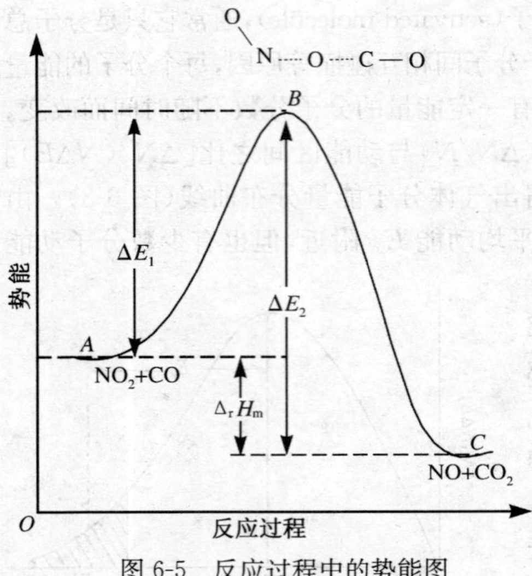

图 6-5 反应过程中的势能图

形成一种活化络合物。

活化络合物形成时，反应物分子的动能暂时地转变为活化络合物的势能。活化络合物中的价键处在旧键已被减弱、新键正在形成的不稳定状态。活化络合物一经形成，便很快分解为生成物，但也可能分解为反应物分子。

图 6-5 为反应过程中的势能变化示意图。图中 A 点表示反应物(NO_2＋CO)处于基态时的平均势能。此时 NO_2 和 CO 分子即使互相碰撞也并不发生反应，只有反应物分子吸收了足够能量，使其势能达到 B 点时，分子间碰撞才能形成活化络合物。C 点是产物 NO 和 CO_2 分子的平均势能，活化络合物处于比反应物和生成物分子相对高的势能(称为"能垒")状态。只有反应物分子吸收足够能量时，才能"爬过"这个能垒，反应方可进行。通常把由基态反应物分子过渡到活化络合物的过程称为活化过程。所形成的活化络合物比反应物分子的平均能量高出的额外能量即活化能 E_a。图 6-3 中 ΔE_1 是正反应的活化能，ΔE_2 是逆反应的活化能，ΔE_1 与 ΔE_2 之差即为该反应的热效应($\Delta_r H_m$)。

对于可逆反应，如果正反应的活化能小于逆反应的活化能，即 $\Delta E_1 < \Delta E_2$，则正反应为放热反应($\Delta_r H_m$ 为负值)，而逆反应为吸热反应($\Delta_r H_m$ 为正值)；反之，$\Delta E_1 > \Delta E_2$，正反应为吸热反应，逆反应为放热反应。

活化能常用单位是 $kJ \cdot mol^{-1}$，一般化学反应的活化能在 40～400$kJ \cdot mol^{-1}$。活化能小于 40$kJ \cdot mol^{-1}$ 的化学反应，其反应速率极快，用一般方法难以测定；活化能大于 400$kJ \cdot mol^{-1}$ 的反应，其反应速率极慢，通常条件下难以观察。

§6.3 浓度对化学反应速率的影响

活化能是决定化学反应速率的内因，但外界条件对化学反应速率也有强烈的影响，这些外界条件主要是浓度、温度和催化剂。本节主要讨论浓度对反应速率的影响。

§6.3.1 基元反应和复杂反应

一般的化学反应式即化学反应计量方程式只表明反应物和最后的生成物，并

没有显示反应是如何进行的，如

$$2NO + H_2 \longrightarrow N_2(g) + 2H_2O$$

经研究，发现它实际上要经历以下三步才能完成：

① $2NO \longrightarrow N_2O_2$ （快）

② $N_2O_2 + H_2 \longrightarrow N_2O + H_2O$ （慢）

③ $N_2O + H_2 \longrightarrow N_2 + H_2O$ （快）

把反应物分子在碰撞中一步直接转化为生成物分子的反应称为基元反应（elementary reaction），也称为简单反应。所以反应①、反应②和反应③均为基元反应，而其总反应则为非基元反应，也称为复杂反应。复杂反应的速率取决于组成该反应的多个基元反应中速率最慢的一步。上述反应②是慢反应，限制和决定了整个反应的速率，称为定速步骤或速率控制步骤（rate-determining step）。了解定速步骤的反应速率及其影响因素，才能揭示化学反应速率的实质。

§6.3.2　质量作用定律

基元反应的反应速率与反应物浓度之间的关系比较简单，对此人们在大量实验的基础上总结出一条规律：在恒温条件下，基元反应的反应速率与各反应物浓度幂的乘积成正比，浓度幂的指数就是基元反应中反应物前面的系数。这一定量关系称为质量作用定律（law of mass action）。

对于下列基元反应：

$$aA + bB = dD + eE$$

$$v \propto c_A^a \cdot c_B^b$$

即

$$v = k \cdot c_A^a \cdot c_B^b \qquad (6\text{-}2)$$

式(6-2)称为反应速率方程式。式中，比例常数 k 称为反应速率常数（rate constant）。k 值与反应物本性、温度和催化剂等因素有关，而与反应物浓度无关。不同的反应在同一温度下有不同的 k 值，同一反应在不同温度或有无催化剂的不同条件下，k 值也不同。

由式(6-2)可知，当 c_A 和 c_B 均为 $1\text{mol} \cdot L^{-1}$ 时，有

$$v = k$$

所以，k 在数值上等于反应物浓度均为 $1\text{mol} \cdot L^{-1}$ 时的反应速率，又称为比速率。k 是表示反应速率快慢的特征常数，在相同条件下，k 值越大，其反应速率越快。

质量作用定律仅适用于基元反应。由于大多数的化学反应不是一步完成，而是由多个基元反应组成的复杂反应，对于这类反应，可以由实验获得有关数据后，通过数学处理，确定其速率方程。

§6.3.3　反应级数

无论是基元反应还是非基元反应，如果某一反应的反应速率方程可写成如下

形式：

$$v = k \cdot c_A^a \cdot c_B^b$$

则浓度的指数 a 和 b 分别称为反应对 A 和 B 的级数，即该反应对 A 来说为 a 级，对 B 来说为 b 级。反应速率方程中各浓度的指数之和$(a+b)$称为该反应的反应级数(order of reaction)。例如，$a+b=1$，称为一级反应；$a+b=2$，称为二级反应；$a+b=3$，称为三级反应。四级及四级以上的反应不存在，但可存在零级和分数级反应。本节主要介绍三种具有简单级数的反应，即一级反应、二级反应和零级反应。

§6.3.4 具有简单级数反应的特征

在研究反应速率时，通常是研究反应经过的时间 t 和相应时刻的反应物或生成物浓度 c 之间的关系，以表示各级反应的特征。这方面的研究成果，在药物代谢、酶的催化等方面均有重要意义。

1. 一级反应

凡是反应速率与反应物浓度的一次方成正比的反应称为一级反应(first-order reaction)，若以 c 表示 t 时刻反应物的浓度，则其速率方程式可表示为

$$v = -\frac{dc}{dt} = k_1 c \tag{6-3}$$

以 c_0 表示 $t=0$ 时反应物的起始浓度，将式(6-3)定积分：

$$\int_{c_0}^{c} -\frac{dc}{c} = \int_0^t k_1 \cdot dt$$

得

$$\ln \frac{c_0}{c} = k_1 \cdot t \tag{6-4}$$

即

$$\ln c = -k_1 \cdot t + \ln c_0$$

或

$$\lg c = -\frac{k_1}{2.303} t + \lg c_0 \tag{6-5}$$

也可表示为

$$c = c_0 \cdot e^{-k_1 t} \tag{6-6}$$

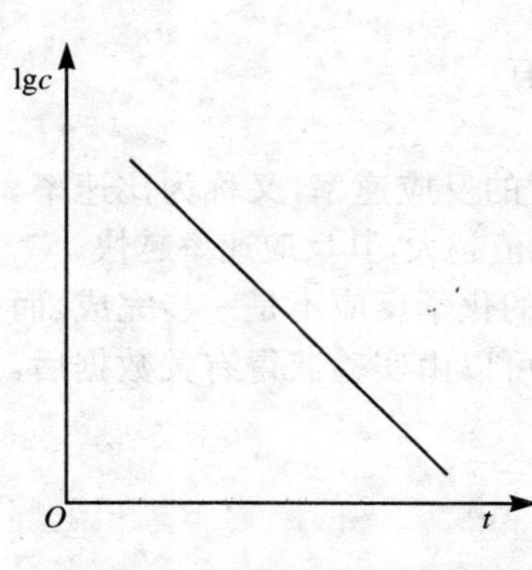

图 6-6 一级反应动力学图

一级反应有如下重要特征：

(1) 由式(6-5)可知，若以 $\lg c$ 对 t 作图，可得一直线(图 6-6)，直线的斜率为$-\frac{k_1}{2.303}$。

(2) 一级反应速率常数的单位是(时间)$^{-1}$，表明一级反应速率常数的数值与浓度采用的单位无关。

(3) 半衰期(half-life period)是指反应物浓度消耗一半所需要的时间，用 $t_{1/2}$ 表示。

一级反应的半衰期 $t_{1/2}$ 可由式(6-4)得

$$t_{1/2}=\frac{1}{k_1}\ln\frac{c_0}{c}=\frac{1}{k_1}\ln 2=\frac{0.693}{k_1} \tag{6-7}$$

由式(6-7)可见，在一定温度下，一级反应的半衰期是一个常数，与反应物的起始浓度无关。

一级反应的实例很多，如放射性元素的衰变、多数的热分解反应、许多药物的水解反应、酶的催化反应及药物在体内的代谢等。

【例 6-2】 设某药物的初始含量为 5.0 g·L^{-1}，在室温下放置 20 个月后含量降为 4.2g·L^{-1}，若此药物分解为一级反应，药物分解 30%即为失效。(1) 该药物的储藏有效期为几个月？(2) 半衰期是多少？

解 (1) 因药物分解为一级反应，故

$$k_1=\frac{2.303}{t}\lg\frac{c_0}{c}=\frac{2.303}{20}\lg\frac{5.0}{4.2}=8.7\times10^{-3}(\text{月}^{-1})$$

分解 30%时药物含量为 $c=c_0(1-30\%)$，故有效期应为

$$t=\frac{2.303}{k_1}\lg\frac{c_0}{c}=\frac{2.303}{8.7\times10^{-3}}\lg\frac{5.0}{5.0(1-30\%)}=41(\text{月})$$

(2) 半衰期 $$t_{1/2}=\frac{0.693}{k_1}=\frac{0.693}{8.7\times10^{-3}}=80(\text{月})$$

2. 二级反应

凡是反应速率与反应物浓度的二次方成正比的反应称为二级反应(second-order reaction)。其反应速率方程式为

$$v=-\frac{dc}{dt}=k_2c^2$$

定积分可得 $$\frac{1}{c}=k_2t+\frac{1}{c_0} \tag{6-8}$$

半衰期为 $$t_{1/2}=\frac{1}{k_2}\left(\frac{1}{c}-\frac{1}{c_0}\right)=\frac{1}{k_2c_0} \tag{6-9}$$

二级反应应有以下特征：

(1) 以 $\frac{1}{c}$ 对 t 作图，可得一直线(图 6-7)，直线的斜率正好等于反应速率常数 k_2。

(2) 二级反应速率常数 k_2 的单位是(浓度)$^{-1}$·(时间)$^{-1}$，因此 k_2 的单位与浓度所取单位有关。

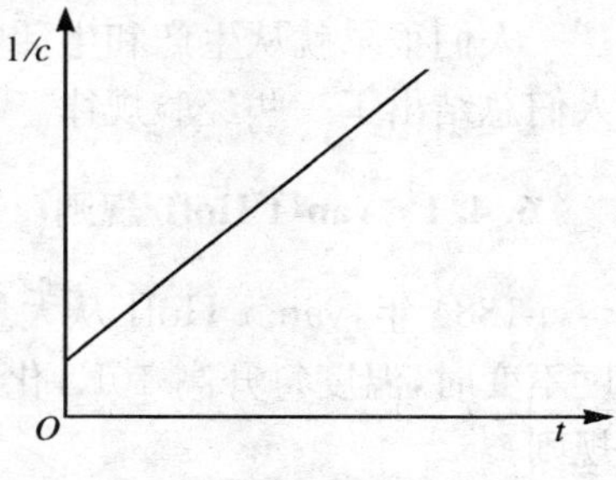

图 6-7 二级反应动力学图

(3) 与一级反应不同，二级反应的半衰期与

反应物的起始浓度 c_0 成反比。

二级反应最为常见，如前面 $H_2(g)+I_2(g)═══2HI(g)$ 的反应、羰基或烯烃的加成反应，许多取代反应等都是二级反应。

3. 零级反应

凡是反应速率与反应物浓度无关的反应称为零级反应（zero-order reaction）。其速率方程式为

$$-\frac{dc}{dt}=k_0$$

积分形式为 $$c_0-c=k_0t \quad \text{或} \quad c=-k_0t+c_0$$

半衰期为 $$t_{1/2}=\frac{c_0}{2k_0}$$

零级反应的特点为浓度 c 对 t 作图为一直线；速率常数 k 的单位是(浓度)·(时间)$^{-1}$；半衰期与反应物起始浓度成正比而与速率常数成反比。

某些光化反应、表面催化反应、酶催化反应属零级反应。近年来发展的一些缓释长效药，其释药速率在相当长的时间内比较恒定，即属零级反应。N 种具有简单级数反应的特征列于表 6-1。

表 6-1 简单级数反应的速率方程式和特征

级数	微分式	积分式基本方程	半衰期	k 的单位	线性关系
1	$v=-\frac{dc}{dt}=k_1c$	$\lg c=-\frac{k_1t}{2.303}+\lg c_0$	$t_{1/2}=\frac{0.693}{k_1}$	时间$^{-1}$	$\lg c$-t
2	$v=-\frac{dc}{dt}=k_2c^2$	$\frac{1}{c}=k_2t+\frac{1}{c_0}$	$t_{1/2}=\frac{1}{k_2c_0}$	浓度$^{-1}$·时间$^{-1}$	$\frac{1}{c}$-t
0	$v=-\frac{dc}{dt}=k_0$	$c=-k_0t+c_0$	$t_{1/2}=\frac{c_0}{2k_0}$	浓度·时间$^{-1}$	c-t

§6.4 温度对化学反应速率的影响

人们很早就从生产和生活实践中发现温度升高，反应速率一般会加快。由此人们总结出了一些经验规律。

* §6.4.1 van't Hoff 规则

1884 年，van't Hoff 从大量实验事实中总结出了一条近似规则：当反应物浓度不变时，温度每升高 10K，化学反应速率一般增加到 2～4 倍，此称 van't Hoff 规则。

温度升高可提高分子运动速率，使反应物的碰撞频率增加，从而使反应速率加

快。但计算表明温度升高 10K,分子的碰撞频率只增加大约 2%,这不足以导致反应速率增加 2～4 倍。由此可见,这不是速率加快的主要原因。

温度升高使反应速率加快的主要原因是活化分子增多,这可从图 6-8 表示出来。温度升高时气体能量分布曲线的高峰降低,但在能量 E_0(有效碰撞的最低能量)右方的阴影面积(代表活化分子的相对数目)却增大,因而有效碰撞增多,反应速率加快。

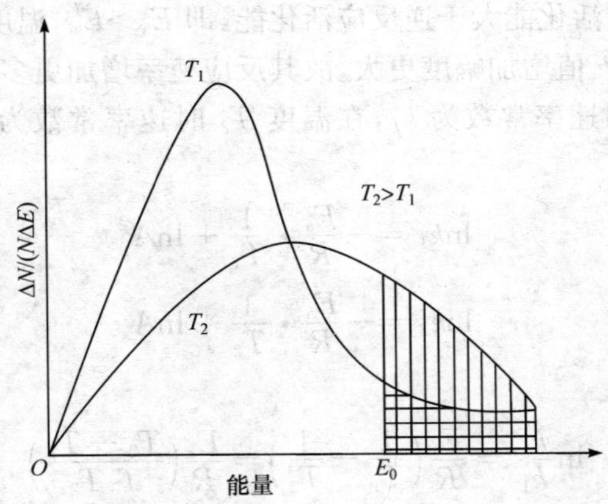

图 6-8 温度升高,活化分子相对数目增多

§6.4.2 Arrhenius 方程式

1889 年,瑞典化学家 Arrhenius 总结了大量实验事实,提出反应速率常数与温度之间存在的定量关系:

$$k = A\mathrm{e}^{-\frac{E_a}{RT}} \tag{6-10}$$

将式(6-10)两边取对数可得

$$\ln k = -\frac{E_a}{R} \cdot \frac{1}{T} + \ln A \tag{6-11}$$

或

$$\lg k = -\frac{E_a}{2.303R} \cdot \frac{1}{T} + \lg A \tag{6-12}$$

式(6-10)、式(6-11)与式(6-12)都称为 Arrhenius 方程式。式中,k 为速率常数;E_a 为反应活化能;R 为摩尔气体常量;T 为热力学温度;A 称为频率因子或指前因子,是与反应有关的特性常数,其单位与速率常数一致。对给定的反应,在温度变化不大的范围内,可以认为 E_a 与 A 都不随温度的变化而变化。

分析 Arrhenius 方程式,可以得出以下推论:

(1) 对某一给定反应,E_a 和 A 可视为常数,由于温度 T 与速率常数 k 之间呈指数关系,因此温度对速率常数和反应速率的影响十分显著。温度升高时 $\mathrm{e}^{-\frac{E_a}{RT}}$ 随之增大，表明温度升高时 k 值增大，反应速率加快。

(2) 当温度一定时，若几个反应 A 值相近，E_a 越大的反应 k 值越小，即活化能越大的反应进行得越慢。

(3) 活化能不同的反应，温度变化对反应速率的影响程度不同。活化能越大的反应，受温度变化的影响越大。

温度升高时可逆反应的平衡向吸热方向移动，也是这个道理。假设正向为吸热反应时，则正反应活化能大于逆反应活化能，即 $E_a > E'_a$，温度升高会导致活化能较大的吸热反应的 k 值增加幅度更大，故其反应速率增加更多，平衡正向移动。

若反应在 T_1 时速率常数为 k_1，在温度 T_2 时速率常数为 k_2，根据 Arrhenius 方程式有

$$\ln k_1 = -\frac{E_a}{R} \cdot \frac{1}{T_1} + \ln A$$

$$\ln k_2 = -\frac{E_a}{R} \cdot \frac{1}{T_2} + \ln A$$

两式相减，得

$$\ln \frac{k_2}{k_1} = \frac{E_a}{R}\left(\frac{1}{T_1} - \frac{1}{T_2}\right) = \frac{E_a}{R}\left(\frac{T_2 - T_1}{T_1 T_2}\right) \tag{6-13}$$

式(6-13)是另一种形式的 Arrhenius 方程式。

利用式(6-13)可以进行以下有关计算：

(1) 已知反应活化能 E_a、T_1、k_1 和 T_2，求 k_2；

(2) 已知 T_1、k_1、T_2 和 k_2，求反应的活化能 E_a。

【例 6-3】 某药物在水溶液中分解。在 323K 和 343K 时测得该分解反应的速率常数分别为 $7.08 \times 10^{-4}\ h^{-1}$ 和 $3.55 \times 10^{-3}\ h^{-1}$，求该反应活化能和 298K 时的速率常数。

解 由式(6-13)得

$$\begin{aligned} E_a &= R\left(\frac{T_1 T_2}{T_2 - T_1}\right)\ln \frac{k_2}{k_1} \\ &= 8.314 \times \left(\frac{323 \times 343}{343 - 323}\right) \times \ln \frac{3.55 \times 10^{-3}}{7.08 \times 10^{-4}} \\ &= 7.42 \times 10^4 (\text{J} \cdot \text{mol}^{-1}) \\ &= 74.2 (\text{kJ} \cdot \text{mol}^{-1}) \end{aligned}$$

在 298K 时的速率常数 k 可按下式计算：

$$\ln k_2 = \frac{E_a}{R}\left(\frac{T_2 - T_1}{T_1 T_2}\right) + \ln k_1$$

将求得的 E_a 值和 323 K 时的 k_1 值代入上式，得

$$\begin{aligned} \ln k &= \frac{74.25 \times 1000}{8.314}\left(\frac{298 - 323}{323 \times 298}\right) + \ln 7.08 \times 10^{-4} \\ &= (-2.32) + (-7.25) = -9.57 \end{aligned}$$

所以　$k = 6.96 \times 10^{-5}(\mathrm{h}^{-1})$

知识拓展：药物化学稳定性预测

药物及其制剂在储存过程中，常由于发生水解、氧化等化学变化而使含量逐渐降低甚至失效，因而研究药物在室温下的化学稳定性即储存期或有效期，对防止药物变质失效、保证用药质量具有重要意义。过去多采用留样观察法，就是将药物在储存过程中定期测定其含量变化来确定有效期，这种方法很费时。化学动力学原理为预测药物的有效期提供了快速方法，称为加速试验法。方法之一就是根据反应速率与温度的关系，选择几个较高的温度(323K、333K等)，使药物在这几个温度下恒温分解，测定各温度下药物浓度随时间的变化，分别求出其分解速率常数 k_T，然后以 $\ln k$ 对 $1/T$ 作图，将直线外推至室温(298K)，求出室温下的 k_{298}，将此数值代入反应速率方程，即可求出药物在室温下分解一定百分数所需的时间，即储存期。同理可求出各种温度下药物的有效期。因为对各级反应，分解一定的百分数所需的时间与速率常数成反比，即

$$\ln t = -\ln k + B$$

$\ln k$ 和 $1/T$ 是直线关系，因此 $\ln t$ 与 $1/T$ 也是直线关系，所以也可以直接测出各温度下药物分解一定的百分数所需的时间 t，然后以 $\ln t$ 对 $1/T$ 作图，将直线外推可直接得到室温下该药物的储存期。测定药物化学稳定性的方法很多，上述方法常称为恒温法，此外尚有变温法(如循序升温法)等。

§6.5　催化剂对化学反应速率的影响

§6.5.1　催化剂与催化作用

能够改变化学反应速率，而其本身的质量和化学组成在反应前后保持不变的物质称为催化剂(catalyst)。催化剂改变化学反应速率的作用称为催化作用(catalysis)。在催化剂作用下进行的反应称为催化反应(catalytic reaction)。

通常将能加快化学反应速率的催化剂称为正催化剂。能减缓化学反应速率的催化剂称为负催化剂或阻化剂。有些反应的产物本身就能作该反应的催化剂，从而使反应自动加快，这种催化剂称为自催化剂。这类反应称为自催化反应。例如，在酸性溶液中，$KMnO_4$ 氧化草酸的反应：

$$2KMnO_4 + 5H_2C_2O_4 + 3H_2SO_4 = 2MnSO_4 + K_2SO_4 + 10CO_2\uparrow + 8H_2O$$

反应开始进行时较慢，稍后反应自动变快。这是由于反应所生成的 Mn^{2+} 对该反应具有催化作用。一般情况下，如果没有加以说明，催化剂都是指正催化剂。

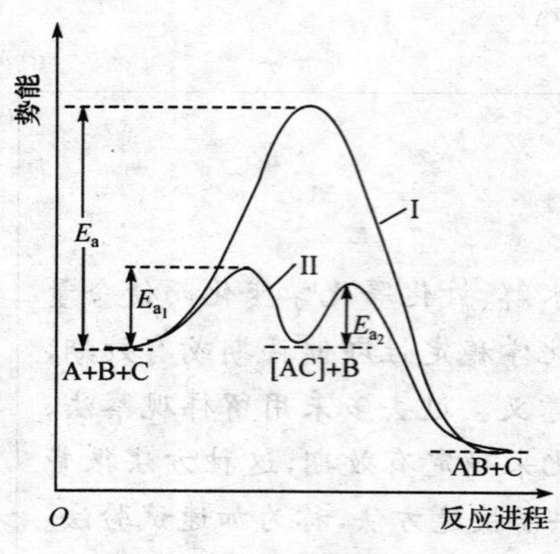

图 6-9　催化作用降低反应活化能示意图

催化剂能加快化学反应速率的原因，是因为加入催化剂后改变了反应途径，从而降低了反应活化能。如图 6-9 所示，对于反应 $A+B \longrightarrow AB$，原来是经途径Ⅰ完成，正反应的活化能为 E_a。加入催化剂 C 后，反应物 A 与 C 结合后再与 B 结合生成 AB，所经历的途径Ⅱ其活化能 E_{a_1} 和 E_{a_2} 均低于途径Ⅰ的活化能 E_a。由于反应活化能降低，活化分子分数相应增大，故反应速率加快。由图 6-9 还可看出，反应途径的改变同时也降低了逆反应的活化能，逆反应的反应速率也会加快。因此有时可以通过寻找逆反应的催化剂来得到正反应的催化剂。

综上所述，可知催化剂具有以下基本特点：

(1) 催化剂在化学反应前后的质量和化学组成不变。但由于催化剂往往要参与反应，其物理性质可能变化。例如，MnO_2 催化 $KClO_3$ 的分解放氧反应，反应后 MnO_2 由较大的晶体变成了细小粉末。

(2) 催化剂只能改变化学反应的速率，不能改变体系的始态和终态，不能改变反应的 $\Delta_r G_m$，所以不能改变自发反应的方向，即不能使非自发的反应自发进行。

(3) 催化剂能同等程度地改变可逆反应的正、逆反应速率，因此催化剂能够缩短体系到达平衡的时间。但是催化剂不会引起化学平衡常数的改变，不会使平衡移动。

(4) 催化剂具有选择性。一种催化剂通常只对一种或少数几种反应起催化作用。同样的反应物应用不同的催化剂可得到不同的产物。例如，乙醇脱氢反应，采用不同的催化剂得到的产物不同(表 6-2)。

表 6-2　乙醇脱氢反应产物与催化剂的关系

反应物	生成物	催化剂(反应温度)
C_2H_5OH	CH_3CHO+H_2	Cu(473～523K)
C_2H_5OH	$C_2H_4+H_2O$	Al_2O_3(623～633K)
C_2H_5OH	$(C_2H_5)_2O+H_2O$	浓 H_2SO_4(413K)

* §6.5.2　催化作用理论

催化反应根据催化剂与反应物是否同处一相，可以分为均相催化反应和多相催化反应。下面简单介绍均相催化和多相催化的催化作用理论。

1. 均相催化

催化剂与反应物处于同一相中的反应称为均相催化反应，简称均相催化(hemogeneous catalysis)。根据反应所在相的类型，均相催化反应又分为气相催化反应和液相催化反应。

在均相催化反应 $A+B \longrightarrow AB$ 中，加入催化剂 C 形成均匀系统后，往往先形成中间产物 AC，再进一步反应生成产物 AB，并释放出催化剂 C，即

$$A + C \longrightarrow AC$$

$$AC + B \longrightarrow AB + C$$

由于催化剂的加入形成了中间产物，从而改变了反应途径，降低了反应活化能，使反应得以加快。因此这种理论称为中间产物学说。

例如，在 791K 时，乙醛的气态热分解反应，若不加催化剂，反应按下式进行：

$$CH_3CHO \longrightarrow CH_4 + CO$$

其反应活化能为 $190kJ \cdot mol^{-1}$。如果有碘蒸气作为催化剂，形成混合气体，反应途径变为

(1)　$CH_3CHO + I_2 \longrightarrow CH_3I + HI + CO$　（慢反应）

(2)　$CH_3I + HI \longrightarrow CH_4 + I_2$　（快反应）

第一步是慢反应，活化能较高，为 $136kJ \cdot mol^{-1}$，但比不加入催化剂时的活化能要低。根据 Arrhenius 方程式($k=Ae^{-E_a/RT}$)，可算出加入催化剂前后 CH_3CHO 分解反应的速率常数，加催化剂后反应速率增加近 4000 倍。

酸碱催化反应是溶液中较普遍存在的均相催化反应。例如，蔗糖的转化、淀粉的水解等反应，加酸可使反应加速，这里的催化剂是 H^+。向过氧化氢溶液中加碱可使其迅速分解为氧气和水，这里起催化作用的是 OH^-。酯类的水解，如乙酰水杨酸、普鲁卡因等的水解，既可被 H^+ 催化，又可被 OH^- 催化。

酸碱催化反应的特点是在催化过程中发生质子(H^+)转移。因质子半径小，电场强度大，容易接近其他极性分子的负电荷部位，形成中间产物。此外，质子在转移过程中不易受其他分子中电子云的排斥，因而反应的活化能相对较低。

2. 多相催化

催化剂与反应物处于不同相的反应称为多相催化反应，简称多相催化(heterogeneous catalysis)。在多相催化反应中，催化剂一般为固体，而反应物为气体或液体，反应在固体表面进行。因此，反应速率除了与反应物浓度、温度有关外，还与固体催化剂表面的结构、表面积大小、反应物或生成物的扩散速率等有关。多相催化比均相催化复杂，它不仅涉及一般的化学反应机理，而且还涉及固体表面现象等，目前的研究尚在不断深入之中。

一般认为，固体催化剂表面凹凸不平造成表面价键力的不饱和性，特别是棱、角等突出部位的不饱和程度更高。这些不饱和部位称为活化中心。因此，这种理论称为活化中心学说。反应物在活化中心被吸附、变形、活化，使得旧键松弛而失去正常的稳定状态，转变为新物质。例如，合成氨反应用铁作催化剂，首先气相中 N_2 分子被铁催化剂的活化中心吸附，使 N_2 分子的化学键减弱、裂解、解离为 N 原子。气相中的 H_2 分子与 N 原子作用，逐步形成$=$NH、$-NH_2$ 和 HN_3。此过程可简略表示如下：

$$N_2 + Fe \longrightarrow 2N\cdots Fe$$

$$2N\cdots Fe + 3H_2 \longrightarrow 2NH_3 + 2Fe$$

上述反应过程的发生一方面降低了反应的活化能，可使反应速率加快；另一方面又因吸附作用的发生，增大了催化剂表面反应物的浓度，也促进了反应速率的提高。

上述观点没有考虑固体催化剂的结构与反应物结构之间的关系，因此无法解释催化剂的选择性等问题。随着物质结构科学的发展，又提出了多位理论和半导体催化电子理论。

20 世纪 50 年代后期又有人提出了配位催化理论。它主要吸收了近代配位化学和化学键理论方面的成果，使催化理论发展到新的阶段。但要从理论上预测催化剂的选择作用还有困难，因此催化剂的选择至今仍主要以实验为基础。有关催化剂的选择及其有关理论问题尚须进行大量的实验探索和总结。

§6.5.3 生物催化剂——酶

酶(enzyme)是一种特殊的、具有催化活性的生物催化剂。它存在于动物、植物和微生物中。一切与生命现象关系密切的化学反应大多是酶催化反应。例如，人类利用植物体或其他动物体的物质，在体内经过错综复杂的化学反应，把这些物质转化为自身的一部分，使人类得以生存、活动、生长和繁殖，这些化学反应几乎全部是在酶的催化作用下不断进行的，可以说没有酶的催化作用就不可能有生命现象。

酶是氨基酸按一定顺序聚合起来的蛋白质大分子，其化学本质是蛋白质和复合蛋白质(蛋白质＋辅因子)在生物体内起催化剂作用，这种作用称为酶催化(enzyme catalysis)。

酶催化是介于均相催化和多相催化之间的催化作用，其作用机理一般认为也是生成某种中间化合物步骤。酶 E 与底物(substrate)先形成中间化合物 ES，然后 ES 再进一步分解为产物 P，并释放出酶 E。此过程可表示为

$$E + S \rightleftharpoons ES \longrightarrow E + P$$

中间化合物 ES 分解为产物 P 的速率很慢，是定速步骤。

酶与一般的非生物催化剂相比较，具有以下主要特点：

(1) 高度的催化活性。

酶具有巨大的催化能力，其催化效率比非酶催化一般高 $10^6 \sim 10^{10}$ 倍。例如，食物中蛋白质的水解(消化)，在体外需在浓的强酸(或强碱)条件下煮沸相当长的时间才能完成，但在人体内正常体温 37℃时，在胃蛋白酶的作用下短时间内即可完成。又例如，存在于血液中的碳酸酐酶能催化 H_2CO_3 分解为 CO_2 和 H_2O，1 个碳酸酐酶分子在 1min 内可以催化 1.9×10^7 个 H_2CO_3 分子分解。正因为血液中存在如此高效的催化剂，才能及时完成排放 CO_2 的任务，以维持正常的生理 pH。

酶的高效催化的根本原因仍是它能充分降低反应的活化能，且不同的酶催化其效能不同。例如，过氧化氢分解反应($H_2O_2 \!=\!=\!= 2H_2O + O_2\uparrow$)的活化能为 $75.348\text{kJ} \cdot \text{mol}^{-1}$，用铂黑催化，活化能降为 $48.976\text{kJ} \cdot \text{mol}^{-1}$，用过氧化氢酶催化，活化能降至 $8.372\text{kJ} \cdot \text{mol}^{-1}$，反应速率增大 1 亿倍以上。

(2) 高度的选择性(特异性)。

一种酶只能催化一种或一类底物发生反应。例如，淀粉酶催化淀粉水解，而磷酸酯的水解需要磷酸酶来催化。尿素酶只能催化尿素的水解反应，而对尿素的取代物的水解反应无催化作用。

(3) 特殊的温度效应和 pH 范围。

酶对温度非常敏感。酶催化一般都在比较温和的条件(常温常压)下进行，温度过高会引起酶蛋白变性，使酶失去催化活性。人体各种酶的最适宜温度是 37℃左右。除此以外，反应系统的 pH 的大小也将会影响酶蛋白的电荷状态及酶分子的立体结构。因而酶的活性常常都是在某一特定的 pH 范围内最大，这一特定的 pH 称为最适 pH。

酶分布在人体的各种器官和体液中。从化学反应的角度看，人体是一个极其复杂而又十分奥妙的酶催化系统。据报道，人体内的酶有近千种，60%以上的含有微量元素铜、锌、锰、钼等，这些微量元素参与了各种酶的组成与激活，能使体内的各种反应顺利进行。

【例 6-4】 294K 时尿素水解成氨及二氧化碳反应的活化能为 $126\text{kJ} \cdot \text{mol}^{-1}$，同样温度若用尿素酶催化，则活化能降为 $46\text{kJ} \cdot \text{mol}^{-1}$。试计算：(1)反应因酶的存在速率加快了多少倍？(2)无酶存在时温度要升高到多少才能达到有酶时的反应速率？

解　(1) A 为常数，由式(6-10)可得反应因酶的存在速率加快的倍数为

$$\frac{k_2}{k_1} = e^{(E_{a_1} - E_{a_2})/(RT)} = e^{(126-46)\times 10^3/(8.314\times 294)} = 1.6 \times 10^{14}$$

(2) 欲使无催化剂时的速率与 294K 时有尿素酶催化时的速率相等，则有

$$e^{-E_{a_1}/RT_1} = e^{-E_{a_2}/RT_2}$$

即

$$-\frac{126 \times 10^3}{8.314 \times T_1} = -\frac{46 \times 10^3}{8.314 \times 294}$$

解得 $T_1 = 805K$

习 题

1. 试用各组分浓度随时间的变化率表示下列反应的瞬时速率，并写出各速率之间的相互关系。

(1) $2N_2O_5 \longrightarrow 4NO_2 + O_2$

(2) $4HBr + O_2 \longrightarrow 2Br_2 + 2H_2O$

2. 对于化学反应：$NO_2(g) + O_3(g) = NO_3(g) + O_2(g)$，于25℃时测得的数据如下：

序 号	起始浓度/(mol·L^{-1}) NO_2	起始浓度/(mol·L^{-1}) O_3	最初生成 O_2 的速率/(mol·L^{-1}·s^{-1})
1	5.0×10^{-5}	1.0×10^{-5}	0.022
2	5.0×10^{-5}	2.0×10^{-5}	0.044
3	2.5×10^{-5}	2.0×10^{-5}	0.022

(1) 求该反应的级数；

(2) 求该反应的速率常数；

(3) 试写出该反应的速率方程式。

3. 已知某药物分解30%即为失效。药物溶液的质量浓度为5.0g·L^{-1}，一年后质量浓度降为4.2g·L^{-1}。若此药物分解反应为一级反应，计算此药物的半衰期和有效期。

4. 某一同位素试样质量为3.50mg，经过6.3h后，分析该同位素只有2.73mg，求该试样的半衰期。

5. $HI(g) + CH_3I(g) \longrightarrow CH_4(g) + I_2(g)$ 反应，在650K时速率常数是2.0×10^{-5}，在670K时速率常数是7.0×10^{-5}，求该反应的活化能E_a。

6. 300K时，反应 $H_2O_2(aq) \longrightarrow H_2O(l) + 1/2O_2(g)$的活化能为75.3kJ·mol^{-1}。若用$I^-$催化，活化能降为56.5kJ·mol^{-1}。若用酶催化，活化能降为25.1kJ·mol^{-1}。试计算在相同温度下，该反应用I^-催化及酶催化时，其反应速率分别是无催化时的多少倍？

7. 在301K时，鲜牛奶大约4h变酸，但在278K冰箱内可保持48h。假定反应速率与变酸时间成反比，试估算牛奶变酸反应的活化能。

8. 人体内某一酶催化反应的活化能是50.0kJ·mol^{-1}。试计算发烧40℃的病人与正常人(37℃)相比该反应的反应速率加快的倍数。

9. 某药物在人体血液中呈现一级反应。如果给病人在上午8时注射一针抗生素，然后在不同时刻t后测定抗生素在血液中的质量浓度，得到如下数据：

t/h	4	8	12	16
ρ/(mg·L^{-1})	4.80	3.26	2.22	1.51

(1) 试求反应的速率常数和半衰期；

(2) 若该药物在血液中的质量浓度不低于3.7mg·L^{-1}才为有效，问大约何时应注射第二针？

（谢吉民）

第 7 章　氧化还原与电极电势

氧化还原反应(oxidation-reduction reaction)是人们在生产和生活中经常遇到的一类化学反应。机体活动所需要的能量主要来自营养物质在体内的氧化。研究氧化还原反应,需要认识反应自发进行的方向和限度,这固然可以按照化学热力学原理,计算反应的 $\Delta_r G_m$ 来加以判断。但是,也可以借助氧化还原反应与原电池的联系,利用与原电池有关的物理量——电极电势作为判断的根据。本章将对此给予讨论。

§7.1　氧化还原的基本概念

§7.1.1　氧化数

氧化还原的概念有其历史的发展过程。最初人们认为结合氧或失去氢为氧化,失去氧或结合氢为还原,这种定义虽然至今仍然沿用,但是存在一定的局限性。为了更广泛而深入地认识氧化还原反应,人们提出了氧化数(oxidation number)的概念。1970 年,国际纯粹与应用化学联合会(IUPAC)把氧化数定义为元素的氧化数是该元素一个原子的荷电数,这种荷电数是将成键电子指定给电负性较大的元素而求得的(元素的电负性是原子在分子中吸引成键电子能力的量度)。

按照上述定义确定元素的氧化数,人们常运用如下习惯规定:

(1) 单质分子中元素的氧化数为零。

(2) 电中性化合物分子中,所有元素的氧化数的代数和为零。

(3) 单原子离子中,元素的氧化数等于离子的电荷数;多原子离子中,所有元素的氧化数的代数和等于离子的电荷数。

(4) 氢在化合物中的氧化数一般为+1,但在金属氢化物如 NaH、CaH_2 中为-1。氧在化合物中的氧化数一般为-2,但在氟化物如 OF_2 中为+2,O_2F_2 中为+1;在过氧化物如 H_2O_2 中为-1,在超氧化物如 KO_2 中为$-\frac{1}{2}$。

根据以上规则可以方便地计算化合物中各元素的氧化数。例如,$KMnO_4$ 中的 Mn 元素、$K_2Cr_2O_7$ 中的 Cr 元素、$Na_2S_4O_6$(连四硫酸钠)中的 S 元素,它们的氧化数分别为+7、+6、$+2\frac{1}{2}$。氧化数是为了说明元素在化合物中表观的、平均的荷电状态而人为地引入的,其数值可以出现分数。

氧化数与中学化学介绍的化合价有点相似，但在概念及取值上存在差异。

引入氧化数的概念有助于确定什么是氧化、什么是还原：氧化数升高的过程为氧化(oxidation)，氧化数降低的过程为还原(reduction)；反应物中，元素氧化数升高的是还原剂(reductant)；元素氧化数降低的是氧化剂(oxidant)。例如

$$I_2 + 2S_2O_3^{2-} = 2I^- + S_4O_6^{2-}$$

$S_2O_3^{2-}$ 中 S 的氧化数从 +2 升到 $+2\frac{1}{2}$，发生氧化，或称被氧化；I_2 中 I 的氧化数从 0 降到 −1，发生还原，或称被还原。反应物中，发生氧化的 $S_2O_3^{2-}$ 是还原剂，发生还原的 I_2 是氧化剂。$S_2O_3^{2-}$ 的发生氧化和 I_2 的发生还原同时进行，相互联系，两者结合成一个完整的氧化还原反应。由此可见，氧化还原反应的基本特征是元素氧化数发生了改变。如果同一反应物的某元素既发生氧化又发生还原，也就是该元素一部分原子(或离子)氧化数降低，另一部分原子(或离子)氧化数升高，这种反应称为自身氧化还原反应，或歧化反应。例如，超氧阴离子($O_2^{\bar{\cdot}}$)是一种活性氧自由基，它在机体内形成后会引起细胞损伤，然而在机体内超氧化物歧化酶(superoxde dismutase，简记为 SOD)催化下 $O_2^{\bar{\cdot}}$ 可以发生歧化反应，分解成过氧化氢和氧气：

$$2O_2^{\bar{\cdot}} + 2H^+ \xrightarrow{SOD} H_2O_2 + O_2$$

§7.1.2 氧化还原反应的再认识

1. 氧化半反应与还原半反应

氧化还原反应中元素的氧化数为什么会发生改变？可以如下反应为例给予说明：

$$Cl_2 + 2I^- = 2Cl^- + I_2$$

还原剂 I^- 中 I 元素的氧化数从 −1 升到 0，发生氧化。这是因为 $2I^-$ 失去 2 个电子转化成 I_2：

$$2I^- \longrightarrow I_2 + 2e^-$$

氧化剂 Cl_2 中 Cl 元素的氧化数从 0 降到 −1，发生还原。这是因为 Cl_2 得到 2 个电子转化成 $2Cl^-$：

$$Cl_2 + 2e^- \longrightarrow 2Cl^-$$

上述两式表示的是 2 个半反应(half-reaction)，失去电子的半反应称为氧化半反应，得到电子的半反应称为还原半反应。有得到电子的就必有失去电子的，还原剂 $2I^-$ 失去的两个电子正好为氧化剂 Cl_2 所得到，或者说，氧化半反应失去的电子如数交给还原半反应，这种电子得失相等的关系，使得 2 个半反应结合成一个完整的氧化还原反应。

本例说明电子得失是氧化还原反应中氧化数改变的物质基础。但是，有些反应，如 $H_2(g)+F_2(g)=\!=\!=2HF(g)$，在形成共价化合物氟化氢分子的反应中，氢气并未完全失去电子，氟气也未完全得到电子，只是因为氟元素电负性大于氢元素，HF(g)分子中一对成键的共用电子偏向氟原子一方，导致氢元素的氧化数升高，氟元素的氧化数降低。类似这种不存在电子的完全得失，但存在电子偏移（部分得失）的反应，因为同样具有氧化数发生改变的特征，所以也属于氧化还原反应。

2. 氧化还原电对

在还原半反应中，氧化剂及其还原产物是同一种元素具有不同氧化数的两种物质形式；在氧化半反应中，还原剂及其氧化产物两者的关系也是如此。在同一种元素具有不同氧化数的两种物质形式中，氧化数较高的物质形式称为氧化型（oxidation form），较低的称为还原型（reduction form），两者共同组成一个氧化还原电对（redox couple），简称电对，电对符号记做：氧化型/还原型。

仍以反应 $Cl_2+2I^-=\!=\!=2Cl^-+I_2$ 为例，氧化剂 Cl_2 及其还原产物 Cl^- 是氯元素氧化数分别为 0 与 −1 的两种物质形式，Cl_2 是氧化型，Cl^- 是还原型，组成电对 Cl_2/Cl^-；还原剂 I^- 及其氧化产物 I_2 是碘元素氧化数分别为 −1 与 0 的两种物质形式，I^- 是还原型，I_2 是氧化型，组成电对 I_2/I^-。

同一电对的氧化型和还原型两者相互依存，并可通过电子的得失相互转化：

$$a\,\text{氧化型}+ne^- \rightleftharpoons g\,\text{还原型}$$

式中，a、g 是计量系数；n 是得失电子数。通过这种电子的得失转化，并按照其实际进行的方向，构成了氧化半反应或还原半反应。

氧化型和还原型两者之间这种相互依存、相互转化的关系，与共轭酸碱对两者之间的共轭关系十分相似，差别是前者通过电子得失，后者通过质子得失来实现相互转化。同一电对中氧化型物质的氧化能力越强（越易结合电子），其还原型物质的还原能力就越弱（越不易失去电子）；反之亦然。

氧化型和还原型的区分是相对的。如果组成物质的某元素处于中间氧化数，该物质在不同的电对里就可能或作氧化型，或作还原型。例如，H_2O_2 中 O 元素的氧化数为 −1，是氧化数 0 和 −2 的中间数，因此 H_2O_2 在电对 O_2/H_2O_2 里作还原型，而在电对 H_2O_2/H_2O 里则作氧化型。

3. 氧化还原反应的实质

建立了氧化还原电对的概念后，我们便可以如同酸碱质子理论分析酸碱反应那样，将任何氧化还原反应都看成发生在两个电对之间的电子转移（传递）过程（electron transfer reaction），写成如下通式：

$$a\text{氧化型}_1 + b\text{还原型}_2 \overset{ne^-}{\rightleftharpoons} g\text{还原型}_1 + h\text{氧化型}_2$$

式中，a、b、g、h 为参与反应的各物质的计量系数；下标 1、2 分别代表两个不同的电对（电对 1 和电对 2）。应该说，该方程式的两边同时进行着电子转移，但整个氧化还原反应自发进行的方向取决于两边电子转移倾向的强弱：若反应物一边电子转移倾向较强，则正向反应自发；反之亦然。换言之，氧化还原反应的自发方向是较强的氧化型$_1$ 和较强的还原型$_2$ 反应生成较弱的还原型$_1$ 和较弱的氧化型$_2$。

§7.2 原电池与电极电势

§7.2.1 铜锌原电池

如图 7-1 所示的装置中，锌片和铜片分别插在 $ZnSO_4$ 溶液和 $CuSO_4$ 溶液中，用一个装有用饱和 KCl 溶液与琼脂做成的凝胶的 U 形管把两溶液联系起来，这一 U 形管称为盐桥(salt bridge)。可以观察到串接在锌片和铜片之间的电表指针发生偏转，提示连接锌片和铜片的导线中有电流从铜片流向锌片（电子流动的方向正相反）。

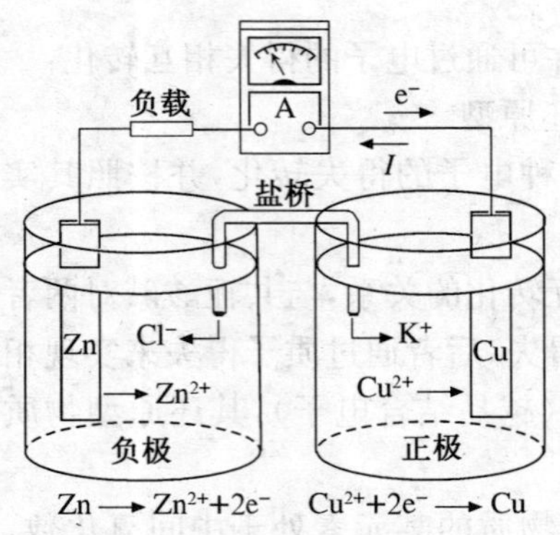

图 7-1 铜锌原电池示意图

该装置是如何通过化学反应产生电流的呢？锌片上 Zn 失去电子，发生氧化反应，形成 Zn^{2+} 进入溶液：

$$Zn \longrightarrow Zn^{2+} + 2e^-$$

锌片上多余的电子由连接锌片和铜片的导线转移到铜片，溶液中 Cu^{2+} 从铜片上得到电子，发生还原反应，金属 Cu 在铜片上析出：

$$Cu^{2+} + 2e^- \longrightarrow Cu$$

与此同时，盐桥的饱和 KCl 溶液中 Cl^- 和 K^+ 分别迁移到 $ZnSO_4$ 溶液和 $CuSO_4$ 溶液，以平衡两溶液中过剩的离子电荷，维持两溶液的电中性，从而使 Zn 的氧化和 Cu^{2+} 的还原可以继续进行下去，电流得以不断地产生。

该装置中发生的总的化学反应是

$$Zn + Cu^{2+} \rightleftharpoons Zn^{2+} + Cu$$

如果把锌片直接插入硫酸铜溶液，也发生相同的氧化还原反应，但由于还原剂 Zn 与氧化剂 Cu^{2+} 直接接触，电子在两者之间进行无序转移，不能形成电荷的定向移动——电流，化学能转变为热能释出。而在上述装置里，由于 Zn 发生的氧化反应和 Cu^{2+} 发生的还原反应被分隔在两处进行，同时又通过导线、盐桥保持着联系，因此，电子经导线连成的外电路、离子经溶液构成的内电路有序地、持续地发生定向转移，形成稳恒电流。这种利用氧化还原反应产生电流、使化学能转变为电能的装置，称之为原电池（primary cell），简称电池。图 7-1 所示是铜锌原电池，或称 Daniell 电池。

§7.2.2　原电池的组成及其表示

原电池的概念促进了化学电源的发展。一个自发的氧化还原反应，虽然不一定可以用来构建具有实用价值的化学电源，但是在理论上可以组成原电池。

原电池产生电流的关键在于把氧化半反应和还原半反应分隔在两处进行，组成两个电极（electrode），或称半电池（half-cell）。注意：这里所称的电极，是指电子导体及其相互接触的电解质溶液共同构成的电极区，但是也有书刊仅把电子导体（如金属、石墨等）称为电极（为避免混淆，这里最好称为极片）。

铜锌原电池中，铜片与硫酸铜溶液组成铜电极，从外电路获得电子，称为正极；锌片与硫酸锌溶液组成锌电极，向外电路供给电子，称为负极。

为了研究方便起见，人们对电极和电池的组成表示规定了统一的写法。

例如，铜锌原电池中，铜电极的组成式可写成 $Cu^{2+}(c_1)|Cu$；锌电极的组成式可写成 $Zn^{2+}(c_2)|Zn$。其中，竖线“|”表示两相之间的界面；c 表示溶液中金属离子浓度（严格的应用活度）。

铜锌原电池的组成式则写成：

$$(-)Zn|Zn^{2+}(c_2)\parallel Cu^{2+}(c_1)|Cu(+)$$

式中，竖线“|”仍然表示相界面；双竖线“‖”表示盐桥；(－)、(＋)分别表示电池的负极和正极，习惯上把负极写在左边，正极写在右边。在原电池的组成式中，一般需要注明各物质的浓度、分压或物态，未加注明的认为是处于各自的标准状态。

原电池中，氧化剂在正极发生还原半反应；还原剂在负极发生氧化半反应。通常将电极中发生的氧化半反应或还原半反应，称为电极反应（electrode reaction）或半电池反应（half-cell reaction）。将正、负极分别发生的 2 个电极反应综合起来，可得到发生在原电池内的完整的氧化还原反应，称为电池反应（cell reaction）。

在铜锌原电池中，氧化剂 Cu^{2+} 发生还原半反应，还原剂 Zn 发生氧化半反应，分别记写成：

铜电极（正极）反应　$Cu^{2+}+2e^- \longrightarrow Cu$　（还原半反应）

锌电极（负极）反应　$Zn \longrightarrow Zn^{2+}+2e^-$　（氧化半反应）

两式相加，使电子得失数相等，则得到电池反应：

$$Cu^{2+}+Zn = Zn^{2+}+Cu$$

从化学组成看，任一电极都联系着一个特定的氧化还原电对，或者说不同的电对组成不同的电极。例如，Zn^{2+}/Zn 电对和 Cu^{2+}/Cu 电对，分别组成锌电极和铜电极。电极反应实际上就是同一电对中氧化型和还原型之间相互转化的过程。一个电对若组成正极，则发生从氧化型转化为还原型的还原半反应；一个电对若组成负极，则发生从还原型转化成氧化型的氧化半反应。电池反应是发生在两个电对之间的电子转移（传递）过程。

* §7.2.3 常见电极的类型

根据组成电极的电对的特点，通常把电极分成如下四类：

(1) 金属电极。由金属浸在含该金属阳离子的电解质溶液中组成，如锌电极、铜电极、银电极等。以下给出表示金属电极的通式。

电对：　M^{n+}/M

电极组成式：　$M|M^{n+}(c)$

电极反应：　$M^{n+}+ne^- \rightleftharpoons M$

组成金属电极的电对中，还原型的金属本身兼作电子导体。

在上面书写的电极反应式中，用了表示可逆意义的双向箭头“$\rightleftharpoons$”。如果不知道电极在电池中实际作正极还是负极，通常按正向还原的方式书写，用双向箭头“$\rightleftharpoons$”表示；如果已知电极在电池中实际作正极或负极，则按实际反应的方向书写，并用单向箭头“$\longrightarrow$”表示。

(2) 气体电极。由气体单质及其相应的离子组成，如氢电极、氧电极、氯电极等。它们相应的电对分别为 H^+/H_2、O_2/OH^-、Cl_2/Cl^- 等。由于组成该类电极的电对本身不含有作电子导体的固体物质，因此常借助惰性电子导体（如铂或石墨等）参与组成电极。由于这些电子导体并不参加电极反应，故称其“惰性”。

以上三个气体电极的组成式及相应的电极反应分别表示如下：

$Pt,H_2(p)|H^+(c)$　　$2H^++2e^- \rightleftharpoons H_2(g)$

$Pt,O_2(p)|OH^-(c)$　　$O_2(g)+2H_2O+4e^- \rightleftharpoons 4OH^-$

$Pt,Cl_2(p)|Cl^-(c)$　　$Cl_2(g)+2e^- \rightleftharpoons 2Cl^-$

式中，用逗号（也可以用竖线“|”）表示气、固两相界面；括号内 p 表示气体物质的分压。氧电极的电极反应中 H_2O 来自介质溶液。

卤素电极如碘电极、溴电极分别由固体或液体的非金属单质及其阴离子所组成，也可以归入本类。它们的电对、电极组成式和电极反应分别表示如下：

I_2/I^-　　$Pt,I_2(s)|I^-(c)$　　$I_2(s)+2e^- \rightleftharpoons 2I^-$

Br_2/Br^-　　$Pt,Br_2(l)|Br^-(c)$　　$Br_2(l)+2e^- \rightleftharpoons 2Br^-$

(3) 金属-金属难溶盐电极。由某些金属在其表面涂覆该金属难溶盐（或难溶的氧化物、氢氧化物)，浸在与该难溶盐(或难溶的氧化物、氢氧化物)具有相同的阴离子的电解质溶液中组成。例如，银-氯化银电极由金属银、氯化银及 KCl 溶液所组成。

电对：　　$AgCl/Ag$

电极组成式：　　$Ag, AgCl | Cl^-(c)$

电极反应：　　$AgCl\ (s) + e^- \rightleftharpoons Ag\ (s) + Cl^-$

这里，用逗号(也可以用竖线"|")表示固、固两相的界面。

又如，甘汞电极由金属汞、甘汞(Hg_2Cl_2)及 KCl 溶液所组成。

电对：　　Hg_2Cl_2/Hg

电极组成式：　　$Hg, Hg_2Cl_2 | KCl$

电极反应：　　$Hg_2Cl_2 + 2e^- \rightleftharpoons 2Hg + 2Cl^-$

(4)"氧化还原"电极 由惰性电子导体浸在含有同种元素两种不同氧化数的离子溶液中组成。如果将金属铂插在含有 Fe^{3+}、Fe^{2+} 两种离子的溶液，即为一例。

电对：　　Fe^{3+}/Fe^{2+}

电极组成式：　　$Pt | Fe^{3+}(c_1), Fe^{2+}(c_2)$

电极反应：　　$Fe^{3+} + e^- \rightleftharpoons Fe^{2+}$

这里，Fe^{3+}、Fe^{2+} 虽然处于同一溶液相中，但书写时需用逗号分开。将本类电极称为氧化还原电极并不意味其他类型的电极与氧化还原反应无关，恰恰相反，所有四类电极都是因为氧化还原反应所形成。本类电极之所以如此命名，只不过是历史沿袭下来的缘故。

电极是电池的基本构件，了解电极类型有助于把氧化还原反应组成原电池。以下讨论在氧化还原反应与原电池相互之间进行变换的两类应用题。

(1) 由电池组成式写出发生在其中的电池反应。

【例 7-1】 已知原电池组成式为

$$(-)Pt | Sn^{4+}, Sn^{2+} \parallel Fe^{3+}, Fe^{2+} | Pt(+)$$

试写出其电池反应方程式。

解 正极发生还原反应，电极反应式：　$Fe^{3+} + e^- \longrightarrow Fe^{2+}$

负极发生氧化反应，电极反应式：　$Sn^{2+} \longrightarrow Sn^{4+} + 2e^-$

将两个电极反应式相加即得电池反应式(注意电子得失数必须相等)：

$$2Fe^{3+} + Sn^{2+} \rightleftharpoons 2Fe^{2+} + Sn^{4+}$$

(2) 由氧化还原反应组成原电池，并写出原电池组成式。

【例 7-2】 已知一自发进行的氧化还原反应：

$$MnO_4^- + 5Fe^{2+} + 8H^+ \rightleftharpoons Mn^{2+} + 5Fe^{3+} + 4H_2O$$

试将该反应组成一原电池，并写出原电池组成式。

解 把已知的总反应拆成氧化半反应与还原半反应两部分。

氧化半反应： $Fe^{2+} \longrightarrow Fe^{3+} + e^-$

对应电对： Fe^{3+}/Fe^{2+}

还原半反应： $MnO_4^- + 8H^+ + 5e^- \longrightarrow Mn^{2+} + 4H_2O$

对应电对： MnO_4^-/Mn^{2+}

因为负极发生氧化半反应，正极发生还原半反应，所以电对 Fe^{3+}/Fe^{2+} 组成负极，电对 MnO_4^-/Mn^{2+} 组成正极。

电极组成式分别为 $Pt|Fe^{3+}, Fe^{2+}$；$Pt|MnO_4^-, Mn^{2+}, H^+$

于是，将已知反应组成如下电池：

$$(-)Pt|Fe^{3+}, Fe^{2+} \| MnO_4^-, Mn^{2+}, H^+|Pt(+)$$

需要指出，不仅氧化还原反应，即使元素的氧化数在反应前后无改变的酸碱反应、沉淀反应以及后面要学的配位化学反应，也可以组成原电池来使它们发生，请看例 7-3。

【例 7-3】 已知一自发发生的沉淀反应：$Ag^+ + Cl^- \rightleftharpoons AgCl(s)\downarrow$，试用该反应组成一原电池，写出电池组成式。

解 产物中的 AgCl(s)及反应物中的 Cl^-，两者联系着 1 个金属-金属难溶盐电极。

电极组成式： $Ag, AgCl|Cl^-$

电极反应： $Ag(s) + Cl^- \longrightarrow AgCl(s) + e^-$

由于 AgCl(s)是产物，因此该电极发生的必须是氧化半反应，即电极应为负极，相应的电对为 AgCl/Ag。

在已知的沉淀反应总方程式中减去负极的反应式：

$$Ag^+ + Cl^- = AgCl(s)$$

$$-)\ Ag(s) + Cl^- \longrightarrow AgCl(s) + e^-$$

得到正极的反应式： $Ag^+ + e^- \longrightarrow Ag(s)$

此电极相应的电对为 Ag^+/Ag，属于金属电极，电极组成式：$Ag|Ag^+$。

在求出两个电极组成式后，所求的电池组成式为

$$(-)Ag, AgCl(s)|Cl^- \| Ag^+|Ag(+)$$

§7.2.4 电极电势

原电池中电子可以不断地由负极流向正极，说明正极（电子导体）的电势高于负极（电子导体）的电势。用对消法使流过电池的电流趋于零时，两电极（电子导体）间的电势差达到极大值，该值就等于电池的电动势（electromotive force）。人

们利用基于对消法原理的电势差计或高输入阻抗的直读式电压表，可以在保证电流无限小的情况下，测量电池电动势。

在使用盐桥的原电池中，可以认为其电动势仅决定于两个电极的电极电势。如果用 E 表示电池电动势，用符号 φ_+、φ_- 分别表示正极和负极的电极电势，则得出如下公式：

$$E=\varphi_+-\varphi_-$$

电池电动势的测量结果应为正值，表示电池可以自发产生电流。若出现负值，说明原先认定的正极和负极搞反了，需要对调过来。

迄今人们尚无法测定电极电势的绝对值，但它的相对高低可以通过比较的方法来测定，这就好像把海平面的高度人为地确定为零，从而测定地球上各种地形的相对高度一样。根据 IUPAC 的规定，选择标准氢电极（standard hydrogen electrode，缩写成 SHE）作为比较的基准，来测定各种电极的电极电势，从而得到电极电势相对于标准氢电极的相对值。

氢电极是在铂片上镀一层疏松的铂黑，铂黑可以强烈地吸附氢气，再把此铂片浸在含有氢离子的溶液中，通入氢气，使铂黑吸附氢气至饱和而构成。如果氢气分压为 100kPa，溶液中 H^+ 浓度为 $1mol\cdot L^{-1}$（严格地说是 H^+ 活度 a 为 1），氢电极则处于标准状态，图 7-2 给出标准氢电极的示意图。

标准氢电极的组成式：

$$Pt, H_2(p=100kPa)\,|\,H^+(1mol\cdot L^{-1})$$

电极反应：

$$2H^+(aq)+2e^- \rightleftharpoons H_2(g)$$

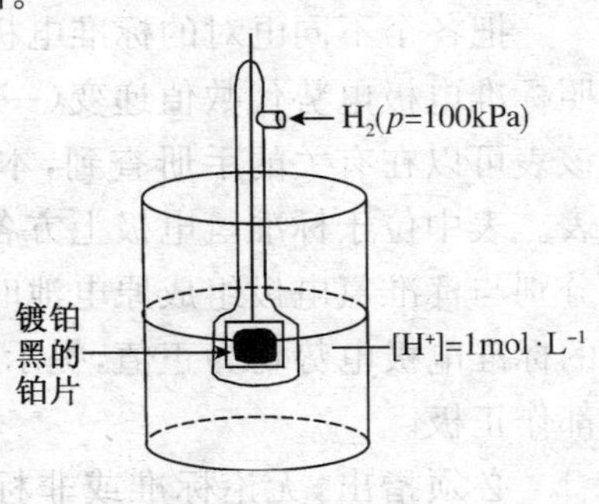

图 7-2　标准氢电极

人们将任意温度下标准氢电极的电极电势规定为零，即 $\varphi^\ominus(SHE)=0$，或记做 $\varphi^\ominus(H^+/H_2)=0$。人们常用括号或下标标出电对符号，记写该电对所组成的电极的电极电势。

为了测定任意电极相对于标准氢电极的电极电势，只要把待测电极与标准氢电极组成原电池，测定该电池的电动势，即可计算得到电极电势。

例如，要测定一个锌电极的电极电势，可以如图 7-3 所示，把它与标准氢电极组成原电池，该电池组成式为

$$Zn\,|\,Zn^{2+}(0.0100mol\cdot L^{-1})\,\|\,H^+(1mol\cdot L^{-1})\,|\,H_2(p=100kPa), Pt$$

然后在一定温度下测定电池电动势，并根据电流的方向辨明标准氢电极是正极，锌电极是负极。若测得电池电动势 $E_{测}=+0.822V$，由于标准氢电极的电极电势规定为零，因此，待测锌电极的电极电势就等于 $(0-E_{测})$，即 $\varphi(Zn^{2+}/Zn)=-0.822V$。

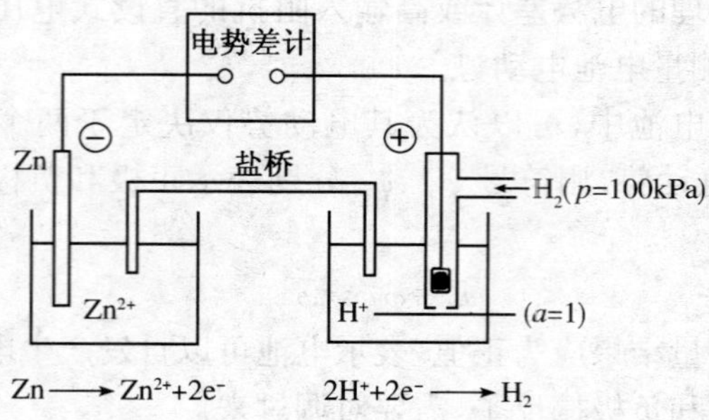

图 7-3　电极电势测定装置

§7.2.5　标准电极电势

不同电对组成的电极具有不同的电极电势，为了方便比较，需要使它们处于共同的外部条件下，通常使它们处于各自的标准状态。热力学规定，凡是组成电极的各物质，处于溶液中其浓度为 $1mol \cdot L^{-1}$（严格地说，活度 a 为 1），气体分压为 100kPa，液体或固体为各自的纯净状态，电极就处于标准状态。这时测定的电极电势就是该电极的标准电极电势，记做 $\varphi^{\ominus}$。

把各个不同电对的标准电极电势值连同相应的电极反应式一并列出，再按照标准电极电势代数值递变（一般是递增）的顺序排列，便形成标准电极电势表。该表可以在有关的手册查到，本书附录Ⅴ也提供了 298K 下标准电极电势的简表。表中位于标准氢电极上方各电极的标准电极电势均为负值，提示这些电极分别与标准氢电极组成原电池时，它们都作负极；位于标准氢电极下方的各电极的标准电极电势均为正值，提示这些电极分别与标准氢电极组成原电池时，它们都作正极。

必须指出，无论标准或非标准状态下的电极电势表示的都是电极在特定状态下的平衡电学性质，其代数值不随电极反应实际进行的方向而变化。或者说，不管该电极在电池中作正极或负极，电极电势的正负、绝对值均不发生变化。其次，电极电势属于热力学的强度性质，电极电势值不随参加电极反应的物质的量而变化，也就是电极反应方程式中计量系数改变，对电极电势值不会产生影响。

生物体系中，由于 H^+ 浓度等于 $1mol \cdot L^{-1}$ 即 pH＝0 时会引起生物大分子变性，因此生物化学标准状态规定为 pH＝7.00（接近机体生理 pH），而其他各物质仍取正常规定的浓度（或气体物质的分压）状态。医学上对于机体内的氧化还原反应，需要应用生物化学标准状态下的电极电势（$\varphi^{\oplus}$）加以讨论，其数据可以从有关手册中查找。

§7.3　影响电极电势的因素

从电极电势产生的机理可知，电极电势代数值的大小主要取决于电极的本性，也就是组成电极的电对的化学性质。至于选用的导电材料、电极的大小尺寸等物理因素和电极电势并无关系。同时，电极电势也受电对中各物质的浓度（气体物质的分压）、介质以及温度等外在因素影响。

§7.3.1　Nernst 方程

对于电极反应：a 氧化型$+ne^- \rightleftharpoons g$ 还原型，如果已知 298K 下的 $\varphi^\ominus$，要求出非标准状态下的 φ，可以按照式(7-1)来计算。

$$\varphi = \varphi^\ominus + \frac{2.303RT}{nF}\lg\frac{c^a(\text{氧化型})}{c^g(\text{还原型})} \tag{7-1}$$

式中，$\varphi^\ominus$表示标准电极电势；R 为摩尔气体常量，其值等于 $8.314\mathrm{J \cdot K^{-1} \cdot mol^{-1}}$；$F$ 为法拉第常量，表示 1mol 电子所带的电荷量，其值等于 $9.648\times10^4\mathrm{C \cdot mol^{-1}}$；$T$ 为热力学温度；n 为电极反应中电子转移数；c(氧化型)、c(还原型)分别表示电对中氧化型和还原型物质的浓度；a、g 分别表示电极反应式中氧化型和还原型物质的计量系数。

这一关系式由德国科学家 Nernst 提出，故称为 Nernst 方程。它表明随着电对氧化型物质浓度的增大（或还原型物质浓度的减小），电极电势代数值增大；反之，随着电对氧化型物质浓度的减小（或还原型物质浓度的增大），电极电势代数值减小。

当温度为 298K，式(7-1)中代入各常数值，得到在 298K 下适用的 Nernst 方程：

$$\varphi = \varphi^\ominus + \frac{0.0592}{n}\lg\frac{c^a(\text{氧化型})}{c^g(\text{还原型})} \tag{7-2}$$

根据热力学原理可以推导出 Nernst 方程。由于等温等压下化学反应 Gibbs 自由能的降低等于对环境所做的最大有用功，因此电池反应 Gibbs 自由能的降低等于该电池可以向环境提供的最大电功 $W_{\max}$，而 $W_{\max}$ 可以从电量与电池电动势的乘积来计算：$W_{\max}=qE$，其中 E 为电池电动势。根据法拉第定律：$q=nF$，n 为转移电子数，F 为法拉第常量，代入后即得 $W_{\max}=nFE$。但 $-\Delta_r G_m = W_{\max}$，故得到如下重要公式：

$$-\Delta_r G_m = nFE \tag{7-3}$$

式(7-3)适用任意状态下的电池反应。若原电池处于标准状态下，电池电动势应为标准电池电动势 $E^\ominus$，电池反应的 Gibbs 自由能的降低应为 $-\Delta_r G_m^\ominus$，则

$$-\Delta_r G_m^\ominus = nFE^\ominus \tag{7-4}$$

以下我们根据式(7-3)和式(7-4),并利用有关的热力学公式来推导 Nernst 方程。

一个原电池由电对 1(氧化型$_1$/还原型$_1$)组成正极,电对 2(氧化型$_2$/还原型$_2$)组成负极,则电极反应式和电池反应式可写成:

负极　　a 氧化型$_1$ $+ ne^- \longrightarrow g$ 还原型$_1$

正极　　b 还原型$_2$ $\longrightarrow h$ 氧化型$_2$ $+ ne^-$

电池　　a 氧化型$_1$ $+ b$ 还原型$_2$ $\rightleftharpoons g$ 还原型$_1$ $+ h$ 氧化型$_2$

式中,a、b、g、h 分别表示各物质的计量系数。

对于该电池反应,利用化学反应等温方程描述在任意状态下 $\Delta_r G_m$ 和在标准状态下 $\Delta_r G_m^\ominus$ 两者之间的关系,得

$$\Delta_r G_m = \Delta_r G_m^\ominus + RT\ln\frac{c^g(\text{还原型}_1)\cdot c^h(\text{氧化型}_2)}{c^a(\text{氧化型}_1)\cdot c^b(\text{还原型}_2)} \tag{7-5}$$

将式(7-3)和式(7-4)代入式(7-5),经过变换得

$$E = E^\ominus - \frac{RT}{nF}\ln\frac{c^g(\text{还原型}_1)\cdot c^h(\text{氧化型}_2)}{c^a(\text{氧化型}_1)\cdot c^b(\text{还原型}_2)} \tag{7-6}$$

当温度 T 为 298K,将 R、F 等常量值代入式(7-6),并利用 $\ln x = 2.303\lg x$ 的关系加以化简得

$$E = E^\ominus - \frac{0.0592}{n}\lg\frac{c^g(\text{还原型}_1)\cdot c^h(\text{氧化型}_2)}{c^a(\text{氧化型}_1)\cdot c^b(\text{还原型}_2)} \tag{7-7}$$

式(7-6)和式(7-7)就是关于电池电动势的 Nernst 方程,它适用于在任意状态下根据各物质浓度对电池电动势进行计算。

如果把标准氢电极作为以上电池的负极,则关于电池电动势的 Nernst 方程可以十分方便地演变为关于电极电势的 Nernst 方程。

在这种情况下,电池反应方程式为

$$a\,\text{氧化型}_1 + \frac{n}{2}H_2 \rightleftharpoons g\,\text{还原型}_1 + nH^+$$

应用式(7-7)得

$$E = E^\ominus - \frac{0.0592}{n}\lg\frac{c^g(\text{还原型}_1)\cdot c^n(H^+)}{c^a(\text{氧化型}_1)\cdot\left[\frac{p(H_2)}{p^\ominus}\right]^{\frac{n}{2}}}$$

即

$$[\varphi - \varphi^\ominus(H^+/H_2)] = [\varphi^\ominus - \varphi^\ominus(H^+/H_2)] - \frac{0.0592}{n}\lg\frac{c^g(\text{还原型}_1)\cdot c^n(H^+)}{c^a(\text{氧化型}_1)\cdot\left[\frac{p(H_2)}{p^\ominus}\right]^{\frac{n}{2}}}$$

$$(\varphi-0)=(\varphi^{\ominus}-0)-\frac{0.0592}{n}\lg\frac{c^{g}(\text{还原型}_1)\cdot 1}{c^{a}(\text{氧化型}_1)\cdot 1}$$

$$\varphi=\varphi^{\ominus}+\frac{0.0592}{n}\lg\frac{c^{a}(\text{氧化型})}{c^{g}(\text{还原型})}$$

式(7-2) 或式(7-1)正是关于电极电势的 Nernst 方程。它们与式(7-7)或式(7-6)分别描述了电极电势与电池电动势如何受浓度影响的定量关系。

应用 Nernst 方程时必须注意:

(1) 组成电极的物质中若有纯固体(如固体单质、难溶强电解质等)或纯液体(如金属汞、液体溴等),可以认为其浓度为常数(确切地说活度为 1),用数值 1 代入方程中有关的项;若有气体物质,可在方程中代入其分压,但该分压的数值须以 100kPa 的倍数表示,即用 $p/p^{\ominus}$ 表示($p^{\ominus}=100\text{kPa}$)。顺便提及,溶液里物质浓度若以 $\text{mol}\cdot\text{L}^{-1}$ 为单位时,可以直接用浓度的数值代入方程计算,这可以视为浓度除以 $1\text{mol}\cdot\text{L}^{-1}$ 后的结果,即也用 $c/c^{\ominus}$ 表示,只是 $c^{\ominus}=1\text{mol}\cdot\text{L}^{-1}$ 而已。

(2) 参与电极反应的其他物质(尽管它们不是电对的氧化型或还原型),如 H^+ 或 OH^- 的浓度也必须按以各自计量系数为指数的乘幂代入方程;若它们在电极反应式中与氧化型位于同一边,则代入式(7-1)或式(7-2)中对数项的分子部分,若与还原型在同一边,则代入对数项的分母部分。由于一般认为在稀溶液里 H_2O 的浓度为常数(确切地说活度为 1),H_2O 的浓度总是用数值 1 代入方程中。

(3) 在应用 Nernst 方程解题时,最好先写出电极反应式,以便正确代入电子得失数 n 以及氧化型和还原型各自的计量系数等值。

§7.3.2　Nernst 方程计算示例

根据 Nernst 方程可以定量地研究浓度、介质等因素对电极电势的影响。

1. *改变氧化型或还原型浓度对电极电势的影响*

【例 7-4】 将锌片浸入含有 $0.0100\text{mol}\cdot\text{L}^{-1}$ 或 $4.00\text{mol}\cdot\text{L}^{-1}$ 浓度的 Zn^{2+} 溶液中,计算 25℃时锌电极的电极电势。

解　电极反应式是　$Zn^{2+}+2e^{-}\rightleftharpoons Zn$

从附录Ⅴ查得　$\varphi^{\ominus}=-0.762\text{V}$

当 $c(Zn^{2+})=0.0100\text{mol}\cdot\text{L}^{-1}$,应用 Nernst 方程式(7-2)得

$$\begin{aligned}\varphi&=\varphi^{\ominus}+\frac{0.0592}{2}\lg c(Zn^{2+})\\&=-0.762+\frac{0.0592}{2}\lg(0.0100)\\&=-0.821(\text{V})\end{aligned}$$

当 $c(Zn^{2+})=4.00mol\cdot L^{-1}$，应用 Nernst 方程式(7-2)得

$$\begin{aligned}\varphi&=\varphi^{\ominus}+\frac{0.0592}{2}\lg c(Zn^{2+})\\&=-0.762+\frac{0.0592}{2}\lg 4.00\\&=-0.744(V)\end{aligned}$$

例 7-4 题的结果提示，氧化型或还原型物质的浓度变化对电极电势的影响，是在 Nernst 方程中通过其对数项并乘以一个 $0.0592/n$ 这样数值甚小的系数而起作用的。因此，浓度商即使改变了几百倍，电极电势只不过产生几十至一百毫伏的变化。

尽管电对中氧化型或还原型物质本身浓度的变化导致的影响不显著，然而，反应介质酸碱度的改变，氧化型或还原型生成沉淀、生成难解离物质(如弱酸、弱碱或配位化合物)这两类情况下，电极电势却会受到不容忽略的影响，请看例 7-5。

2. 改变反应介质酸度对电极电势的影响

【例 7-5】 已知电极反应 $MnO_4^- + 8H^+ + 5e^- \rightleftharpoons Mn^{2+} + 4H_2O$，$\varphi^{\ominus}=+1.507V$。若 MnO_4^- 和 Mn^{2+} 均处于标准态，即它们两者的浓度均为 $1mol\cdot L^{-1}$。求 298K，pH=6.00 时该电极的电极电势。

解 按 Nernst 方程式(7-2)得

$$\varphi=\varphi^{\ominus}+\frac{0.0592}{5}\lg\frac{c(MnO_4^-)\cdot c^8(H^+)}{c(Mn^{2+})\cdot 1}$$

但 $c(MnO_4^-)=c(Mn^{2+})=1mol\cdot L^{-1}$

所以

$$\begin{aligned}\varphi&=\varphi^{\ominus}+\frac{0.0592}{5}\lg c^8(H^+)=\varphi^{\ominus}+\frac{0.0592\times 8}{5}\lg c(H^+)\\&=\varphi^{\ominus}-\frac{0.0592\times 8}{5}\text{pH}\end{aligned}$$

以 $\varphi^{\ominus}=+1.507V$，pH=6.00 代入得

$$\begin{aligned}\varphi&=\varphi^{\ominus}-\frac{0.0592\times 8}{5}\text{pH}\\&=1.507-\frac{0.0592\times 8}{5}\times 6.00=+0.939(V)\end{aligned}$$

所以 298K，pH=6.00 时，电极的电极电势 $\varphi=0.939V$，与 $\varphi^{\ominus}=1.507V$ 相差将近 600mV。

可见，电对 MnO_4^-/Mn^{2+} 的电极电势随 H^+ 浓度减小而显著减小，随 H^+ 浓度增大而显著增大。不仅如此，MnO_4^- 的还原产物还会因介质酸度的不同而改变，它在强酸性、中性或碱性溶液中分别被还原成 Mn^{2+}、MnO_2、MnO_4^{2-}。

例 7-5 可以说明有 H^+ 或 OH^- 介质离子参与的电极反应，改变酸度对电极电势会产生显著的影响。

3. 生成沉淀对电极电势的影响

如果使氧化型或还原型转化成难溶的沉淀物，可导致电极电势发生较为明显的改变。

【例 7-6】 已知 298K 电极反应 $Ag^+ + e^- \rightleftharpoons Ag, \varphi^\ominus = +0.7996V$；AgCl(s)的 $K_{sp} = 1.77\times10^{-10}$，求电极反应 $AgCl + e^- \rightleftharpoons Ag + Cl^-$ 相应的 $\varphi^\ominus$。

解 在银电极的溶液中加入 Cl^-，与 Ag^+ 可形成 AgCl(s)沉淀，若维持该溶液中 Cl^- 的浓度为 $1mol\cdot L^{-1}$，由于沉淀溶解平衡 $AgCl(s) \rightleftharpoons Ag^+ + Cl^-$ 的制约，Ag^+ 的浓度必然远小于 $1mol\cdot L^{-1}$，而根据以下平衡关系可以计算得

$$c(Ag^+)\cdot c(Cl^-) = K_{sp}^\ominus(AgCl) = 1.77\times10^{-10}$$

将 $c(Cl^-) = 1mol\cdot L^{-1}$ 代入，得

$$c(Ag^+) = \frac{K_{sp}}{c(Cl^-)} = \frac{1.77\times10^{-10}}{1} = 1.77\times10^{-10}(mol\cdot L^{-1})$$

这样小的 Ag^+ 浓度使得银电极不再处于标准状态，其电极电势可以通过 Nernst 方程式(7-2)求算，得

$$\varphi = \varphi^\ominus + \frac{0.0592}{1}\lg c(Ag^+)$$
$$= 0.7996 + 0.0592\lg(1.77\times10^{-10}) = +0.223(V)$$

这时，非标准状态的“银电极”实际上已转化为 AgCl/Ag 电对所组成的电极：

$$Ag, AgCl|Cl^-(1mol\cdot L^{-1})$$

由于 Cl^- 的浓度为 $1mol\cdot L^{-1}$，该电极处于标准状态下：

$$AgCl + e^- \rightleftharpoons Ag + Cl^- \quad \varphi^\ominus = +0.223V$$

本例题提示，金属电极的氧化型金属离子在形成难溶盐后，溶液中游离的金属离子浓度极大地降低，导致电极电势显著下降，并实际上转化为金属-金属难溶盐电极。

4. 生成难解离物质对电极电势的影响

如果使氧化型或还原型物质转化成难解离的物质，也会造成电极电势较为明显的改变。

【例 7-7】 298K 下，在标准氢电极溶液中加入 NaAc，达到平衡后 HAc 和 Ac^- 的浓度均为 $1.00mol\cdot L^{-1}$，若维持 H_2 的分压不变(100kPa)，计算这时氢电极的电极电势。

解 氢电极的电极反应：

$$2H^+(aq) + 2e^- \rightleftharpoons H_2(g) \quad \varphi^\ominus = 0V$$

在含有 H^+ 的溶液中加入 NaAc，Ac^- 与 H^+ 生成难解离的弱酸 HAc。

由于平衡时，$c(HAc) = c(Ac^-) = 1.00mol\cdot L^{-1}$，含有 H^+ 的溶液是一缓冲溶液，利用 Henderson-Hasselbalch方程计算得

$$pH = pK_a + \lg\frac{c(Ac^-)}{c(HAc)} = pK_a + \lg\frac{1.00}{1.00} = pK_a = 4.75$$

可见 H^+（氧化型）浓度大为减小，代入 Nernst 方程式(7-2)计算电极电势值的下降。

$$\varphi=\varphi^\ominus+\frac{0.0592}{2}\lg\frac{c^2(H^+)}{1}$$
$$=\varphi^\ominus-\frac{0.0592}{1}pH$$
$$=0-0.0592\times4.75=-0.281(V)$$

加入 Ac^- 生成难解离的弱酸使得标准氢电极处于非标准状态，但转化成另一个标准状态下电极。

电对： HAc / H_2

电极组成式： $Pt, H_2(100kPa) | HAc(1mol\cdot L^{-1}), Ac^-(1mol\cdot L^{-1})$

电极反应： $2HAc+2e^- \rightleftharpoons H_2+2Ac^-$

标准电极电势： $\varphi^\ominus=-0.281V$

同样可以通过生成难解离的弱碱使电对的氧化型或还原型浓度改变而影响该电对的电极电势。

至于生成配位化合物影响电极电势的例子，将在后面相关的章节再行讨论。

总之，Nernst 方程的计算，被广泛地用来讨论参加电极和电池反应的各物质在浓度改变或发生化学转化后所导致的电极电势和电池电动势的变化。例如，铜锌原电池，若在铜电极溶液中加入 S^{2-}，由于 Cu^{2+} 形成 CuS 沉淀，铜电极的电极电势降低，即正极的电极电势降低，电池电动势会减小；反之，若在锌电极溶液中加入 S^{2-}，由于 Zn^{2+} 形成 ZnS 沉淀，锌电极的电极电势降低，即负极的电极电势降低，电池电动势则增大。

§7.4　电极电势和电池电动势的应用

任意两个电极组成自发的原电池，电极电势代数值较大者总是作正极，电极电势代数值较小者则作负极，说明电极电势代数值较大的电对，它的氧化型发生还原反应的倾向相对较大，即氧化能力（指氧化其他物质的能力）更强；而电极电势代数值较小的电对，它的还原型发生氧化反应的倾向相对较大，即还原能力（指还原其他物质的能力）更强。这就是说，可以根据电极电势的代数值的大小判断氧化半反应或还原半反应的趋势。

§7.4.1　比较氧化剂或还原剂的强弱

通常标准电极电势表是按照标准电极电势代数值递增的顺序排列的，表中处于各自标准状态的不同电对的氧化型，其结合电子的本领或氧化能力自上而下依次增强；而还原型失去电子的本领或还原能力自下而上依次增强。靠近标准电极电势表下端的电对，其氧化型物质可以作为强氧化剂，而与它共轭的还原型物质则可以作为弱还原剂；靠近标准电极电势表上端的电对，其还原型物质可以作为强还原剂，而与它共轭的氧化型物质则可以作为弱氧化剂。这样，通过查看标准电极电势表就可以比较氧化剂和还原剂的相对强弱。

【例 7-8】 根据标准电极电势值 $\varphi^\ominus$，(1) 按照由弱到强的顺序排列以下氧化剂：Fe^{3+}、I_2、Sn^{4+}、Ce^{4+}；(2) 按照由弱到强的顺序排列以下还原剂：Cu、Fe^{2+}、Br^-、Hg。

解 (1) 从本书附录Ⅴ查得

Fe^{3+}/Fe^{2+}	$Fe^{3+}+e^- \rightleftharpoons Fe^{2+}$	$\varphi^\ominus=+0.771V$
I_2/I^-	$I_2+2e^- \rightleftharpoons 2I^-$	$\varphi^\ominus=+0.5355V$
Sn^{4+}/Sn^{2+}	$Sn^{4+}+2e^- \rightleftharpoons Sn^{2+}$	$\varphi^\ominus=+0.151V$
Ce^{4+}/Ce^{3+}	$Ce^{4+}+e^- \rightleftharpoons Ce^{3+}$	$\varphi^\ominus=+1.72V$

按照 $\varphi^\ominus$ 代数值递增的顺序排列，得到氧化剂由弱到强的顺序为

$$Sn^{4+} < I_2 < Fe^{3+} < Ce^{4+}$$

(2) 从本书附录Ⅴ查得

Cu^{2+}/Cu	$Cu^{2+}+2e^- \rightleftharpoons Cu$	$\varphi^\ominus=+0.3419V$
Fe^{3+}/Fe^{2+}	$Fe^{3+}+e^- \rightleftharpoons Fe^{2+}$	$\varphi^\ominus=+0.771V$
Br_2/Br^-	$Br_2(l)+2e^- \rightleftharpoons 2Br^-$	$\varphi^\ominus=+1.066V$
Hg_2^{2+}/Hg	$Hg_2^{2+}+2e^- \rightleftharpoons 2Hg$	$\varphi^\ominus=+0.851V$

按照 $\varphi^\ominus$ 代数值递减的顺序排列，得到还原剂由弱到强的顺序为

$$Br^- < Hg < Fe^{2+} < Cu$$

需要注意，有些涉及元素中间氧化数的物质如 Fe^{2+}，在它作氧化剂时必须用电对 Fe^{2+}/Fe 的 $\varphi^\ominus$ 值（$-0.447V$）；作还原剂时必须用电对 Fe^{3+}/Fe^{2+} 的 $\varphi^\ominus$ 值（$+0.771V$）。另外，有时判断氧化剂或还原剂的强弱，还需要根据给定的还原产物或氧化产物来选择合适的电对。

§7.4.2 判断氧化还原反应进行的方向

【例 7-9】 制作印刷电路板，常用 $FeCl_3$ 溶液刻蚀铜箔，该反应可否自发进行？

解 对于反应

$$2FeCl_3+Cu \rightleftharpoons 2FeCl_2+CuCl_2$$

或

$$2Fe^{3+}+Cu \rightleftharpoons 2Fe^{2+}+Cu^{2+}$$

查表得

Fe^{3+}/Fe^{2+}	$Fe^{3+}+e^- \rightleftharpoons Fe^{2+}$	$\varphi^\ominus=+0.771V$
Cu^{2+}/Cu	$Cu^{2+}+2e^- \rightleftharpoons Cu$	$\varphi^\ominus=+0.3419V$

如前所述，氧化还原反应自发进行方向是较强的氧化型$_1$和较强的还原型$_2$反应生成较弱的还原型$_1$和较弱的氧化型$_2$。本题中 Fe^{3+} 和 Cu 分别是较强的氧化型$_1$ 和较强的还原型$_2$，Fe^{2+} 和 Cu^{2+} 分别是较弱的还原型$_1$和较弱的氧化型$_2$，因此，该氧化还原反应正向自发进行。

例 7-9 的解法可以推广到所有在标准状态下进行的氧化还原反应。从标准电极电势表中的位置看，位于表的左下方的氧化型（作氧化剂）和右上方的还原型（作还原剂）两者之间，可以发生自发的氧化还原反应。这称为判断氧化还原反应方向的“对角线法则”，其实质是以标准电极电势作为决定氧化还原反应自发方向的判据。

热力学指出，Gibbs 自由能的变化 $\Delta_r G_m$ 的正负，可以作为等温等压下化学反应能否自发进行的普适性判据，即 $\Delta_r G_m < 0$，化学反应正向自发；$\Delta_r G_m > 0$，化学反应正向非自发，或逆向自发。前述公式(7-3)：$-\Delta_r G_m = nFE$，将电池反应的 Gibbs 自由能变化 $\Delta_r G_m$ 与电池电动势联系起来，因而可以根据电池电动势是否大于零，来判断电池反应的自发方向。具体地说：

当 $E > 0$，即 $\Delta_r G_m < 0$，正向自发进行；

当 $E < 0$，即 $\Delta_r G_m > 0$，逆向反应自发。

这种用电池电动势作判据的方法符合人们的常识。首先，将自发方向有待判断的反应设计组成原电池，再分别求算电池正极和负极的电极电势值，并根据公式 $E = \varphi_+ - \varphi_-$，计算电池电动势 E，按照 E 值的正负就可以判断该反应的自发方向。如果遇到计算出的 E 是负值，说明待判断的反应逆向才可以自发进行，也就是说，这种情况下按照逆向反应设计组成的才是自发电池。

【例 7-10】 298K 下反应 $Fe + 2Ag^+ \rightleftharpoons 2Ag + Fe^{2+}$，试分别判断：

(1) 在标准状态下；

(2) 当 $c(Ag^+) = 1.00 \times 10^{-3}$ mol · L^{-1}，$c(Fe^{2+}) = 1$mol · L^{-1}时该反应可否自发进行？

解　　$Fe + 2Ag^+ \rightleftharpoons 2Ag + Fe^{2+}$

(1) 查标准电极电势表，得

氧化剂 Ag^+ 相应电对 Ag^+/Ag 作正极，$\varphi^\ominus = +0.7996V = \varphi_+^\ominus$；

还原剂 Fe 相应电对 Fe^{2+}/Fe 作负极，$\varphi^\ominus = -0.447V = \varphi_-^\ominus$；

在标准状态下，$E^\ominus = \varphi_+^\ominus - \varphi_-^\ominus = 0.7996 - (-0.447) = +1.247(V) > 0$。

可见该反应在标准状态下可以自发进行。

(2) 正极：电对 Ag^+/Ag，电极反应为

$$Ag^+ + e^- \rightleftharpoons Ag$$

当 $c(Ag^+) = 1.00 \times 10^{-3}$ mol · L^{-1}，正极处于非标准状态，按 Nernst 方程式(7-2)计算：

$$\begin{aligned}\varphi_+ &= \varphi^\ominus(Ag^+/Ag) + \frac{0.0592}{1}\lg c(Ag^+) \\ &= +0.7996 + 0.0592\lg(1.0 \times 10^{-3}) \\ &= 0.622(V)\end{aligned}$$

负极仍处于标准状态：　$\varphi_- = \varphi^\ominus(Fe^{2+}/Fe) = -0.447(V)$

$$E = \varphi_+ - \varphi_- = 0.622 - (-0.447) = +1.069(V) > 0$$

此时电池电动势 E 仍然大于零，因此该反应在给定的非标准状态下照样可以自发进行。

【例 7-11】 298K 时，氧化还原反应 $Hg^{2+}+2Ag \rightleftharpoons Hg+2Ag^{+}$，在

(1) $c(Hg^{2+})=0.100mol \cdot L^{-1}, c(Ag^{+})=1.00mol \cdot L^{-1}$；

(2) $c(Hg^{2+})=0.001\,00mol \cdot L^{-1}, c(Ag^{+})=1.00mol \cdot L^{-1}$ 两种情况下，反应自发进行的方向有无变化？

解　反应：　$Hg^{2+}+2Ag \rightleftharpoons Hg+2Ag^{+}$

氧化剂相应的电对组成正极：　$Hg^{2+}+2e^{-} \rightleftharpoons Hg$

查表得　$\varphi^{\ominus}=+0.851V=\varphi_{+}^{\ominus}$

还原剂相应的电对组成负极，电极反应

$$Ag \rightleftharpoons Ag^{+}+e^{-}$$

查表得　$\varphi^{\ominus}=+0.7996V$

$$E^{\ominus}=\varphi_{+}^{\ominus}-\varphi_{-}^{\ominus}=(+0.851)-(+0.7996)=+0.050(V)$$

(1) 在 $c(Hg^{2+})=0.100mol \cdot L^{-1}, c(Ag^{+})=1.0mol \cdot L^{-1}$ 的条件下，正极处于非标准状态，按 Nernst 方程式(7-2)计算得

$$\varphi_{+}=\varphi^{\ominus}(Hg^{2+}/Hg)+\frac{0.0592}{2}\lg c(Hg^{2+})$$

$$=0.851+\frac{0.0592}{2}\lg(0.100)=0.82(V)$$

但负极仍处于标准状态：　$\varphi_{-}=\varphi_{-}^{\ominus}=+0.7996V$

所以　$E=\varphi_{+}-\varphi_{-}=0.821-0.7996=0.02(V)>0$

故在此条件下，该反应正向自发进行。

(2) 在 $c(Hg^{2+})=0.001\,00mol \cdot L^{-1}, c(Ag^{+})=1.00mol \cdot L^{-1}$ 的条件下，正极处于非标准状态，按 Nernst 方程式(7-2)计算得

$$\varphi_{+}=\varphi_{+}^{\ominus}+\frac{0.0592}{2}\lg c(Hg^{2+})$$

$$=0.851+\frac{0.0592}{2}\lg(0.001\,00)=0.76(V)$$

但负极仍处于标准状态：　$\varphi_{-}=\varphi_{-}^{\ominus}=+0.7996V$

所以　$E=\varphi_{+}-\varphi_{-}=0.76-0.7996=-0.04(V)<0$

故在此条件下，该反应正向非自发进行，或逆向自发进行。

通过上述数例可知，对于一个氧化还原反应，如果没有特别加以说明，可以认为它是在标准状态下进行，通过计算 $E^{\ominus}$ 值并根据其正负来判断反应的自发方向。如果已知该反应在非标准状态下进行，则需要应用 Nernst 方程计算 E 值并根据其正负来判断反应的自发方向。然而，由于组成电对的氧化型或还原型物质其本身浓度(或分压)偏离标准状态的变化，通常对于电极电势以至电池电动势产生的影响甚小，因此当 $|E^{\ominus}|>0.2V$ 时(例 7-10 中 $E^{\ominus}=+1.247V$)，即使在非标准状态下，浓度的较大改变也不至于使标准状态下反应自发进行的方向发生逆转；但是当 $|E^{\ominus}|<0.2V$ 时(例 7-11 中 $E^{\ominus}=+0.050V$)，较大程度地改变电对的氧化型或还原型物质的浓度(或分压)，就有可能导致反应自发进行的方向发生逆转。至于改变介质酸度，或生成难溶盐、配位化合物，则会导致电池电动势与标准状态下电池

电动势发生显著差异。在这种情况下，只有在$|E^{\ominus}|>0.5V$时，才比较有把握地认为反应自发进行的方向不会发生逆转。当然，稳妥的办法还是遇到非标准状态的场合，先用Nernst方程分别计算φ_{+}和φ_{-}，从而计算E值，再根据E值的正负来判断反应的自发方向。

§7.4.3 判断氧化还原反应进行的限度

氧化还原反应进行的限度可以由其标准化学平衡常数$K^{\ominus}$值的大小来衡量。热力学指出，标准Gibbs自由能变化与标准平衡常数之间存在着如下关系：

$$\Delta_r G_m^{\ominus} = -RT\ln K^{\ominus} \tag{7-8}$$

结合式(7-4)：

$$-\Delta_r G_m^{\ominus} = nFE^{\ominus}$$

推导得

$$RT\ln K^{\ominus} = nFE^{\ominus}$$

在$T=298K$时，代入各常数值，并把自然对数化成十进制对数，得

$$\lg K^{\ominus} = \frac{nE^{\ominus}}{0.0592} = \frac{n(\varphi_{+}^{\ominus}-\varphi_{-}^{\ominus})}{0.0592} \tag{7-9}$$

可见，氧化还原反应进行的限度决定于该反应所组成的原电池的标准电动势$E^{\ominus}$。$E^{\ominus}$值越大，反应的标准平衡常数$K^{\ominus}$值也越大，反应也就进行得越完全，反之亦然。

$E^{\ominus}>0$，则$K^{\ominus}>1$；$E^{\ominus}<0$，则$K^{\ominus}<1$。一般当$E^{\ominus}>0.2V$，若$n=2$，则$K^{\ominus}>10^{6}$，表示反应可进行得比较完全。

【例7-12】 试比较下列反应进行的完全程度：

(1) $Cu^{2+}+Zn \rightleftharpoons Cu+Zn^{2+}$；

(2) $Sn+Pb^{2+} \rightleftharpoons Sn^{2+}+Pb$。

解 (1)

$$Cu^{2+}+Zn \rightleftharpoons Cu+Zn^{2+}$$

查附录的标准电极电势表得

$$Cu^{2+}+2e^{-} \rightleftharpoons Cu \qquad \varphi^{\ominus}=+0.3419V$$

$$Zn^{2+}+2e^{-} \rightleftharpoons Zn \qquad \varphi^{\ominus}=-0.7618V$$

$$E^{\ominus}=\varphi_{+}^{\ominus}-\varphi_{-}^{\ominus}=0.3419-(-0.7618)=+1.1037(V)$$

代入式(7-9)，在298K下，$\lg K^{\ominus}=\frac{nE^{\ominus}}{0.0592}=\frac{n(\varphi_{+}^{\ominus}-\varphi_{-}^{\ominus})}{0.0592}=\frac{2\times 1.1037}{0.0592}=37.3$

因此，该反应的$K^{\ominus}=2.05\times 10^{37}$。

(2)

$$Sn+Pb^{2+} \rightleftharpoons Sn^{2+}+Pb$$

查表得

$$Pb^{2+}+2e^{-} \rightleftharpoons Pb \qquad \varphi^{\ominus}=-0.1262V$$

$$Sn^{2+}+2e^{-} \rightleftharpoons Sn \qquad \varphi^{\ominus}=-0.1375V$$

$$E^{\ominus}=\varphi_{+}^{\ominus}-\varphi_{-}^{\ominus}=(-0.1262)-(-0.1375)=+0.0113(V)$$

代入式(7-9)，在298K下，$\lg K^{\ominus}=\frac{nE^{\ominus}}{0.0592}=\frac{n(\varphi_{+}^{\ominus}-\varphi_{-}^{\ominus})}{0.0592}=\frac{2\times 0.0113}{0.0592}=0.382$

因此，该反应的$K^{\ominus}=2.41$。

由以上结果可见，在(1)中，由于 $E^{\ominus}$ 值较大(达 1.1V)，因此反应的平衡常数很大，反应完全程度很高；而在(2)中，$E^{\ominus}$ 值仅 0.01V，故反应进行的完全程度较低。

最后，需要强调的，以上讨论电极电势或电池电动势在判断氧化还原反应进行的方向和限度上的应用，均是从热力学角度分析其可能性，并未从动力学角度考虑其实际进行的快慢。然而，由于氧化还原反应与酸碱反应、沉淀溶解反应比较，反应进行的速率一般较慢，因此判断氧化还原反应的方向和限度，还需结合速率因素考虑，才能得出完全合乎事实的结论。

知识拓展：化学传感器和生物传感器

化学传感器是指能够感受某种化学量并按照相应关系将其转换为一定的电信号而输出的装置。离子选择性电极(ion-selective electrode)是常见的一类化学传感器。

离子选择电极主要是膜与溶液之间离子交换等过程产生膜电势，这与前述由氧化还原电对组成的各种电极的电势产生机制有所区别。测定溶液 pH 的玻璃电极是最早制成的一种离子选择性电极。人们已研制出各种类型的离子选择性电极，迄今已有 K^+、Na^+、NH_4^+、Ag^+、Ca^{2+}、Cd^{2+}、Cu^{2+}、X^-(卤素离子)等几十种商品化的离子选择性电极可供实际应用。它们的膜电势与特定离子浓度的对数呈线性关系，且遵循或近似遵循 Nernst 方程，因而可以指示出溶液中特定离子的浓度。随着单晶技术及有机合成的迅速发展，为制备各种离子选择性电极的敏感膜的活性材料开辟了新的途径。

随着科技发展对检测技术的要求不断提高，急待开发能测定各种有机化合物特别是生物分子的化学传感器，并识别化合物复杂结构上的细微差别。为了解决这一类问题，一种把生物活性物质与电化学换能器结合而成的生物传感器(biosensor)应运而生。生物活性物质可以是酶、抗原(或抗体)、活细胞、组织膜或其他化学受体，它们与被测的各种有机物特别是生物分子(包括各种代谢物、激素、药物、蛋白质、核酸等)发生特定的生物化学反应，产生特异的分子识别作用，经电化学换能器转化为电信号输出。

按照所用的生物活性物质的种类，可以把生物传感器区分为酶传感器、微生物传感器、细胞传感器、组织传感器和免疫传感器等。尽管形式多样，但都是利用固定化技术，将识别被测物质的生物活性材料固定化，制成电化学敏感膜作为传感器的关键部件。按照检测信号的产生方式，又可以把生物传感器区分为生物催化型和生物亲和型两大类。由于生物传感器的换能器类型的扩展，除了电化学类型外，还出现了发光或光导纤维类型、压电晶体类型等生物传感器。

生物传感器的进展目前已由实验室研究走向实际应用，不仅为生物学和医学的基础研究，而且为临床检验、环境监测、生物制品和药物检测以及食品工业等实际工作提供了崭新的手段。

习　题

1. 写出下列电池中电极反应和电池反应：

(1) (－)$Zn|Zn^{2+} \| Br^-, Br_2(aq)|Pt$ (－)

(2) (－) $Cu, Cu(OH)_2(s)|OH^- \| Cu^{2+}|Cu$ (＋)

2. 配平下列各反应方程式，并将它们设计组成原电池，写出电池组成式：

(1) $MnO_4^- + Cl^- + H^+ \longrightarrow Mn^{2+} + Cl_2 + H_2O$

(2) $Ag^+ + I^- \longrightarrow AgI(s)$

3. 根据标准电极电势

(1) 按由强到弱顺序排列下列氧化剂：$KMnO_4$、$CuCl_2$、$FeCl_3$、$K_2Cr_2O_7$、Br_2、I_2、Cl_2、F_2；

(2) 按由强到弱顺序排列下列还原剂：$FeCl_2$、$SnCl_2$、H_2、KI、Li、Mg、Al。

4. 计算下列电极反应在25℃时的电极电势值：

(1) $Fe^{3+}(0.100mol \cdot L^{-1}) + e^- \rightleftharpoons Fe^{2+}(0.0100mol \cdot L^{-1})$

(2) $Hg_2Cl_2(s) + 2e^- \rightleftharpoons 2Hg(l) + 2Cl^-(0.0100mol \cdot L^{-1})$

(3) $Cr_2O_7^{2-}(0.100mol \cdot L^{-1}) + 14H^+(0.0100mol \cdot L^{-1}) + 6e^- \rightleftharpoons 2Cr^{3+}(0.0100mol \cdot L^{-1}) + 7H_2O$

5. 生物体液近中性，但热力学标准状态规定 H^+ 浓度为 $1mol \cdot L^{-1}$（严格地说，$a=1$），这对于生物化学反应不合适。因此生物化学标准状态是将 H^+ 浓度规定为 $10^{-7} mol \cdot L^{-1}$，即 pH 为7，而其他物质的规定不变的状态。请根据标准电极电势 $\varphi^\ominus$，求出下列电极反应的生物化学标准状态的电极电势 $\varphi^\oplus$。

(1) $2H^+ + 2e^- \rightleftharpoons H_2(g)$

(2) $2O_2(g) + 4H^+ + 4e^- \rightleftharpoons 2H_2O$

6. 判断下列反应在标准状态下进行的方向：

(1) $2Cr^{3+} + 2Br^- \rightleftharpoons 2Cr^{2+} + Br_2(l)$

(2) $2Cr^{3+} + Sn^{2+} \rightleftharpoons 2Cr^{2+} + Sn^{4+}$

(3) $4Fe^{2+} + 4H^+ + O_2 \rightleftharpoons 4Fe^{3+} + 2H_2O$

7. 已知电池(－)$Cu|Cu^{2+}(0.0100) \| Ag^+(x\ mol \cdot L^{-1})|Ag$ (＋)的电动势为 0.436V，试求 Ag^+ 浓度。

8. 电池(－)$A|A^{2+} \| B^{2+}|B$(＋)，当 $c(A^{2+}) = c(B^{2+})$ 时测得其电动势为 0.360V，若 $c(A^{2+}) = 1.00 \times 10^{-4}\ mol \cdot L^{-1}$，$c(B^{2+}) = 1.00\ mol \cdot L^{-1}$，求此时电池的电动势。

9. 根据下列反应组成电池，写出电池组成式，并在298K时判断反应自发进行的方向：

(1) $2Cr^{3+}(1.00mol \cdot L^{-1}) + 2Br^-(1.00mol \cdot L^{-1}) \rightleftharpoons 2Cr^{2+}(0.0100mol \cdot L^{-1}) +$

Br_2(0.001 00mol · L^{-1})　[已知 $Br_2(aq)+2e^- \rightleftharpoons 2Br^-$ 的 $\varphi^\ominus=+1.083V$]

(2) $Pb+Sn^{2+}(1.00mol \cdot L^{-1}) \rightleftharpoons Pb^{2+}(0.100mol \cdot L^{-1})+Sn$

10. 有一标准状态下的电池(298K)：

$$(-)Cu|Cu^{2+} \parallel Ag^+|Ag(+)$$

(1) 若在正极溶液里加入 Br^- 使 Ag^+ 形成 AgBr 沉淀，并使$[Br^-]=1.00mol \cdot L^{-1}$，同时维持负极不变。此时，电池电动势等于多少？电池反应的方向如何？

(2) 若在负极溶液里加入 S^{2-} 使 Cu^{2+} 形成 CuS 沉淀，并使$[S^{2-}]=1.00mol \cdot L^{-1}$，同时维持正极不变。此时，电池电动势等于多少？电池反应的方向又如何？

11. 已知 298K 时，电极反应 $Hg_2Cl_2+2e^- \rightleftharpoons 2Hg+2Cl^-$，其 $\varphi^\ominus=+0.2671V$。请从附录标准电极电势表中选择另一合适的电极反应与之组成电池，并进一步求出难溶盐 Hg_2Cl_2 的 K_{sp}值。

12. 已知下列电极反应：

$$H_3AsO_4+2H^++2e^- \rightleftharpoons H_3AsO_3+H_2O \qquad \varphi^\ominus=+0.559V$$

$$I_3^-+2e^- \rightleftharpoons 3I^- \qquad \varphi^\ominus=+0.535V$$

试计算反应 $H_3AsO_4+3I^-+2H^+ \rightleftharpoons H_3AsO_3+I_3^-+H_2O$ 在 25℃时的平衡常数。上述反应若在 pH=7 的溶液进行，自发方向如何？若溶液的 H^+ 浓度为 6.00mol · L^{-1}，反应进行的自发方向又如何？

13. 25℃时，以 Pt，$H_2(p=100kPa)|H^+(x\ mol \cdot L^{-1})$ 为负极，和另一正极组成原电池，负极溶液是由某弱酸 HA(0.150mol · L^{-1})及其共轭碱 A^-(0.250mol · L^{-1})组成的缓冲溶液。若测得负极的电极电势等于−0.310 0V，试求出该缓冲溶液的 pH，并计算弱酸 HA 的离解常数 K_a。

（陈建华）

第 8 章　原子结构和元素周期表

原子结构(atomic structure)的知识是认识各种物质结构和性质的基础。人类对原子结构的认识,经历了几千年的探索,直到 20 世纪 30 年代,量子力学(quantum mechanics)的现代概念才揭示了微观粒子运动的规律,量子力学是人类在化学物质结构的认识史上的一次飞跃。

原子是由原子核和核外电子组成。在一般化学反应中,原子核不发生变化,只涉及核外电子的运动状态的改变,本章重点是用量子力学说明核外电子的运动状态及其特征,研究核外电子的排布规律,阐述元素性质发生周期性变化与核外电子排布的内在联系。

§8.1　氢原子光谱

* §8.1.1　原子结构的认识史

公元前五世纪希腊唯物主义哲学家德谟克利特(Democritus)认为一切物质都是由原子和虚空组成。希腊词"原子"(atomos)是不可分割之意,虚空是指原子之间的空间。

"古原子说"没有任何实验根据,基本是哲学的推想。19 世纪初,英国科学家道尔顿(Dalton)用化学分析法研究物质的组成,重提原子概念,创立了"近代原子学说"。道尔顿的原子学说简明而深刻地说明了质量守恒定律、定组成定律和倍比定律,受到科学界重视和承认。但是,道尔顿认为原子无结构和不可分割使我们不能推测是什么原因使得各原子的化学性质不同,如为什么一个氟原子只能和一个氢原子化合,而一个氧原子却可和两个氢原子化合等。19 世纪末,电子和放射性的发现,才使人类打开原子结构的大门。

1897 年,英国剑桥大学卡文迪许实验室主任汤姆孙(Thomson)应用磁性弯曲技术,证明阴极射线是由带负电的微粒-电子组成。在此基础上,1904 年,他提出了原子"枣糕"模型:原子是一个平均分布着正电荷的粒子,其中镶嵌着许多带负电的电子。原子不可分割的形而上学的观点不攻自破,汤姆孙因此获得了 1906 年诺贝尔物理学奖。

汤姆孙最器重的学生卢瑟福(Rutherford)通过 α 粒子流(带正电的氦离子流)穿过金箔时,部分 α 粒子发生散射的实验证明,汤姆孙所说带正电的连续体实际上只是一个非常小的核,从而在 1911 年提出了"行星系式"原子模型:原子核好比是太阳,电子好比是绕太阳运动的行星,电子绕核高速运动。卢瑟福的模型存在一个解决不了的问题:绕核运动的电子应该不停地连续地辐射,应得到连续光谱。此外,运动着的电子能量不断减少,电子运动轨道的半径也将不断减少,最终,电子堕入原子核导致"原子毁灭"。但事实上原子光谱是不连续的线性光谱,原子也没有毁灭。

§8.1.2　氢原子光谱

原子光谱是原子在激发状态下辐射能量的一种表现。将含有低压氢气的放电管所发出的光通过分光棱镜就可以得到氢原子光谱,如图 8-1 所示。在氢原子光谱的可见光区,有五条谱线波长分别为 656.3nm、486.1nm、434.1nm、410.2nm 和 397.0nm,这一系列谱线称为巴尔麦(Balmer)系谱线。氢原子还有其他谱线,如在近红外区有帕邢(Paschen)系谱线,在紫外区有赖曼(Lyman)系谱线。

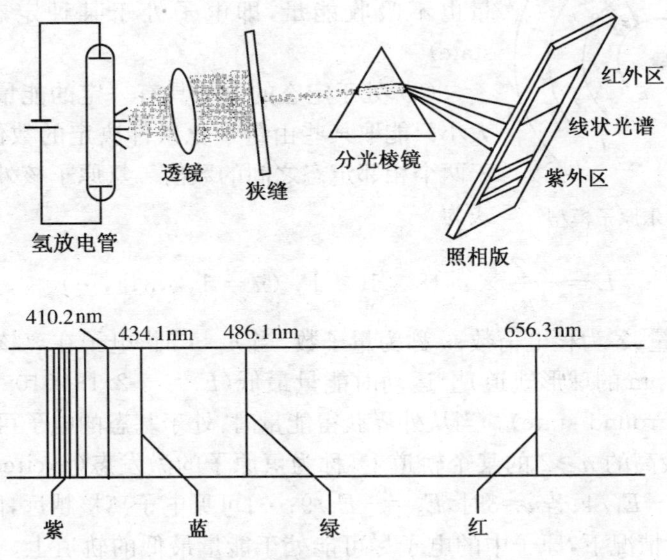

图 8-1　氢原子光谱实验装置及部分谱图

为什么原子在激发状态下以线状光谱辐射能量?为什么辐射出的线状光谱具有不同的特征频率?普朗克(Planck)在 1900 年根据实验现象提出了一个重要假设:一个原子只能不连续地吸收或发射能量。这种能量的不连续性,是说物质吸收或发射的能量,只能按一个基本定量,一份一份地或按此基本定量的倍数吸收或发射的。这种情况称为能量的量子化(quantization)。这个基本定量的能量最小单位称为光量子。实验证明,光量子能量与光的频率成正比,即

$$E = h\nu \tag{8-1}$$

式中，E 为能量；h 为普朗克常量(Plank constant)，其值等于 6.626×10^{-34}J·s；ν 为频率。普朗克假说是微观粒子运动的最重要的特征之一，否定了"一切自然过程都是连续的观点"，成为 20 世纪整个物理学研究的基础。

§8.2 原子核外电子运动的特征

§8.2.1 玻尔理论

丹麦物理学家玻尔(Bohr) 为了解释氢原子光谱，在牛顿(Newton)力学和卢瑟福原子结构模型的基础上，吸取了德国物理学家普朗克的量子论和爱因斯坦的光子学说的最新成就，提出了新的原子结构模型，即"定态原子模型"。

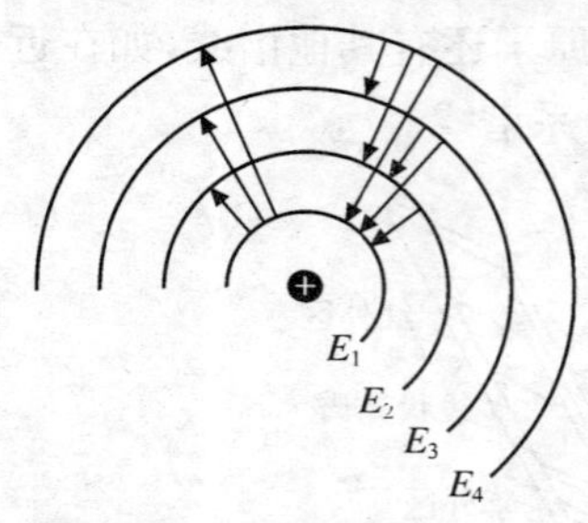

图 8-2 玻尔原子模型

(1) 核外电子只能在某些符合一定量子化条件的轨道上运动。在这些轨道上运动的电子不放出能量也不吸收能量，即电子处于某种定态(stationary state)。

(2) 处于定态的电子具有一定的能量。而能量的大小只能取某些由量子化条件决定的数值，不能取处于两个相邻定态之间的数值。氢原子核外电子能量公式为

$$E=-\frac{Z}{n^2}\times2.18\times10^{-18}\text{J}\quad(n=1,2,3,4,\cdots)\qquad(8\text{-}2)$$

式中，E 为能量；Z 为核电荷数；n 称为量子数，当 $n=1$ 时，电子在离核最近的轨道(半径为 52.9pm 的球形轨道)上运动时能量最低($E_1=-2.18\times10^{-18}$J)，称为氢原子的基态(ground state)。当从外界获得能量时，处于基态的电子可以跃迁到离核较远能量较高的 $n\geqslant2$ 的某个轨道上，称为氢原子的激发态(excited state)。若 $n=2$时，$E_2=-E_1/4$；若$n=3$时，$E_3=-E_1/9$；…；可见电子离核越远，能量越高。

(3) 一般情况下，原子中的电子尽可能处于能量最低的轨道上。当原子受到辐射、加热或通电时，电子获得能量后可以跃迁到能量较高的轨道上，即处于激发态。激发态不稳定，电子回到较低能量的状态时，能量差(ΔE)以光的形式辐射出来，两个轨道能量差决定光量子的能量：

$$\Delta E=E_{高}-E_{低}=h\nu\qquad(8\text{-}3)$$

式中，$E_{高}$ 和 $E_{低}$ 分别为两个能量高低不同的轨道。

玻尔创造性地将量子概念引入原子结构，根据理论计算出的波长和实验值基本一致，成功地解释了氢原子和类氢离子(He^+、Li^{2+} 等单电子离子)的光谱，并获得了 1922 年诺贝尔物理学奖。但是，玻尔没有摆脱经典力学的束缚，依然用适于宏观物体的牛顿力学定律处理微观粒子体系，故不能解释多电子原子的光谱，也不

能说明氢原子光谱的精细结构，更不能解释原子形成分子的化学键本质。那么，微观粒子运动的特殊性在哪里呢？

§8.2.2　电子的波粒二象性

20 世纪初，科学界公认光既有波动性又有粒子性，即光的“波粒二象性”(wave-particle duality)。法国物理学家德布罗意(De Broglie)在光的波粒二象性启发下，于 1924 年提出了所有微观粒子如电子、原子等也具有波粒二象性的假设。他将反映光的波粒二象性的公式应用到微观粒子上，提出了物质波公式或称为德布罗意关系式：

$$\lambda = \frac{h}{p} = \frac{h}{mv} \tag{8-4}$$

式中，λ 为微粒波的波长；p 为微粒的动量；m 为微粒的质量；v 为微粒的运动速率；h 为普朗克常量。德布罗意关系式把微观粒子的波动性 λ 和粒子性 $p(mv)$ 通过普朗克常量统一了起来。

德布罗意关系式的正确性历经三年才被科学实验所证实。美国贝尔实验室的戴维孙(Davisson)和革末(Germer)用电子束代替 X 射线通过一薄层镍的晶体(作为衍射光栅)，投射到照相底片上，得到了完全类似单色光通过小圆孔那样的衍射图像，如图 8-3 所示。同年英国汤姆孙将电子束通过金箔也得到电子衍射图。电子能发生衍射现象，说明电子运动与光相似，具有波动性。

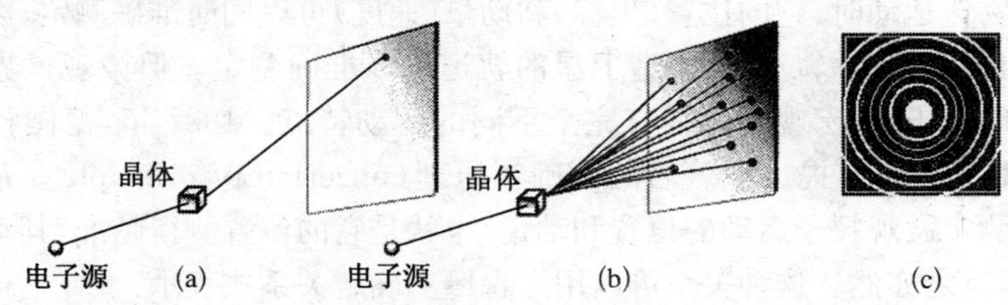

图 8-3　电子束通过镍箔所得衍射图

【例 8-1】 (1) 电子在 1V 电压下运动的速率为 $5.9\times10^{5}\ \text{m}\cdot\text{s}^{-1}$，电子质量 $m=9.1\times10^{-31}\text{kg}$，$h$ 为 $6.626\times10^{-34}\ \text{J}\cdot\text{s}$，电子波的波长是多少？

(2) 质量 $1.0\times10^{-8}\text{kg}$ 的沙粒以 $1.0\times10^{-2}\ \text{m}\cdot\text{s}^{-1}$ 速率运动，波长是多少？

解　(1)　$1\text{J}=1\text{kg}\cdot\text{m}^2\cdot\text{s}^{-2}$，$h=6.626\times10^{-34}\text{kg}\cdot\text{m}^2\cdot\text{s}^{-1}$

根据德布罗意关系式 $\lambda=\dfrac{h}{mv}$ 可得

$$\lambda = \frac{6.626\times10^{-34}\text{kg}\cdot\text{m}^2\cdot\text{s}^{-1}}{9.1\times10^{-31}\text{kg}\times5.9\times10^{5}\text{m}\cdot\text{s}^{-1}} = 1.2\times10^{-9}\text{m}$$

(2)
$$\lambda=\frac{6.626\times10^{-34}\text{kg}\cdot\text{m}^2\cdot\text{s}^{-1}}{1.0\times10^{-8}\text{kg}\times1.0\times10^{-2}\text{m}\cdot\text{s}^{-1}}=6.6\times10^{-24}\text{m}$$

从这个例子中可以看出，物体的质量越大，波长越小。宏观物体的波长，小到难以测量，以致其波动性难以察觉，仅表现出粒子性。而微观粒子质量小，其德布罗意波长不可忽略，有明显的波动性。

如何理解电子的波动性？对电子波动性需要从统计学的角度来理解。从衍射实验来看，不仅用较强的电子流可以在较短的时间内得到电子衍射图，而且用很弱的电子流（电子先后一个一个射出），只要时间足够长，也可得到同样的衍射图。开始，电子分别随机到达底版上形成点，不能立即得到衍射图。我们不能预测某一个电子到达底版上的位置，但是，电子落在底版上的点不是都重合在一起。经过足够长时间，通过了大量的电子后，则看出规律，得到衍射图，显示了波动性。在电子出现次数多概率大的地方，出现亮的环纹，即衍射强度大的地方。反之，电子出现少的地方，出现暗的环纹，衍射强度就小。说明电子的波动性是和电子运动的统计性规律联系在一起。个别电子虽然没有确定的运动轨道，但它在空间任一点衍射波的强度与它出现的概率密度成正比。因此电子波是概率波（probability wave）。电子波的物理意义与经典的机械波、电磁波均不同。机械波是介质质点的振动在空间的传播，电磁波是电磁场的振动在空间的传播。而电子波并无类似直接的物理意义，只反映电子在特定空间出现的概率大小。概率波的提出为研究核外电子的运动状态奠定了基础。

§8.2.3 不确定原理

宏观物体运动时，它的位置（坐标）和动量（速度）可以同时准确测定，因而用经典力学可预测其运动轨道，如人造卫星的轨道可以准确测定。但微观世界具有明显波动性的粒子，和宏观物体具有完全不同的运动特点。1927 年，德国物理学家海森堡（Heisenberg）提出了著名的不确定原理（uncertainty principle）：人们无法同时准确测定微观粒子运动的位置和动量，也就是它的位置测得越准，其动量就测得越不准，反之亦然。这种关系可以用海森堡不确定关系式表示：

$$\Delta x \cdot \Delta p_x \geqslant h/4\pi \qquad (8\text{-}5)$$

式中，Δx 为 x 方向坐标的测不准量（误差）；Δp_x 为 x 方向的动量的测不准量；h 为普朗克常量。

【例 8-2】 电子质量 $m=9.1\times10^{-31}\,\mathrm{kg}$，电子在原子中运动的速率 v 约为 $10^{6}\,\mathrm{m\cdot s^{-1}}$，原子半径约 $10^{-10}\sim10^{-11}\,\mathrm{m}$，故电子坐标测定的误差 Δx 至少要小于 10^{-11}，m 才有意义，试计算 Δv。

解 根据海森堡关系式有

$$\Delta v=\frac{h/4\pi}{m\cdot\Delta x}=\frac{6.626\times10^{-34}\,\mathrm{kg\cdot m^{2}\cdot s^{-1}}}{9.1\times10^{-31}\,\mathrm{kg}\times10^{-11}\,\mathrm{m}\times4\pi}=5.8\times10^{6}\,\mathrm{m\cdot s^{-1}}$$

即速度的测不准量肯定大于 $5.8\times10^{6}\ \mathrm{m\cdot s^{-1}}$。$\Delta v$ 与 v 的数量级十分接近，表明 v 的测定极不准确。

海森堡关系式表明：任何微观粒子的运动状态类比于宏观物体的运动都是不恰当的。对微观电子运动不能同时准确测定其坐标和动量，即无确定的运动轨道，故玻尔理论的电子轨道是不存在的。

不确定原理并不意味不可知论，也不意味着微观粒子运动无规律可言，只是说它不符合经典力学的规律，提示人们应该用新观点，新方法去描述微观粒子的运动。

§8.2.4　薛定谔方程

为了描述具有波粒二象性的微观粒子的运动状态，奥地利科学家薛定谔(Schrödinger)在 1926 年提出了著名的薛定谔波动方程(Schrödinger's equation)，其基本形式如下：

$$\frac{\partial^2\psi}{\partial x^2}+\frac{\partial^2\psi}{\partial y^2}+\frac{\partial^2\psi}{\partial z^2}+\frac{8\pi^2 m}{h^2}(E-V)\psi=0 \tag{8-6}$$

式中，m 为电子的质量；x、y、z 为电子在空间的坐标；E 为电子的总能量；V 为电子的势能；$(E-V)$是电子的动能；h 为普朗克常量；ψ 为波函数(wave function)，是这个方程的解，它是空间直角坐标(x, y, z)或球极坐标(r,θ,φ)的函数。这是一个二阶偏微分方程，本课程不要求解此方程，只需理解由方程导出的一些重要结论。

由薛定谔方程可知，量子力学用波函数 $\psi(x, y, z)$和其相应的能量来描述电子的运动状态。波函数本身物理意义不明确，但其绝对值的平方($|\psi|^2$)有明确的物理意义，表示电子在空间某处(r,θ,φ)出现的概率密度(probability density)，即在该点周围微小单位体积内电子出现的概率。薛定谔方程在量子力学中的地位像牛顿定律在经典力学中一样辉煌，薛定谔因此于 1933 年获得了诺贝尔物理学奖。

§8.3　核外电子运动状态的描述

§8.3.1　波函数和原子轨道

氢原子是所有原子中最简单的原子，它核外仅有一个电子。电子在核外运动时的势能，只决定于核对它的吸引，用薛定谔方程可以对其精确求解。能够精确求解的还有其他类氢离子，如 He^{+}、Li^{2+}等。

为了方便求解，要把直角坐标表示的 $\psi(x, y, z)$变换成球极坐标表示的 $\psi(r,\theta,\varphi)$，二者的关系如图 8-4 所示。r 为 P 点与原点的距离，θ、φ 分别为方位角。

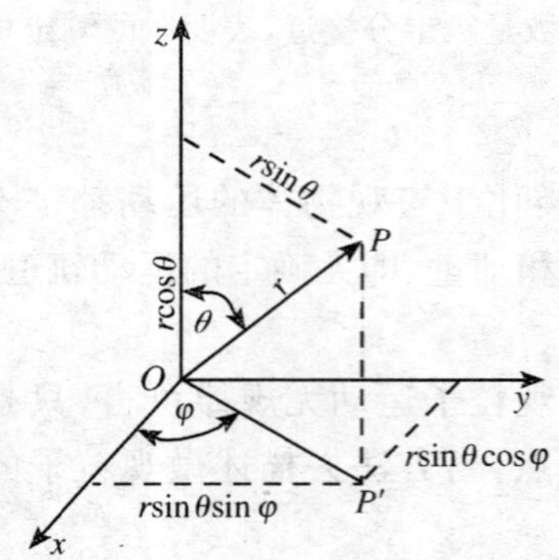

图 8-4 直角坐标变换成球极坐标

$$x = r\sin\theta\cos\varphi$$
$$y = r\sin\theta\sin\varphi$$
$$z = r\cos\theta$$
$$r = \sqrt{x^2 + y^2 + z^2}$$

解出的氢原子的波函数 $\psi_{n,l,m}(r,\theta,\varphi)$ 及其相应能量列于表 8-1 中。

为了方便起见，量子力学将波函数仍称为原子轨道（atomic orbital），但与玻尔的原子轨道涵义截然不同。玻尔认为基态氢原子的原子轨道是半径等于 52.9 pm 的球形轨道，而量子力学中，基态氢原子的原子轨道是 $\psi_{1s}(r,\theta,\varphi)=A_1 e^{-Br}\sqrt{\frac{1}{4\pi}}$ 的波函数，其中 A_1 和 B 均为常数，它说明 ψ_{1s} 在任意方位角随离核距离 r 的改变而变化的情况，表示氢原子核外 1s 电子的运动状态，相应的电子具有的能量是一定的，为 -2.18×10^{-18} J，但并不表示 1s 电子在半径确定的轨道上运动。氢原子核外电子的运动状态还有许多激发态，如 $\psi_{2s}(r,\theta,\varphi)$、$\psi_{2p_x}(r,\theta,\varphi)$ 等，相应的能量是 -5.45×10^{-19} J 等。

表 8-1 氢原子的一些波函数及其能量

轨 道	$\psi_{n,l,m}(r,\theta,\varphi)$	$R_{n,l}(r)$	$Y_{l,m}(\theta,\varphi)$	能量/J
1s	$A_1 e^{-Br}\sqrt{\frac{1}{4\pi}}$	$A_1 e^{-Br}$	$\sqrt{\frac{1}{4\pi}}$	-2.18×10^{-18}
2s	$A_2 re^{-Br/2}\sqrt{\frac{1}{4\pi}}$	$A_2 re^{-Br/2}$	$\sqrt{\frac{1}{4\pi}}$	$-2.18\times10^{-18}/2^2$
$2p_z$	$A_3 re^{-Br/2}\sqrt{\frac{3}{4\pi}}\cos\theta$	$A_3 re^{-Br/2}$	$\sqrt{\frac{3}{4\pi}}\cos\theta$	$-2.18\times10^{-18}/2^2$
$2p_x$	$A_3 re^{-Br/2}\sqrt{\frac{3}{4\pi}}\sin\theta\cos\varphi$	$A_3 re^{-Br/2}$	$\sqrt{\frac{3}{4\pi}}\sin\theta\cos\varphi$	$-2.18\times10^{-18}/2^2$
$2p_y$	$A_3 re^{-Br/2}\sqrt{\frac{3}{4\pi}}\sin\theta\sin\varphi$	$A_3 re^{-Br/2}$	$\sqrt{\frac{3}{4\pi}}\sin\theta\sin\varphi$	$-2.18\times10^{-18}/2^2$

注：A_1、A_2、A_3、B 均为常数。

§8.3.2 量子数及其物理意义

薛定谔方程在数学上有很多解，但并不是每个解都是合理的。为了取得合理的解，在求解过程中，必须引入三个量子数，分别用 n、l 和 m 三个符号表示，依次称为主量子数、角量子数和磁量子数。当三个量子数的组合方式一定时，波函数的形式也就一定，即表示核外电子的一种运动状态。

此外，还有一个量子数称为自旋量子数。用 s_i 表示，它来自光谱实验。现将上述四个量子数的物理意义及它们的取值分别介绍如下：

1. 主量子数

主量子数(principal quantum number)常用符号 n 表示。它可以取非零的任意正整数,即 1、2、3、…、n。它决定电子在核外空间出现概率最大的区域离核的远近,是决定电子能量高低的主要因素。当 $n=1$ 时,电子离核的平均距离最近,能量最低。n 越大,电子离核的平均距离越远,能量越高。在同一原子中,n 相同的电子,几乎是在距核的平均距离相近的空间范围内运动,所以 n 也称为电子层数(electron shell number)。当 $n=1、2、3、4、5、6、7$ 时,分别称为第一、第二、……、第七电子层,相应地用符号 K、L、M、N、O、P、Q 表示。

2. 角量子数

角量子数(angular quantum number)常用符号 l 表示。它的取值受主量子数的限制,它只能取小于 n 的正整数并包括零,即 l 可以等于 0、1、2、3 、…、$(n-1)$,共可取 n 个数值。按光谱学的习惯,当 $l=0$ 时,用符号 s 表示;$l=1$ 时,用符号 p 表示;$l=2$ 时,用符号 d 表示;$l=3$ 时,用符号 f 表示。角量子数决定原子轨道的形状。例如,$l=0$ 时,原子轨道以核为中心呈球形分布;$l=1$ 时,原子轨道以核为中心呈外切双球形分布等。在多电子原子中,角量子数也是决定电子能量高低的因素。所以,在多电子原子中,主量子数相同、轨道角量子数不同的电子,其能量是不相等的,即在同一电子层中的电子还可分为若干不同的能级(energy level)或亚层(subshell),当主量子数 n 相同时,角量子数 l 越大,能量越高。

对多电子原子:$E_{ns}<E_{np}<E_{nd}<E_{nf}$;

对氢原子:$E_{ns}=E_{np}=E_{nd}=E_{nf}$。

3. 磁量子数

磁量子数(magnetic quantum number)常用符号 m 表示。它的取值受到角量子数的限制,即 m 可以等于 0、±1、±2、…、$\pm l$ 等整数,共有$(2l+1)$个数值。磁量子数决定原子轨道在空间的伸展方向,与电子的能量无关。例如,$l=1$ 时,磁量子数可以有 3 个取值,即 $m=0、\pm1$,说明 p 轨道在空间有三种不同的伸展方向,即共有 3 个 p 轨道,但这 3 个 p 轨道的能量(能级)相同。能量(能级)相同的轨道称为简并轨道(等价轨道)。

综上所述,n、l、m 三个量子数的组合有一定的规律:一组确定的 n、l、m,可以决定一个相应的原子轨道在空间的大小、形状和伸展方向。例如,$n=1$ 时,l 只能等于 0,m 也只能等于 0,三个量子数的组合只有一种,即 1、0、0,说明第一电子层只有一个能级,也只有一个轨道,相应的波函数写成 $\psi_{1,0,0}$ 或 ψ_{1s}。$n=2$ 时,l 可以等于 0 和 1,第二电子层共有两个能级。当 $n=2$、$l=0$ 时,m 只能等于 0;而当$n=2$、

$l=1$时，m 可以等于 0、±1。它们的量子数组合共有四种，即 2，0，0(ψ_{2s})；2，1，0(ψ_{2p_z})；2，1，+1(ψ_{2p_x})和 2，1，−1(ψ_{2p_y})。这也说明第二电子层共有 4 个轨道，其中(2,0,0)的组合是一个能级而其余三种组合属第二个能量较高的能级。由此类推，每个电子层的轨道总数应为 n^2（表 8-2）。

表 8-2　量子数组合和轨道数

主量子数 n	角量子数 l	磁量子数 m	波函数 ψ	同一电子层的轨道数(n^2)
1	0	0	ψ_{1s}	1
2	0	0	ψ_{2s}	4
	1	0	ψ_{2p_z}	
		±1	ψ_{2p_x}，ψ_{2p_y}	
3	0	0	ψ_{3s}	9
	1	0	ψ_{3p_z}	
		±1	ψ_{3p_x}，ψ_{3p_y}	
	2	0	$\psi_{3d_z 2}$	
		±1	$\psi_{3d_{xz}}$，$\psi_{3d_{yz}}$	
		±2	$\psi_{3d_{xy}}$，$\psi_{3d_{x^2-y^2}}$	

4. 自旋量子数

自旋量子数(spin quantum number)用符号 s_i 表示。n、l、m 三个量子数的合理组合决定了一个原子轨道。要描述电子的运动状态还需要有第四个量子数——自旋量子数，它不是为解薛定谔方程而设定的，所以与 n、l、m 无关。在量子力学建立之前，为了解释氢原子光谱的精细结构，提出了电子本身有自旋运动。自旋运动有两种相反的方向，分别用自旋量子数+1/2 和−1/2 两个数值表示，也可用正反两个箭头符号↑和↓表示。两个电子的自旋方向相同时称为平行自旋，反之称为反平行自旋。量子力学建立之后也肯定了上述观点。因此一共要有四个量子数，即 n、l、m、s_i，才能表示一个电子的运动状态。多电子原子中的每个电子都有区别于其他电子的一组量子数。

【例 8-3】 已知基态 Na 原子的价电子处于最外层 3s 亚层，试用 n、l、m、s_i 量子数来描述它的运动状态。

解 最外层 3s 亚层的 $n=3$、$l=0$、$m=0$，它的运动状态可表示为 3，0，0，+1/2(或−1/2)。

§8.3.3　概率密度和电子云

氢原子核外只有一个电子，这个电子在氢原子核外的运动具有统计规律性。若用小黑点的疏密程度来表示空间各处概率密度（$|\psi|^2$）的大小，$|\psi|^2$ 大的地方，小黑点较密；$|\psi|^2$ 小的地方，小黑点较疏，这种图形称为电子云（electron cloud）。换句话说，小黑点较密的地方，表示电子在这个地方出现的概率密度较大，即电子云较密集；小黑点较疏的地方，表示电子在这些地方出现的概率密度较小，即电子云较稀疏。可见，电子云是对电子在核外空间出现概率密度大小的形象化描述。

这里有两点值得注意：第一，电子云中的小黑点决不能看成是电子；第二，概率密度和概率是两个概念，概率密度和该空间区域体积的乘积才是电子在此区域中出现的概率。显然，电子云是对概率密度而言。图 8-5(a)表示氢原子的 1s 电子云图像。从图中可以看出，离核越远，电子出现的概率密度越小，同时它在核外空间半径相同的各个方向上出现的概率密度相同，所以氢原子的 1s 电子云呈球形。把概率密度相等的各点连接起来，形成电子云的界面。使界面内的电子出现的概率密度很大（如 95%以上），界面外概率密度很小（如 5%以下），这种图形称为电子云的界面图。例如，氢原子 1s 电子云的界面图是一个球面，如图 8-5(b)所示。

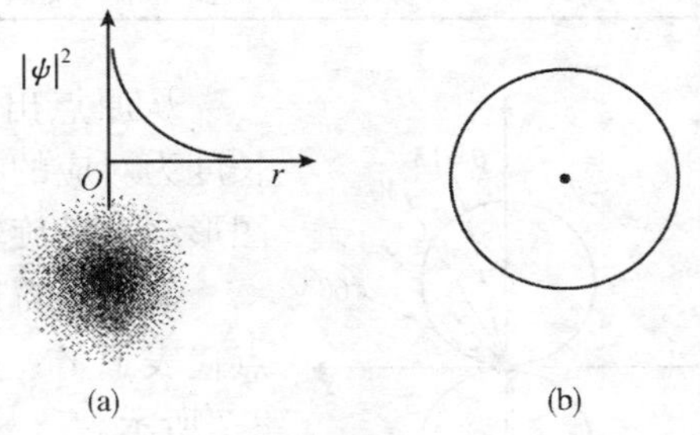

图 8-5　氢原子 1s 的概率密度分布示意图

§8.3.4　原子轨道的图形

为了加深对原子轨道意义的理解，就要研究波函数的图形。为了便于问题的解决，现将波函数作如下转换：

$$\psi_{n,l,m}(r,\theta,\varphi) = R_{n,l}(r) \cdot Y_{l,m}(\theta,\varphi) \tag{8-7}$$

式(8-7)表示波函数可以写成两个函数即 $R_{n,l}(r)$ 函数和 $Y_{l,m}(\theta,\varphi)$ 函数的乘积。$R_{n,l}(r)$ 函数称为径向波函数（radial wave function）或波函数的径向部分，它是离核距离 r 的函数，只与 n 和 l 两个量子数有关。$Y_{l,m}(\theta,\varphi)$ 函数称为角度波函数（angular wave function）或波函数的角度部分，它是方位角 θ 和 φ 的函数，只与 l 和 m 两个量子数有关。表 8-1 已经列出了解薛定谔方程获得的氢原子的基态和一部分激发态的波函数及其相应的 $R_{n,l}(r)$ 函数和 $Y_{l,m}(\theta,\varphi)$ 函数。这两个函数分别含有一个和两个自变量，为作图带来方便。

1. 氢原子轨道的角度分布图

原子轨道角度分布图由角度波函数通过改变方位角求值作图得到。例如，s 轨道的 Y_s 函数等于 $Y_s=\sqrt{1/(4\pi)}=0.282$，说明在任何方位角其值均为相同的常数，所以 s 轨道的角度分布图为一球面。又如，p_z 轨道的 Y_{p_z} 函数等于 $\sqrt{3/(4\pi)}\cos\theta$，将各种不同的 θ 角代入这个函数，可得如下结果：

θ	0°	30°	60°	90°	120°	150°	180°
$\cos\theta$	1	0.866	0.5	0	−0.5	−0.866	−1
Y_{p_z}	0.489	0.423	0.244	0	−0.244	−0.423	−0.489

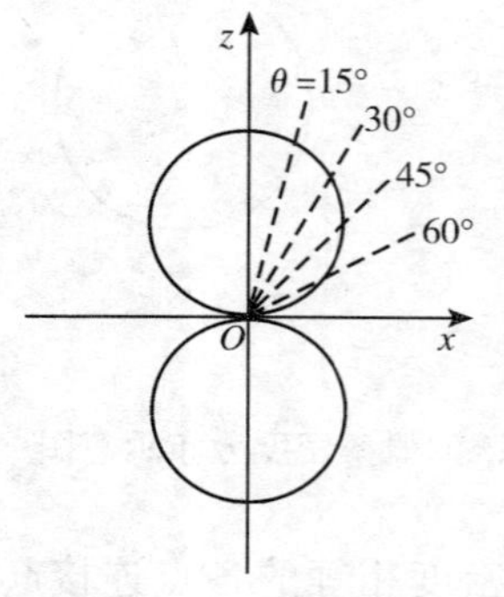

图 8-6　p_z 原子轨道角度分布图

从原点出发，引出不同 θ 值时的射线，在射线上截取长度为对应的 Y_{p_z} 值的点，连接这些射线上的点，并将所得图形绕 z 轴旋转 360°，便得到双球面图形，如图 8-6 所示。

氢原子轨道的角度分布图又称为 Y 函数图。图中各点代表了 $Y_{l,m}(\theta,\varphi)$ 值随方位角改变而变化的情况，如图 8-7 所示。

由于角度波函数只与角量子数和磁量子数有关，而与主量子数无关，只要 l、m 相同，即使 n 不同，它们的形状都是一样的。

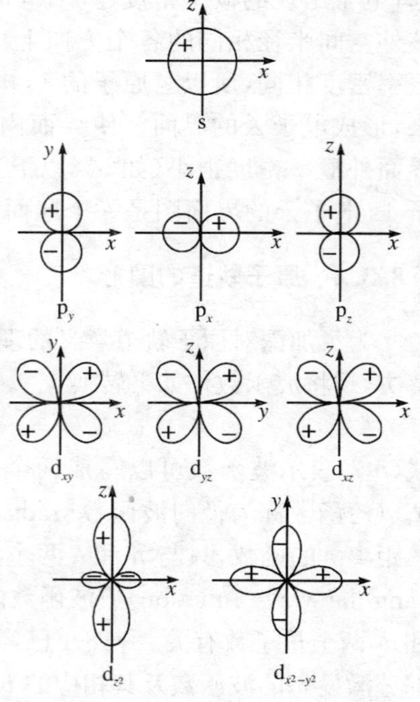

图 8-7　氢原子的 s、p、d 原子轨道角度分布剖面图

图 8-7 中符号为 Y_s 的轨道角度分布图，表示 Y 值在任意方位角为常数，因而形成一个球面。符号 Y_{p_x} 的轨道角度分布图表示 Y 值形成的两个波瓣是沿 x 轴的方向伸展的，而在 yz 平面上的 Y 值为零，这个平面称为节面(nodal plane)，即函数值为零的平面。据此可以类推符号为 Y_{p_y}、Y_{p_z} 的轨道角度分布图的含义。符号为 $Y_{d_{xy}}$ 轨道角度分布图表示 Y 的波瓣沿 xy 轴夹角的方向伸展，而在 yz 平面和 xz 平面上的 Y 值为零，所以共有两个节面。据此可以类推 $Y_{d_{yz}}$ 和 $Y_{d_{xz}}$ 的轨道角度分布图的含义。至于符号为 $Y_{d_{z^2}}$ 的轨道角度分布图则表示 Y 沿 z 轴伸展，xy 平面还有一

个较小环形分布。符号为 $Y_{d_{x^2-y^2}}$ 的轨道角度分布图表示 Y 沿 x 轴和 y 轴伸展，也有两个节面。

原子轨道角度分布图中的正负号除了反映 Y 函数值的正负外，也反映电子的波动性。它类似经典波中的波峰与波谷，当两个波相遇产生干涉时，同号则相互加强，异号则相互减弱或抵消。这一点在讨论化学键的形成时有重要意义。最后应该指出，Y 值的大小(如 $Y_s = 0.282$)并不代表电子离核远近的数值，Y 值与 r 的变化无关。只有 $R_{n,l}(r)$ 函数才与电子离核远近(r)有关。

2. 氢原子电子云的角度分布图

与波函数一样，概率密度也可以分解为两个函数的乘积：

$$\psi^2_{n,l,m}(r,\theta,\varphi) = R^2_{n,l}(r) \cdot Y^2_{l,m}(\theta,\varphi) \tag{8-8}$$

式中，$R^2_{n,l}(r)$ 为概率密度的径向部分；$Y^2_{l,m}(\theta,\varphi)$ 为概率密度的角度部分。图 8-8(a)是 s、p、d 轨道电子云的角度分布剖面图，图 8-8(b)是其立体图，皆是 Y^2 图，它是 $Y^2_{l,m}(\theta,\varphi)$ 对 θ,φ 作的图。此图与原子轨道角度分布图相似，但有两点区别，一是 Y^2 图“瘦”些，因为 $|Y|<1$，平方后就更小；二是 Y^2 图均是正值，无正负号之分。注意：Y^2 图只表示在空间不同方位角电子出现的概率密度的变化情况，不表示电子出现的概率密度与距离的关系。

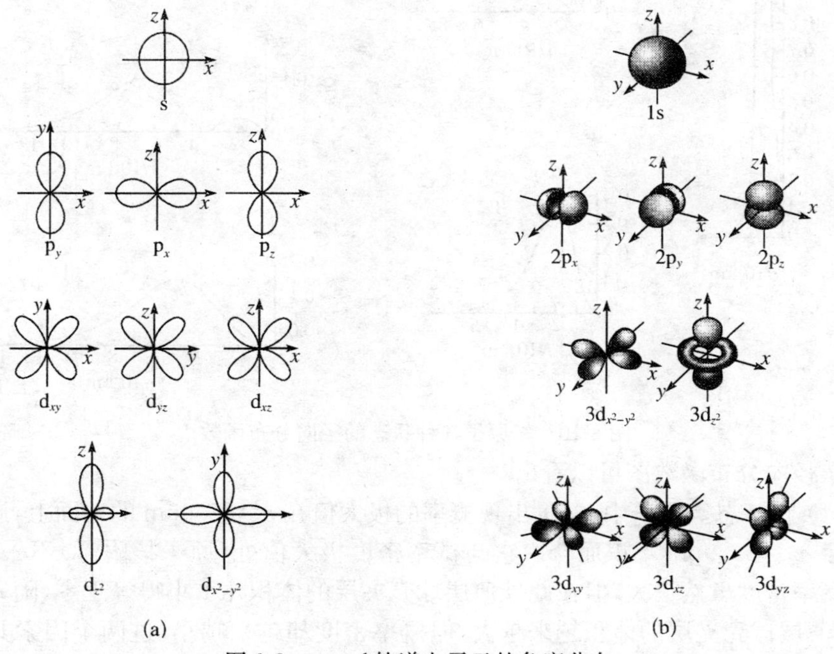

图 8-8　s、p、d 轨道电子云的角度分布

(a) 剖面图；(b) 立体图

3. 氢原子轨道径向分布函数图

$D(r)$为径向分布函数(radial distribution function)，$D(r)=R_{n,l}^2(r)\ 4\pi r^2$。它的意义是表示电子在一个以原子核为中心，半径为$r$、微单位厚度为d$r$的薄层球壳夹层内出现的概率，即反映了氢原子核外电子出现的概率与距离r的关系(图8-9)。注意：这里讲的是概率而不是概率密度。概率＝概率密度×体积，薄球壳夹层的表面积为$4\pi r^2$，薄球壳夹层的体积为$dV=4\pi r^2 dr$，有

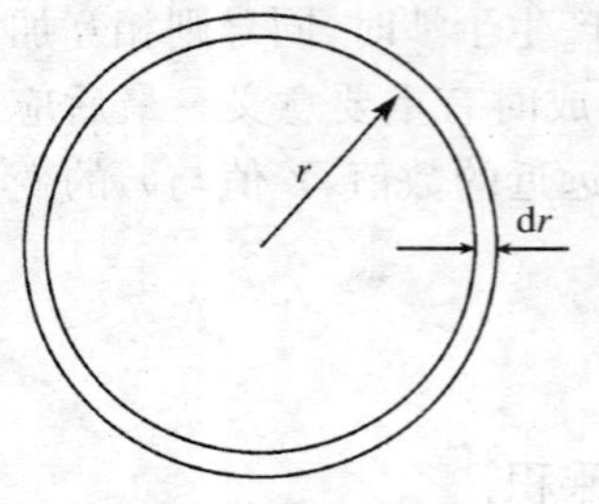

图8-9　球形薄球壳夹层示意图

$$概率=|\psi|^2 4\pi r^2 dr = R_{n,l}^2(r)\ 4\pi r^2\ dr = D(r)\ dr$$

以$D(r)$为纵坐标，r为横坐标，则得到径向分布函数图，如图8-10所示。

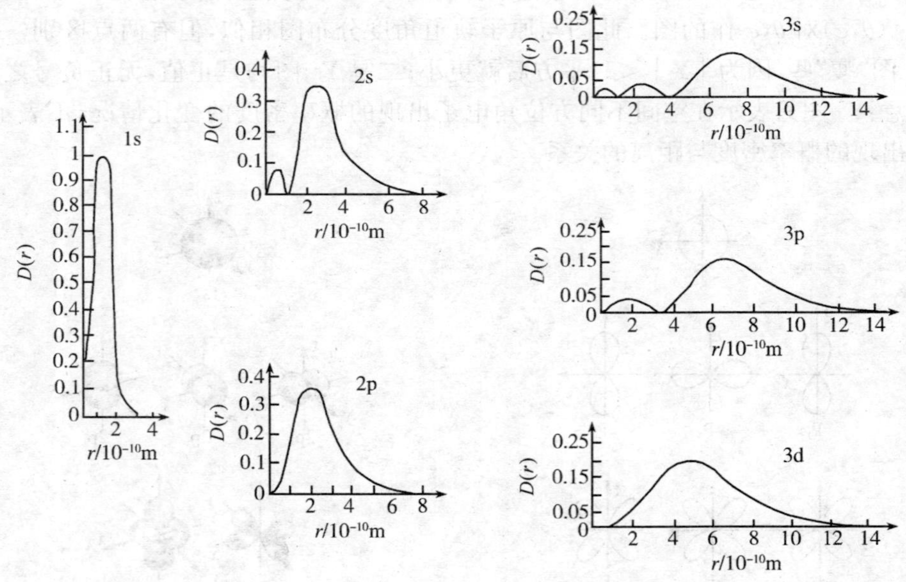

图8-10　氢原子各种状态的径向分布函数

从径向分布函数图可以看出：

(1) 在基态氢原子中，电子出现概率的极大值在r=52.9pm的球面上，这和玻尔半径a_0=52.9pm不谋而合。它与概率密度极大值处(原子核附近)不一致，核附近概率密度虽然很大，但在此处薄层球壳夹层的体积几乎小得等于零，随着r的增大，薄层球壳夹层的体积越来越大，但概率密度却越来越小，这两个因素共同决定1s径向分布函数图在a_0处出现一个峰，从量子力学的观点来理解，玻尔半径就是电子出现概率最大的薄层球壳离核的距离。

(2) 径向分布函数图中的峰数有$(n-l)$个，如 1s 有 1 个峰、4s 有 4 个峰、2p 有 1 个峰、3p 有 2 个峰、……，若有多个峰的话，峰离原子核由小到大排列，最大的为主峰。

(3) 角量子数 l 相同，主量子数 n 不同时，主峰距核位置不同，n 越小，距核越近，n 越大，距核越远，即电子处于不同的电子层。

总之，把波函数的径向分布和角度分布两个侧面结合起来，对电子的运动状态有一个较全面的认识。

§8.4　多电子原子的核外电子排布

氢原子和类氢离子的核外只有一个电子，该电子仅受到核的吸引作用，故可以对波函数进行精确求解。多电子原子核外有 2 个或 2 个以上的电子，电子除受核的吸引作用外，还受到其他电子对它的排斥作用，情况复杂得多，对波函数只能作近似处理。但上述氢原子结构的某些结论还可用到多电子原子结构中。

在多电子原子中，每个电子都有波函数 ψ_i，其具体形式也取决一组量子数 n、l、m。多电子原子轨道名称，与氢原子轨道名称相同，数目相等。

多电子原子中每个电子的波函数的角度部分和氢原子轨道角度部分相似，所以多电子原子的原子轨道形状与氢原子的原子轨道的形状相似。

§8.4.1　多电子原子的能级

1. 屏蔽效应

处理多电子原子问题时，认为其他电子对某个电子 i 的排斥，相当于其他电子屏蔽了原子核，抵消了一部分核电荷对电子 i 的吸引力，称为其他电子对电子 i 的屏蔽效应(screening effect)。引入屏蔽常数 σ(screening constant)，表示其他电子所抵消掉的核电荷。这样多电子原子中电子 i 的能量公式为

$$E_i=-\frac{(Z')^2}{n^2}\times 2.18\times 10^{-18}\,\text{J} \tag{8-9}$$

式中，Z'称为有效核电荷(effective nuclear charge)，$Z'=Z-\sigma$，Z 为核电荷；σ 为屏蔽常数。多电子原子电子的能量和 Z、n、σ 有关。Z 越大，相同轨道的能量越低。通常 σ 指总屏蔽常数，起屏蔽效应的电子越多，总屏蔽效应越强，σ 越大，轨道能量越高。有以下因素影响 σ：

(1) 外层电子对内层电子没有屏蔽作用，即 $\sigma=0$。

(2) 同层电子之间有屏蔽作用，$\sigma=0.35$(第一层电子之间为 0.30)。

(3) $(n-1)$层电子对 n 层电子的屏蔽作用较强，$\sigma=0.85$。

(4) $(n-2)$层及更内层的电子对 n 层电子的屏蔽作用更强，$\sigma=1.00$。

(5) 对于 nd 或 nf 电子，同一能级中其他电子对它的 $\sigma=0.35$，内层电子对它的 $\sigma=1.00$。

2. 钻穿效应

对于 n 相同 l 不同和 n 及 l 都不同的各能级的能量关系，可以用钻穿效应(penetrating effect)加以解释。由图 8-10 可见，3s 比 3p 多一个靠近核的峰，3p 又比 3d 多一个靠近核的峰。峰离核越近，说明电子钻得越深，在核附近出现的概率较大，从而避免了其他电子对它的屏蔽作用，受到较大的有效核电荷的吸引，能量较低，如 3s 电子；3p 电子在核附近出现的概率较小，被屏蔽得较多，能量较高；同理 3d 电子能量更高。这种由于 n 相同，l 不同，概率的径向分布不同，电子钻到核附近的概率也不同而导致的能量不同的现象，称为电子的钻穿效应。钻穿效应的结果，使得 $E_{3s}<E_{3p}<E_{3d}$ 或者 $E_{ns}<E_{np}<E_{nd}$。

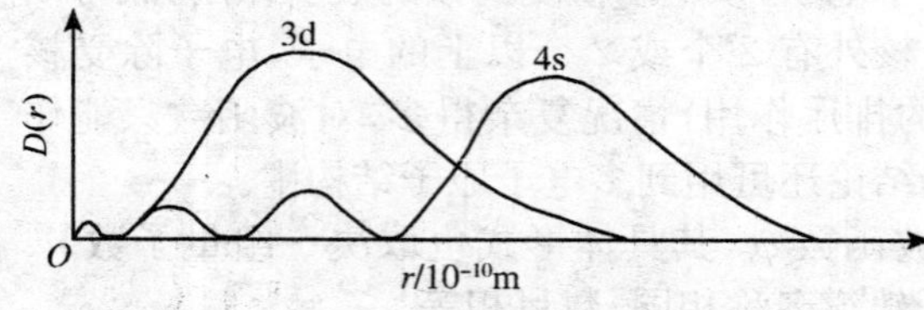

图 8-11　3d 和 4s 的径向分布函数图

当 n，l 都不同时，如 $E_{4s}<E_{3d}$，即能级交错现象，也可用钻穿效应来解释。从 3d 和 4s 的径向分布函数图(图 8-11)可以看出，虽然 4s 的最大峰比 3d 离核远得多，但由于 4s 电子的钻穿效应远远大于 3d 电子，平均受到核的引力比 3d 电子大，使得 4s 电子的能量反而比 3d 低。换句话说，钻穿效应使轨道能量的降低作用，超过了主量子数增大使轨道能量增高的作用，导致 4s 轨道的能量低于 3d。

n 相同，l 不同时，ns 比 np 多一个离核较近的峰，np 又比 nd 多一个离核较近的峰……第一个峰离核的距离是 ns<np<nd<nf，说明不同 l 的“钻穿”到核附近的能力不同。钻穿能力的顺序是 ns>np>nd>nf，即当 n 值相同时，l 值越小，峰数越多，电子在近核区出现的概率越大。例如，4s 的第一个峰竟钻到 3d 的主峰之内，外层电子也可以在内层出现，这正反映了电子的波动性。

屏蔽效应和钻穿效应是影响轨道能级的重要因素，两者互相联系。屏蔽效应使核对电子的有效吸引减弱，因而轨道能量升高；而钻穿效应使核对电子的有效吸引加强，因而轨道能量降低。两者此消彼长就决定了原子轨道的实际能级的高低，有时产生了能级交错。

3. 原子轨道近似能级图

美国科学家鲍林(Pauling)根据大量的光谱数据计算出多电子原子的原子轨道的近似能级顺序，称为原子轨道近似能级图，如图 8-12 所示。

原子轨道近似能级图按原子轨道能量高低的顺序排列，排在图的下方的轨道能量低，排在图上方的轨道能量高；一个方框表示一个能级组，不同能级组之间能量差别大，同一能级组内各能级之间能量差别小，每个小圆圈表示一个原子轨道。

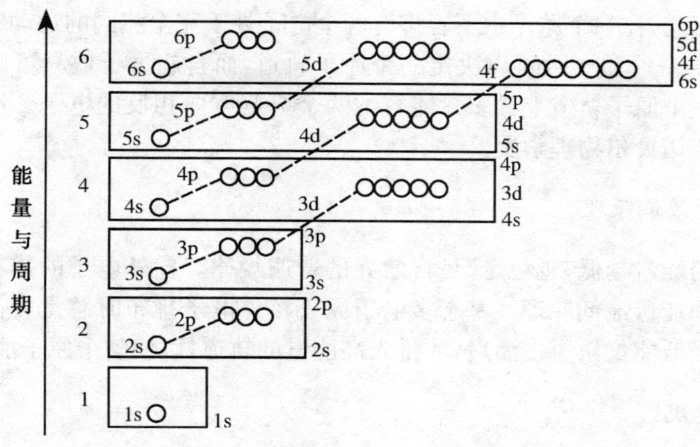

图 8-12　原子轨道近似能级图

np 能级有三个轨道,能量相同,称为三重简并轨道。同样 nd 能级的五个轨道是五重简并轨道。同一电子层的轨道用虚线连接。这里要指出的是,这个能级顺序是基态原子电子在核外排布时的填充顺序。鲍林因此获得了 1954 年诺贝尔化学奖。

我国著名化学家徐光宪,根据光谱实验数据,对基态多电子原子轨道的能级高低提出一种定量的依据,即(n+0.7l)值越大,轨道能级越高,并把(n+0.7l)值的第一位数字相同的各能级分为一组,称为能级组,见表 8-3。

表 8-3　多电子原子能级组

能　级	1s	2s	2p	3s	3p	4s	3d	4p	5s	4d	5p	6s	4f	5d	6p
$n+0.7l$	1.0	2.0	2.7	3.0	3.7	4.0	4.4	4.7	5.0	5.4	5.7	6.0	6.1	6.4	6.7
能级组	Ⅰ	Ⅱ		Ⅲ		Ⅳ			Ⅴ			Ⅵ			
组内电子数	2	8		8		18			18			32			

原子轨道能级及能级组由低到高次序为(1s),(2s,2p),(3s,3p),(4s,3d,4p),(5s,4d,5p),(6s,4f,5d,6p),…,括号括起来的为一个能级组。此顺序与鲍林近似能级顺序吻合,得到科学界的公认。这种能级组的形成是元素周期表中元素周期划分的依据。

§8.4.2　核外电子排布规律

根据光谱实验数据,得到多电子原子核外电子的排布三原理。

1. 泡利不相容原理

1925 年奥地利物理学家泡利(Pauli)提出,在同一原子中不可能有 4 个量子数完全相同的 2 个电子同时存在,这就是泡利不相容原理(Pauli exclusion principle)。换言之,在一个原子中不容许有两个电子处于完全相同的运动状态。前已提到 n ,l ,m 三个量子数可以决定一个原子轨道,而自旋量子数只可能有两个数值,所以在一个原子轨道上最多只能容纳两个自旋方向相反的电子。泡利因此获得了 1945 年诺贝尔物理学奖。

2. 能量最低原理

"系统的能量越低,越稳定"是自然界的普遍规律。核外电子的排布也遵循这一规律,称为能量最低原理。基态多电子原子核外电子排布时总是先占据能量最低的轨道,当低能量轨道占满后,才排入高能量的轨道,以使整个原子能量最低。

3. 洪德规则

德国科学家洪德(Hund)根据光谱实验指出:"电子在能量相同的轨道(简并轨道)上排布时,总是尽可能以自旋相同的方向,分别占有不同的轨道,因为这样的排布方式使总能量最低",这就是洪德规则(Hund's rule)。而若使两个电子在一个轨道上成对,就要克服它们之间的斥力,吸收额外的能量,这个能量称为电子成对能(electron pairing energy),致使原子的总能量升高,违反能量最低原理。

例如,基态碳原子的电子排布为 $1s^2 2s^2 2p^2$,若以方框表示一个原子轨道,则碳原子的核外电子排布的轨道式应表示为

	1s	2s	2p		
$_6$C	↑↓	↑↓	↑	↑	

而不应表示为

	1s	2s	2p		
$_6$C	↑↓	↑↓	↑↓		

或

	1s	2s	2p		
$_6$C	↑↓	↑↓	↑	↓	

再如,写出基态 22 号元素钛的电子排布式。根据能量最低原理,将 22 个电子从能量最低的 1s 轨道上排起,每个轨道只能排 2 个电子,第 3、4 个电子填入 2s 轨道,2p 能级有 3 个轨道,可以填 6 个电子,再以后填入 3s、3p,以上轨道填满后是 18 个电子。因为 4s 能量比 3d 低,所以第 19、20 个电子应先填入 4s 轨道。此时已填入 20 个电子,剩下的 2 个电子填入 3d 。但轨道填入电子后,4s 能量高于 3d,所以 22 号元素钛的基态原子电子排布式为

$$1s^2 2s^2 2p^6 3s^2 3p^6 3d^2 4s^2$$

光谱实验结果和量子力学表明,简并轨道全充满(如 p^6,d^{10},f^{14}),半充满(如 p^3,d^5,f^7)或全空(如 p^0,d^0,f^0)的这些状态都是能量较低的稳定状态。例如,基态 24 号元素铬的电子排布式为 $1s^2 2s^2 2p^6 3s^2 3p^6 3d^5 4s^1$(半充满)而不是 $1s^2 2s^2 2p^6 3s^2 3p^6 3d^4 4s^2$;基态 29 号元素铜的价层电子排布为 $3d^{10} 4s^1$(全充满)而不是 $3d^9 4s^2$。

在书写电子排布式时，为简便通常把内层已达到稀有气体电子层结构的部分，用稀有气体的元素符号加方括号表示，称为原子芯(atomic kernel)。例如，26 号元素铁的基态原子电子排布可以写成[Ar]$3d^6 4s^2$，47 号元素银的基态原子电子排布式可以写成[Kr]$4d^{10} 5s^1$。这种写法的另一优点是突出了价层电子构型，如铁原子的价层电子构型是 $3d^6 4s^2$，银原子的价层电子构型是 $4d^{10} 5s^1$。

书写离子的电子排布式是在基态原子的电子排布式基础上加上或失去电子。例如

Cl^-　　[Ne] $3s^2 3p^6$

Fe^{2+}　　[Ar] $3d^6 4s^0$

§8.5　元素周期表和元素周期律

元素的性质随着原子序数的递增而呈周期性变化的规律称为元素周期律。元素周期律的基础是原子核外电子排布(价层电子构型)的周期性变化，元素周期律的直观表现形式是元素周期表。

§8.5.1　核外电子排布与元素周期表

1. 周期与能级组

元素周期表有 7 行，即 7 个周期。从各元素原子的电子层结构可知，当主量子数 n 依次增加时，n 每增加 1 个数值就会增加一个新的电子层，周期表上就增加一个周期。因此，元素在周期表中所处的周期数(用阿拉伯数字表示)就等于它的最外电子层数 n。而每一个周期所含原子数目与对应能级组最多能容纳的电子数目一致。能级组和周期的对应关系可参见表 8-4。

表 8-4　能级组与周期的关系

周期数和周期名称	能级组	起止元素	元素个数	能级组内各亚层电子填充次序(反映核外电子构型的变化)
1. 特短周期	Ⅰ	$_1H \rightarrow _2He$	2	$1s^{1\sim2}$
2. 短周期	Ⅱ	$_3Li \rightarrow _{10}Ne$	8	$2s^{1\sim2} \rightarrow 2p^{1\sim6}$
3. 短周期	Ⅲ	$_{11}Na \rightarrow _{18}Ar$	8	$3s^{1\sim2} \rightarrow 3p^{1\sim6}$
4. 长周期	Ⅳ	$_{19}K \rightarrow _{36}Kr$	18	$4s^{1\sim2} \rightarrow 3d^{1\sim10} \rightarrow 4p^{1\sim6}$
5. 长周期	Ⅴ	$_{37}Rb \rightarrow _{54}Xe$	18	$5s^{1\sim2} \rightarrow 4d^{1\sim10} \rightarrow 5p^{1\sim6}$
6. 特长周期	Ⅵ	$_{55}Cs \rightarrow _{86}Rn$	32	$6s^{1\sim2} \rightarrow 4f^{1\sim14} \rightarrow 5d^{1\sim10} \rightarrow 6p^{1\sim6}$
7. 未完周期	Ⅶ	$_{87}Fr \rightarrow$ 未完		$7s^{1\sim2} \rightarrow 5f^{1\sim14} \rightarrow 6d^{1\sim7}$

在第 4 周期中，从 21 号元素钪(Sc)到 30 号元素锌(Zn)，它们新增的电子都是填充到 3d 轨道上，这 10 种元素称为第 4 周期过渡元素。从 39 号元素钇(Y)到 48 号元素镉(Cd)，新增的电子都是填充到 4d 轨道上，这 10 种元素称为第 5 周期过渡元素。在第 6 周期中，从 58 号元素铈(Ce)到 71 号元素镥(Lu)，新增的电子都是依次填充在 4f 轨道上，这 14 种元素因与镧(La)处于一格，习惯上称为镧系元素。从 72 号元素铪(Hf)到 80 号元素汞(Hg)，新增加的电子则依次填充到 5d 轨道上，也是过渡元素。第 7 周期，从 87 号元素钫(Fr)到 112 号元素(未有中文名)Uub，是不完全周期，可以预计这一周期也应有 32 种元素，其中从 89 号元素锕(Ac)到 103 号元素铹(Lr)，称为锕系元素。

2. 族与原子的电子组态

性质相似的元素归为一族。族对应于原子的价电子构型。周期表中有主族(A 族)、副族(B 族)、零族和Ⅷ族之分。

(1) 主族：周期表中共有 7 个主族，ⅠA～ⅦA，凡内层轨道全充满，最后 1 个电子填入 ns 或 np 亚层上的，都是主族元素，价层电子的总数等于族数(用罗马数字表示)，即等于 ns、np 两个亚层上电子数目的总和。例如，元素 $_{13}Al$ 核外电子排布是 $1s^22s^22p^63s^23p^1$，电子最后填入 3p 亚层，价层电子构型为 $3s^23p^1$，价层电子数为 3，故为ⅢA 族。

(2) 零族元素(有的教材将其划归ⅧA)：稀有气体，其最外层也已填满，呈稳定结构。

(3) 副族元素：在族号罗马数字后加“B”表示副族，副族全是金属元素。周期表中共有ⅠB～ⅦB 7 个副族。凡最后一个电子填入$(n-1)$d 或$(n-2)$f 亚层上的都属于副族，也称过渡元素(transition elements)，其中镧系和锕系称为内过渡元素(inner transition elements)。ⅢB～ⅦB 族元素，价电子总数等于$(n-1)$d、ns 两个亚层电子数目的总和，也等于其族数。例如，元素 $_{25}Mn$ 的填充次序是 $1s^22s^22p^63s^23p^63d^54s^2$，价层电子构型是 $3d^54s^2$，是ⅦB 族。ⅠB、ⅡB 族由于其$(n-1)$d 亚层已经填满，因此最外层 ns 亚层上电子数等于其族数。

(4) Ⅷ族(有的教材将其划归ⅧB)：处在周期表的中间，共有三个纵列。最后 1 个电子填在$(n-1)$d 亚层上，也属于过渡元素。但它们外层电子的构型是 $(n-1)d^{6\sim10}ns^{0\sim2}$，电子总数是为 8～10 个。

3. 元素在周期表中的分区

根据价层电子构型，可将周期表中的元素分为 5 个区：s 区、p 区、d 区、ds 区和 f 区，如图 8-13 所示。这实际上是把价层电子构型相似的元素集中在一起，形成一个区。

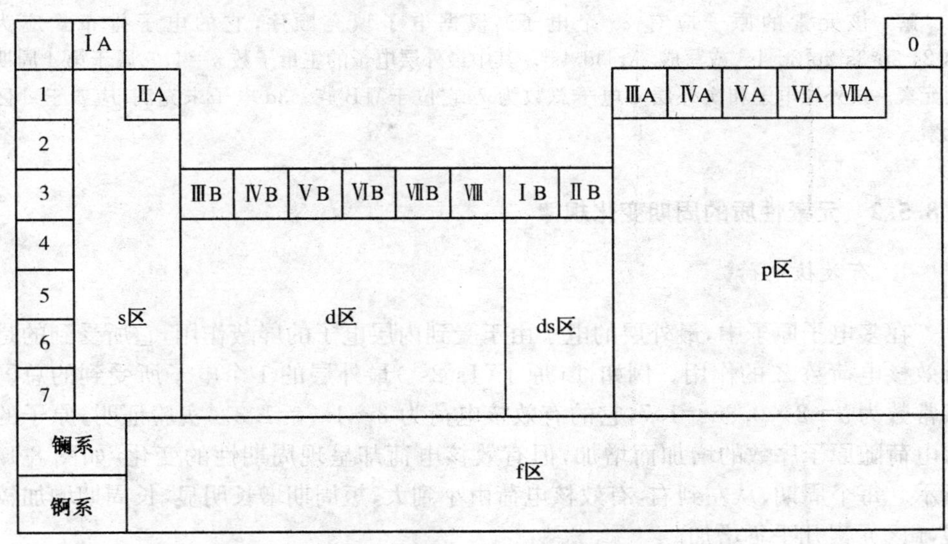

图 8-13　周期表中元素的分区

s 区元素：最后 1 个电子填充在 ns 轨道上，价层电子构型是 ns^1 或 ns^2，位于周期表的左侧，包括ⅠA 和ⅡA 族，它们都是活泼金属，容易失去电子形成＋1 或＋2 价离子。

p 区元素：最后 1 个电子填充在 np 轨道上，价层电子构型是 $ns^2np^{1\sim6}$，位于周期表右侧，包括ⅢA～ⅦA 族元素，大部分为非金属。0 族稀有气体也属于 p 区。

s 区和 p 区的共同特点是：最后 1 个电子都排布在最外层，最外层电子的总数等于该元素的族数。s 区和 p 区就是按族划分的周期表中的主族。

d 区元素：它们的价层电子构型是 $(n-1)d^{1\sim9}ns^{1\sim2}$，最后 1 个电子基本都是填充在次外层 $(n-1)$d 轨道上的元素，位于长周期的中部。这些元素都是金属，常有可变化的氧化值，称为过渡元素，包括ⅢB～Ⅷ族元素。

ds 区元素：价层电子构型是 $(n-1)d^{10}ns^{1\sim2}$，即次外层 d 轨道是充满的，最外层轨道上有 1～2 个电子。它们既不同于 s 区，也不同于 d 区，称为 ds 区，包括ⅠB 和ⅡB 族，处于周期表 d 区和 p 区之间。它们都是金属，也属过渡元素。

f 区元素：最后 1 个电子填充在 f 轨道上，价层电子构型是 $(n-2)f^{0\sim14}ns^2$，或 $(n-2)f^{0\sim14}(n-1)d^{0\sim2}ns^2$，它包括镧系和锕系元素（各有 15 种元素），由于本区包括的元素较多，因此常将其列于周期表之下。它们的最外层电子数目相同，次外层电子数目也大部分相同，只有外数第三层的电子数目不同，所以每个系内各元素的化学性质极为相似，都为金属，将它们称为内过渡元素。

【例 8-4】 已知某元素的原子序数为 25，试写出该元素原子的电子排布式，并指出该元素在周期表中所属周期、族和区。

解 该元素的原子应有 25 个电子。根据电子填充顺序，它的电子排布式应为 $1s^2 2s^2 2p^6 3s^2 2p^6 3d^5 4s^2$ 或写成[Ar]$3d^5 4s^2$。其中最外层电子的主量子数 $n=4$，它属于第 4 周期的元素。最外层电子和次外层 d 电子总数为 7，它位于ⅦB 族。3d 电子未充满，应属于 d 区元素。

§8.5.2　元素性质的周期变化规律

1. 有效核电荷

在多电子原子中，最外层的电子由于受到内层电子的屏蔽作用，它所受到的是有效核电荷数 Z' 的作用。例如，Li 原子($1s^2 2s^1$)最外层的 1 个电子所受到的总屏蔽常数为 $\sigma=2\times0.85=1.7$，它的有效核电荷为 $3-1.7=1.3$。实验证明，原子的核电荷随原子序数的增加而增加，但有效核电荷却呈现周期性的变化，如图 8-14 所示。每个周期，从左到右，有效核电荷由小到大，短周期增长明显，长周期增加较慢，f 区元素几乎不增加。

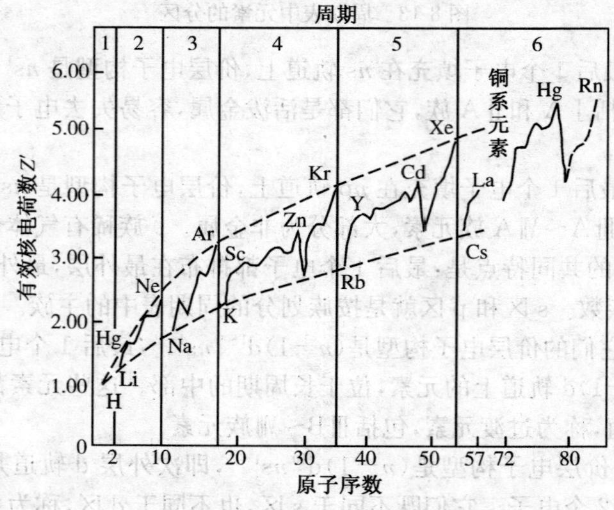

图 8-14　有效核电荷的周期性变化

2. 原子半径

一般所说的原子半径(atomic radius)有三种：以共价单键结合的两个相同原子核间距离的一半称为共价半径(covalent radius)；单质分子晶体中相邻分子间两个非键合原子核间距离的一半称为范德华半径(van der Waals radius)；金属单质的晶体中相邻两个原子核间距离的一半称为金属半径(metallic radius)，如图8-15所示。表 8-5 列出了各种原子的原子半径，表中除稀有气体为范德华半径外，其余均为共价半径。

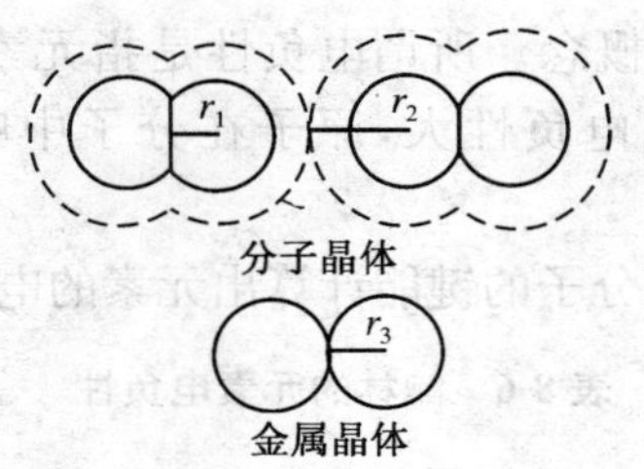

图 8-15　三种原子半径示意图

表 8-5　原子半径

H																	He
37																	54
Li	Be											B	C	N	O	F	Ne
156	105											91	77	71	60	67	80
Na	Mg											Al	Si	P	S	Cl	Ar
186	160											143	117	111	104	99	96
K	Ca	Sc	Ti	V	Cr	Mn	Fe	Co	Ni	Cu	Zn	Ga	Ge	As	Se	Br	Kr
231	197	161	154	131	125	118	125	125	124	128	133	123	122	116	115	114	99
Rb	Sr	Y	Zr	Nb	Mo	Tc	Ru	Rh	Pd	Ag	Cd	In	Sn	Sb	Te	I	Xe
243	215	180	161	147	136	135	132	132	138	144	149	151	140	145	139	138	109
Cs	Ba		Hf	Ta	W	Re	Os	Ir	Pt	Au	Hg	Tl	Pb	Bi	Po	At	
265	210		154	143	137	138	134	136	139	144	147	189	175	155	167	145	

镧系元素

La	Ce	Pr	Nd	Pm	Sm	Eu	Gd	Tb	Dy	Ho	Er	Tm	Yb	Lu
187	183	182	181	181	180	199	179	176	175	174	173	173	194	172

从表中看出，原子半径随原子序数的增加呈现周期性变化。这与原子有效核电荷的周期性变化相关。有效核电荷越大，对外层电子的吸引力越大，原子半径就越小。各周期的主族从左到右，电子层数不变，有效核电荷增加明显，原子半径的逐渐减少也就比较明显。长周期中的过渡元素原子半径先是缓慢缩小然后略有增大。内过渡元素，有效核电荷变化不大，原子半径几乎不变。表 8-5 中稀有气体原子半径突然增大，是由于它是范德华半径。

同一主族从上到下，电子层数增加，使屏蔽效应明显加大，原子半径递增。

3. 元素电负性

有些元素形成化合物时，既不是完全失去电子，也不是完全得到电子，如 NH_3 中的 N 和 H。因此不能仅从电离能(原子失去电子变成正离子所需吸收的能量)来衡量元素的金属性或从电子亲和能(原子结合电子形成负离子所放出的能量)来衡量元素的非金属性，需要把两者结合起来考虑。鲍林在 1932 年引入电负性(electronegativity)的概念。所谓电负性是指元素的原子在分子中吸引成键电子的能力的相对大小,电负性大,原子在分子中吸引电子的能力强,反之就弱。

鲍林根据热化学数据和分子的键能计算出元素的电负性数值,见表 8-6。

表 8-6 鲍林的元素电负性

H 2.18																
Li 0.98	Be 1.57											B 2.04	C 2.55	N 3.04	O 3.44	F 3.98
Na 0.93	Mg 1.31											Al 1.61	Si 1.90	P 2.19	S 2.58	Cl 3.16
K 0.82	Ca 1.00	Sc 1.36	Ti 1.54	V 1.63	Cr 1.66	Mn 1.55	Fe 1.80	Co 1.88	Ni 1.91	Cu 1.90	Zn 1.65	Ga 1.81	Ge 2.01	As 2.18	Se 2.55	Br 2.96
Rb 0.82	Sr 0.95	Y 1.22	Zr 1.33	Nb 1.60	Mo 2.16	Tc 1.90	Ru 2.28	Ru 2.20	Pd 2.20	Ag 1.93	Cd 1.69	In 1.73	Sn 1.96	Sb 2.05	Te 2.10	I 2.66
Cs 0.79	Ba 0.89	La 1.10	Hf 1.30	Ta 1.50	W 2.36	Re 1.90	Os 2.20	Ir 2.20	Pt 2.28	Au 2.54	Hg 2.00	Tl 2.04	Pb 2.33	Bi 2.02	Po 2.00	At 2.20

元素的电负性也呈现周期性的变化:同一周期中,从左到右电负性递增;同一主族中,从上到下电负性递减。副族元素电负性没有明显的变化规律。

元素电负性的大小可用以衡量元素的金属性和非金属性的强弱。一般地说,金属元素的电负性在 2.0 以下,非金属的电负性在 2.0 以上,但这不是一个严格的界限。氟电负性最大,位于周期表的右上方,是非金属性最强的元素。

元素电负性的差值可用以判断分子的极性和键型。如果两原子的电负性差值为 0 时,说明该分子为同核双原子分子,属于非极性共价键,如 H_2、Cl_2 等;如果两原子的电负性差值小于 1.7 时,说明该分子为异核双原子分子,相应的化学键属于极性共价键,如 HCl、HBr 等;如果两原子的电负性差值大于 1.7 时,所形成的为离子型化合物(离子晶体),化学键为离子键,如 NaCl、KCl 等。

知识拓展:放射性同位素在医学中的应用

质子数相同而中子数不同的同一类原子互称为同位素。有些同位素的原子核很不稳定,会自发地不间断地放射出 α 射线、β 射线、γ 射线或电子俘获等,这样的同位素称为放射性同位素(radioisotope)。放射性同位素又分为天然和人造两种。放射性同位素的应用主要是利用它的射线和作为示踪原子。

1. 利用它的射线

放射性同位素能放出 α 射线、β 射线和 γ 射线。用 γ 射线照射可以治疗恶性肿瘤，这就是所谓的“放疗”或“γ 刀”。体内放射性药物治疗是近来颇受医学界关注的临床手段。单克隆抗体与放射性核素结合生成的导向药物（“生物导弹”），可能为恶性肿瘤的内照射治疗提供一种新的有效途径。

人造放射性同位素与天然放射性物质相比，其放射强度容易控制，且半衰期短得多，因此放射性废料容易处理。在医学上使用的大多是人造放射性同位素。

2. 作为示踪原子

同位素的质子数相同，核外电子数也相同，因此一种元素的各种同位素具有相同的化学性质。于是，可以用放射性同位素代替非放射性的同位素来制成各种化合物，这种化合物的原子跟通常的化合物一样参与所有化学反应，却带有“放射性标记”，用仪器可以探测出来。这种原子称为示踪原子。

临床上根据放射性示踪原理对患者进行疾病诊断，常分为体内诊断和体外诊断。体内诊断是将放射性药物引入体内，用仪器进行脏器显像或功能测定。体外诊断是采用放射免疫分析法，在体外对患者体液中生物活性物质进行微量分析。我国每年约有数千万人次进行这种核医学诊断。这种诊断方法一般具有灵敏、简便、安全、无损伤等优点，可用于组织器官或系统的功能检查。常用的同位素诊断可分为三类：

(1) 体外脏器显像。有些试剂会选择性地聚集到人体的某种组织或器官。给患者口服或注射能放出 γ 射线的同位素试剂后，利用 γ 照相机等探测仪器，就可以从体外显示标记试剂在体内分布的情况，了解组织器官的形态和功能。

(2) 脏器功能测定。通过测定甲状腺摄取放射性碘元素的数量和速率，可以检查甲状腺功能状态；注射(碘-131)-邻碘马尿酸后，用探测仪同时记录两侧肾区放射性变化曲线，可以检查两侧肾脏血流情况、肾小管分泌功能和输尿管通畅程度等。

(3) 体外放射分析。用竞争放射分析这种超微量分析技术，可以准确测出血、尿等样品中小于 10 纳克的激素、药物、毒物等成分。用这种方法测定的具有生物活性的物质已达到数百种。

习　题

1. 如何理解电子的波动性？电子波与电磁波有什么不同？
2. 如果电子的速率是 $7\times10^5\ m\cdot s^{-1}$，那么该电子束的德布罗意波长应该是多少？
3. 设子弹质量为 10g，速率为 $1000\ m\cdot s^{-1}$，试根据德布罗意关系式和不确定关系式，通过计算说明宏观物体主要表现为粒子性，它们的运动服从经典力学规律（设子弹速度的测不准量为 $\Delta v_x=10^{-3}\ \mathrm{m\cdot s^{-1}}$）。

4. 写出下列各能级或轨道的名称。

(1) $n=2, l=1$　(2) $n=3, l=2$　(3) $n=5, l=3$

(4) $n=2, l=1, m=-1$　(5) $n=4, l=0, m=0$

5. 氮的价层电子排布是 $2s^2 2p^3$，试用 4 个量子数分别表明每个电子的运动状态。

6. 以下各“亚层”哪些可能存在？包含多少轨道？

(1) 2s　(2) 3f　(3) 4p　(4) 5d

7. 按所示格式填写：

原子序数	电子排布式	价层电子构型	周期	族
49				
	$1s^2 2s^2 2p^6$			
		$3d^5 4s^1$		
			6	ⅡB

8. 不参考周期表，试给出下列原子的电子排布式和未成对电子数。

(1) 第 4 周期第 7 个元素；

(2) 第 4 周期的稀有气体元素；

(3) 原子序数为 38 的元素的最稳定离子；

(4) 4p 轨道半充满的主族元素。

9. 写出下列离子的电子排布式。

Ag^+　Zn^{2+}　Fe^{3+}　Cu^+

10. 将下列原子按电负性降低的次序排列，并解释理由。

As　F　S　Ca　Zn

11. 基态原子价层电子排布满足下列条件之一的是哪一类或哪一个元素？

(1) 具有 2 个 p 电子；

(2) 有 2 个量子数为 $n=4, l=0$ 的电子，有 6 个量子数为 $n=3$ 和 $l=2$ 的电子；

(3) 3d 为全充满，4s 只有一个电子的元素。

12. Give the values of n and l for the following subshells:

(1) 2s　(2) 4f　(3) 5d

13. Give the electron configuration of the valence shells of:

(1) Na　(2) Cr　(3) Cu　(4) Cl

（刘永民）

第 9 章　共价键和分子间作用力

原子和原子之间通过一定的方式结合成分子。分子是能够独立存在并保持物质化学性质的一种微粒。物质的性质主要决定于分子的性质，而分子的性质又是由分子的内部结构所决定的。因此，讨论分子内部的结构，对探索物质的性质、结构、功能以及化学反应的规律都具有重要意义。

分子或晶体中相邻原子间强烈的相互作用力称为化学键(chemical bond)。化学键有离子键、共价键和金属键三种类型。此外，分子之间还存在一种较弱的相互作用力，称为范德华力(van der Waals force)。键能介于化学键和范德华力之间的还有一种力，称为氢键(hydrogen bond)。

§9.1　共价键和共价化合物

1927 年，海特勒(Heitler)和伦敦(London)用量子力学的方法处理氢分子体系获得成功，在此基础上，鲍林等人建立了现代共价键理论——现代价键理论和分子轨道理论。

§9.1.1　现代价键理论

1. 氢分子的形成

量子力学处理两个氢原子形成氢分子的过程可简述如下：当两个基态氢原子从远处逐渐接近时，体系的总能量会发生变化，其变化趋势有两种可能性：如果两个相互靠近的氢原子中未成对电子的自旋方向相同，因相互排斥而使两核间电子云密度变小，体系的能量升高，而且随着核间距离(r)的减小而继续升高，故不会形成稳定的氢分子，这种状态称为推斥态［图 9-1 和图 9-2(a)］。若相互靠近的两个氢原子中未成对电子的自旋方向相反时，1s 轨道会发生有效重叠。重叠的结果使得核间电子云密度变大，降低了核与核之间的排斥，使体系能量下降。当核间距达到 r_0(74.3 pm)时，体系能量下降到最低值(计算值为－388kJ · mol^{-1}，实验值为－458.0 kJ · mol^{-1})，两个氢原子形成了稳定的共价键，这就是氢分子的基态［图 9-1 和图 9-2(b)］。

2. 现代价键理论的基本要点

把对氢分子的研究结果推广到其他分子体系，便可归纳出现代价键理论

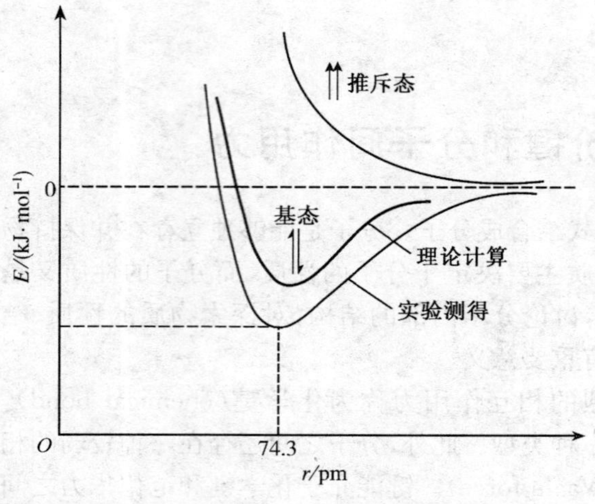

图 9-1 两个氢原子接近时的能量变化曲线

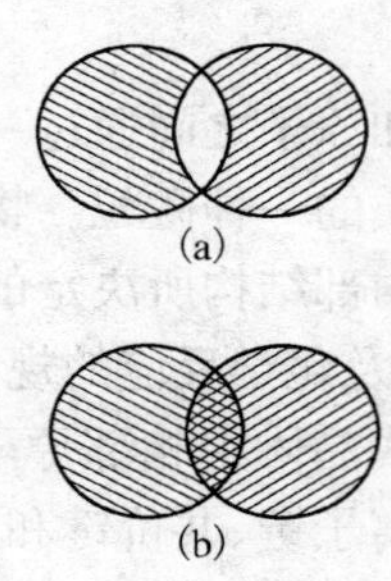

图 9-2 氢分子的两种状态
(a)推斥态;(b)基态

(valence bond theory)(简称 VB 法,有时也称电子配对法),其基本要点如下:

(1) 两个原子相互接近时,具有自旋方向相反的两个未成对电子可以相互配对,原子轨道有效重叠,使两核间电子云密度增大,体系能量降低,形成稳定的共价键。

(2) 由于只有未成对的电子才能成键,而已键合的电子就不能再与其他电子配对成键,一个原子形成共价键的数目受到原子内未成对电子数的限制,这就是共价键的饱和性。

(3) 成键时,原子轨道重叠程度越大,所形成的共价键越牢固,这就是原子轨道最大重叠原理。原子轨道中除 s 轨道呈球形对称外,p、d 和 f 轨道都有一定的空间取向,它们成键时,原子轨道间尽可能沿着最大重叠方向成键,这就是共价键的方向性。例如,HCl 分子形成时,氢原子的 1 个 1s 电子与氯原子的 1 个 $3p_x$ 电子配对,形成 1 个共价单键,但 1s 轨道只有沿 x 轴方向才能与 $3p_x$ 轨道发生最大程度的重叠,如图 9-3(a)所示。其他方向的重叠,都不能形成稳定的共价键,如图 9-3(b)、(c)所示。

3. 共价键的类型

根据原子轨道重叠方式的不同,共价键又可分为 σ 键和 π 键。当两个原子的成键轨道沿着键轴(通常为 x 轴)方向以“头碰头”方式重叠时,轨道的重叠部分沿着键轴呈圆柱形对称分布,这种重叠方式所形成的共价键称为 σ 键[图 9-4(a)],如 H_2 分子中的 s-s 重叠、HCl 中的 s-p_x 重叠、Cl_2 分子中的 p_x-p_x 重叠等。另一种是当两个原子的成键轨道沿着键轴方向以“肩并肩”的方式重叠时,轨道的重叠部分对包含键轴的 xy 或 xz 平面呈镜面反对称，这种重叠方式所形成的共价键称为 π 键[图 9-4(b)]。

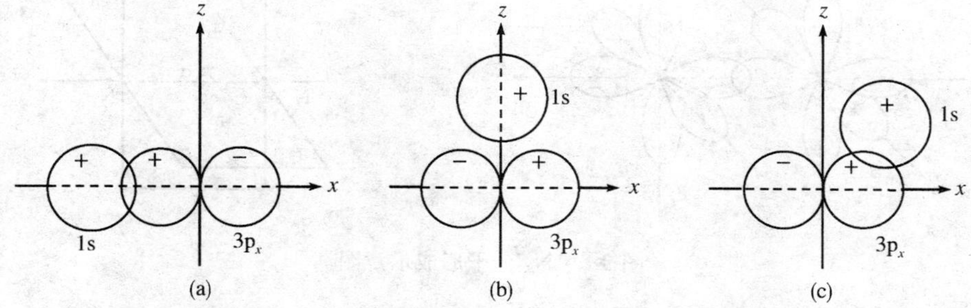

图 9-3　氯化氢分子的成键示意图

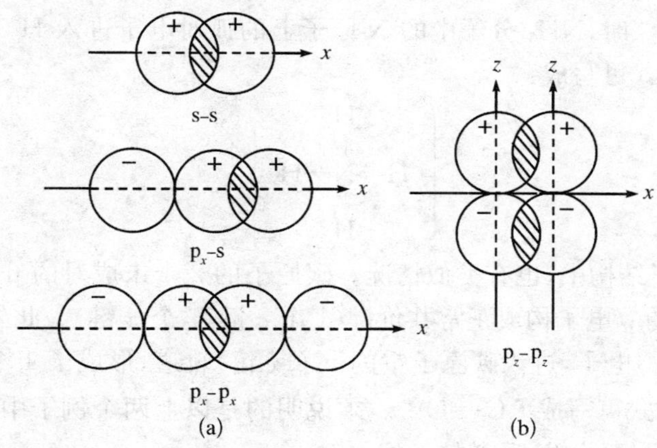

图 9-4　共价键的类型

(a)σ 键；(b)π 键

在形成 N_2 分子时，氮原子有 3 个未成对的 p 电子(p_x^1，p_y^1，p_z^1)，当 2 个氮原子的 p_x 轨道沿键轴以“头碰头”方式形成 $\sigma_{p_x\text{-}p_x}$ 键的同时，p_y-p_y 和 p_z-p_z 只能以“肩并肩”的方式形成 π 键。所以 N_2 分子中含有 1 个 σ 键和 2 个 π 键(图 9-5)。由于形成 σ 键时，轨道重叠程度比形成 π 键时大，因此 σ 键比 π 键牢固。π 键较易断开，表现为化学活泼性较强。形成分子时，σ 键是构成分子的骨架，能单独存在于两原子之间，以共价键结合的两原子间一定并且只能有 1 个 σ 键。而 π 键不能单独存在，只能与 σ 键共存于具有双键或叁键的分子中。

根据共用电子对来源的不同，共价键可分为正常共价键和配位共价键。前面所讨论的共价键是由成键两原子各提供一个电子而配对成键的，称为正常共价键。还有一类共价键，其形成是由成键两原子中的一个原子单独提供电子对进入另一个原子的空轨道共用而成键，这种共价键称为配位共价键(coordinate covalent

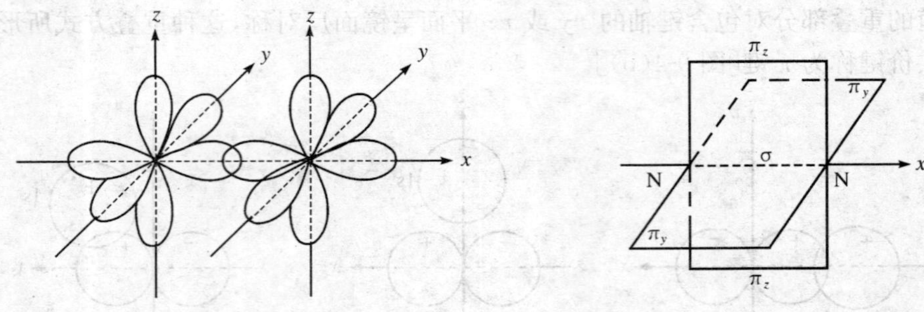

图 9-5 N_2 分子形成示意图

bond)，简称配位键(coordinate bond)。为了区别于正常共价键，配位键通常用“→”表示，箭头的方向从提供电子对的原子指向接受电子对的原子。例如，NH_3 与 H^+ 结合成 NH_4^+ 时，NH_3 分子中的 N 原子上的孤对电子进入 H^+ 的空轨道共用而成键，其结构式可写成：

$$\left[\begin{array}{c} \quad H \\ \quad | \\ H—N\rightarrow H \\ \quad | \\ \quad H \end{array}\right]^+$$

在 CO 分子结构中，也有类似情况。碳原子的 2 个未成对的 p 电子与氧原子的 2 个未成对的 p 电子构成正常共价键(1 个 σ 键，1 个 π 键)。此外，氧原子上还有 1 对 p_y(或 p_z)电子，进入碳原子空的 p_y(或 p_z)轨道，形成了 1 个配位键，因此 CO 分子的结构式可写成 $:C\overset{\leftarrow}{=}O:$ 。须说明的是以上两个例子中的配位键是有差别的，前者是 σ 配位键，后者是 π 配位键。

由此可见，形成配位键必须同时具备两个条件：第一，其中一个原子的价电子层有未共用的电子对即孤对电子，第二，另一个原子的价电子层有可接受孤对电子的空轨道。配位键的形成方式虽然与正常共价键不同，但一旦形成之后，两者就无差别了。关于配位键理论将在配位化合物一章中作进一步介绍。

* §9.1.2 键参数

键参数(bond parameter)是表征化学键性质的物理量，主要有键能(bond energy)、键长(bond length)、键角(bond angle)和键的极性(bond polarity)等。

1. 键能

键能是从能量角度衡量共价键强弱的一种物理量。

在 100kPa 和 298K 时，将 1mol 理想气体 AB 分子拆开成为理想气态的 A、B 原子所需的能量称为 AB 的离解能(D_{A-B})，单位是 $kJ \cdot mol^{-1}$。对于双原子分子来说，离解能就是键能(E_{A-B})。例如，氢分子的离解能为 $D_{H-H}=436\ kJ \cdot mol^{-1}$，其键能也就是 $E_{H-H}=436\ kJ \cdot mol^{-1}$。对于多原子分子来说，键能和离解能的概念并不相同，如 H_2O 分子中含有 2 个 H—O 键，先后两次拆开 H—O 键所需的能量不同。

$$H_2O(g) \longrightarrow OH(g) + H(g) \quad D_{H-OH} = 502 kJ \cdot mol^{-1}$$
$$OH(g) \longrightarrow O(g) + H(g) \quad D_{H-O} = 423.7 kJ \cdot mol^{-1}$$

H_2O 分子中的 O—H 键的键能是两个相同键的离解能的平均值：

$$E_{H-O} = \frac{502 + 423.7}{2} = 462.8\ kJ \cdot mol^{-1}$$

同样的键在不同分子中键能也有不同，但差别不大，可用不同分子中键能的平均值即平均键能作为该键的键能。一般地说，键能越大，化学键越牢固，含这些键的分子也就越稳定。某些双原子分子的键能和某些键的平均键能见表 9-1。

表 9-1　某些双原子分子的键能和某些键的平均键能 E(kJ · mol^{-1})

分子名称	键　能	分子名称	键　能	共价键	平均键能	共价键	平均键能
H_2	436	HF	565	C—H	413	N—H	391
F_2	165	HCl	431	C—F	460	N—N	159
Cl_2	247	HBr	366	C—Cl	335	N═N	418
Br_2	193	HI	299	C—Br	289	N≡N	946
I_2	151	NO	286	C—I	230	O—O	143
N_2	946	CO	1 071	C—C	346	O═O	495
O_2	493			C═C	610	O—H	463
				C≡C	835		

2. 键长

分子中成键原子的核间距离为键长，其值可通过实验测定。实验数据表明，在不同的分子中，同种键的键长相近，如 C—C 单健在金刚石中键长为 154pm，在乙烷中为 153pm，在丙烷中为 154pm，所以把 C—C 单健的平均键长定为 154pm (表 9-2)。一般地说，两原子间形成的同型共价键的键长越短，键就越牢固。

通常 A═B 双键的键长约为 A—B 单键键长的 85%～90%，A≡B 叁键的键长约为 A—B 单键键长的 75%～80%。键数越多，两原子间的吸引力越强，键长越短，键能也越高。

3. 键角

分子中键与键之间的夹角称为键角。键角是反映分子空间构型的一个主要参数，其值可通过实验测定。例如，测得 CO_2 分子中的键角为 180°，表明 CO_2 分子具有直线形的构型。一般地说，当分子中的键长和键角确定后，它的空间构型也就可以确定了。

表 9-2 一些共价键的平均键长（pm）

X	C—X	C═X	C≡X	H—X	N—X	N═X
C	154	133	121	109	147	137
N	147	127	115	101	141	124
O	143	121		96		
F	140			96		
Cl	177			128	177	
Br	191			142		
I	212			162		
P	187					
S	182			135		

4. 键的极性

元素电负性的大小可以用来衡量分子中原子吸引成键电子能力的相对强弱。若成键原子的电负性相等，则对共用电子对的吸引力相同，核间电子云密集区域在两个原子核中间，两个原子核正电荷所形成的正电荷重心和成键电子对的负电荷重心恰好重合，这种键称为非极性共价键（nonpolar covalent bond），如 H_2、O_2 分子中和金刚石、晶态硅等的共价键便是非极性共价键；如果成键原子的电负性不同，则核间电子云密集区域偏向电负性较大的原子一端，正、负电荷重心不会重合，这种键称为极性共价键（polar covalent bond），如 HCl 分子中的 H—Cl 键就是极性共价键。在极性共价键中，成键原子的电负性差值越大，共用电子对的偏移程度就越大，键的极性则越强。根据键极性的概念，离子键可理解为共用电子对发生完全偏移的极性键，即最强的极性键，而极性共价键也可理解为离子键与非极性共价键之间的一种过渡状态，见表 9-3。

表 9-3 键型与成键原子电负性差值的关系

物 质	NaCl	HF	HCl	HBr	HI	Cl_2
电负性差值	2.1	1.9	0.9	0.7	0.4	0
键型	离子键		极性共价键			非极性共价键

* §9.1.3　价层电子对互斥理论

价键理论成功地解释了共价键的形成、方向性和饱和性，但不能预测分子的空间构型。1940 年，美国西奇维克(Sidgwick)首先提出，并由其他学者逐步完善，建立了价层电子对互斥理论(valence shell electron pair repulsion theory，VSEPR)。该理论可以简便而准确地预测许多主族元素间形成的 AB_n 型简单分子或离子的空间构型。

1. 价层电子对互斥理论的基本要点

(1) AB_n 型分子(或离子)的空间构型主要由中心原子 A 的价层电子对(包括成键电子对和孤对电子)间的相互排斥作用决定，采取电子对彼此尽可能远离、相互排斥力最小的空间分布。据此，若围绕中心原子的价层电子对分别为 2、3、4、5 和 6，则它们的最佳分布是直线形、平面三角形、正四面体、三角双锥体和正八面体。

(2) 成键电子对只包括形成 σ 键的电子对，即分子中的多重键按单键处理。

(3) 价层电子对相互排斥作用的大小，决定于电子对之间的夹角和电子对的成键情况。一般规律为：①电子对之间的夹角越小排斥力越大；②成键电子对受两个原子核的吸引，电子云比较紧缩，而孤对电子只受到中心原子的吸引，电子云较肥大，对邻近电子对的斥力较大，所以电子对之间斥力大小的顺序如下：孤对电子-孤对电子＞孤对电子-成键电子对＞成键电子对-成键电子对。

2. 价层电子对互斥理论的应用

(1) 中心原子价层电子对数的确定。中心原子 A 的价电子数和配体 B 提供的电子数的总和除以 2，即为中心原子价层电子对数。理论规定：①作配体时，氢原子和卤素原子提供 1 个电子，氧族元素的原子不提供电子；②对于离子，计算电子总数时，应减去阳离子的电荷数或加上阴离子的电荷数；③计算电子对数时，若剩余 1 个电子，则当作 1 对电子处理。

(2) 中心原子价层内孤对电子数的确定。中心原子价层电子对数减去成键电子对数，余下部分就是孤对电子数。成键电子对数值上等于配体数。

(3) 判断分子的空间构型。根据中心原子的价层电子对数和孤对电子数，由表 9-4 可确定电子对的排列方式和分子(或离子)的空间构型。

需要说明的是，中心原子的价层电子对构型是指价层电子对在中心原子周围的空间排布方式，而分子的空间构型是指分子中的配位原子在空间的排布，不包括孤对电子。当孤对电子为 0 时，二者一致；有孤对电子时，分子的空间构型将发生“畸变”。

表 9-4 理想的价层电子对构型和分子构型

A的价层电子对数	成键电子对数	孤对电子数	分子类型	价层电子对构型	分子构型	实 例
2	2	0	AB_2	直线	直线	$BeCl_2$,CO_2
3	3	0	AB_3	平面正三角形	平面正三角形	CO_3^{2-},SO_3
	2	1	AB_2		V形	NO_2,SO_2
4	4	0	AB_4	正四面体	正四面体	CCl_4,BF_4^-
	3	1	AB_3		三角锥	PCl_3,H_3O^+
	2	2	AB_2		V形	H_2O,H_2S
5	5	0	AB_5	三角双锥	三角双锥	PCl_5,PF_5
	4	1	AB_4		跷跷板形	SF_4,$TeCl_4$
	3	2	AB_3		T形	ClF_3,BrF_3
	2	3	AB_2		直线	I_3^-,XeF_2
6	6	0	AB_6	正八面体	正八面体	SF_6,AlF_6^{3-}
	5	1	AB_5		四棱锥	BrF_5,SbF_5^{2-}
	4	2	AB_4		平面正方形	ICl_4^-,XeF_4

【例 9-1】 用 VSEPR 法判断 SO_4^{2-} 的空间构型。

解 SO_4^{2-} 带 2 个单位负电荷，中心原子 S 有 6 个价电子，O 原子不提供电子，S 原子的价层电子对数为(6+2)/2=4，所以中心原子的价层电子对构型为四面体。其中电子对全部成键，无孤对电子，SO_4^{2-} 为正四面体构型。

【例 9-2】 用 VSEPR 法判断 BrF_3 分子的空间构型。

解 BrF_3 分子中，中心原子 Br 的价层电子对数为(7+1×3)/2=5，所以中心原子的价层电子对构型为三角双锥。其中孤对电子数为 2，由此可推知，BrF_3 分子的空间构型为 T 形。

§ 9.1.4 杂化轨道理论

已知碳原子的外层电子结构为 $2s^2 2p_x^1 2p_y^1$，只有两个未成对的电子，根据价键理论，碳只能形成两个共价键，形成 CH_2 分子，键角为 90°。但实验事实表明：甲烷分子 CH_4 具有正四面体的空间构型，中心碳原子有四个等同的共价键（键长和键能相等），这四个键指向正四面体的四个顶点和氢结合，其夹角（键角）均为 109°28′。为解决上述矛盾，1931 年鲍林等人在电子配对法的基础上，提出了杂化轨道理论。

1. 杂化轨道理论的基本要点

（1）成键过程中，由于原子间相互影响，同一原子中能量相近的不同类型的若干原子轨道，重新组合成能量、成分、状态等均一定的新轨道，从而改变了原有轨道的状态，这一过程称为杂化(hybridization)，形成的新轨道称为杂化轨道(hybrid orbital)。杂化前后轨道数目不变。根据参加杂化的原子轨道不同，杂化可分成各种类型。例如，1 个 *n*s 轨道和 1 个 *n*p 轨道杂化后形成 2 个 sp 杂化轨道；1 个 *n*s 轨道和 2 个 *n*p 轨道杂化后形成 3 个 sp^2 杂化轨道；1 个 *n*s 轨道和 3 个 *n*p 轨道杂化后形成 4 个 sp^3 杂化轨道。第三周期以后的一些元素原子中的 $(n-1)$d 或 *n*d 轨道也可与 *n*s 和 *n*p 轨道产生杂化，形成 dsp^2、d^2sp^3 和 sp^3d^2 等类型的杂化轨道。关于含 d 成分的杂化情况将在配位化合物一章中加以讨论。

(2) 原子轨道杂化后，其角度分布发生了变化，图 9-6 是 sp 杂化轨道的图形及其形成过程示意图，杂化轨道的形状既不同于 s 轨道，也不同于 p 轨道，而是一头大另一头小的葫芦形。这种形状更利于和其他原子轨道重叠，增大轨道重叠的程度，从而增强了 sp 杂化轨道的成键能力。这就是原子在形成共价键时，原子轨道在可能条件下总是采用杂化轨道成键的原因。

(3) 杂化轨道之间在空间尽量取最大夹角分布，使得相互间的排斥力最小。不同的杂化类型具有不同的杂化轨道构型，从而可解释分子的空间构型。

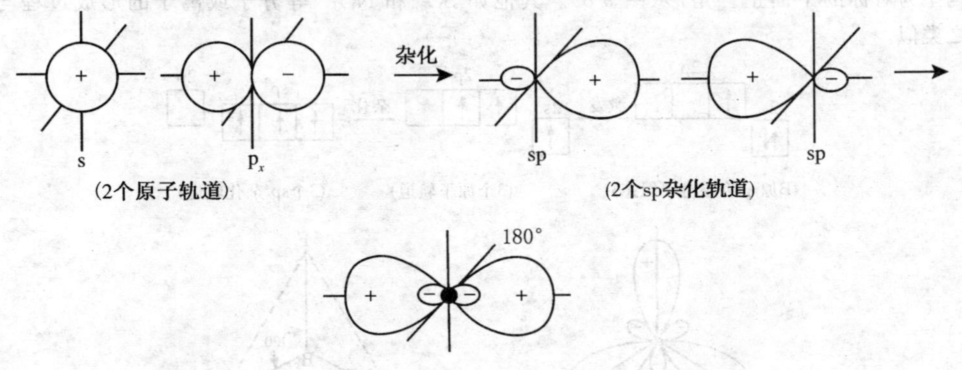

图 9-6　sp 杂化轨道形成示意图

2. 杂化轨道理论的应用

【例 9-3】 解释 $BeCl_2$ 分子的空间构型(已知分子中 2 个 Be—Cl 键完全相同，分子是直线形)。

解　铍原子的电子排布为 $1s^2 2s^2$，在形成 $BeCl_2$ 分子的过程中，铍原子的 1 个 2s 电子激发至 2p 轨道，各含 1 个单电子的 2s 轨道与 1 个 2p 轨道进行等性 sp 杂化，组合成夹角为 180°的 2 个 sp 杂化轨道，这 2 个杂化轨道再分别与 2 个氯原子含有单电子的 3p 轨道重叠，构成 2 个等同的 $\sigma_{sp\text{-}p}$ 键。由于杂化两轨道间的夹角为 180°，因此 $BeCl_2$ 分子是直线形的对称分子(图9-7)。其他如 CO_2 和 $HgCl_2$ 等分子的形成过程与之类似。

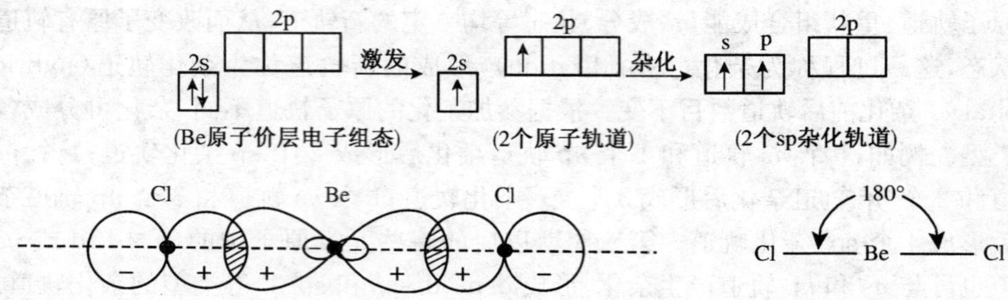

图 9-7　$BeCl_2$ 分子构型和 sp 杂化轨道的空间取向

【例 9-4】 解释 BF_3 分子的空间构型(已知分子中键与键之间的夹角为 120°,分子的空间构型为平面正三角形)。

解　硼原子的电子排布为 $1s^22s^22p^1$,在形成 BF_3 分子的过程中,硼原子中的 1 个 2s 电子先激发至 2p 轨道,然后由各含 1 个单电子的 1 个 2s 轨道和 2 个 2p 轨道进行等性 sp^2 杂化,组成键角均为 120°的 3 个 sp^2 杂化轨道,这 3 个杂化轨道分别与 3 个氟原子、含有 1 个单电子的 2p 轨道重叠成键,构成 3 个等同的 $\sigma_{sp^2\text{-}p}$ 键。由于杂化轨道间的夹角均为 120°,故 BF_3 分子的空间构型为对称的平面正三角形(图 9-8)。其他如 SO_3 和 NO_3^- 等分子或离子的形成过程与之类似。

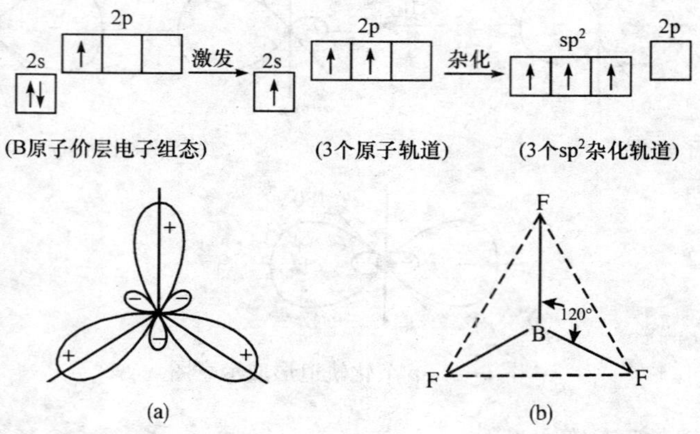

图 9-8　BF_3 的平面三角形结构和 sp^2 杂化轨道的空间取向

(a) 3 个 sp^2 杂化轨道;(b) 平面三角形构型的 BF_3 分子

【例 9-5】 解释 CH_4 分子的空间构型(已知分子中 4 个 C—H 键完全相同,键与键之间的夹角为 109°28′,分子的空间构型为正四面体)。

解　碳原子的价电子构型为 $2s^22p^2$,在形成 CH_4 分子的过程中,碳原子中的 1 个 2s 电子先激发至 2p 轨道,然后由各含 1 个单电子的 1 个 2s 轨道和 3 个 2p 轨道进行等性 sp^3 杂化,组成键角均为 109°28′的 4 个 sp^3 杂化轨道,这四个杂化轨道分别与四个氢原子的含有 1 个单电子的 1s 轨道重叠,构成 4 个等同的 $\sigma_{sp^3\text{-}s}$ 键。由于杂化轨道间的夹角均为 109°28′,故 CH_4 分子的空间构型为对称的正四面体(图 9-9)。其他如 SiH_4、CCl_4 和 NH_4^+ 等分子或离子的形成过程与之类似。

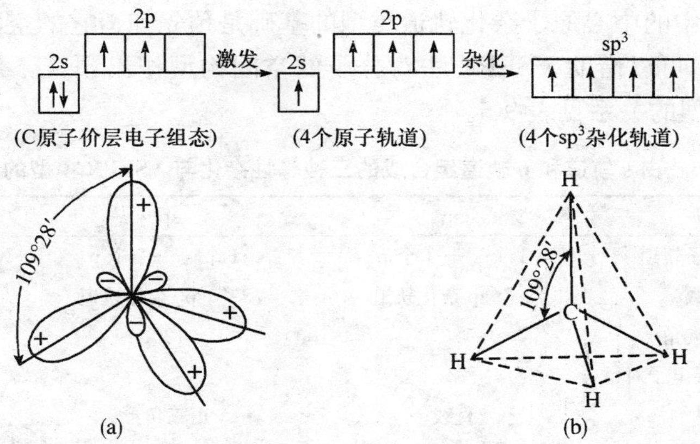

图 9-9　CH_4 的正四面体结构和 sp^3 杂化轨道的空间取向
(a) 4 个 sp^3 杂化轨道；(b) 正四面体构型的 CH_4 分子

上述例子中杂化后形成的几个杂化轨道所含原来轨道成分的比例相等，能量相同，分子呈高度对称分布，这类杂化称为等性杂化(equivalent hybridization)；若杂化后形成的几个杂化轨道所含原来轨道成分的比例不相等或能量不完全相同，分子呈不对称分布，这类杂化称为不等性杂化(nonequivalent hybridization)。通常，若参与杂化的原子轨道中有的已被孤对电子占据，其杂化是不等性的。

【例 9-6】 解释 NH_3 分子和 H_2O 分子的空间构型(已知 NH_3 分子中键与键之间的夹角为 107°18′，分子的空间构型为三角锥形，H_2O 分子中键与键之间的夹角为 104°45′，分子的空间构型为 V 字形)。

解　氮原子的价电子构型为 $2s^2 2p^3$，在形成氨分子时，中心原子氮的 1 个 2s 轨道和 3 个 2p 轨道采取 sp^3 杂化，形成的 4 个 sp^3 杂化轨道，其中有 3 个为单电子所占据，它们能与 3 个氢原子的 1s 电子形成 3 个共价 $\sigma_{sp^3\text{-}s}$ 键。另一个 sp^3 杂化轨道被氮原子的 1 对孤对电子占据，孤对电子因未参加成键，电子云较密集于氮原子周围，它对成键电子对的排斥作用较大，使得氨分子中的键角压缩成 107°18′。孤对电子所占有的杂化轨道中含 s 轨道成分较多，成键电子对所占有的杂化轨道中含 s 轨道成分较少。因此，N 原子的 sp^3 杂化是不等性杂化。氨分子的空间构型也就成为缺一个角的四面体，即三角锥形(图 9-10)；H_2O 分子的键间夹角为 104°45′，其分子的形成过程与氨分子类似，成键时中心原子氧也是采取不等性 sp^3 杂化方式与 2 个氢原子结合的，由于氧原子上有 2 对孤对电子不参加成键，它们对成键电子对的排斥作用更大，使 H_2O 分子中键角压缩得更小，为 104°45′，水分子结构呈 V 字形(图 9-11)。

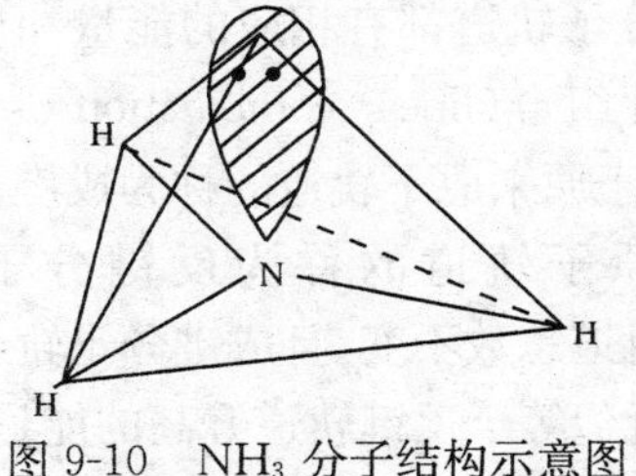

图 9-10　NH_3 分子结构示意图

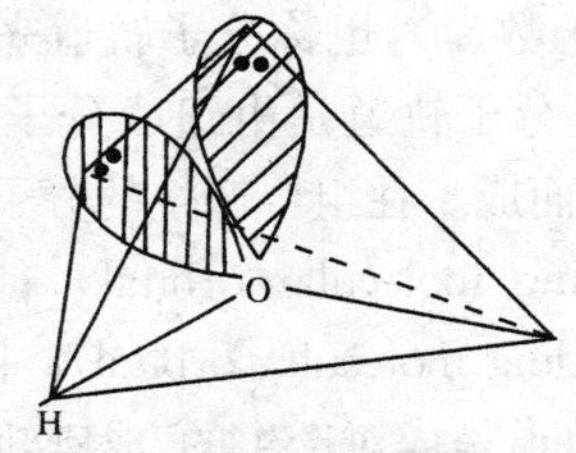

图 9-11　H_2O 分子结构示意图

探讨分子中的中心原子杂化轨道类型的基础是预先知道它的空间构型。如果没有实验数据，可以借助 VSEPR 法对分子的空间构型作出预言。杂化轨道类型与 VSEPR 模型的关系见表 9-5。

表 9-5　由 s 轨道和 p 轨道组合成的三种等性杂化与 VSEPR 模型的关系

杂化类型	sp	sp^2	sp^3
参与杂化的原子轨道	1 个 s ＋ 1 个 p	1 个 s ＋ 2 个 p	1 个 s ＋ 3 个 p
杂化轨道数	2 个 sp 杂化轨道	3 个 sp^2 杂化轨道	4 个 sp^3 杂化轨道
杂化轨道间夹角	180°	120°	109°28′
中心原子 A 的价层电子对数	2	3	4
空间构型	直线	正三角形	正四面体
实例	$BeCl_2$，$HgCl_2$，CO_2	BF_3，SO_3，NO_3^-	CH_4，CCl_4，NH_4^+

§9.1.5　分子轨道理论

现代价键理论的优点是模型直观，易于理解，尤其是杂化轨道理论成功地解释了分子的空间构型。但是，价键理论认为，原子与原子在形成分子时，分子中的电子仍属于原来的原子，没有把分子作为一个整体来对待。因此，在解释某些分子的性质时，遇到了困难。例如，对于氧气，按价键理论，其分子结构为 $:\ddot{O}=\ddot{O}:$，分子中电子全部配对，没有未成对的单电子存在，是反磁性物质。而实验表明，氧气分子中存在自旋方向相同的两个单电子，是顺磁性物质。对此，价键理论无法解释。另外，价键理论也无法解释有些分子的磁性及分子光谱等涉及分子整体性质的现象。为了克服 VB 法的不足，在价键理论的基础上，美国化学家密立根(Mulliken)和德国化学家洪德等又提出了新的共价键理论——分子轨道理论(mole-cular orbital theory)，简称 MO 法。分子轨道理论认为，原子中所有电子在形成分子时都有贡献，且分子中的电子不再分别从属于原来的原子，而是“离域”从属于整个分子，并在整个分子中运动。

1. 分子轨道理论的基本要点

(1) 分子中的电子围绕整个分子运动，每一个电子的运动状态都可以用一个分子波函数(φ)，也称分子轨道来描述。每一个分子轨道都有相应的能量和形状。

(2) 分子轨道是由组成分子的原子轨道线性组合(linear combination of atomic orbitals)而成。在组合产生的分子轨道中，能量低于原来原子轨道的称为成键分子轨道(bonding molecular orbital)，能量高于原来原子轨道的称为反键分子轨道(antibonding molecular orbital)。同时，组合前后轨道总数不变，且成键分子轨道和反键分子轨道是成对产生的，成键轨道降低的能量近似等于反键轨道升高的能量。

(3) 原子轨道组合成分子轨道时，必须遵守对称性匹配原则、能量相近原则和最大重叠原则，才能有效地形成分子轨道。

① 对称性匹配原则：只有对称性匹配的原子轨道才能组成分子轨道。

深刻认识对称性匹配原则已超出本课程的基本要求，下面只作简单介绍。

符合对称性匹配原则的几种常见的原子轨道组合是：(设键轴为 x 轴) s-s、s-p_x、p_x-p_x 可组成 σ 分子轨道；p_y-p_y、p_z-p_z 可组成 π 分子轨道。由图9-12可以看出，对称性匹配的两原子轨道组合成分子轨道时，同号波函数叠加(原子轨道相加重叠)形成成键分子轨道，用符号 σ、π 表示，其特征是两核间电子的概率密度增大，能量较原来的原子轨道低。异号波函数叠加(原子轨道相减重叠)形成反键分子轨道，用符号 σ^*、π^* 表示，其特征是两核间电子的概率密度减小，出现节面(通过键轴的概率密度几乎为 0 的平面)，能量较原来的原子轨道高。

② 能量相近原则：只有能量相近的原子轨道才能有效地组成分子轨道，而且原子轨道的能量越接近，组成的分子轨道的成键能力越强，这就是能量相近原则。例如，氢原子和氟原子中有关原子轨道的能量如下：氢的 1s 轨道能量为 -1312 kJ · mol^{-1}；氟的 1s 轨道能量为 -6718 kJ · mol^{-1}，2s 轨道能量为 -3870 kJ · mol^{-1}，2p 轨道能量为 -1797 kJ · mol^{-1}。可推断，为满足能量相近原则，氢的 1s 轨道只能和氟的 2p 轨道有效地组成分子轨道。

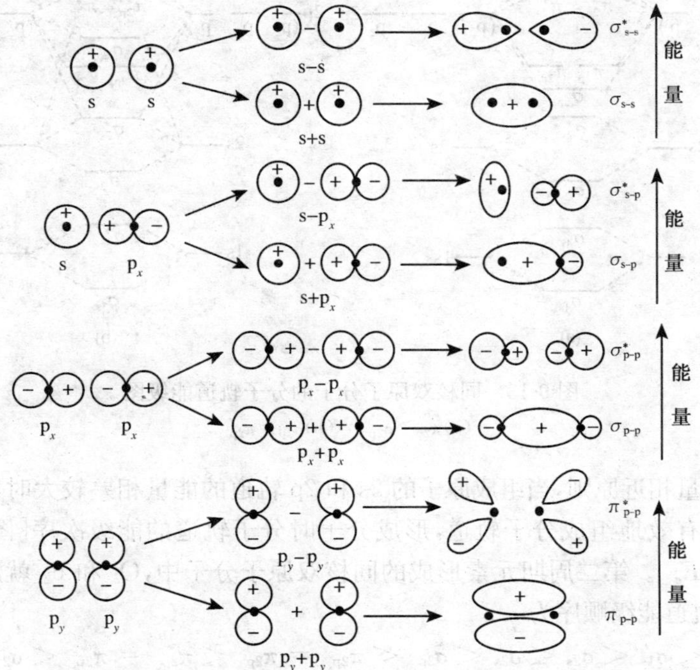

图 9-12　对称性匹配的两原子轨道组成分子轨道示意图

③ 轨道最大重叠原则:原子轨道线性组合时,在可能范围内重叠程度越大,分子轨道的能量越低,所生成的键稳定性越大,这就是轨道最大重叠原则。这与价键理论类似。

上述三个原则中,对称性匹配原则是首要的,它决定原子轨道能否组合成分子轨道,而其他两个原则决定组合的效率。

(4) 电子在分子轨道中的排布与电子填充原子轨道的原则相似,应遵守泡利不相容原理、能量最低原理和洪德规则。

(5) 在分子轨道理论中,键的牢固程度用键级(bond order)的大小衡量,其计算式为

$$键级=\frac{1}{2}(成键电子数-反键电子数)$$

键级越大,形成的化学键越牢固,分子也越稳定。

2. 同核双原子分子的分子轨道能级图

目前分子轨道能级顺序主要由光谱实验确定。把分子中各分子轨道按能级高低排列起来,可得分子轨道能级图。图 9-13 是同核双原子分子的分子轨道能级图。

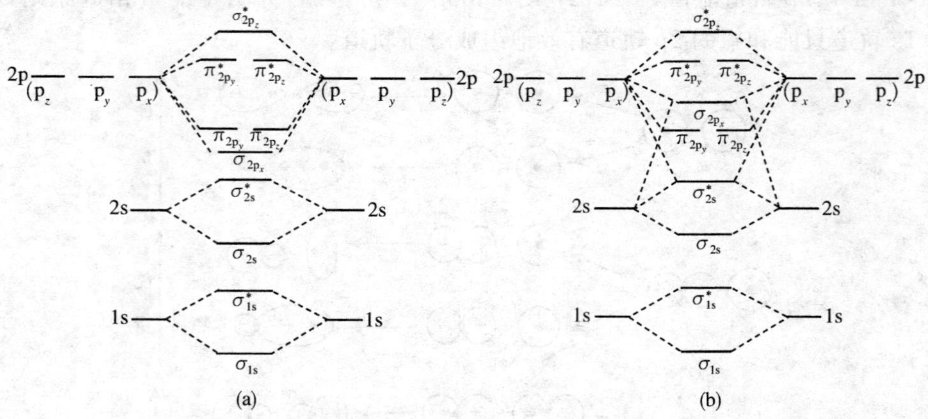

图 9-13　同核双原子分子的分子轨道能级图

(a) $\pi_{2p}>\sigma_{2p}$;　(b) $\sigma_{2p}>\pi_{2p}$

根据能量相近原则,当组成原子的 2s 和 2p 轨道的能量相差较大时,2s 和 2p 轨道之间不能有效地组成分子轨道,形成分子时分子轨道的能级次序[图 9-13(a)],此时,$E_{\pi_{2p}}>E_{\sigma_{2p}}$。第二周期元素形成的同核双原子分子中,$O_2$ 和 F_2 就属于这种情况,其分子轨道能级顺序为

$$\sigma_{1s}<\sigma_{1s}^*<\sigma_{2s}<\sigma_{2s}^*<\sigma_{2p_x}<\pi_{2p_y}=\pi_{2p_z}<\pi_{2p_y}^*=\pi_{2p_z}^*<\sigma_{2p_x}^*$$

如果组成原子的 2s 和 2p 轨道的能量差较小,当两个相同原子互相靠近时,由

于 2s 与 2p 轨道的对称性相同，因此除了 s-s 和 p-p 轨道的组合外，还会发生部分 s-p_x 组合，以至改变了能级次序，如图 9-13(b)所示，此时 $E_{\pi_{2p}} < E_{\sigma_{2p}}$。原子序数 3～7的同核双原子分子即从 Li_2 到 N_2 就属于这种情况，其分子轨道能级顺序为

$$\sigma_{1s} < \sigma_{1s}^* < \sigma_{2s} < \sigma_{2s}^* < \pi_{2p_y} = \pi_{2p_z} < \sigma_{2p_x} < \pi_{2p_y}^* = \pi_{2p_z}^* < \sigma_{2p_x}^*$$

【例 9-7】 试用 MO 法说明 N_2 分子的结构。

解 N 原子的电子排布为 $1s^2 2s^2 2p^3$，N_2 分子中的 14 个电子按图 9-13(b)的能级顺序进入分子轨道，因此 N_2 分子的分子轨道排布式为

$$N_2[(\sigma_{1s})^2(\sigma_{1s}^*)^2(\sigma_{2s})^2(\sigma_{2s}^*)^2(\pi_{2p_y})^2 = (\pi_{2p_z})^2(\sigma_{2p_x})^2]$$

其中$(\sigma_{1s})^2$ 和$(\sigma_{1s}^*)^2$ 的能量下降和上升正好抵消，$(\sigma_{2s})^2$ 和$(\sigma_{2s}^*)^2$ 的情况同样如此，对成键没有贡献。对成键有贡献的是$(\pi_{2p_y})^2$、$(\pi_{2p_z})^2$ 和$(\sigma_{2p_x})^2$ 中的 3 对电子，其中$(\sigma_{2p_x})^2$ 构成 1 个 σ 键，$(\pi_{2p_y})^2$ 和$(\pi_{2p_z})^2$ 各构成 1 个 π 键，形成共价叁键。由于成键电子全都进入成键分子轨道，体系的能量大为降低，故 N_2 分子相当稳定，其键级为：(10－4)/2＝3。

【例 9-8】 试用 MO 法说明 O_2 分子的顺磁性、键级及其化学活泼性。

解 O 原子的电子排布为 $1s^2 2s^2 2p^4$，O_2 分子中的 16 个电子按图 9-13(a)的能级顺序进入分子轨道，因此 O_2 分子的分子轨道排布式为

$$O_2[(\sigma_{1s})^2(\sigma_{1s}^*)^2(\sigma_{2s})^2(\sigma_{2s}^*)^2(\sigma_{2p_x})^2(\pi_{2p_y})^2 = (\pi_{2p_z})^2(\pi_{2p_y}^*)^1 = (\pi_{2p_z}^*)^1]$$

其中对成键有贡献的是$(\sigma_{2p_x})^2$ 中的 1 对电子构成 1 个 σ 键；$(\pi_{2p_y})^2$ 的成键作用不会被$(\pi_{2p_y}^*)^1$ 完全抵消，且这两个分子轨道的空间方位相同，可构成 1 个三电子 π 键；同样，$(\pi_{2p_z})^2$ 和$(\pi_{2p_z}^*)^1$ 也可构成另 1 个三电子 π 键，故 O_2 分子中有 1 个 σ 键和 2 个三电子 π 键。2 个三电子 π 键中各有 1 个未成对电子，氧气是一种顺磁性物质。氧气的键级为：(10－6)/2＝2。从 O_2 分子的分子轨道排布式可见，由于它有两个未成对的 2p 电子，因此应具有配对趋势，且此 2 个电子又都在反键分子轨道上，能量较高，不稳定，氧气表现出相当大的活泼性。

对于异核双原子分子，MO 法也可适用。因为影响分子轨道能级高低的主要因素是原子的核电荷数。如果两个组成原子的原子序数相近且之和比氮原子的原子序数两倍为小或相等时，则此异核双原子分子或离子的电子进入分子轨道的顺序按图 9-13(b)填充；如果两个组成原子的原子序数之和比氮的原子序数两倍大时，则此异核双原子分子或离子的电子填充顺序按图 9-13(a)进入分子轨道。

【例 9-9】 为什么 CO 的性质与 N_2 相似？

解 CO 分子的核电荷总数为 14，与 N_2 分子相同，核外也有 14 个电子。因此 CO 和 N_2 具有完全相同的分子轨道电子排布式为

$$CO[(\sigma_{1s})^2(\sigma_{1s}^*)^2(\sigma_{2s})^2(\sigma_{2s}^*)^2(\pi_{2p_y})^2 = (\pi_{2p_z})^2(\sigma_{2p_x})^2]$$

分子中有 2 个 π 键和 1 个 σ 键，可见，CO 与 N_2 存在完全相同的分子轨道电子排布式(能量有些差异)、成键类型和键级等，这样的不同分子被称为等电子体。等电子体的物质具有类似的性质。

知识拓展：活性氧自由基和明星分子NO

1. 活性氧自由基

化学上把含有一个单电子的分子(如·NO)、离子(如·O_2^-)、原子(如·H)或原子团(如·OH)称为自由基或游离基(free radical)。单电子具有配对趋势，易失电子或得电子而显示活泼的化学性质。人体内存在多种自由基，不断产生又不断被清除。

氧气是生物体内生理活动所必需的物质，吸入体内的 O_2 分子受到某些生物催化剂(酶)的作用会转化成活性氧自由基(active oxygen free radical)，它是人体生理、病理以及衰老等生物过程的活泼参与者。例如，在白细胞中，O_2 分子在一些酶的催化作用下，经若干步骤而形成活性氧，其变化过程简略地表示为

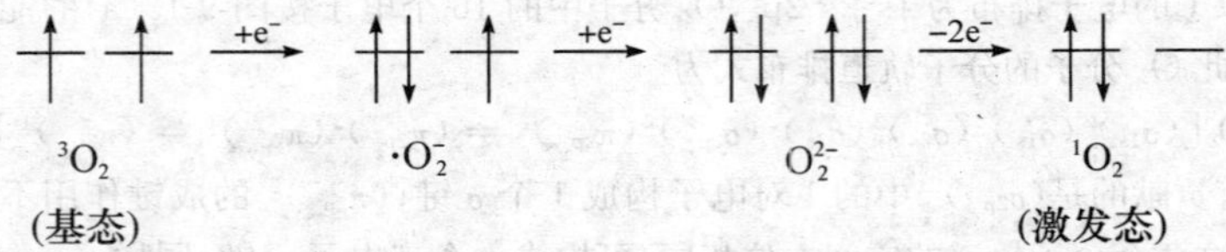

在此过程中，激发态 O_2 分子的2个电子成对地占据1个 π^* 轨道，因而能量高于基态 O_2，又因其外层有缺电子空轨道，所以有很强的氧化能力，能对各类生物系统如生物分子、病毒、细胞等发生作用，是一种活性氧。而其前体超氧离子·O_2^-，它的 π^* 轨道上有1个单电子，是一种超氧阴离子自由基，它具有很强的电子配对倾向，易得电子而表现出很强的氧化性。在白细胞内，激发态 O_2 及其前体·O_2^-都是杀伤细菌的活性氧。

自由基在体内的存在，表现出有用的生理活性，但也会导致对机体有害的反应。自由基与一些没有单电子的分子或生物大分子发生反应，产生新的自由基，这种通过反应进行自由基的传递，会损伤细胞，甚至会引发各种疾病。降低体内活性氧，消除活性氧对人体细胞等的伤害，成为人类防老抗病的一个重要课题。研究发现，人体内的某些酶具有防止和消除自由基的作用。如体内的超氧化物歧化酶(SOD)能使自由基与同种自由基进行电子的自递作用，即歧化(disproportion)，从而减少或消除自由基。除了通过机体内的有关酶自我保护消除外，人们也可以通过服用天然或人工合成的抗氧剂(也称自由基抑制剂)来抑制和消除自由基对人体的影响，从而保护机体。

2. 明星分子 NO

一氧化氮(nitric oxide,NO) 一直被认为是对生物有毒的简单无机分子。1977 年,穆拉德(Murad)在研究硝酸甘油和相关舒血管复合物的作用机理时发现,它们都释放 NO;1980 年,弗奇戈特(Furchgott)等提出血管舒张是由于内皮细胞释放一种舒血管因子(EDRF)所致;1986 年,伊格拉曼(Ignarro)等在探索 EDRF 化学本质时发现,EDRF 最终效应分子就是 NO。这一发现开辟了 NO 研究的全新领域,为此,美国 *Science* 杂志将 NO 选为 1992 年的明星分子,而发现 NO 在心血管系统中重要作用的这 3 位美国药理学家获得了 1998 年度诺贝尔医学奖。随后的研究不断证明 NO 在生命过程中确有多种生理功能,NO 从而成为医学、生理学、生物学、化学、药学等多学科的研究热点。

根据分子轨道理论,NO 的分子轨道排布式为

$$\mathrm{NO}[(\sigma_{1s})^2(\sigma_{1s}^*)^2(\sigma_{2s})^2(\sigma_{2s}^*)^2(\sigma_{2p_x})^2(\pi_{2p_y})^2=(\pi_{2p_z})^2(\pi_{2p_y}^*)^1]$$

可见 NO 分子是具有一个单电子的自由基,化学性质活泼,生物半衰期只有3～5s。研究发现 NO 广泛分布于生物体内,几乎遍及机体各处。NO 是由 L-精氨酸(L-arginine)在一氧化氮合成酶(nitric oxide synthase,NOS)催化下经还原型尼克酰胺腺苷二核苷酸磷酸(NADPH)还原而生成的。NO 产生后在机体内的反应目前了解的主要有作为自由基与生物分子中的自由基(如 $R_3C\cdot$、$RO\cdot$、$RS\cdot$ 等)偶合;与生物分子中金属核的键合,如与血红蛋白中的 Fe^{2+} 形成稳定的亚硝酰基血红素蛋白质配合物;与体内其他小分子反应转化为其衍生物(主要包括 NO^+,NO^-,NO_2,$ONOO^-$),再进一步与生物大分子发生反应;与蛋白质或肽中的硫醇基反应生成 *S*-亚硝酰配合物。因此,NO 产生后,可以自由地穿过细胞,作用于细胞内的靶分子,以特异的方式控制多种细胞功能和生理功能。

NO 在机体内广泛参与生理病理过程。NO 能使血管平滑肌松弛,血管扩张,调节血压;NO 是脂溶性的,它不需要任何中介机制就可快速扩散通过生物膜,将一个细胞产生的信息传递到周围的细胞中,它是细胞之间传递信息的信使;NO 能抑制血小板聚集粘附于内皮细胞,起到抗凝作用;NO 还对记忆力、肠胃功能以及免疫功能都有重要影响。NO 的作用几乎遍布机体的各个系统,其作用像一把“双刃剑”,既是有益的信使,又具有潜在的毒性。体内生成过多的 NO 会造成炎症,如损害肝脏、伤害分泌胰岛素的细胞。相关研究表明老年痴呆症、关节炎等也与 NO 过多有关。

根据 NO 能使血管扩张、促进血液循环这一原理,美国辉瑞(Pfizer)公司研制出新药 Viagra(俗称伟哥)。NO,这一简单的无机小分子,作为打开神秘生命科学大门的一把钥匙,正等待着科学家们进一步研究与开发。

§9.2 分子间的作用力

气体分子可以凝结成相应的液体和固体，固体粉末也可压成片状，其原因是除了原子与原子、离子与离子间存在强烈作用(化学键)外，分子与分子间还存在另一种较弱的作用力，其强度值虽只有化学键的 1/10～1/100，作用力范围也很小，但却是决定物质熔点、沸点和溶解度等物理性质的重要因素。分子间作用力(intermolecular force)与分子的极性有关，它主要包括范德华力和氢键。

§9.2.1 分子的极性

根据分子中正、负电荷的重心是否重合，可把分子分成极性分子和非极性分子两类。正、负电荷重心重合的分子是非极性分子(nonpolar molecule)，不重合的分子是极性分子(polar molecule)。

对于双原子分子，分子的极性和键的极性是一致的。由非极性共价键构成的双原子分子是非极性分子，如 H_2、N_2 等分子。由极性共价键组成的双原子分子是极性分子，如 CO、卤化氢分子等。

对于多原子分子，由非极性共价键构成的多原子分子是非极性分子，如 P_4、S_8 等分子。由极性共价键构成的多原子分子，还要由分子的空间构型所决定。如果它们的空间构型是对称的，则是非极性分子。例如，$BeCl_2$ 分子中虽有 2 个极性的 Be—Cl 键，但分子的空间构型是直线形的对称分子，正、负电荷重心重合，因此是非极性分子。再如，H_2O 分子中，也有 2 个极性的 O—H 键，但分子的空间构型是 V 字形的不对称分布，正、负电荷重心不重合，故是极性分子。

分子极性的大小，通常用偶极矩(dipole moment)μ 来衡量，它等于正、负电荷重心的距离(d)和正电荷重心或负电荷重心上所带的电量(q)的乘积：

$$\mu = q \cdot d$$

单位为 C · m(库仑 · 米)。偶极矩是矢量，化学上规定方向由正电荷中心指向负电荷中心。由于电子的电量为 1.6×10^{-19}C，正、负电荷重心间的距离和分子的直径有相同的数量级，即 10^{-10}m，因此偶极矩的数量级为 10^{-30}C · m。表 9-6 中列出一些分子的偶极矩，偶极矩为 0 的分子是非极性分子，偶极矩越大的分子，其极性也越强。

根据偶极矩的数据可推测某些分子的空间构型。例如，测得 SO_2 分子的偶极矩为 5.33×10^{-30}C · m，则 SO_2 分子是极性分子。对于三原子构成的分子，常见的空间构型有两种：直线形和 V 字形。既然 SO_2 分子是极性分子，其空间构型应是 V 字形。

表 9-6　一些分子的电偶极矩 μ(10^{-30}C·m)

分　子	μ	分　子	μ	分　子	μ
H_2	0	BF_3	0	CO	0.40
Cl_2	0	SO_2	5.33	HCl	3.43
CO_2	0	H_2O	6.16	HBr	2.63
CH_4	0	HCN	6.99	HI	1.27

由于极性分子的正、负电荷重心不重合，因此分子中始终存在一个正极和一个负极，极性分子(偶极分子)的这种固有的偶极称为永久偶极(permanent dipole)。但分子有无极性或极性的大小，在外电场的影响下会发生变化(图 9-14)，非极性分子可变成具有一定偶极的极性分子，而极性分子的偶极可变大，这种在外电场影响下所产生的偶极称为诱导偶极(induced dipole)，其偶极矩称为诱导偶极矩(induced dipole moment)。外电场使分子产生诱导偶极矩的现象称为分子的极化(polarization)。

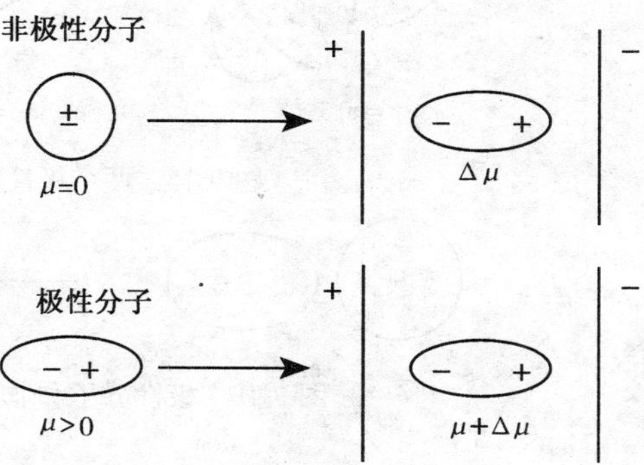

图 9-14　外电场对分子极性影响示意图

§9.2.2　范德华力

荷兰物理学家范德华(van der Waals)在研究理想气体方程时，发现方程中的修正项与分子间作用力有关，人们把这种分子间作用力称为范德华力。按作用力产生的原因和特性，范德华力可分为取向力、诱导力和色散力三种。

1. 取向力

取向力发生在极性分子和极性分子之间。当两个极性分子相互接近时，同极相斥，异极相吸，使分子发生相对的转动(取向)。在已取向的偶极分子间，由于静电作用互相靠拢，在一定距离时吸引与排斥达到平衡，使体系能量达到最小值(图 9-15)。这种由永久偶极的取向而产生的分子间作用力称为取向力(orientation force)。取向力的大小与分子偶极矩的平方成正比，与分子间距离的 6 次方成反比，与热力学温度成反比。

2. 诱导力

诱导力发生在极性分子之间，也发生在极性分子和非极性分子之间。极性分子的永久偶极相当于一个外电场，可诱导邻近的分子(包括极性分子和非极性分子)发生电子云变形而导致诱导偶极的产生。这种诱导偶极与永久偶极间的作用力称为诱导力(induction force)。图 9-16 是极性分子和非极性分子相互作用示意团。诱导力的大小与极性分子的偶极矩平方成正比,与被诱导分子的变形性成正比,与分子间距离的 6 次方成反比,与温度无关。

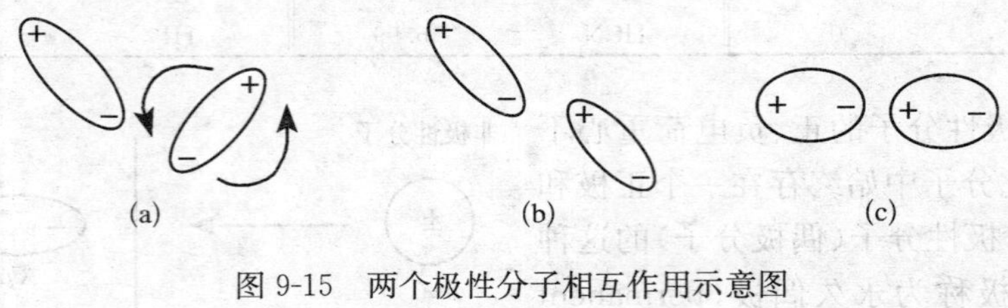

图 9-15 两个极性分子相互作用示意图

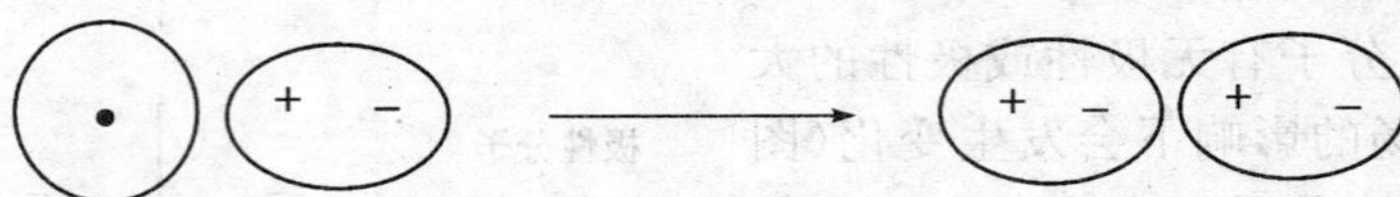

图 9-16 极性分子和非极性分子相互作用示意图

3. 色散力

非极性分子间也存在相互作用,如 O_2、Cl_2、N_2 等非极性分子在温度降低时都会由气态变成液态和固态。分子内部的原子核和电子不停地运动,在瞬间由于原子核与电子云的相对位移,使分子中产生瞬间偶极。虽然瞬间偶极存在的时间很短,但它可以诱导邻近分子产生诱导偶极,且可以不断地重复出现。从量子力学导出的这种因存在瞬间偶极所产生的作用力的理论计算式与光的色散公式相似,称为色散力(dispersion force)。色散力大小与相互作用分子的变形性成正比,与分子间距离的 6 次方成反比,与相互作用分子的电离势有关。色散力不仅可以产生于非极性分子之间、极性分子之间,极性分子与非极性分子之间也同样存在,故它是范德华力中普通存在的一种力。

范德华力是永远存在于分子或原子间的一种作用力;从本质来讲是一种静电引力,没有方向性和饱和性;不属于化学键的范围,其作用能比化学键能小 1~2 个数量级,在几到几十千焦每摩尔;其作用范围只有几百皮米以内;对于大多数分子来说,色散力是主要的,取向力和诱导力往往都很小。表 9-7 列出上述三种力在一些分子中的分配情况。

根据范德华力的概念可以解释和推测同类物质某些性质的变化规律。由于三种力中,以色散力为主,而色散力的大小与分子的变形性有关。分子越大,越易变形,色散力也越大。可以得出:在一般情况下,组成和结构相似的物质,相对分子质量越大,范德华力也越大,物质的熔沸点越高。例如,卤化氢分子按 HCl、HBr 和 HI 的顺序,它们的取向力和诱导力逐渐变小,而色散力却迅速上升,分子间力的总能量也随着增大，故 HCl、HBr 和 HI 的熔沸点依次递升。又如，在常温下，卤素单质中氟、氯是气体，溴是液体，碘是固体。这也是由于色散力随相对分子质量增大而增大，因此熔沸点也随之增高。

表 9-7　分子间范德华力的分配情况(单位：$kJ \cdot mol^{-1}$)

分　子	取向力	诱导力	色散力	总能量
Ar	0.000	0.000	8.49	8.49
CO	0.003	0.008	8.74	8.75
HI	0.025	0.113	25.86	26.00
HBr	0.686	0.502	21.92	23.11
HCl	3.305	1.004	16.82	21.13
NH_3	13.31	1.548	14.94	29.80
H_2O	36.38	1.929	8.996	47.31

按照这一规律，似应得出 HF 的沸点比 HCl 低的结论，但事实恰好相反。这是由于在 HF 分子间除了存在范德华力之外，还存在另一种分子间作用力，这就是氢键。

§9.2.3　氢键

1. 氢键的形成

当氢原子与电负性很大、半径很小的 X 原子(如 F,O,N 等)以共价键结合成 H—X 时，其共用电子对强烈地偏向 X 原子，使 H 原子几乎成为裸露的质子，这种几乎裸露的质子与另一共价键上电负性大、半径小、并在外层含有孤对电子的 Y 原子(如 F,O,N 等)定向吸引，从而形成氢键(hydrogen bond)，可表示为 X—H┄Y。其中，X 和 Y 可以是同种元素的原子，也可以是不同种元素的原子。例如，H_2O 中氢键以 O—H┄O 构成，氨水中则有 N—H┄N、N—H┄O 和 O—H┄O 等。氢键的键能通常在 $42kJ \cdot mol^{-1}$ 以下，比化学键的键能小得多，比范德华力稍强。氢键键能的大小与 X、Y 两元素的电负性和原子半径有关。X、Y 电负性数值越高、半径越小，则 X、Y 上的负电荷密度越大，形成的氢键越强。

2. 氢键的特点和类型

氢键具有方向性和饱和性。氢键的方向性是指 Y 原子与 HX 形成氢键时，三个原子应尽可能地处在一条直线上，这样成键，两个电负性较大的原子间距离最远，斥力最小，键的稳定程度高。氢键的饱和性指的是每个 H—X 只能与 Y 原子形成一个氢键。这是因为氢原子比 X 和 Y 两原子小得多，形成 X—H┄Y 后，第二个 Y 原子要接近氢原子时，将会受到氢键中的 X 和 Y 原子的电子云强烈排斥的缘故。

氢键可分成两种类型，分子与分子之间形成的氢键称为分子间氢键(intermolecular hydrogen bond)，如水中的O—H┈O键、氨水中的N—H┈N和N—H┈O键、氟化氢中的F—H┈F键(图 9-17)等。在同一分子内形成的氢键称为分子内氢键(intra-molecular hydrogen bond)。例如，硝酸中便有分子内氢键，如图 9-18 所示。分子内氢键虽不在一条直线上，但可形成较稳定的环状结构。其他如苯酚的邻位上存在—OH、—NO_2、—CHO和—COOH等基团时，也可形成分子内氢键。这些取代基处于间位或对位时，因为成环距离太大而不能形成分子内氢键，但可以形成分子间氢键。

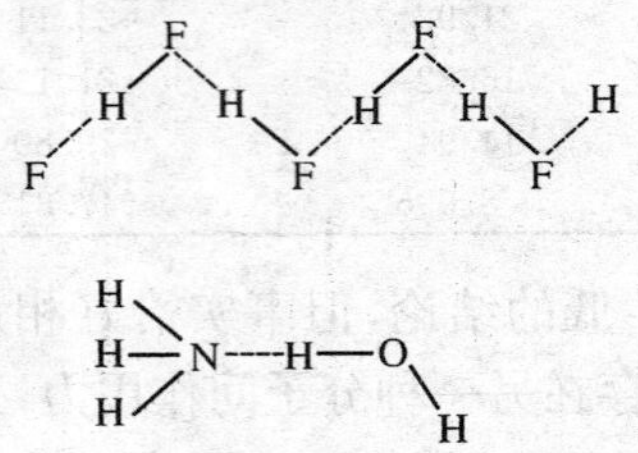

图 9-17　氟化氢和氨水中的分子间氢键

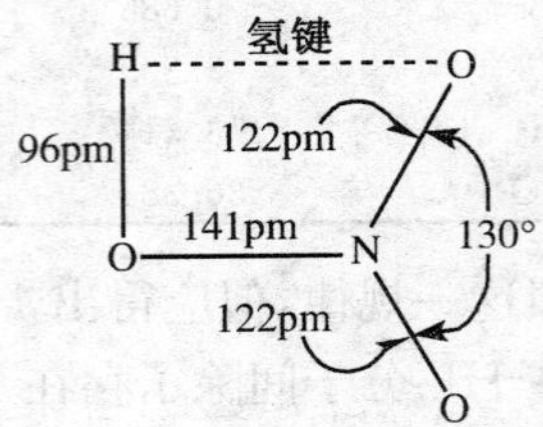

图 9-18　硝酸中的分子内氢键

3. 氢键对物质性质的影响

分子间形成氢键时，分子间结合力增强，使化合物的沸点和熔点升高。从图 9-19 可见，第四主族的氢化物均不会形成氢键，其氢化物的色散力随相对分子质量的增大而变大，沸点也随之上升。第ⅤA至第ⅦA族元素的氢化物中，NH_3、H_2O和HF分子间形成氢键，其沸点都比同族其他元素的氢化物高。而分子内氢键的形成，减弱了分子的极性，一般情况下，熔沸点都比同类化合物低。如对硝基苯酚可形成分子间氢键，沸点为 387K；而邻硝基苯酚则形成分子内氢键，沸点仅为 318K。

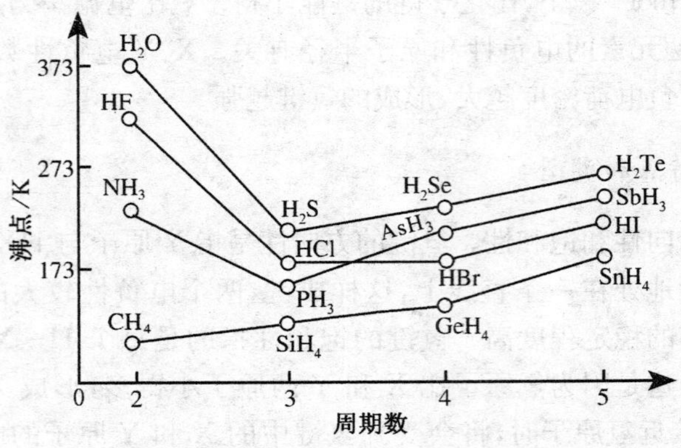

图 9-19　氢化物的沸点

氢键的形成对物质的溶解度也有影响。在极性溶剂中，溶质和溶剂间如能形成分子间氢键，可使溶解度增大；若溶质形成分子内氢键，则在极性溶剂中的溶解度变小，而在非极性溶剂中的溶解度变大。例如，邻苯二酚可形成分于内氢键，对苯二酚与水可形成分子间氢键，所以在水中，对苯二酚的溶解度大于邻苯二酚，而在四氯化碳溶剂中则相反。此外，氢键的形成对物质的其他性质如酸碱度、密度、黏度等都有影响。例如，HNO_3 的酸性比 H_2SO_4 和 HCl 弱；氢氟酸的酸性远远小于其他氢卤酸，这都与氢键有关。

氢键在生物体内也广泛存在，而且在生命过程中起着相当重要的作用。蛋白质是由许多氨基酸通过肽键相连而成的高分子物质，这些长链分子常形成一定的空间结构，蛋白质的二级结构 α-螺旋就是由多肽链中一个肽键的 N—H 和相隔三个氨基酸酰基的另一个肽键 C═O 形成氢键构成的；另一个二级结构 β-折叠是由链间的氢键将肽链拉在一起构成的。又如，脱氧核糖核酸（DNA）是由磷酸、脱氧核糖和碱基组成的具有双螺旋结构的生物大分子，两条链通过碱基间氢键两两配对而保持双螺旋结构（图 9-20）。此外，DNA 复制过程中，遗传信息传递的关键两特定碱基配对也是通过氢键形成的（图 9-20），即腺嘌呤（A）与胸腺嘧啶（T）配对形成 2 个氢键，鸟嘌呤（G）与胞嘧啶（C）配对形成 3 个氢键。可见，氢键在人类和动植物的生理、生化过程中起着十分重要的作用。

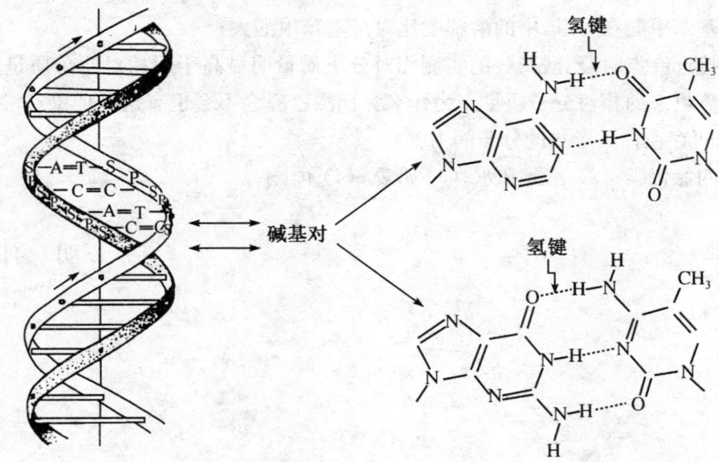

图 9-20　DNA 双螺旋结构和碱基配对形成氢键示意图

习　题

1. 根据价键理论写出下列分子的结构式：BBr_3、CS_2、SiH_4、PCl_5、C_2H_4。
2. 分别用 VB 法和 MO 法说明下列双原子分子共价键的类型。

$$O_2、B_2、CO$$

3. 判断下列分子或离子的空间构型，并指出其中心原子的价层电子对构型。

CO_3^{2-}、O_3、NH_4^+、H_3O^+、PCl_5、I_3^-、BrF_5、SF_6、$PbCl_2$

4. 试用杂化轨道理论说明下列分子的空间构型。

PF_3、$COCl_2$、C_2H_4、$SiCl_4$、H_2S

5. 试用杂化轨道理论说明，BF_3 是平面三角形的空间构型，而 NF_3 却是三角锥形。

6. 用 VB 法和 MO 法分别说明 H_2 能稳定存在，而 He_2 不能稳定存在。

7. 试用 MO 法说明 N_2^+ 和 CN^- 的磁性。

8. 下列说法是否正确？

(1) 原子形成共价键的数目与其基态时所含有的未成对电子数相等；

(2) 直线形分子是非极性分子；

(3) 凡是三原子组成的直线形分子，中心原子是以 sp 杂化方式成键的；

(4) 同类分子中，分子越大，分子间作用力也越大；

(5) PH_3 分子是极性的，分子中的键也是极性的。

9. 下列分子中，哪些分子具有对称的空间构型？哪些分子有极性？

SO_2、NH_3、H_2S、$CHCl_3$、PCl_3、BeF_2、CCl_4、Cl_2

10. 解释下列现象：

(1) F 的电负性大于 O，但 HF 的沸点却低于 H_2O；

(2) 乙醇(C_2H_5OH)和二甲醚(CH_3OCH_3)分子式相同，但前者的沸点为 78.5℃，后者却为 −23℃；

(3) 邻羟基苯甲酸在 CCl_4 中的溶解度比对羟基苯甲酸大；

(4) 温度接近沸点时，乙酸蒸气的实测相对分子质量明显高于用相对原子质量和乙酸化学式计算出来的相对分子质量。为什么？预测乙醛会不会也有这种现象？

11. 下列分子间存在什么形式的分子间力？

(1) 苯和四氯化碳；(2) 乙醇和水；(3) 液氨；(4) 丙酮。

（张万明　付煜荣）

第10章　配位化合物

配位化合物(coordination compound)简称配合物，是一类组成较为复杂、发展迅速、在理论上和应用上都十分重要的化合物。过去曾因其组成比普通化合物复杂而称之为络合物(complex compound)。

对配合物的研究不仅是现代无机化学的重要课题，而且对分析化学、生物化学、催化动力学、电化学、量子化学都有实际意义和理论意义。20世纪60年代，随着科学的发展，在生物学和无机化学的基础上已形成了一门新兴的边缘学科——生物无机化学。新学科的发展表明，配位化合物在生命过程中起着重要的作用。例如，植物进行光合作用所依赖的叶绿素是含镁的配合物；体内许多生物催化剂——酶，也是配合物；一些药物本身就是配合物或者在体内形成配合物才能发挥药效。此外，在生化检验、环境监测、药物分析等方面，配合物的应用也很广泛。

§10.1　配合物的基本概念

§10.1.1　配合物的定义

在蓝色硫酸铜溶液中，加入过量的浓氨水，再加入酒精，便能析出深蓝色的组成相当于 $CuSO_4 \cdot 4NH_3$ 的结晶。将该晶体溶于水后，加入少量 NaOH 溶液，既无浅蓝色的 $Cu(OH)_2$ 沉淀生成，也无明显的氨臭，但加入 $BaCl_2$ 溶液却立即产生 $BaSO_4$ 白色沉淀。对 $CuSO_4 \cdot 4NH_3$ 溶液进行依数性实验测得的校正因子(i)接近于2。这些实验事实说明，其溶液中有大量 SO_4^{2-} 存在，而游离的 Cu^{2+} 和 NH_3 的浓度却很低，它的溶液是由 $[Cu(NH_3)_4]^{2+}$ 和 SO_4^{2-} 两种离子组成的。对晶体进行X射线实验的结果也证实了晶体中的这两种离子的存在。

$[Cu(NH_3)_4]SO_4$ 的晶体或溶液中存在着复杂离子 $[Cu(NH_3)_4]^{2+}$。其他常见的这类复杂离子还有 $[Ag(NH_3)_2]^+$、$[Fe(CN)_6]^{4-}$、$[Fe(SCN)_6]^{3-}$、$[Co(NH_3)_6]^{3+}$、$[HgI_4]^{2-}$ 等。这些离子中的 NH_3、CN^-、SCN^-、I^- 都含有提供孤对电子的原子，而 Cu^{2+}、Ag^+、Fe^{2+}、Fe^{3+}、Co^{3+} 及 Hg^{2+} 等简单阳离子都具有可以接受孤对电子的价层空轨道，两者之间可形成配位键。这类由简单阳离子(或原子)和一定数目的中性分子或阴离子通过配位键结合，并按一定的组成和空间构型所形成的复杂离子称为配位离子，简称配离子。若形成的不是复杂离子而是复杂分子，这类分子称为配位分子，如 $[Co(NH_3)_3F_3]$、$[Pt(NH_3)_2Cl_2]$ 等。配位分子也可以由电中性的金属原子与电中性分子形成，如 $[Ni(CO)_4]$、$[Fe(CO)_5]$ 等。含有配离子的化合物或配位分子称为配位化合物，简称配合物，如[$Ag(NH_3)_2$]NO_3、K_3[$Fe(CN)_6$]、[$Co(NH_3)_3Cl_3$]等。

配合物和配离子在概念上虽有不同，但配合物的性质主要取决于配离子，习惯上把配离子也称为配合物。

§10.1.2　配合物的组成

配离子是配合物的核心部分，而配位键则是其结构的基本特征。配合物一般可分为内界(inner sphere)和外界(outer sphere)两个组成部分。内界由配离子组成，写在方括号内，与配离子带相反电荷的其他离子为外界。例如，[$Ag(NH_3)_2$]NO_3中，[$Ag(NH_3)_2$]$^+$为内界，NO_3^- 为外界。内界和外界通过离子键结合而成配合物。由于配合物是电中性的，因此内、外界的电荷总数相等，符号相反。以配合物[$Ag(NH_3)_2$]NO_3 为例，其组成可表示为

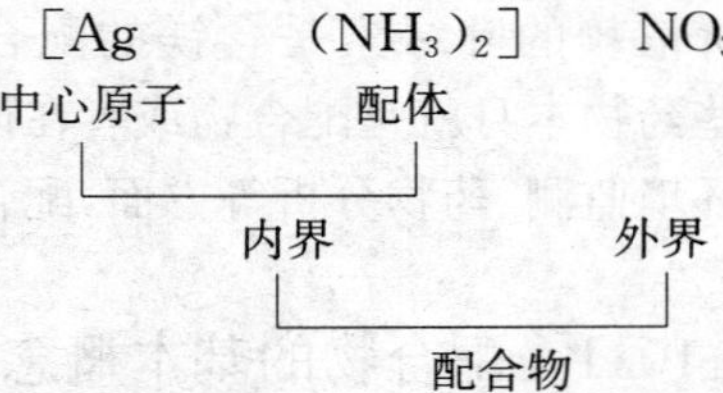

也有一些配合物只有内界，没有外界，如配位分子[$Co(NH_3)_3Cl_3$]、[$Fe(CO)_5$]等。

1. 中心原子

中心原子(central atom)也称为配合物形成体，一般是金属离子，特别是过渡金属离子，如[$Fe(SCN)_6$]$^{3-}$、[$Co(NH_3)_6$]$^{3+}$等中的Fe^{3+}、Co^{3+}。也有一些是具有高氧化数的非金属元素，如[SiF_6]$^{2-}$、[BF_4]$^-$等中的Si(Ⅳ)、B(Ⅲ)。另有一些是金属原子作中心原子的，如[$Ni(CO)_4$]、[$Fe(CO)_5$]等中的Ni、Fe。注意：书写中心原子时，应标出其氧化数。

2. 配位体

配合物中与中心原子以配位键相结合的中性分子或阴离子称为配位体，简称配体(ligand)，位于中心原子的周围。配体中直接与中心原子配位的原子称为配原子(donor atom)。配原子具有可用作形成配位键的孤对电子，如[$Co(NH_3)_6$]$^{3+}$中NH_3是配体，其中N是配原子。再如，[$Cr(H_2O)_4Cl_2$]$^+$中，H_2O、Cl^-是配体，其中O、Cl是配原子。常见的配原子多是电负性较大的非金属元素的原子，如C、N、P、O、S和卤素原子等。

配体可分为单齿配体和多齿配体两类。只有一个配原子与中心原子以配位键结合的配体称为单齿配体(monodentate ligand)，如X^-(卤素离子)、CN^-、NO_2^-、

ONO^-、CO、H_2O、SCN^-、NCS^-、OH^-、NH_3、py(吡啶)等,其配原子分别为 X、C、N、O、C、O、S、N、O、N、N;一个配体中有两个或两个以上的配原子同时与中心原子以配位键结合,这种配体称为多齿配体(multidentate ligand)。例如,$\ddot{N}H_2CH_2CH_2\ddot{N}H_2$(乙二胺,简写为 en)、$\ddot{N}H_2CH_2CH_2\ddot{N}HCH_2CH_2\ddot{N}H_2$(二乙三胺,简写为 DEN)和乙二胺四乙酸根(通常用符号 Y^{4-} 表示)等,它们分别为二齿、三齿和六齿配体。

有少数配体虽含有两个配原子,但两个配原子距离太近,只能选择其中一个配原子与中心原子形成一个配位键,故仍属单齿配体,如硫氰酸根离子(SCN^-)、异硫氰酸根离子(NCS^-)和硫代硫酸根离子($S_2O_3^{2-}$)等。

为了表示中心原子与配体结合的数量关系,将配体与中心原子数目比定义为配位比。例如,$[Cu(en)_2]^{2+}$ 中的配位比为 2∶1,而 $[Cu(NH_3)_4]^{2+}$ 中的配位比为 4∶1。

3. 配位数

配离子(或配位分子)中,与中心原子形成配位键的数目称为中心原子的配位数(coordination number)。如果配体均为单齿配体,则中心原子的配位数与配体的数目相等。例如,配离子 $[Cu(NH_3)_4]^{2+}$ 中 Cu^{2+} 的配位数是 4。如果配体中有多齿配体,则中心原子的配位数不等于配体的数目。例如,配离子 $[Cu(en)_2]^{2+}$ 中的配体 en 是双齿配体,1 个 en 分子中有 2 个 N 原子与 Cu^{2+} 形成配位键,因此 Cu^{2+} 的配位数是 4 而不是 2,$[Co(en)_2(NH_3)Cl]^{2+}$ 中 Co^{3+} 的配位数是 6 而不是 4。配合物中,中心原子的常见配位数是 2、4 和 6。

配位数的大小,主要取决于中心原子电子层结构、空间效应和静电作用三个因素。

第二周期元素的价层空轨道为 2s、2p 共 4 个轨道,最多只能容纳 4 对电子,它们最大配位数为 4,如 $[BeCl_4]^{2-}$、$[BF_4]^-$ 等,而第二周期以后的元素,价层空轨道为 $(n-1)$d、ns、np 或 ns、np、nd,它们的配位数可超过 4,如 $[AlF_6]^{3-}$、$[SiF_6]^{2-}$ 等。

中心原子体积大,配体的体积小,则有利于生成配位数大的配离子,如 F^- 比 Cl^- 小,Al^{3+} 与 F^- 可形成配位数为 6 的 $[AlF_6]^{3-}$,而与 Cl^- 只能形成配位数为 4 的 $[AlCl_4]^-$,中心原子 B(Ⅲ)的半径比 Al^{3+} 小,B(Ⅲ)只能形成配位数为 4 的 $[BF_4]^-$。

从静电作用考虑,中心原子的电荷越多,越有利于形成配位数大的配离子。如 Pt^{2+} 与 Cl^- 形成 $[PtCl_4]^{2-}$,Pt^{4+} 却可形成 $[PtCl_6]^{2-}$。中心原子相同时,配体所带的电荷越多,配体间的斥力就越大,配位数相应变小。例如,Ni^{2+} 与 NH_3 可形成配位数为 6 的 $[Ni(NH_3)_6]^{2+}$,而与 CN^- 只能形成配位数为 4 的 $[Ni(CN)_4]^{2-}$。

4. 配离子的电荷数

配离子所带的电荷数等于中心原子的氧化数和配体总电荷数的代数和。例如，$[PtCl_6]^{2-}$的电荷数是$1\times(+4)+6\times(-1)=-2$；$[Co(NH_3)_3(H_2O)Cl_2]^+$的电荷数是$1\times(+3)+3\times0+1\times0+2\times(-1)=+1$。因此，已知中心原子的氧化数和配体的电荷数，就能够推算出配离子的电荷数或配合物的化学式。反之，若已知配离子的电荷数和配体的电荷数也就能够推算出中心原子的氧化数。

§10.1.3 配合物的命名

1. 命名原则

(1) 内界和外界之间的命名服从一般无机化合物的命名原则，即阴离子名称在前，阳离子名称在后，分别称为某化某、某某酸、某酸某或氢氧化某等。

(2) 命名内界时，配体名称列在中心原子之前，不同配体之间以中圆点（·）分开。相同配体的个数用数字二、三、四等表示。在最后一个配体名称之后缀以“合”字。中心原子后括号内的罗马数字表示其氧化数，即

配体数—配体名称—“合”—中心原子名称(氧化数)

(3) 当有多种配体时，一般按先无机配体，后有机配体（复杂配体写在括号内）；先阴离子，后中性分子。同类配体时，按配原子元素符号的英文字母顺序排列；同类配体，配原子又相同时，含较少原子数的配体在前，较多原子数的配体在后。

2. 命名实例

$[Cu(NH_3)_4]^{2+}$ 四氨合铜(Ⅱ)离子

$[CoCl_2(NH_3)_4]^+$ 二氯·四氨合钴(Ⅲ)离子

$[Fe(en)_3]Cl_3$ 三氯化三(乙二胺)合铁(Ⅲ)

$[Ag(NH_3)_2]OH$ 氢氧化二氨合银(Ⅰ)

$H_2[PtCl_6]$ 六氯合铂(Ⅳ)酸

$[Co(ONO)(NH_3)_5]SO_4$ 硫酸亚硝酸根·五氨合钴(Ⅲ)

$[Co(NH_3)_5(H_2O)]_2(SO_4)_3$ 硫酸五氨·水合钴(Ⅲ)

$[Co(NH_3)_2(en)_2]Cl_3$ 氯化二氨·二(乙二胺)合钴(Ⅲ)

$NH_4[Co(NO_2)_4(NH_3)_2]$ 四硝基·二氨合钴(Ⅲ)酸铵

$NH_4[Cr(NCS)_4(NH_3)_2]$ 四(异硫氰酸根)·二氨合铬(Ⅲ)酸铵

没有外界的配合物，中心原子的氧化值可不必标明。例如：

$[Ni(CO)_4]$ 四羰基合镍

$[Pt(NH_2)(NO_2)(NH_3)_2]$ 氨基·硝基·二氨合铂

*§10.1.4　配合物的几何异构现象

每一个配合物都有一定的空间构型。如果配合物中只有一种配体，它在中心原子周围只有一种排列方式。但有多种配体时，就可能出现不同的空间排列方式，这种组成相同、空间排列方式不同的物质称为几何异构体，这种现象称为几何异构现象。几何异构体中最常见的是顺反异构体，如具有平面四方形空间构型的[$Pt(NH_3)_2Cl_2$]就有两种不同的排列方式。同种配体在同一侧的为顺式，在对角位置的为反式，它们的结构式如下：

```
Cl      NH3          Cl      NH3
  \    /               \    /
    Pt                   Pt
  /    \               /    \
Cl      NH3         NH3      Cl
   顺式                 反式
```

顺式[$Pt(NH_3)_2Cl_2$]的偶极矩不等于零，反式[$Pt(NH_3)_2Cl_2$]的偶极矩为零，因此通过测定偶极矩就可区分它们。这两种异构体的性质有很大不同，例如，顺式[$Pt(NH_3)_2Cl_2$]为橙黄色，溶解度较大，为 0.2523g/100g 水(298K 时)，比较不稳定，在 443K 左右转化为反式；而反式[$Pt(NH_3)_2Cl_2$]为亮黄色，溶解度较小，为 0.0366g/100g 水(298K 时)。顺反异构体不但理化性质不同，在人体内所表现的生理、药理作用也往往不同。医学临床证明，顺式[$Pt(NH_3)_2Cl_2$]有抗癌作用，对人体的毒副作用较大；而反式却没有抗癌作用，对人体的毒副作用较小。这种几何异构现象在配位数为 6 的配合物中，是很常见的。但对于具有四面体构型的配位化合物，则不论其中配体是否相同，均不存在顺反异构现象。总之，异构体的数目与配位数和配体的种类有关，还与配离子的空间构型有密切关系，配合物的异构现象是很复杂的，这里不作详细讨论。

§10.2　配合物的化学键理论

配合物的一些物理、化学性质取决于配合物的内界结构，特别是内界中配体与中心原子间的结合力。配合物的化学键理论，就是阐明这种结合力的本性，并用它解释配合物的某些性质，如配位数、几何构型、磁性等。本节重点介绍价键理论，并简单介绍晶体场理论。

§10.2.1　配合物的价键理论

1. 价键理论的基本要点

价键理论是由电子配对法引申而来，并由美国化学家鲍林将杂化轨道理论应用于配合物而形成的，其基本要点如下：

(1) 配合物的中心原子与配体之间的化学键是配位键。成键时，中心原子以价电子层空轨道接受配原子所提供的孤对电子而形成配位 σ 键。配体为电子对给予体，中心原子为电子对接受体，二者结合生成配离子或配位分子。

(2) 在成键过程中，中心原子所提供的空轨道首先进行杂化，形成数目相等、能量相同、具有一定空间伸展方向的杂化空轨道，中心原子的杂化空轨道与配原子的孤对电子轨道在键轴方向重叠成键。

(3) 配合物的空间构型，取决于中心原子价层空轨道的杂化类型。由于杂化的类型不同，杂化轨道的空间构型也不同，因此配合物具有不同的空间构型。表10-1 列出了一些常见配合物的配位数、空间构型和杂化类型之间的关系。

表 10-1　常见配合物的空间构型和中心原子的轨道杂化类型

配位数	空间构型	轨道杂化类型	实　例
2	直线	sp	$[Ag(NH_3)_2]^+$、$[Cu(CN)_2]^-$、$[Au(CN)_2]^-$
4	正四面体	sp^3	$[Zn(NH_3)_4]^{2+}$、$[Cd(CN)_4]^{2-}$、$[HgCl_4]^{2-}$、$[Ni(NH_3)_4]^{2+}$
	平面四方形	dsp^2	$[Ni(CN)_4]^{2-}$、$[Cu(NH_3)_4]^{2+}$、$[Pt(NH_3)_2Cl_2]$、$[PtCl_4]^{2-}$
6	八面体	sp^3d^2	$[FeF_6]^{3-}$、$[Ni(NH_3)_6]^{2+}$、$[Fe(SCN)_6]^{3-}$、$[Co(NH_3)_6]^{2+}$
	八面体	d^2sp^3	$[Fe(CN)_6]^{3-}$、$[Fe(CN)_6]^{4-}$、$[PtCl_6]^{2-}$、$[Co(NH_3)_6]^{3+}$

一般说来，还不能用价键理论来预测配合物的空间构型和中心原子的杂化类型，往往是在取得了配合物的空间构型及磁性等实验数据后，再用价键理论来解释。

2. 外轨配合物和内轨配合物

根据中心原子杂化时所提供的空轨道所属电子层的不同，配合物可分为两种类型。中心原子全部用最外价电子层空轨道(ns,np,nd)参与杂化成键，形成的配合物称为外轨配合物(outer-orbital coordination compound)。例如，中心原子采取 sp、sp^3、sp^3d^2 杂化轨道成键形成配位数为 2、4、6 的配合物都是外轨配合物。中心原子用次外层 d 轨道，即$(n-1)$d 轨道和最外层 ns、np 轨道参与杂化成键，形成的配合物称为内轨配合物(inner-orbital coordination compound)。例如，中心原子采取 dsp^2 或 d^2sp^3 杂化轨道成键形成配位数为 4 或 6 的配合物都是内轨配合物。

无论形成内轨配合物还是外轨配合物，主要取决于中心原子的价电子构型和配体的性质。

(1) 当中心原子的价电子构型为$(n-1)d^{10}$，即$(n-1)$d 轨道全充满时，$(n-1)$d轨道不可能提供空轨道参与杂化，只能形成外轨配合物。例如，中心原子为ⅠB 族的+1价阳离子或ⅡB 族的+2 价阳离子的配合物：$[Ag(NH_3)_2]^+$、

$[Au(CN)_2]^-$、$[Zn(NH_3)_4]^{2+}$、$[HgCl_4]^{2-}$ 等均为外轨配合物。

① $[Ag(CN)_2]^-$ 的形成。Ag^+ 的价电子构型为 $4d^{10}$，它与 CN^- 形成 $[Ag(CN)_2]^-$ 时，Ag^+ 用 1 个 5s 轨道和 1 个 5p 轨道进行 sp 杂化，形成 2 个 sp 杂化空轨道。CN^- 中 C 原子提供的孤对电子填入该空轨道，形成 2 个配位键，从而形成空间构型为直线形的 $[Ag(CN)_2]^-$，Ag^+ 是用最外层轨道杂化的，$[Ag(CN)_2]^-$ 属外轨配合物。

Ag^+ 的价电子构型为

$[Ag(CN)_2]^-$ 的外层电子构型为

② $[Zn(NH_3)_4]^{2+}$ 的形成。中心原子 Zn^{2+} 的价电子构型为

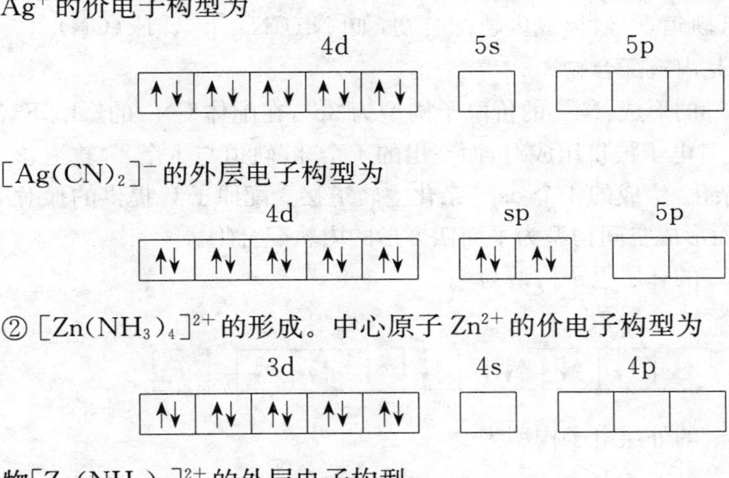

配合物 $[Zn(NH_3)_4]^{2+}$ 的外层电子构型：

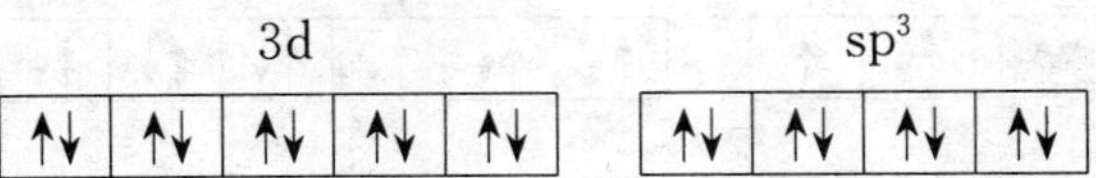

由此可见，Zn^{2+} 采取 sp^3 杂化，形成空间构型为正四面体的配合物，$[Zn(NH_3)_4]^{2+}$ 属外轨配合物。

(2) 当中心原子的价电子构型为 $(n-1)d^{4\sim8}$ 时，既可以形成内轨配合物也可以形成外轨配合物。此时，配体就成为决定配合物类型的主要因素。

① 若配体中的配原子的电负性较大(如卤素原子或氧原子等)，不易给出孤对电子，对中心原子 $(n-1)$ d 电子影响较小，所提供的孤对电子占据中心原子的外层轨道，一般形成外轨配合物，如 $[FeF_6]^{3-}$、$[Fe(H_2O)_6]^{3+}$ 和 $[Ni(H_2O)_4]^{2+}$ 等都是外轨配合物。$[Fe(H_2O)_6]^{3+}$ 的形成过程如下：

Fe^{3+} 的价电子构型为

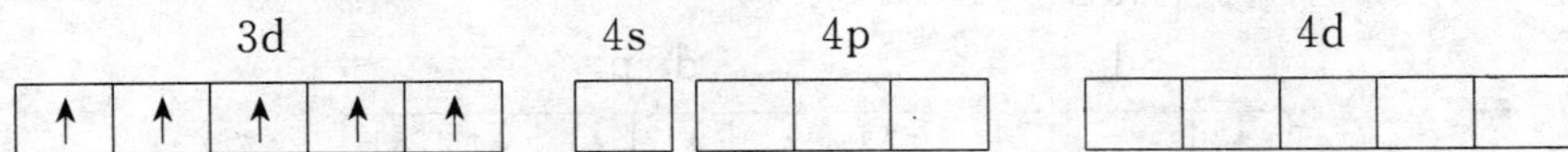

$[Fe(H_2O)_6]^{3+}$的外层电子构型为

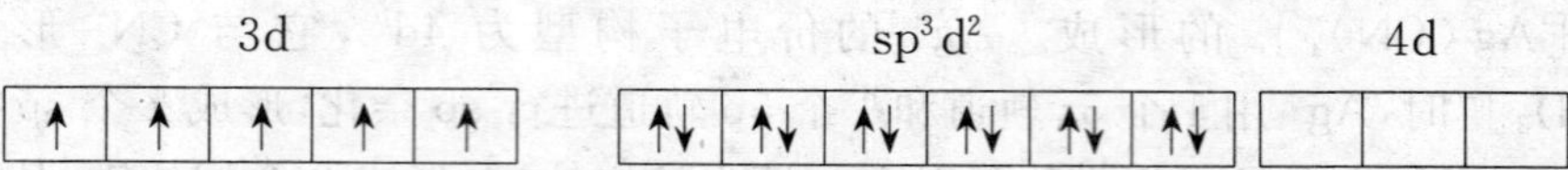

由此可见，Fe^{3+}采取sp^3d^2杂化，形成空间构型为八面体的外轨配合物。

② 若配体中的配原子的电负性较小(如CN^-中的C原子，NO_2^-中的N原子等)，容易给出孤对电子，对中心原子$(n-1)$d电子影响较大，使中心原子d电子重排，空出$(n-1)$d轨道，一般形成内轨配合物，如$[Ni(CN)_4]^{2-}$、$[Fe(CN)_6]^{3-}$、$[Co(NO_2)_6]^{3-}$等都是内轨配合物。

$[Ni(CN)_4]^{2-}$的形成：Ni^{2+}的价电子构型为$3d^8$，在配体CN^-的影响下，3d轨道上的两个未成对电子被挤压成对，而空出的1个3d轨道与1个4s轨道、2个4p轨道进行dsp^2杂化，生成的4个dsp^2杂化空轨道接受配原子C提供的孤对电子，形成配位键，从而形成空间构型为平面四方形的内轨配合物。

$[Ni(CN)_4]^{2-}$的外层电子构型为

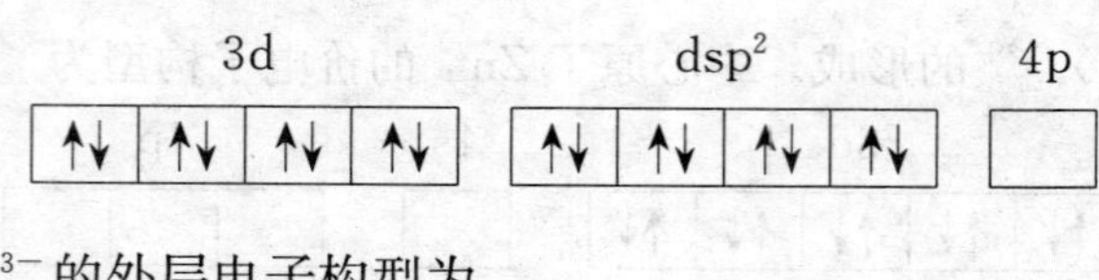

$[Fe(CN)_6]^{3-}$的外层电子构型为

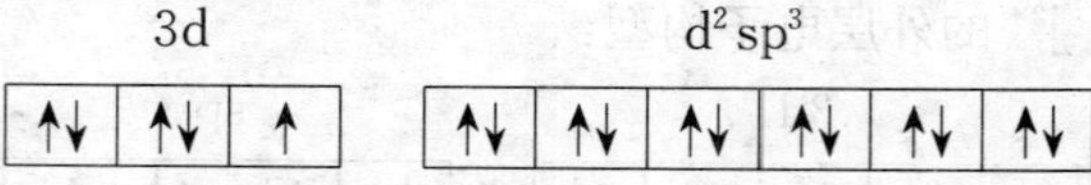

由此可见，在配体CN^-的作用下，Fe^{3+}的2个3d电子被挤压成对，未成对电子数由5个减少为1个。空出2个3d空轨道与1个4s轨道、3个4p轨道进行d^2sp^3杂化，形成空间构型为八面体的内轨配合物。

由于$(n-1)$d轨道比nd轨道能量低，因此同一中心原子的内轨配合物比外轨配合物更稳定。

(3) 当中心原子的价电子构型为$(n-1)d^{1\sim3}$时，至少有2个$(n-1)$d空轨道，所以总是形成内轨配合物。例如，Cr^{3+}和Ti^{3+}分别有3个和1个3d电子，形成的$[Cr(H_2O)_6]^{3+}$和$[Ti(H_2O)_6]^{3+}$均为内轨配合物。但这类配合物往往含有空的$(n-1)$d轨道，而含有空的$(n-1)$d轨道的内轨配合物却不稳定。

$[Ti(H_2O)_6]^{3+}$的外层电子构型为

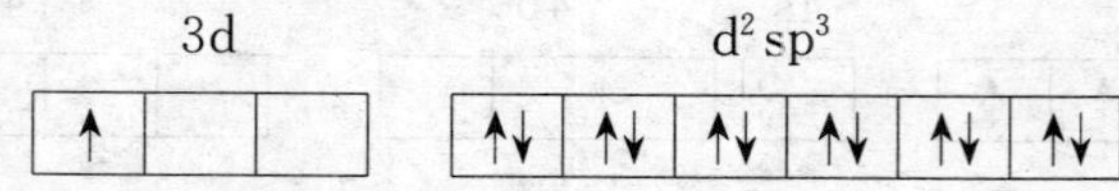

因此，这类配合物虽为内轨配合物，但往往稳定性较差。

3. 配合物的磁矩

前面讨论的是形成内、外轨配合物的一般规律。至于具体配合物是内轨还是外轨，往往是通过测定此配合物的磁矩(μ)来确定的。物质的磁矩是由未成对电子产生，磁矩的理论值与未成对电子数之间的关系式如下：

$$\mu \approx \sqrt{n(n+2)}\mu_B$$

式中，n 为配合物的未成对电子数；μ_B 为玻尔磁子(Bohr magnetion)，$\mu_B = 9.27\times10^{-24}\ A \cdot m^2$。据此，可计算出配合物的磁矩和未成对电子数之间的关系，见表 10-2。

表 10-2　配合物的未成对电子数和磁矩的理论值

n	0	1	2	3	4	5
μ/μ_B	0.00	1.73	2.83	3.87	4.90	5.92

将实验测得的配合物的磁矩与理论值比较，便可确定中心原子的未成对电子数，由此可判断中心原子的轨道杂化类型，进一步确定配合物的空间构型和内轨配合物还是外轨配合物，见表 10-3。

表 10-3　几种配合物的未成对电子数和磁矩实验值

配合物	中心原子的 d 电子	μ/μ_B	未成对电子数	中心原子的轨道杂化类型	空间构型	配合物类型
$Na_4[Mn(CN)_6]$	5	1.57	1	d^2sp^3	八面体	内轨配合物
$[Mn(SCN)_6]^{4-}$	5	6.1	5	sp^3d^2	八面体	外轨配合物
$[Fe(H_2O)_6]SO_4$	6	4.91	4	sp^3d^2	八面体	外轨配合物
$K_3[FeF_6]$	5	5.45	5	sp^3d^2	八面体	外轨配合物
$[Co(SCN)_4]^{2-}$	7	4.3	3	sp^3	正四面体	外轨配合物
$K_2[PtCl_4]$	8	0	0	dsp^2	平面四方形	内轨配合物

从上述讨论可见，价键理论能够成功地解释许多配合物的空间构型和磁性，并能定性说明配合物的稳定性，但也存在不足。对于某些配合物如$[Co(NO_2)_6]^{4-}$价键理论不能给予满意的解释。Co^{2+}的价电子构型为 $3d^7$，$[Co(H_2O)_6]^{2+}$是 sp^3d^2 杂化形成配位数为 6 的八面体配离子，实验证明它有 3 个未成对电子，价键理论是可以说明的。但在生成$[Co(NO_2)_6]^{4-}$时，实验证明该配离子中只有 1 个未成对电子，按照价键理论中心原子 Co^{2+} 应采取 d^2sp^3 杂化，3d 轨道上的 3 个未成对电子先有 2 个被挤压成对，另一个未成对电子被激发到 4d 轨道上，形成内轨型的八面体配合物。

$[Co(NO_2)_6]^{4-}$的外层电子构型为

3d			d²sp³						4d				
↑↓	↑↓	↑↓	↑↓	↑↓	↑↓	↑↓	↑↓	↑↓	↑				

然而,光谱实验证明,这个未成对电子并不是一个 4d 电子,而仍然是一个 3d 电子。另外,价键理论也不能说明配合物的颜色和吸收光谱,无法定量说明一些配合物的稳定性。在这些方面,配合物的晶体场理论能做出比较满意的解释。

§10.2.2　配合物的晶体场理论

1. 晶体场理论的基本要点

晶体场理论(crystal field theory,CFT)是由物理学家 Bethe(1929 年)和 van Vleck 发展起来的。这一理论几乎和价键理论同时提出,但经过 20 多年后(1951 年)该理论才被化学家所公认和应用,其基本要点如下:

(1) 中心原子和配体之间的作用力是静电作用力。该理论把中心原子和配体看作点电荷,中心原子和配体之间靠静电作用力相结合,并不形成共价键。

(2) 中心原子在带有负电荷或偶极分子的配体所形成的负电场影响下,其电子能级必将发生变化,特别是外层 d 电子所受影响最大,使 5 个简并的 d 轨道发生能级分裂,有的轨道能量升高,有的轨道能量降低。

(3) 中心原子 d 轨道能级分裂,导致 d 电子重排,使体系能量降低,形成稳定的配合物。

参照离子晶体中正、负离子之间的离子键,把配体所产生的负电场称为晶体场,该理论称为晶体场理论。下面仅以八面体构型的配合物为例予以介绍。

2. 中心原子 d 轨道的能级分裂

配合物中心原子的外层有 5 个空间伸展方向不同的 d 轨道:d_{xy}、d_{xz}、d_{yz}、$d_{x^2-y^2}$、d_{z^2},它们的角度波函数 Y 极大值分布是:$d_{x^2-y^2}$ 轨道沿 x、y 轴分布;d_{z^2} 轨道沿 z 轴分布,d_{xy}、d_{xz}、d_{yz} 分别沿 x、y、z 轴夹角的平分线分布。这 5 个 d 轨道在没有外电场(中心原子处于自由状态)影响时,处于简并态。

如果把中心原子置于球形对称的负电场包围的球心上,则负电场对 5 个简并 d 轨道中的电子产生均匀的排斥力,使 d 轨道的能量同等程度的升高,但不会发生能级分裂。

如果中心原子受到来自不同方向的、带有负电荷(或偶极分子)的几个配体作用时,由于中心原子的 5 个 d 轨道本身的空间伸展方向不同,在配体的负电场作用下，它们各自的能量变化就会有所不同。也就是说，中心原子 d 轨道的能级发生了分裂。在不同晶体场作用下，中心原子的 d 轨道能级分裂情况不同。

当中心原子和配体形成配位数为 6 的八面体配合物时，6 个带有负电荷的配体沿着 x、y、z 三个坐标轴方向，向中心原子接近，$d_{x^2-y^2}$ 和 d_{z^2} 两个轨道正好处在与配体迎头相碰的状态（图 10-1），使在这两个轨道上的电子受到的静电斥力较大，因而能量升高较多；而夹在坐标轴之间的 d_{xy}、d_{xz}、d_{yz} 三个轨道，受到配体的静电斥力则较小，故能量升高幅度相对较低。这样，能量相等的 5 个 d 轨道，在八面体场作用下分裂成两组：一组由 $d_{x^2-y^2}$ 和 d_{z^2} 组成的能量较高的 d_γ 能级，另一组由 d_{xy}、d_{xz}、d_{yz} 组成的能量较低的 d_ε 能级（图 10-2）。

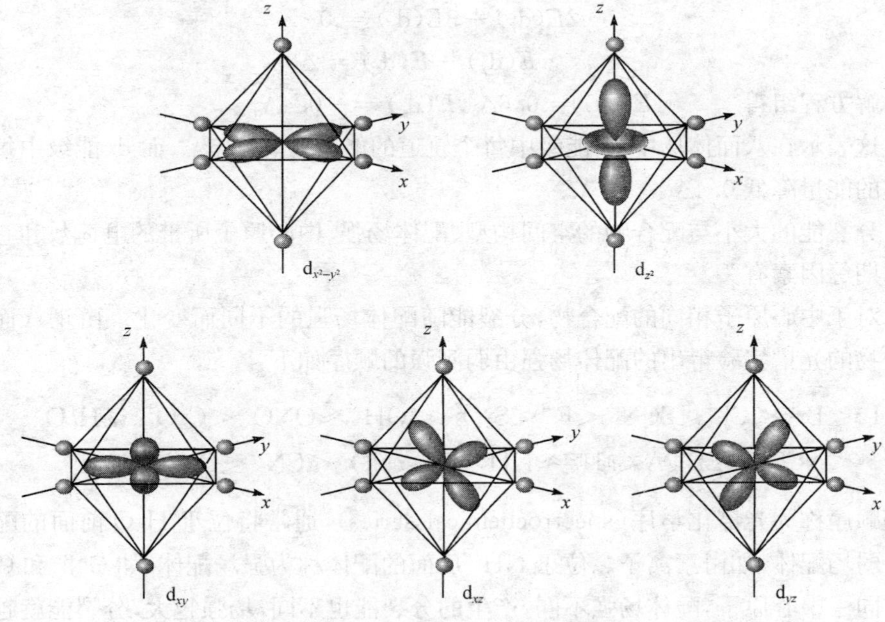

图 10-1　在八面体场中的 d 轨道

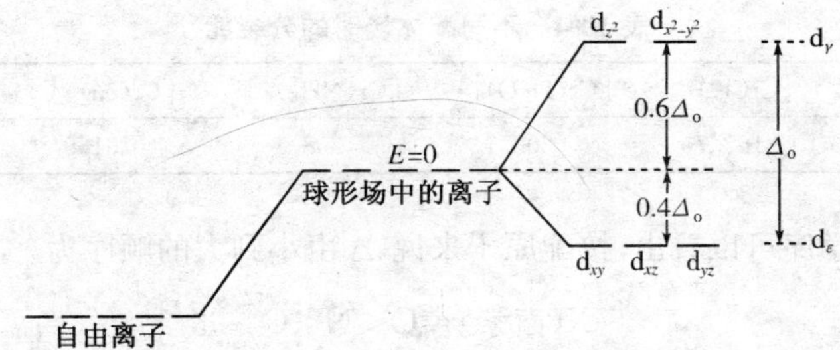

图 10-2　中心原子 d 轨道在八面体场中的能级分裂

3. 分裂能

中心原子的 d 轨道在不同构型的配合物中，分裂的方式和分裂后 d 轨道的能量都不相同。我们把中心原子 d 轨道能级分裂后最高能级与最低能级之间的能量差称为分裂能(splitting energy)，用符号 Δ 表示。它的大小可通过光谱实验来测定。在定性地解释配合物的性质时，并不一定需要知道分裂能(Δ)的绝对值，只要能够知道它在不同情况下的相对值即可。八面体场的分裂能为 d_γ 能级和 d_ε 能级之间的能量差，用符号 Δ_o 表示(下标 o 代表八面体 octahedral)。若以未分裂的 d 轨道的总能量为零为比较标准，就能计算 d_γ 和 d_ε 的能量。

由于 d 轨道在能级分裂前后的总能量应保持不变，有

$$2E(d_\gamma) + 3E(d_\varepsilon) = 0$$

$$E(d_\gamma) - E(d_\varepsilon) = \Delta_o$$

解方程组得　　$E(d_\gamma) = 0.6\Delta_o, E(d_\varepsilon) = -0.4\Delta_o$

这表示在八面体场中 d_γ 能级中每个轨道的能量升高 $0.6\Delta_o$，而 d_ε 能级中每个轨道的能量降低 $0.4\Delta_o$。

分裂能的大小与配合物的空间构型、配体场强、中心原子所带的电荷数和它所属周期等因素有关。

对于中心原子相同的配合物，分裂能随配体场强的不同而变化。由正八面体配合物的光谱实验得出的配体场强由弱到强的顺序如下：

$I^- < Br^- < Cl^- < SCN^- < F^- < S_2O_3^{2-} < OH^- \approx ONO^- < C_2O_4^{2-} < H_2O$

$< NCS^- \approx EDTA <$ 吡啶 $\approx NH_3 < en < NO_2^- < CN^- < CO$

这一顺序称为光谱化学序(spectrochemical series)，通常将位于 H_2O 前面的配体称为弱场配体，如卤素离子。位于 NH_3 后面的配体称为强场配体，如 CN^- 和 CO。对于同一中心原子，配体场强不同，产生的分裂能也不同，场强越大，分裂能就越大(表 10-4)。

表 10-4　不同配体场时的分裂能

配合物	$[CrCl_6]^{3-}$	$[Cr(H_2O)_6]^{3+}$	$[Cr(NH_3)_6]^{3+}$	$[Cr(en)_3]^{3+}$	$[Cr(CN)_6]^{3-}$
$\Delta_o/(kJ \cdot mol^{-1})$	162.7	208.1	258.3	261.9	314.5

从光谱化学序可以看出，按配原子来说，Δ 由小到大的顺序为

X(卤素) < O < N < C

对于配体相同的配合物，中心原子的氧化数越高，分裂能就越大(表 10-5)。

表 10-5　中心原子的氧化数不同时的分裂能

配合物	$[Co(H_2O)_6]^{2+}$	$[Co(H_2O)_6]^{3+}$	$[V(H_2O)_6]^{2+}$	$[V(H_2O)_6]^{3+}$
$\Delta_o/(kJ \cdot mol^{-1})$	111.3	222.5	150.7	211.7

这是因为中心原子的氧化数越高，其所带正电荷越多，对配体的吸引力越大，中心原子与配体之间的距离越近，中心原子外层的 d 电子与配体之间的排斥力增强，故分裂能越大。

同一副族的中心原子，其氧化数及配体相同时所形成的配合物，中心原子所属的周期数越大，分裂能也越大(表 10-6)。

表 10-6　中心原子所属周期不同对分裂能的影响

中心原子	价层电子排布	周　期	配合物	$\Delta_o/(kJ \cdot mol^{-1})$
Co^{3+}	$3d^6$	4	$[Co(en)_3]^{3+}$	278.7
Rh^{3+}	$4d^6$	5	$[Rh(en)_3]^{3+}$	411.4
Ir^{3+}	$5d^6$	6	$[Ir(en)_3]^{3+}$	492.8

这是因为中心原子所属周期数越大，其原子半径越大，外层 d 轨道离核越远，与配体之间的距离越近，排斥力增强，分裂能增大。

4. 八面体场中中心原子的 d 电子排布

中心原子的 d 轨道在八面体场中发生分裂后，将会引起 d 轨道上的电子重新排布。电子排布时，首先占据能量较低的 d_ε 能级，同时按照洪德规则，电子应分占各等价(简并)轨道并保持自旋平行。

当中心原子的价电子排布为 d^1～d^3 时，它们将自旋平行地分占三个简并的 d_ε 能级轨道。

当中心原子的价电子排布为 d^4～d^7 时，余下的 d 电子排入 d_ε 能级轨道还是排入 d_γ 能级轨道，主要取决于晶体场分裂能(Δ_o)和电子成对能(P)的相对大小。电子成对能(electron pairing energy)是指一个轨道中已有一个电子时，如果再进入一个电子与之成对，所需克服的电子排斥能。欲使一个电子从能量较低的 d_ε 能级轨道进入能量较高的 d_γ 能级轨道，需要吸收的能量为 Δ_o。因此，电子成对能越小，分裂能越大，即 $\Delta_o > P$ 时，电子越易成对，而不易进入 d_γ 能级轨道；$\Delta_o < P$ 时，电子越不易成对，越易进入 d_γ 能级轨道。

例如，对于 d^5 构型的中心原子，在弱场配体中，$P > \Delta_o$，即电子成对时斥力较大，则第 4、5 个电子进入能量较高的 d_γ 能级轨道，价电子排布为 $d_\varepsilon^3 d_\gamma^2$；在强场配体中，$P < \Delta_o$，则第 4、5 个电子仍进入 d_ε 能级轨道，形成 $d_\varepsilon^5 d_\gamma^0$。前者未成对电子较多，后者未成对电子较少。中心原子 d 电子数目相同的配合物中，未

成对电子数多的配合物称为高自旋配合物，未成对电子数少的配合物称为低自旋配合物。表 10-7 给出了八面体场中电子在 d_ε 和 d_γ 能级轨道中的排布情况。

由表 10-7 可知，具有 $d^1 \sim d^3$ 或 $d^8 \sim d^{10}$ 电子构型的中心原子，在八面体强场或弱场作用下，d 电子在 d_ε 和 d_γ 中的排布方式相同，所形成的配合物磁性也相同。具有 $d^4 \sim d^7$ 构型的中心原子如 Cr^{2+}、Mn^{2+}、Fe^{2+}、Fe^{3+}、Co^{2+}、Co^{3+} 等，配体所产生的晶体场的强弱对它们的 d 电子排布有影响，所形成的配合物就有高自旋配合物和低自旋配合物之分。

表 10-7 八面体场中 d 电子在 d_ε 和 d_γ 能级轨道中的排布

d 电子数	弱场($P>\Delta_o$)		未成对电子数	强场($P<\Delta_o$)		未成对电子数
	d_ε	d_γ		d_ε	d_γ	
d^1	↑		1	↑		1
d^2	↑ ↑		2	↑ ↑		2
d^3	↑ ↑ ↑		3	↑ ↑ ↑		3
d^4	↑ ↑ ↑	↑	4	↑↓ ↑ ↑		2
d^5	↑ ↑ ↑	↑ ↑	5	↑↓ ↑↓ ↑		1
d^6	↑↓ ↑ ↑	↑ ↑	4	↑↓ ↑↓ ↑↓		0
d^7	↑↓ ↑↓ ↑	↑ ↑	3	↑↓ ↑↓ ↑↓	↑	1
d^8	↑↓ ↑↓ ↑↓	↑ ↑	2	↑↓ ↑↓ ↑↓	↑ ↑	2
d^9	↑↓ ↑↓ ↑↓	↑↓ ↑	1	↑↓ ↑↓ ↑↓	↑↓ ↑	1
d^{10}	↑↓ ↑↓ ↑↓	↑↓ ↑↓	0	↑↓ ↑↓ ↑↓	↑↓ ↑↓	0

5. 晶体场稳定化能

中心原子的 d 电子进入能级分裂后的 d 轨道，比进入分裂前的 d 轨道（在球形场中）系统所降低的总能量，称为晶体场稳定化能（crystal field stabilization energy，CFSE）。晶体场稳定化能是负值（体系释放能量）或 0，其绝对值越大，表示配合物越稳定。通常用 CFSE 的大小可以比较一些配合物的稳定性。

对于正八面体配合物，晶体场稳定化能的计算公式为

$$\text{CFSE} = -0.4\Delta_o \times n_\varepsilon + 0.6\Delta_o \times n_\gamma + (n_2 - n_1)P$$

式中，n_ε、n_γ 分别为 d_ε、d_γ 能级轨道上的电子数；n_1、n_2 分别为能级分裂前、后 d 轨道上的电子对数。

可见，晶体场稳定化能与中心原子的 d 电子数目、晶体场的强弱以及配合物的空间构型有关。例如，具有 d^5 构型的中心原子在八面体弱场作用下，d 电子排布为 $d_\varepsilon^3 d_\gamma^2$，这样的高自旋配合物的稳定化能为

$$\text{CFSE} = 3 \times (-0.4\Delta_o) + 2 \times (0.6\Delta_o) = 0$$

但在八面体强场作用下，d 电子排布为 $d_\varepsilon^5 d_\gamma^0$，这种低自旋配合物的稳定化能为

$$\text{CFSE} = 5 \times (-0.4\Delta_o) + 0 \times (0.6\Delta_o) + (2-0)P = -2.0\Delta_o + 2P < 0$$

因此，对于具有 $d^4 \sim d^7$ 构型的中心原子所形成的低自旋配合物（相当于内轨配合物）要比高自旋配合物（相当于外轨配合物）稳定得多。

根据稳定化能的计算，也可比较不同的中心原子所形成的类型相同配合物的稳定性。例如，$[Co(CN)_6]^{3-}$ 和 $[Fe(CN)_6]^{3-}$ 均是强场配体 CN^- 形成的低自旋配合物，中心原子的 d 电子排布分别是 $d_\varepsilon^6 d_\gamma^0$ 和 $d_\varepsilon^5 d_\gamma^0$，配合物的稳定化能分别是 $(-2.4\Delta_o+2P)$ 和 $(-2.0\Delta_o+2P)$，因而 $[Co(CN)_6]^{3-}$ 比 $[Fe(CN)_6]^{3-}$ 稳定。对于类型不同的配合物，不能单纯从稳定化能的相对大小来判断它们的稳定性，还应该考虑到成键的数目等。

6. 配合物的颜色

可见光是由不同波长的光按一定的强度比例混合而成的。若两种颜色的光按适当的强度比例混合可成白光，则这两种光为互补光。图 10-3 中，位于同一直线上的一对光为互补光，如红光和青光互补、黄光和蓝光互补。物质对光的吸收具有选择性，若溶液选择性地吸收了某种颜色的光，则溶液呈现吸收光的互补光的颜色。

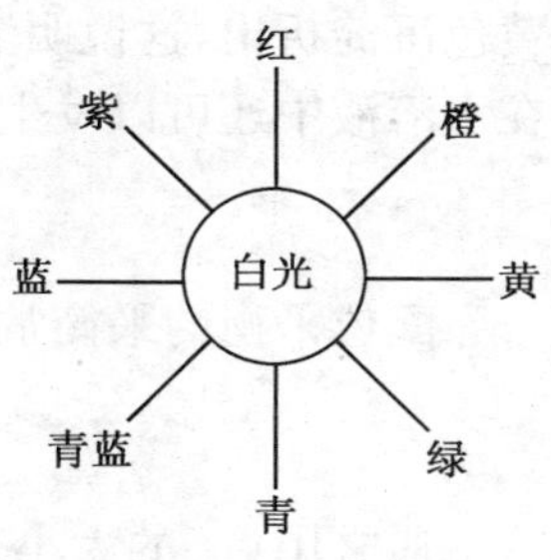

图 10-3　互补光示意图

具有 $d^1 \sim d^9$ 构型的过渡金属离子所形成的配合物，一般都呈现颜色。晶体场理论认为，过渡金属离子的 d 轨道在晶体场作用下，能级发生分裂，如果分裂后的 d 轨道中没有充满电子，当吸收了可见光中某些波长的光后，d 电子可从能量低的 d 轨道向能量高的 d 轨道跃迁，这种跃迁称为 d-d 跃迁。产生 d-d 跃迁所需的能量就是分裂能，一般在 $120 \sim 360 kJ \cdot mol^{-1}$（相当于波数为 $10\,000 \sim 30\,000 cm^{-1}$，波长大约为 330～1000nm，它包括全部可见光范围。

当可见光照射到八面体配合物后，如果配合物的 d_ε 能级上有电子，而能量较高的 d_γ 能级有空轨道或轨道没有充满电子，与分裂能相当的光便被吸收，使电子从 d_ε 能级激发到 d_γ 能级上去，其互补光就被反射或通过，因而呈现一定的颜色。由于配合物不同，分裂能的大小也不同，产生 d-d 跃迁所需的能量就不同，被吸收的光的波长也不同，因此不同的配合物呈现出不同的颜色。例如，$[Co(NH_3)_6]^{3+}$ 吸收波长约 430nm 的光（相当于 $23\,200 cm^{-1}$ 的波数，蓝色光），则配合物呈现其吸收光的互补光的颜色——黄色；如果用弱场配体 Cl^- 取代 NH_3 分子，形成 $[Co(NH_3)_5Cl]^{2+}$ 时，则该配合物吸收波长约为 530nm 的光（相当于 $18\,800 cm^{-1}$ 的波数，绿色光），而显示紫红色。光的波长越短，能量越大。可见，$[Co(NH_3)_6]^{3+}$ 的分裂能比 $[Co(NH_3)_5Cl]^{2+}$ 的分裂能大，或者说 NH_3 所产生的晶体场场强比 Cl^- 的大。

ⅠB 族的 +1 价离子与ⅡB 族的 +2 价离子具有 d^{10} 构型，d 轨道已排满电子，它们所形成的配合物不会产生 d-d 跃迁，一般是无色的。

§10.3 配位平衡

§10.3.1 配离子的稳定常数

向含有 Ag^+ 的溶液中加入过量的氨水，则有 $[Ag(NH_3)_2]^+$ 生成：

$$Ag^+ + 2NH_3 \longrightarrow [Ag(NH_3)_2]^+$$

这类反应称为配位反应。当在此溶液中加入 NaCl 时，并无 AgCl 白色沉淀产生，说明溶液中游离的 Ag^+ 是很少的，不足以形成 AgCl 沉淀；但加入 KI 时，则有 AgI 黄色沉淀析出，这说明溶液中仍存在少量游离的 Ag^+。也就是说，$[Ag(NH_3)_2]^+$ 在水溶液中还可以发生少量解离，即溶液中存在下列配位平衡：

$$Ag^+ + 2NH_3 \underset{\text{解离}}{\overset{\text{配位}}{\rightleftharpoons}} [Ag(NH_3)_2]^+$$

配位平衡的平衡常数称为配离子的稳定常数，用 K_s 表示，即

$$K_s = \frac{[Ag(NH_3)_2^+]}{[Ag^+][NH_3]^2}$$

通常用 K_s 的大小来衡量配离子的稳定性。对于配位比相同的配合物，K_s 越大，则配离子越稳定，即越不易解离。例如，$[Ag(NH_3)_2]^+$ 和 $[Ag(CN)_2]^-$ 的配位比均为 2∶1，它们的 K_s 分别为 1.1×10^7 和 1.3×10^{21}，故 $[Ag(CN)_2]^-$ 比 $[Ag(NH_3)_2]^+$ 更稳定；对于配位比不同的配合物，需通过计算才能比较它们的稳定性（参照例 10-1）。由于 K_s 的数值很大，常用 $\lg K_s$ 表示。常见配离子的稳定常数见附录Ⅵ。

实际上，配离子的形成或解离是分步进行的，因此溶液中存在着一系列的配位平衡（coordination equilibrium），对应于这些平衡也有一系列稳定常数。例如，$[Cu(NH_3)_4]^{2+}$ 的形成与解离分四步进行，相应有四个分步稳定常数。

$$Cu^{2+} + NH_3 \rightleftharpoons [Cu(NH_3)]^{2+} \qquad K_1 = \frac{[Cu(NH_3)^{2+}]}{[Cu^{2+}][NH_3]}$$

$$[Cu(NH_3)]^{2+} + NH_3 \rightleftharpoons [Cu(NH_3)_2]^{2+} \qquad K_2 = \frac{[Cu(NH_3)_2^{2+}]}{[Cu(NH_3)^{2+}][NH_3]}$$

$$[Cu(NH_3)_2]^{2+} + NH_3 \rightleftharpoons [Cu(NH_3)_3]^{2+} \qquad K_3 = \frac{[Cu(NH_3)_3^{2+}]}{[Cu(NH_3)_2^{2+}][NH_3]}$$

$$[Cu(NH_3)_3]^{2+} + NH_3 \rightleftharpoons [Cu(NH_3)_4]^{2+} \qquad K_4 = \frac{[Cu(NH_3)_4^{2+}]}{[Cu(NH_3)_3^{2+}][NH_3]}$$

将上述第一、第二步合并（相加），得

$$Cu^{2+} + 2NH_3 \rightleftharpoons [Cu(NH_3)_2]^{2+}$$

其平衡常数的表达式为

$$\beta_2 = \frac{[Cu(NH_3)_2^{2+}]}{[Cu^{2+}][NH_3]^2} = \frac{[Cu(NH_3)^{2+}]}{[Cu^{2+}][NH_3]} \times \frac{[Cu(NH_3)_2^{2+}]}{[Cu(NH_3)^{2+}][NH_3]} = K_1 \cdot K_2$$

平衡常数 β_2 称为配离子$[Cu(NH_3)_2]^{2+}$的累积稳定常数。同理可得

$$\beta_1 = K_1$$
$$\beta_2 = K_1K_2$$
$$\beta_3 = K_1K_2K_3$$
$$\vdots$$
$$\beta_n = K_1K_2\cdots K_n = K_s$$

由上式可知各分步稳定常数之积 β_n 就是配离子的总稳定常数 K_s。

【例 10-1】 分别计算 $0.10mol \cdot L^{-1}[Cu(en)_2]^{2+}$溶液和 $0.10mol \cdot L^{-1}$ CuY^{2-} 溶液中 Cu^{2+} 的浓度,并比较二者的稳定性。已知 $K_s([Cu(en)_2]^{2+})=1.0\times10^{20}$,$K_s(CuY^{2-})=5.0\times10^{18}$。

解 设$[Cu(en)_2]^{2+}$溶液中$[Cu^{2+}]=x mol \cdot L^{-1}$,溶液中存在下列平衡:

$$[Cu(en)_2]^{2+} \rightleftharpoons Cu^{2+} + 2en$$

平衡时 $\quad 0.10-x \quad\quad x \quad\quad 2x$

$$K_s = \frac{[Cu(en)_2^{2+}]}{[Cu^{2+}][en]^2} = \frac{0.10-x}{x\times(2x)^2} = 1.0\times10^{20}$$

因 K_s 值很大,则 x 值很小,所以 $0.10-x\approx0.10$,有

$$\frac{0.10-x}{x\times(2x)^2} \approx \frac{0.10}{x\times(2x)^2} \approx 1.0\times10^{20}$$

解得 $\quad x=6.3\times10^{-8} mol \cdot L^{-1}$

设 CuY^{2-} 溶液中$[Cu^{2+}]=y$ $mol \cdot L^{-1}$,溶液中存在下列平衡:

$$CuY^{2-} \rightleftharpoons Cu^{2+} + Y^{4-}$$

平衡时 $\quad 0.10-y \quad\quad y \quad\quad y$

$$K_s = \frac{[CuY^{2-}]}{[Cu^{2+}][Y^{4-}]} = \frac{0.10-y}{y\times y} \approx \frac{0.10}{y^2} \approx 5.0\times10^{18}$$

解得 $\quad y=1.4\times10^{-10} mol \cdot L^{-1}$

通过计算可以看出:虽然 $K_s([Cu(en)_2]^{2+})=1.0\times10^{20}$ 大于 $K_s(CuY^{2-})=5.0\times10^{18}$,但 $x>y$,说明$[Cu(en)_2]^{2+}$的解离度比 CuY^{2-} 大,CuY^{2-} 的稳定性更好一些。这是由于它们的配位比不同造成的。

§10.3.2 配位平衡的移动

配位平衡如同其他化学平衡一样,也是有条件的动态平衡。如果改变平衡体系的条件,平衡就会移动。下面将分别讨论溶液 pH、沉淀溶解平衡、氧化还原平衡以及其他配位剂对配位平衡移动或转化的影响。

1. 溶液 pH 的影响

配离子中很多配体,如 F^-、CN^-、NH_3 等都是碱,当溶液的 pH 变小时,配体与 H^+ 结合生成弱酸,而使配位平衡发生移动,导致配离子解离度增大,稳定性降

低。我们把溶液 pH 减小时，配体与 H^+ 结合，使配离子稳定性降低的现象称为配体的酸效应。

例如，$[Fe(CN)_6]^{4-}$ 在强酸性溶液中，由于下列反应而增大了 $[Fe(CN)_6]^{4-}$ 的解离度，降低了其稳定性。

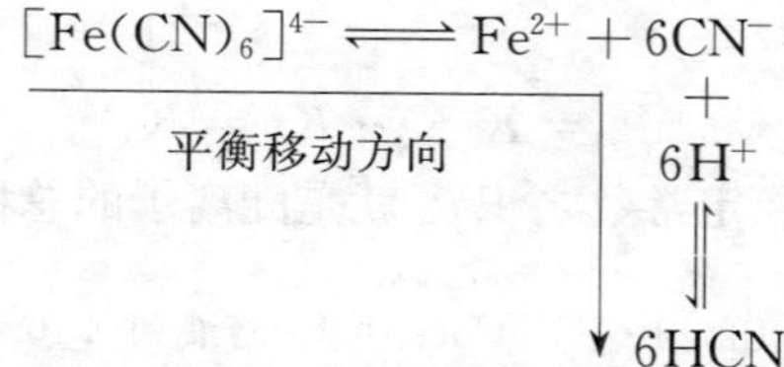

中心原子往往是过渡金属离子，它在水溶液中大都存在着不同程度的水解作用，如 $[FeF_6]^{3-}$ 的中心原子 Fe^{3+} 有如下的水解反应：

$$Fe^{3+} + H_2O \rightleftharpoons [Fe(OH)]^{2+} + H^+$$

$$[Fe(OH)]^{2+} + H_2O \rightleftharpoons [Fe(OH)_2]^{+} + H^+$$

$$[Fe(OH)_2]^{+} + H_2O \rightleftharpoons Fe(OH)_3 \downarrow + H^+$$

当溶液的酸度越小，即 pH 越大时，Fe^{3+} 就越容易水解，且水解得越彻底。随着水解的进行，Fe^{3+} 的浓度下降，配位平衡发生移动，$[FeF_6]^{3-}$ 的稳定性降低。这种溶液酸度减小，导致金属离子水解，使配离子稳定性降低的现象称为金属离子的水解效应。

配体的酸效应和金属离子的水解效应同时存在，且都影响配位平衡移动和配离子的稳定性。至于某 pH 条件下，以哪个效应为主，将由配合物的稳定常数、配体的碱性强弱和金属离子所生成的氢氧化物的溶度积决定。

2. 配位平衡与沉淀溶解平衡

若在沉淀中加入能与金属离子形成配离子的配位剂，则沉淀有可能转化为配离子而溶解。如向 AgCl 沉淀中加入氨水，AgCl 沉淀溶于氨水，生成 $[Ag(NH_3)_2]^+$，从而使沉淀溶解平衡转化为配位平衡；若在配离子溶液中加入能与中心原子形成沉淀的沉淀剂，则配离子有可能转化为沉淀而解离。例如，在 $[Ag(NH_3)_2]^+$ 溶液中加入 KI，则生成 AgI 黄色沉淀，而使配位平衡转化为沉淀溶解平衡。在沉淀溶解平衡和配位平衡的相互转化过程中，配离子的稳定常数越小，生成沉淀的溶度积越小，越容易使配位平衡转化为沉淀溶解平衡。反之，配离子的稳定常数越大，生成沉淀的溶度积越大，越容易使沉淀溶解平衡转化为配位平衡。实际上沉淀溶解平衡和配位平衡的相互转化就是沉淀剂与配位剂之间争夺金属离子的过程。

【例 10-2】 298K 时，1.0L 6.0mol · L^{-1} NH_3 溶液中，最多能溶解 AgCl 多少克？向上述溶液中加入 KI 固体，使 $[I^-]$ = 0.10mol · L^{-1}（忽略体积变化），有无 AgI 沉淀生成？

解　AgCl 溶于 NH_3 溶液的反应为

$$AgCl(s) + 2NH_3(aq) \rightleftharpoons [Ag(NH_3)_2]^+ + Cl^-(aq)$$

该反应的平衡常数为

$$K = \frac{[Ag(NH_3)_2^+][Cl^-]}{[NH_3]^2} = \frac{[Ag(NH_3)_2^+][Cl^-]}{[NH_3]^2} \cdot \frac{[Ag^+]}{[Ag^+]}$$
$$= K_s([Ag(NH_3)_2]^+) \cdot K_{sp}(AgCl)$$
$$= 1.1 \times 10^7 \times 1.8 \times 10^{-10} = 2.0 \times 10^{-3}$$

设 1.0L 溶液中溶解 AgCl(s) 为 $x$mol，则平衡时$[Cl^-] = x\text{mol} \cdot L^{-1}$，$[Ag(NH_3)_2^+] = x\text{mol} \cdot L^{-1}$，$[NH_3] = 6.0 - 2x\text{mol} \cdot L^{-1}$。将各物质的平衡浓度代入平衡常数表达式，得

$$\frac{x^2}{(6.0 - 2x)^2} = 2.0 \times 10^{-3} \qquad x = 0.25(\text{mol})$$

所以，298K 时，1.0L 6.0mol·L^{-1} NH_3 溶液中，最多能溶解 0.25×143.4＝36g 的 AgCl。

上述溶液中，同时存在下列平衡：

	Ag^+	+ $2NH_3$	$\rightleftharpoons$ $[Ag(NH_3)_2]^+$
平衡时/(mol·L^{-1})	$[Ag^+]$	$6.0 - 2\times0.25$	0.25

$$K_s = \frac{[Ag(NH_3)_2^+]}{[Ag^+][NH_3]^2} = \frac{0.25}{[Ag^+](6.0 - 2\times0.25)^2} = 1.1 \times 10^7$$

$$[Ag^+] = 7.5 \times 10^{-10}(\text{mol} \cdot L^{-1})$$

$$IP(AgI) = c(Ag^+)c(I^-) = 7.5 \times 10^{-10} \times 0.10 > K_{sp}(AgI) = 8.5 \times 10^{-17}$$

所以，有 AgI 沉淀生成。

3. 配位平衡与氧化还原平衡

若在含有配离子的溶液中加入能与中心原子或配体发生氧化还原反应的氧化剂或还原剂，则中心原子或配体的浓度减小，导致配离子的解离度增大，配位平衡发生移动。例如，向含$[Ag(NH_3)_2]^+$的溶液中加入还原剂甲醛，可发生下列反应：

$$2[Ag(NH_3)_2]^+ \rightleftharpoons 2Ag^+ + 4NH_3$$
$$+$$
$$HCHO + 2OH^-$$
$$\Downarrow$$
$$2Ag + HCOOH + H_2O$$

平衡移动方向

若在氧化还原平衡体系中，加入配位剂，也可改变氧化还原反应的方向。例如，Fe^{3+}可以氧化 I^-，但如果加入 F^- 生成$[FeF_6]^{3-}$，则 Fe^{3+} 浓度降低，使得 $\varphi(Fe^{3+}/Fe^{2+})$大大减小，以至上述反应逆向进行。

$$Fe^{3+} + I^- \rightleftharpoons Fe^{2+} + \frac{1}{2}I_2$$

$+$

$6F^-$

$\Updownarrow$

$[FeF_6]^{3-}$

平衡移动方向

此外，金属离子与配位剂形成配合物后，所对应的氧化还原电对的标准电极电势也将相应变化。

【例 10-3】 计算 298K 时，$[Hg(CN)_4]^{2-} + 2e^- \rightleftharpoons Hg + 4CN^-$ 的标准电极电势。已知 $\varphi^{\ominus}(Hg^{2+}/Hg) = 0.851V$，$K_s([Hg(CN)_4]^{2-}) = 2.51 \times 10^{41}$。

解 解法一：首先计算$[Hg(CN)_4]^{2-}$在平衡时，解离出的 Hg^{2+}浓度：

$$K_s = \frac{[Hg(CN)_4^{2-}]}{[Hg^{2+}][CN^-]^4} = 2.51 \times 10^{41}$$

由题意可知：在标准状态下$[Hg(CN)_4^{2-}]$和$[CN^-]$的浓度均为 $1mol \cdot L^{-1}$，则

$$K_s = \frac{1}{[Hg^{2+}]} = 2.51 \times 10^{41} \qquad [Hg^{2+}] = 3.98 \times 10^{-42}(mol \cdot L^{-1})$$

此时，$[Hg(CN)_4]^{2-} + 2e^- \rightleftharpoons Hg + 4CN^-$ 的标准电极电势为

$$\varphi^{\ominus} = \varphi(Hg^{2+}/Hg) = \varphi^{\ominus}(Hg^{2+}/Hg) + \frac{0.0592}{2}\lg[Hg^{2+}]$$

$$= 0.851 + \frac{0.0592}{2}\lg(3.98 \times 10^{-42}) = -0.374(V)$$

解法二：先设计一个原电池：

正极反应为 $Hg^{2+} + 2e^- \rightleftharpoons Hg$ $\varphi_1^{\ominus}$

负极反应为 $[Hg(CN)_4]^{2-} + 2e^- \rightleftharpoons Hg + 4CN^-$ $\varphi_2^{\ominus}$

电池反应为 $Hg^{2+} + 4CN^- \rightleftharpoons [Hg(CN)_4]^{2-}$

298K 达到平衡时，该电池反应的平衡常数 K 即为$[Hg(CN)_4]^{2-}$的 K_s。

$$\lg K = \lg K_s = \frac{n(\varphi_1^{\ominus} - \varphi_2^{\ominus})}{0.0592} = \frac{2(0.851 - \varphi_2^{\ominus})}{0.0592} = 41.4$$

所以 $\varphi_2^{\ominus} = -0.374(V)$

从计算结果可以看出，当金属离子配位以后，其标准电极电势变小，因而使金属离子得电子的能力减弱，不易被还原为金属，增加了金属离子的稳定性。

4. 配位平衡之间的相互转化

向一种配离子溶液中，加入另一种能与该中心原子形成更稳定配离子的配位剂时，原来的配位平衡将发生转化。

【例 10-4】 向$[Ag(NH_3)_2]^+$的溶液中加入足量的CN^-后，将会发生什么变化？

解　这个问题实质上是判断下列反应的方向问题：

$$[Ag(NH_3)_2]^+ + 2CN^- \rightleftharpoons [Ag(CN)_2]^- + 2NH_3$$

其反应方向，可根据平衡常数的大小来判断。上述反应的平衡常数可表示为

$$K=\frac{[Ag(CN)_2^-][NH_3]^2}{[Ag(NH_3)_2^+][CN^-]^2}=\frac{[Ag(CN)_2^-][NH_3]^2}{[Ag(NH_3)_2^+][CN^-]^2}\cdot\frac{[Ag^+]}{[Ag^+]}$$

$$=\frac{K_s([Ag(CN)_2]^-)}{K_s([Ag(NH_3)_2]^+)}=\frac{1.3\times10^{21}}{1.1\times10^{7}}=1.2\times10^{14}$$

由此可以看出，上述配位反应向右进行的趋势很大，即向着生成$[Ag(CN)_2]^-$的方向进行。所以，在含有$[Ag(NH_3)_2]^+$的溶液中，加入足量的CN^-时，$[Ag(NH_3)_2]^+$被破坏而生成$[Ag(CN)_2]^-$。

本例体现了由一种配离子转化为另一种配离子的可能性，如同沉淀的转化一样，即由较不稳定的配离子转化成较稳定的配离子是比较容易进行的。

§10.4　螯　合　物

§10.4.1　螯合物的结构特点

螯合物(chelate)是由中心原子和多齿配体形成的一类具有环状结构的配合物。例如，由 α-氨基丙酸$[CH_3CH(NH_2)COOH]$和Cu^{2+}形成的螯合物，其结构为

```
  O══C—O            NH2— CH— CH3
      |     ↘    ↙      |
      |        Cu       |
      |     ↗    ↖      |
H3C—HC—H2N            O—C══O
```

其中含有两个五元环。螯合环的生成使螯合物具有特殊的稳定性，在水中更难解离。例如，简单配合物$[Cu(NH_3)_4]^{2+}$的K_s为$10^{13.32}$，而螯合物$[Cu(en)_2]^{2+}$的K_s为$10^{20.0}$。对于同一种配原子，配位数又相等时，多齿配体与金属离子所形成的螯合物比单齿配体所形成的配合物稳定得多。这种由于螯合物的生成使配合物的稳定性大大增加的作用称为螯合效应(chelating effect)。

通常把能够形成螯合物的配体称为螯合剂(chelating agent)。常见的螯合剂是含有 N、O、S、P 等配原子的有机化合物，如乙二胺、α-氨基酸、丁二肟、8-羟基喹啉、乙二胺四乙酸(EDTA)或其二钠盐(二者统称为 EDTA)等。其中以乙二胺四乙酸或其二钠盐最为重要，是最常用的螯合剂，其结构如下：

```
HOOC—CH2                    CH2—COOH
        \                  /
         N—CH2—CH2—N
        /                  \
HOOC—CH2                    CH2—COOH
```

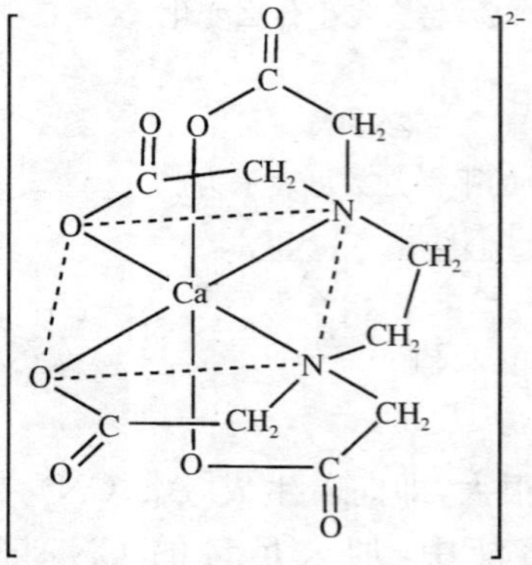

EDTA的酸根离子(Y^{4-})是六齿配体,它与绝大多数金属离子能形成稳定的螯合物,其中大多含有五个螯合环(图10-4)。

图10-4　CaY^{2-}的结构

§10.4.2　影响螯合物稳定性的因素

1. 螯合环的大小

螯合物中的螯合环一般为五元环或六元环,因为形成五元环时的键角为108°,与C原子的sp^3杂化轨道夹角109°28′比较接近;形成六元环时的键角为120°,与含有双键的C原子的sp^2杂化轨道夹角120°相同。同时,五元环或六元环的张力较小,故较为稳定。螯合剂中相邻两个配原子之间一般间隔两三个其他原子时能形成稳定的五元环或六元环螯合物。

2. 螯合环的数目

一般地说,螯合物中五元环或六元环(螯合环)的数目越多,其稳定性也就越大。这是因为螯合环越多,形成的配位σ键越多,螯合物越难解离,稳定性越高。

3. 完全环形螯合剂的影响

除螯合环数目和螯合环的大小影响螯合物的稳定性外,完全环形的螯合剂比具有相同配原子、相同齿数的开链螯合剂形成的螯合物更稳定,如

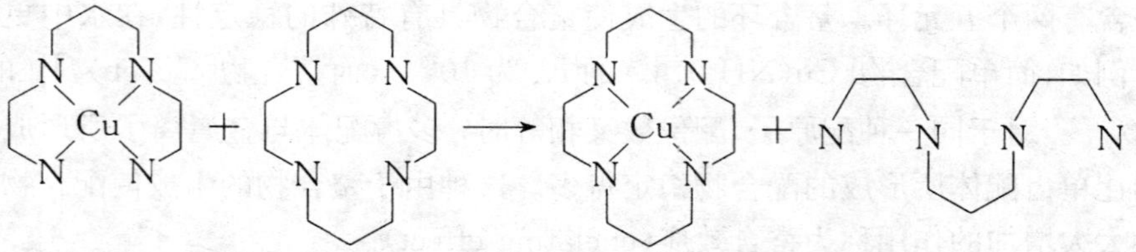

此反应强烈向右进行($\lg K=5.2$)。这种由完全环形的螯合剂引起的螯合物的稳定性增加的作用称为大环效应,它是一种特殊的螯合效应。许多生物配体(如血红素中的原卟啉)都是完全环形的螯合剂,因此大环效应在生物无机化学中有重要的意义。

自然界里也存在许多螯合剂。例如,大豆能合成并分泌出一种螯合剂,可从土壤中吸取铁。再如,血红素(图10-5)的中心原子为Fe^{2+},位于原卟啉的大环配体空腔平面上方。Fe^{2+}可以形成配位数为6的配合物,其中四个配位位置被

原卟啉的四个氮原子占有，第五个配位位置为球蛋白中的氮原子所占有。球蛋白和血红素的结合物称为血红蛋白，用 HHb 表示。Fe^{2+} 的第六个配位位置可与 O_2 配位形成氧合血红蛋白（$HHbO_2$）。当在肌肉组织毛细血管中氧的分压很小时，氧合血红蛋白可放出氧气而转移给肌红蛋白，从而使氧气输入到组织细胞中。

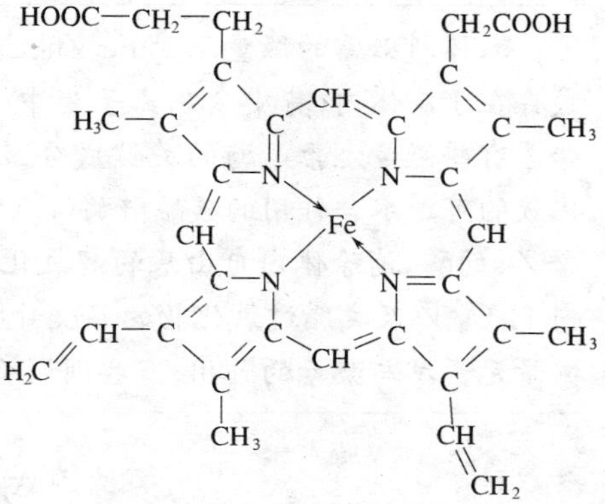

图 10-5　血红素结构

血红蛋白中的第六个配位位置也可被其他配体（如 CO 等）所占有。CO 是强场配体，血红蛋白和 CO 的结合能力比和 O_2 的结合能力约大 200～250 倍，当人体吸入 CO 之后，将发生下列反应：

$$HHbO_2 + CO \rightleftharpoons HHbCO + O_2$$

HHbCO 生成后，使氧气的输送受到抑制。煤气中毒，缘因于此。

螯合物稳定性高，且一般有特征颜色，又难溶于水，易溶于有机溶剂。利用这些特点可以进行沉淀分离、有机溶剂萃取分离和比色定量分析等。

知识拓展：配合物与医学的关系

自然界中大多数化合物是以配合物的形式存在，因此配位化学涉及的范围以及配合物的应用非常广泛。配合物与医学的关系更为密切。许多药物本身就是配合物，如补给病人铁质的枸橼酸铁铵、治疗血吸虫病的酒石酸锑钾、治疗糖尿病的胰岛素（锌的配合物）、对人体有重要作用的维生素 B_{12}（钴的配合物）等，都是含有金属元素的复杂配合物。又如，钙与 EDTA 能形成稳定的螯合物，故治疗血钙过高可注射 EDTA 三钠（Na_3HY），它与 Ca^{2+} 形成稳定的 CaY^{2-} 后，可从肾脏排出。二巯基丙醇（BAL）可和砷、汞等重金属形成螯合物，是一种很好的解毒剂（detoxication agent）。顺式二氯二氨合铂（Ⅱ）、卡铂（又名碳铂，CBDCA）和二氯茂铁是用于治疗癌症常用的化疗药物。

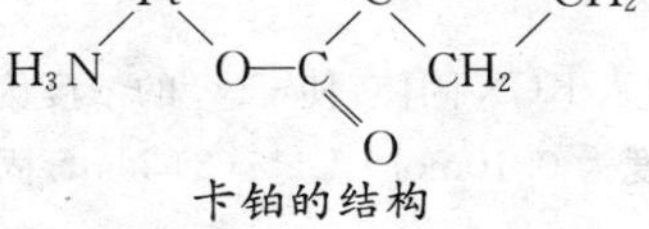

卡铂的结构

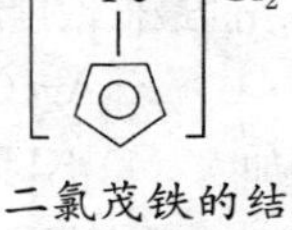

二氯茂铁的结构

人体所必需的微量元素 Fe、Zn、Cu、I、Co、Se、Mn、Mo 等也都是以配合物的形式存在于人体内，其中金属离子为中心原子，生物大分子(蛋白质，核酸等)为配体。有些微量元素是酶的关键成分。大约三分之一的酶是金属酶，如催化二氧化碳的可逆水合作用的碳酸酐酶(CA，主要包括碳酸酐酶 B 和碳酸酐酶 C 等)是含 Zn 的酶，消除体内自由基的超氧化物歧化酶(SOD)是含 Zn、Cu 的酶，清除体内 H_2O_2 以及类脂过氧化物的谷胱甘肽过氧化物酶(GSH-px)是含 Se 的酶；有些微量元素参与激素的作用；有些则影响核苷酸和核酸的生物功能等。

习　题

1. 指出下列配合物中的中心原子、配体、配原子、配位数，并加以命名。
   (1) $Na_3[AlF_6]$　(2) $[Fe(CN)_4(NO_2)_2]^{3-}$　(3) $[Co(en)(NH_3)_2(H_2O)Cl]Cl_2$
   (4) $K_3[Ag(S_2O_3)_2]$　(5) $[Fe(H_2O)_4(OH)(SCN)]NO_3$　(6) $[Ni(CO)_2(CN)_2]$
2. 根据价键理论，指出下列配合物的中心原子的杂化类型和配合物的空间构型、内外轨型以及磁性。
   (1) $[Fe(CN)_6]^{3-}$　(2) $[FeF_6]^{3-}$　(3) $[Co(NH_3)_6]^{3+}$
   (4) $[Co(NH_3)_6]^{2+}$　(5) $[Ni(H_2O)_4]^{2+}$　(6) $[Ni(CN)_4]^{2-}$
3. 根据 CFT 理论，对于八面体配合物，当 $\Delta_o > P$ 时，具有 d^4、d^6、d^7 构型的中心原子的 d 电子排布方式如何？配合物是高自旋型还是低自旋型？
4. 实验测得配离子 $[Mn(CN)_6]^{4-}$ 的磁矩为 $2.00\mu_B$，而 $[Pt(CN)_4]^{2-}$ 的磁矩为 0。试推断它们的中心原子的杂化类型和配合物的空间构型，指出是内轨型还是外轨型。
5. 判断下列反应进行的方向。
   (1) $[Zn(NH_3)_4]^{2+} + Cu^{2+} \rightleftharpoons [Cu(NH_3)_4]^{2+} + Zn^{2+}$
   (2) $[Fe(C_2O_4)_3]^{3-} + 6CN^- \rightleftharpoons [Fe(CN)_6]^{3-} + 3C_2O_4^{2-}$
   (3) $AgI + 2NH_3 \rightleftharpoons [Ag(NH_3)_2]^+ + I^-$
   (4) $[Co(NH_3)_6]^{3+} + Co^{2+} \rightleftharpoons [Co(NH_3)_6]^{2+} + Co^{3+}$
6. 已知配离子 $[Co(CN)_6]^{4-}$ 和 $[Co(CN)_6]^{3-}$ 均属内轨配合物，试根据 VB 法解释 $[Co(CN)_6]^{4-}$ 易被氧化成 $[Co(CN)_6]^{3-}$ 的原因。
7. 已知 $[CoCl_4]^{2-}$ 为高自旋的四面体配合物，分别用价键理论和晶体场理论讨论它的成键情况。
8. 分别写出 $[Fe(CN)_6]^{3-}$ 和 $[FeF_6]^{3-}$ 中 Fe^{3+} 的 d 电子排布，计算它们的 CFSE，并比较二者的稳定性。
9. 在含有 $1.3mol \cdot L^{-1}$ $AgNO_3$ 和 $0.054mol \cdot L^{-1}$ NaBr 溶液中，如果不使 AgBr 沉淀生成，溶液中游离的 CN^- 的最低浓度应是多少？
10. 在 $0.10mol \cdot L^{-1}$ $K[Ag(CN)_2]$ 溶液中，加入 KCN 固体，使 CN^- 的浓度为 $0.10\ mol \cdot L^{-1}$，然后再分别加入：(1) KI 固体，使 I^- 的浓度为 $0.10mol \cdot L^{-1}$；(2) Na_2S 固体，使 S^{2-} 浓度为 $0.10mol \cdot L^{-1}$。能否产生沉淀？

11. 计算 298K 时，AgBr 在 1.0L 1.0mol · L^{-1} 的 $Na_2S_2O_3$ 溶液中的溶解度为多少？向上述溶液中加入 KI 固体，使[I^-]= 0.010mol · L^{-1}（忽略体积变化），有无 AgI 沉淀生成？

12. 计算 298K 时，下列电极反应的标准电极电势。

$$[Cu(NH_3)_4]^{2+} + 2e^- \rightleftharpoons Cu + 4NH_3 \quad (1)$$

$$[Co(NH_3)_6]^{3+} + e^- \rightleftharpoons [Co(NH_3)_6]^{2+} \quad (2)$$

13. 已知 298K 时

$$Au^+ + e^- \rightleftharpoons Au \qquad \varphi^{\ominus} = 1.692V$$

$$[Au(CN)_2]^- + e^- \rightleftharpoons Au + 2CN^- \qquad \varphi^{\ominus} = -0.574V$$

试求[$Au(CN)_2$]$^-$的稳定常数。

14. 设计一个可用以测定配离子[$Cd(CN)_4$]$^{2-}$的稳定常数的原电池，并写出计算过程。已知 $\varphi^{\ominus}$([$Cd(CN)_4$]$^{2-}$/Cd)= − 0.959V。

15. 298K 时，测得电池：

$$(-)Ag \mid [Ag(CN)_2]^-(0.010mol \cdot L^{-1}), CN^-(0.010mol \cdot L^{-1}) \parallel SCE(+)$$

电动势为 0.572 3V，计算配离子[$Ag(CN)_2$]$^-$的稳定常数（已知 φ_{SCE} = 0.2412V）。

（杨金香）

第 11 章　乳状液和胶体

自然界中常存在一类由一种或几种物质以较小的颗粒分散在另一种物质中所形成的系统，这种系统称为分散系统，简称分散系(dispersed system)。分散系中被分散的物质称为分散相(dispersed phase)，容纳分散相的物质称为分散介质(dispersed medium)。例如，氯化钠溶液、泥浆、乳白鱼肝油这几种分散系中的氯化钠、泥沙、鱼肝油是分散相，水是分散介质。

根据物态，分散系有固态、液态与气态之分，本章只讨论分散介质为液态的液体分散系。液体分散系按其分散相粒子直径的大小不同可分为小分子(离子)分散系(真溶液)、胶体分散系和粗分散系三类(表 11-1)。

表 11-1　分散系的分类

分散相粒子大小	分散系统类型		分散相粒子的组成	一般性质	实例
<1nm	小分子(离子)分散系(真溶液)		小分子或离子	均相；热力学稳定系统；分散相粒子扩散快、能透过滤纸和半透膜；形成真溶液	氯化钠、氢氧化钠、葡萄糖等水溶液
1～100nm	胶体分散系	溶胶	胶粒(分子、离子、原子的聚集体)	非均相；热力学不稳定系统；分散相粒子扩散慢，能透过滤纸，不能透过半透膜	氢氧化铁、硫化砷、碘化银及金、银、硫等溶胶
	胶体分散系	大分子溶液	大分子	均相；热力学稳定系统；分散相粒子扩散慢，能透过滤纸，不能透过半透膜；形成溶液	蛋白质、核酸等水溶液，橡胶的苯溶液
>100nm	粗分散系(乳状液、悬浮液)		粗粒子	非均相；热力学不稳定系统；分散相粒子不能透过滤纸和半透膜	乳汁、泥浆等

分散系又可分为均相和非均相两大类(相指物理性质和化学性质完全相同的部分)。均相分散系只有一个相，包括真溶液、大分子溶液。非均相分散系的分散相和分散介质为不同的相，包括溶胶和粗分散系。

§11.1　乳　状　液

乳状液(emulsion)是一种液体的液滴分散在另一种不相溶的液体中所形成的

粗分散体系。由于分散相和分散介质不相溶,因此在它们之间形成相界面,乳状液的稳定性与相界面的性质有密切关系。

§11.1.1　表面张力

相界面是指相与相之间的接触面,有液-气、固-气、液-液、固-液等类型,习惯上把固相或液相与气相的界面称为表面。

两相界面上的分子与内部分子所处的状况不同,能量也不相同。现以液体-气体界面(表面)为例加以说明(图 11-1)。液体表面层分子受力情况与液体内部分子受力情况不同,液体内部每个分子受周围分子的吸引力相等,合力为零,分子在液体内部移动位置不需要供给能量。液体表面层分子受液体内部分子吸引力较大,受液面上气体分子吸引力较小,因而液体表面层分子存在一个指向液体内部的合力,液体表面具有向内收缩的趋势。若增加新的液面,必须将液体内部的分子向液面转移,这就需要克服向内的合力而对它做功,这种功变为表面分子比内部分子多余的能量而储存在表面上,成为表面能。在等温等压下的表面能称为表面自由能(surface free energy)。

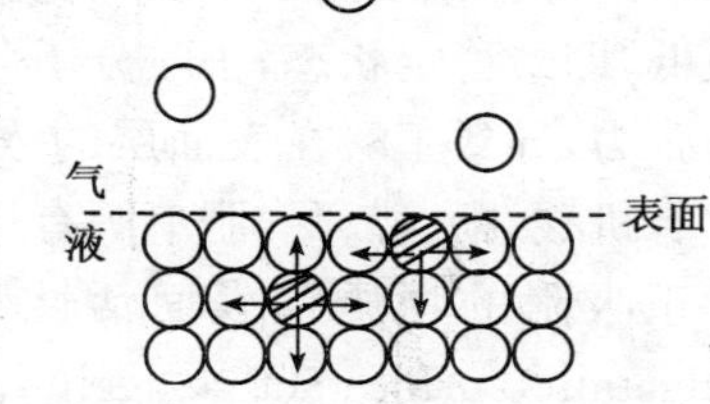

图 11-1　分子在表面和内部受力情况

在等温等压下,形成的新表面面积越大,转移到表面上的分子数越多,表面自由能也越大。单位表面上的表面自由能即增加单位表面所消耗的功,称为比表面自由能,简称比表面能(specific surface energy),比表面能的单位为 $N \cdot m/m^2$ 即$J \cdot m^{-2}$。系统的表面自由能等于系统的比表面能乘以系统的表面积。从量纲上来看 $N \cdot m/m^2 = N/m$(牛顿/米),所以比表面能在数值上等于表面张力,不过二者的物理意义不同,表面张力理解为作用于液体表面每单位长度上的力。液体收缩表面的倾向常以表面张力来量度。系统表面自由能和表面积的关系可表示为

$$dG_{表} = \sigma \cdot dA$$

式中,$G_{表}$ 为系统的表面自由能;A 为系统的表面积;σ 为表面张力。

根据热力学原理,表面能有自发降低的趋势。要降低表面能,可通过两种途径:一是缩小物体的表面积;二是降低表面张力或是两者都减小。对于液体通常是减小表面积以降低表面能,如水滴、汞滴能自动呈球形存在,就是由于体积相同的物体以球形的表面积最小。而溶液在表面积不变的条件下,常吸引介质中的其他物质分子填入其表面层,以降低其表面张力,这就是表面的吸附作用。实验表明,吸附(adsorption)不仅存在于液-气界面,而且在任何两相如液-液、固-液、固-气等相界面都可能产生吸附。例如,活性炭固体,因其表面疏松多孔,有很大的表面积,

具有较强的吸附作用，常温下 1g 活性炭能吸附 90mLCO_2。药用活性炭经口服进入肠道可吸附肠道中的气体、毒素及细菌。

§11.1.2　表面活性剂

纯液体在一定温度下具有一定的表面张力，也就是具有一定的比表面能。将纯液体盛于固定形状的容器中，其表面积是固定的，总的表面能是定值。以纯水为例，将水盛于固定形状的容器中，表面上的水分子受内部分子的吸引，其所受合力指向水内部。如果向水中加入表面张力比水小的物质如丁酸，为使体系的能量处于最低，即最稳定状态，丁酸分子会部分地代替水分子聚集在溶液表面上，以降低表面张力，导致丁酸在表面层的浓度大于在溶液内部的浓度，这种吸附称为正吸附。有机酸、酚、醛、酮、肥皂等有机物质的表面张力比水小，都会产生正吸附。能产生正吸附的物质称表面活性物质（surface active substance）或表面活性剂（surfactant，surface active agent）。

如果向水中加入某些无机盐类（如 NaCl 等）、糖类（单糖、双糖）以及溶于水的金属氢氧化物、淀粉等表面张力比水大的物质，则这类物质在溶液表面层的浓度将会小于它们在溶液内部的浓度，这种现象称为负吸附。能产生负吸附的物质称为表面非活性物质。

表面活性物质的结构特点是分子的一端具有极性基团，如—OH、—COOH、—NH_2等，具有亲水性（hydrophilic）；另一端是非极性基，如烃基等（图 11-2）。即表面活性物质具有疏水性（hydrophobic）和亲脂性（lipophilic）。

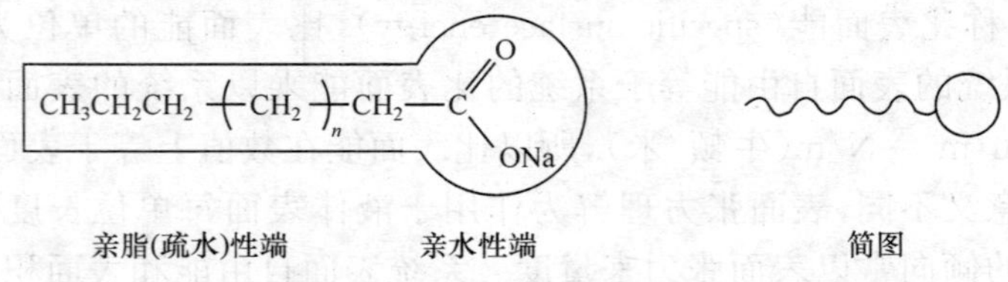

图 11-2　表面活性物质示意图

将少量丁酸加入水中，丁酸的亲水羧基端进入水中，而亲脂的碳链端则会力图离开水相，丁酸分子在水的表面定向排列，从而降低了溶液的表面张力。

§11.1.3　乳状液

一切不溶或难溶于水的有机液体称为油。将水与油混合在一起，无论怎样用力振荡，静置后它们会自动分层，自发地以最小的界面接触，使界面能最低。欲使一种液体以细小的液滴稳定地分散于另一种不相溶的液体中，必须在振荡的同时加入一种能降低比界面能的表面活性物质，这种表面活性物质的分子在油与水两相界面上定向地排列，形成一层保护分散相液滴的薄膜，防止了液滴合并变大而分层，使体系得到一定程度的稳定性。这种能使乳浊液稳定的的表面活性物质称为乳化剂，乳化剂所起的作用称为乳化作用。

乳状液中的水相用“水”或“W”表示；油相用“油”或“O”表示。由于不论是“油”还是“水”均可作为分散相也可为分散介质，因此乳状液可分为“水包油”(O/W)和“油包水”(W/O)两种类型。图 11-3 是两种乳状液的示意图。

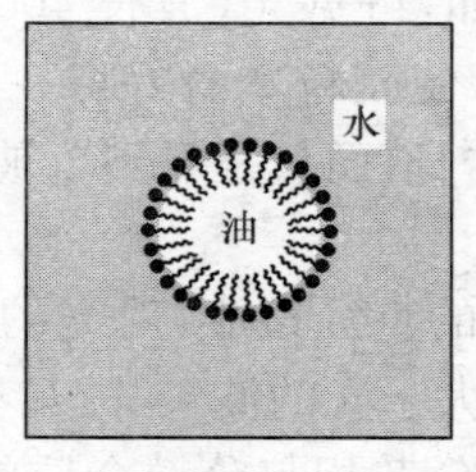

水包油型乳状液

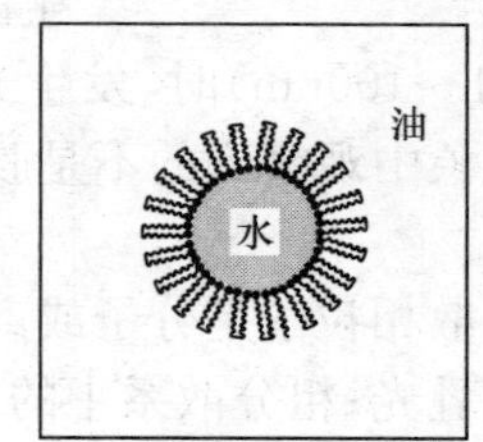

油包水型乳状液

图 11-3　两种乳状液的示意图

脂肪在生物体内运输、消化和吸收必须经过胆盐和胆甾醇的乳化。药用油类常制成乳状液，以便于吸收。

§11.2　溶　胶

分散相粒子的直径在 1～100nm 内的分散系称为胶体分散系(colloidal dispersed system)，包括溶胶和大分子溶液。与人体密切相关的许多物质如蛋白质、多糖、核酸的溶液均属于胶体分散系，甚至整个人体也可以看成一个含水的胶体。人体的许多生理、病理现象，如血液的凝固、血球的沉降、水肿的发生、结石的形成等，均与胶体性质有关。熟悉胶体分散系的有关内容将对生理学、病理学、药理学和生物化学等课程学习都有所帮助。本节主要讨论溶胶。

§11.2.1　溶胶的性质

溶胶(sol)的分散相粒子是由大量分子(或原子、离子)构成的聚集体。溶胶属于多相分散系，具有很大的界面能，是热力学不稳定体系。多相性、高度分散性和聚结不稳定性是溶胶的基本特性，其光学性质、动力学性质和电学性质都是由这些基本特性引起的。

1. 溶胶的光学性质

用一束聚焦的白光照射置于暗处的溶胶，在与光束垂直的方向观察，可见一束光锥通过溶胶，这种现象称为丁铎尔现象(Tyndall phenomenon)，如图 11-4 所示。

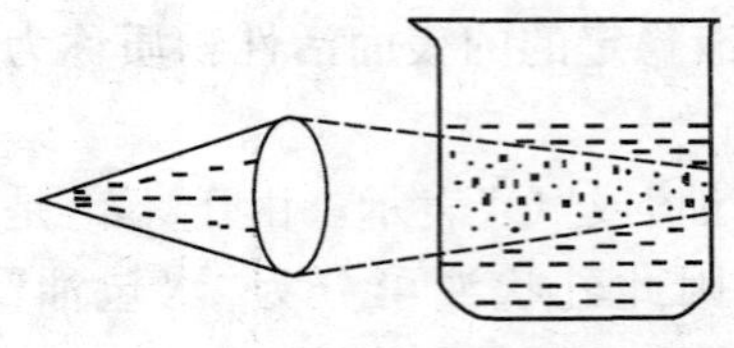

图 11-4　丁铎尔现象

丁铎尔现象的产生与分散相粒子的大小和入射光的波长有关。当分散相粒子的直径大于入射光的波长时，光发生反射；当分散相粒子的直径远远小于入射光的波长时，光发生透射；当分散相粒子的直径略小于入射光的波长时，光发生散射。例如，可见光(波长 400～760nm)照射溶胶(胶粒直径 1～100nm)时，发生光的散射，使胶粒本身好像一个发光体，因此我们在丁铎尔现象中观察到的不是胶体粒子本身，而只是看到了被散射的光，也称为乳光。

真溶液中分散相粒子是分子或离子，它们的直径很小，对光的散射非常微弱，肉眼无法观察到乳光；粗分散系中的粒子直径大于光的波长，故只有反射光而无混浊状；对于大分子溶液而言，它属于均相体系，分散相与分散介质的折射率相差不大，故散射光很弱。因此，利用丁铎尔现象可以区分溶胶与其他分散系。

2. *溶胶的动力学性质*

(1) 布朗(Brown)运动。植物学家布朗(Brown)在显微镜下观察悬浮在水中的花粉时，发现花粉微粒在不停地作无规则运动。后来人们在研究溶胶时，也发现了类似的现象。把胶粒在介质中不停地作不规则运动的现象称为布朗运动(Brownian movement)。它是由于在某一瞬间胶粒受到来自周围各个方向介质分子碰撞的合力未被完全抵消而引起的。实验证明，胶粒质量越小，温度越高，介质黏度越小，布朗运动就越剧烈。

(2) 扩散。当溶胶存在浓度差时，胶粒自发地由浓度大的区域向浓度小的区域迁移，这种过程称为扩散(diffusion)。扩散过程是混乱度增加的过程，是自发过程。对于球形胶粒而言，扩散速率数值上与浓度梯度成正比，但方向相反；温度越高，扩散速率越大；分散介质黏度越大，胶粒半径越大，扩散速率越小。在生物体内，扩散是物质的输送或物质的分子、离子透过细胞膜的一种动力。

(3) 沉降。沉降(sedimentation)是指胶粒在重力作用下而下沉的现象。胶粒的直径、密度越大，沉降速率越大；分散介质密度、黏度越大，沉降速率越小。

沉降作用造成容器底部胶粒浓度大于容器上部的浓度，即产生浓度差，因而使胶粒由下向上扩散。此时沉降方向与扩散方向相反，当两种作用速率相等时就达到了沉降平衡(sedimentation equilibrium)。越接近容器的底部，单位体积溶胶中的胶粒数越多，此时容器中胶粒的分布自上而下逐渐形成一定的浓度梯度，如图 11-5 所示。

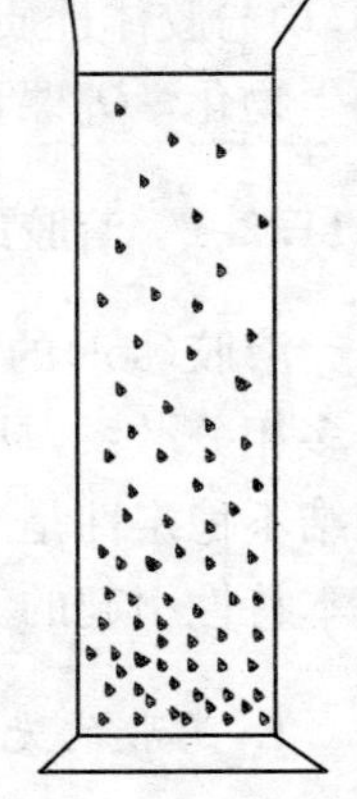

图 11-5　沉降平衡示意图

因为胶粒沉降速率与胶粒的体积、密度有关，所以可以通过测定胶粒达到沉降平衡所需的平均时间，确定胶粒的平均胶团质量或大分子化合物的平均相对分子质量。由于胶粒直径较小，在重力场作用下达到沉降平衡所需时间太长，必须采用超速离心来缩短其达到沉降平衡的时间。

3. 溶胶的电学性质

(1) 电泳与电渗。图 11-6 是试验溶胶中胶粒电泳(electrophoresis)的装置。U 形管中加入红棕色 $Fe(OH)_3$ 溶胶，上部沿管壁注入无色 NaCl 溶液。通入直流电一段时间后，便可看到负极一侧红棕色界面上升，而正极一侧红棕色界面下降，说明 $Fe(OH)_3$ 溶胶胶粒带正电。而用黄色的 As_2S_3 溶胶进行相同实验，发现正极一侧黄色界面上升，而负极一侧黄色界面下降，说明 As_2S_3 溶胶中胶粒带负电。

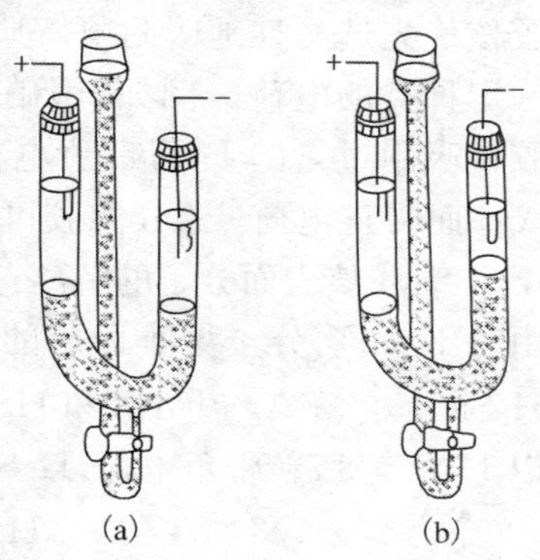

图 11-6　$Fe(OH)_3$ 溶胶的电泳

这种在电场作用下胶粒发生定向移动的现象称为电泳。电泳现象说明溶胶中胶粒带电，所带电荷种类可由胶粒移动方向确定。胶粒带正电荷的溶胶称为正溶胶，胶粒带负电荷的溶胶称为负溶胶。也有一些溶胶的胶粒在不同条件下，带不同种类的电荷，如 AgI 溶胶。表 11-2 列出了一些溶胶胶粒带电情况。

表 11-2　一些溶胶胶粒带电情况

正溶胶	负溶胶
氢氧化铁溶胶	金、银、铂等金属溶胶
氢氧化铝溶胶	硫、硒、碳等非金属溶胶
氧化钍、氧化锆溶胶	氧化锡、氧化钒溶胶
氢氧化铬溶胶	硫化砷、硫化锑、硫化铜溶胶
次甲基蓝溶胶	刚果红等酸性染料溶胶

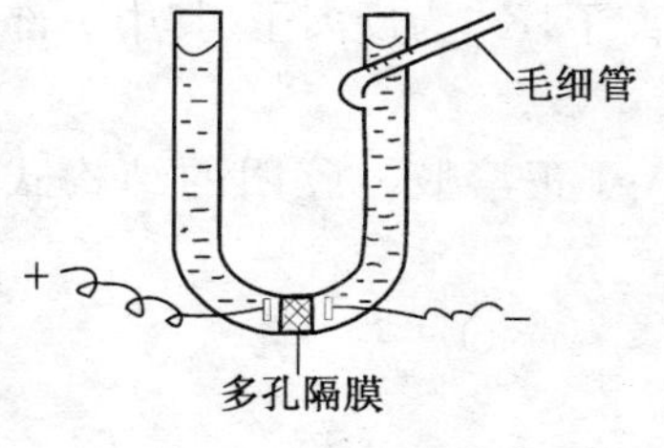

图 11-7　电渗仪示意图

因为整个胶体系统呈电中性，所以若胶体粒子带某种电荷，则分散介质必定带相反电荷。在直流电作用下分散介质发生定向移动的现象称为电渗(electroosmosis)。图 11-7 是观察电渗的仪器示意图。它是一个 U 形管，中间有一个多孔隔膜(如活性炭、素烧瓷片等)，U 形管右上方附有一个带刻度的毛细管，将溶胶加入 U 形管中，在多孔隔膜两侧放两个不同电性的直流电极。通电后，分散介质则通过隔膜定向移动。电渗方向可由右侧毛细管中液体弯月面的升降来判断。电泳与电渗合称为电动现象。

在临床生化检验中常利用电泳法分离血清蛋白作为诊断参考。

(2) 胶粒带电的原因。电动现象说明胶粒带有一定种类的电荷，胶粒带电的原因主要有下面两种。

① 吸附：是胶粒带电的主要原因。溶胶是高度分散的多相体系，分散相粒子必然会自发地吸附分散介质中其他物质(如离子)以降低其表面能。胶粒中的胶核优先选择性地吸附电解质中与其组成相似的离子作为稳定剂，使胶粒带有一定种类的电荷。例如，用硝酸银和过量碘化钾制备碘化银(AgI)溶胶时，AgI 胶核吸附过量的 I^- 而带负电荷；反之，当 $AgNO_3$ 过量时，AgI 胶核吸附过量的 Ag^+ 而带正电荷。AgI 溶胶可因制备条件的不同而成为负溶胶或正溶胶。

② 胶核表面分子的解离：是胶粒带电的另一原因。例如，硅酸溶胶的胶粒是由若干 SiO_2 分子聚集而成的。表面上的 SiO_2 分子与水分子作用，在表面形成 H_2SiO_3，它解离产生 H^+ 和 $HSiO_3^-$。H^+ 扩散至水中，而 $HSiO_3^-$ 留在胶粒表面，所以 H_2SiO_3 胶粒带负电荷，H_2SiO_3 溶胶为负溶胶。

$$H_2SiO_3 \rightleftharpoons H^+ + HSiO_3^-$$

§11.2.2 胶团的结构

胶团是由胶粒和扩散层构成的，其中胶粒又是由胶核和吸附层组成。

胶核是溶胶中分散相分子、原子或离子的聚集体，是胶粒或胶团的核心；胶核能选择吸附介质中的某种离子或表面分子离解而形成带电离子(称为电势离子)，电势离子的静电引力作用会吸引了介质中部分与胶粒所带电性相反的离子(称为反离子)。电势离子与部分反离子紧密结合在一起构成了吸附层，另一部分反离子因扩散作用分布在吸附层外围，形成了与吸附层电性相反的扩散层，这种由吸附层和扩散层构成的电量相等、电性相反的两层结构称为扩散双电层(diffused electric double layer)。

扩散层以外的均匀溶液为胶团间液，它是电中性的。溶胶是指胶团和胶团间液构成的分散系。图 11-8 是制备 AgI 溶胶时，KI 过量所得的 AgI 负溶胶的胶团结构式和结构示意图，其中$(AgI)_m$ 为胶核，I^- 为电势离子，K^+ 为反离子(其中一部分被电势离子牢固吸引，另一部分组成扩散层)。

如果制备 AgI 溶胶时，$AgNO_3$ 过量，则生成 AgI 正溶胶。胶团的结构式如下：

$$[(AgI)_m \cdot nAg^+ \cdot (n-x)NO_3^-]^{x+} \cdot xNO_3^-$$

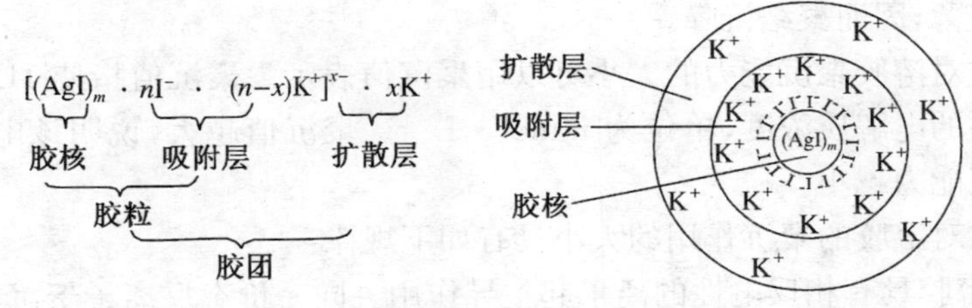

图 11-8　AgI 负溶胶胶团结构式和结构示意图

这里要说明的是，溶胶中胶核吸附的离子和扩散层中的反离子都是溶剂化的，所以扩散双电层也是溶剂化的。在直流电场作用下发生电动现象时，胶团就从吸附层与扩散层之间裂开，具有溶剂化吸附层的胶粒向与其电性相反的电极移动，而溶剂化的扩散层则向另一电极移动。

§11.2.3　溶胶的稳定性和聚沉

1. 溶胶的稳定性

溶胶是热力学不稳定体系，具有自发聚结的趋势，应该很容易聚结而沉降。但事实上很多溶胶相当稳定，如法拉第制备的金溶胶几十年后才沉淀。溶胶相对稳定的原因有几个方面：

(1) 动力学稳定性。溶胶分散度很高，胶粒体积小，具有剧烈的布朗运动，可以克服重力作用，所以不易沉降。但胶粒剧烈的布朗运动又使碰撞次数增加，从而使胶粒易于聚结。因此除动力学因素外，必然有其他原因使溶胶稳定。

(2) 胶粒表面水化层的保护作用。胶团具有双电层结构，而双电层中的离子都是水化离子，这就使胶粒表面形成一层水化层。水化层的保护作用使得胶粒相互碰撞不致引起聚结。水化层的厚度主要决定于扩散层的厚度，扩散层越厚，溶胶越稳定；扩散层越薄，溶胶越不稳定。

(3) 胶粒的带电。同种溶胶中的胶粒带有相同电荷，相互间的静电斥力使胶粒不易聚集成大颗粒，保持了溶胶的稳定，这是溶胶稳定的主要原因。

2. 溶胶的聚沉

溶胶的稳定性是相对的，当稳定因素受到破坏时，胶粒就会相互聚结而沉降，这种现象称为聚沉(coagulation)。引起溶胶聚沉的因素很多，如加入电解质、溶胶的相互作用、加热、溶胶的浓度等。其中最主要的是加入电解质所引起的聚沉。

(1) 电解质的聚沉作用。在溶胶中加入电解质可以引起聚沉。一般认为这是由于电解质的反离子与胶团扩散层中的反离子同性相斥，将反离子排斥入吸附层使水化层变薄，因而聚结沉降。

电解质对溶胶聚沉能力的大小可以用聚沉值表示。聚沉值指使 1L 溶胶开始聚沉所需要的电解质浓度，单位为 mmol · L^{-1}。聚沉值越大，说明该电解质对这种溶胶聚沉能力越小。

电解质对溶胶的聚沉作用的大小具有如下规律：

① 与溶胶具有相反电性的离子起主导作用。同一价态反离子聚沉能力相近，随着反离子价态增加，聚沉能力急剧增加。

② 同一价态离子的聚沉能力相近（虽然接近），但也有差别（略有不同），将它们的聚沉能力由大到小排列的顺序称为感胶离子序，如

一价阳离子：$H^+ > Cs^+ > Rb^+ > NH_4^+ > K^+ > Na^+ > Li^+$

二价阳离子：$Ba^{2+} > Sr^{2+} > Ca^{2+} > Mg^{2+}$

一价阴离子：$F^- > IO_3^- > H_2PO_4^- > BrO_3^- > Cl^- > ClO_3^- > Br^- > I^- > CNS^-$

这种顺序大体上与水化离子半径由小到大次序相同。

③ 某些有机离子和聚电解质离子也具有非常强的聚沉能力，如脂肪酸盐和聚酰胺类化合物。这可能是有机离子能被胶核强烈吸附的缘故。

(2) 加热聚沉。加热增加了胶粒之间的碰撞机会，同时削弱了胶粒的溶剂化作用，使溶胶聚沉。例如，将 As_2S_3 溶胶加热煮沸时，As_2S_3 呈黄色沉淀析出。

(3) 溶胶的相互聚沉。正、负溶胶有相互聚沉能力。当正、负溶胶按适当比例混合致使胶粒所带电荷恰好被完全中和时，可使溶胶完全聚沉。若两者比例不适当，则聚沉不完全，甚至不发生聚沉。

判断血型的凝结反应可能与溶胶相互聚沉有关。明矾净化水是利用明矾中 Al^{3+} 水解产生的 $Al(OH)_3$ 正溶胶与污水中带负电的胶态悬浮物相互聚沉的作用。

§11.3 大分子溶液与凝胶

§11.3.1 大分子溶液

大分子（也称高分子）化合物是由许多原子组成的相对分子质量大于 10 000 的一类化合物。这类化合物可以是天然存在的，如蛋白质、多糖、核酸，也可是人工合成的，如聚乙烯、聚苯乙烯。这类物质可以是电解质，如蛋白质、核酸等，也可以是非电解质，如多糖、聚乙烯等。

大分子化合物多是由一种或几种小单元连接而成，也称为高聚物。例如，聚乙烯的重复单元是 $-CH_2-CH_2-$。这些重复单元重复地结合形成长链，故聚乙烯的结构式可以写成 $\lbrack CH_2-CH_2 \rbrack_n$ 每一个重复单元称为一个链节，链节的数目 n 称为聚合度，聚乙烯的聚合度为 500～2000。由于聚合度只是一个范围，大分子化

合物没有确定的相对分子质量，只能用平均相对分子质量 $\overline{M}_r$ 表示。聚乙烯的 $\overline{M}_r$ 为 40 000 左右。

大分子化合物与适当的溶剂接触时，吸收溶剂，本身体积胀大，最后溶解在溶剂中，形成均相体系，即为大分子化合物溶液，简称为大分子溶液(macromolecular solution)。虽然大分子溶液分散相粒子的大小与胶粒大小相似，某些性质与溶胶类似，如扩散速率慢、不能透过半透膜等，但其本质是真溶液，是均相的热力学体系，因此与溶胶的性质又有不同。大分子溶液也有电解质溶液和非电解质溶液之分。蛋白质、核酸的水溶液是大分子电解质溶液，而多糖的水溶液是大分子非电解质溶液。

1. 大分子溶液的稳定性

(1) 大分子溶液稳定的因素。大分子溶液比溶胶更稳定，这是它的一个重要特征。大分子电解质溶液稳定的原因是大分子离子带有相同的电荷和大离子高度溶剂化形成溶剂化膜。大分子非电解质溶液稳定的主要由于长链上的基团高度溶剂化形成溶剂化膜，从而增大了稳定性。

(2) 大分子溶液的盐析。大分子溶液虽然稳定性很高，但在其中加入某些有机溶剂，如甲醇、乙醇、丙酮以及某些无机盐[如 Na_2SO_4、$(NH_4)_2SO_4$、$MgSO_4$ 等]，仍能引起大分子溶液的沉淀。这些有机溶剂或无机盐类具有高度的亲水性，能“争夺”水分子而破坏大分子化合物的水化层，从而降低了其稳定性，使其沉淀。

加入无机盐使大分子化合物从溶液中沉淀析出的作用称为盐析(salting out)。例如，在胎盘浸出液中，加入一定量 $(NH_4)_2SO_4$，使丙种球蛋白沉淀就是利用盐析作用的原理。盐析大分子化合物所需无机盐的最低浓度称为盐析浓度，单位为 $mol \cdot L^{-1}$。盐析浓度越大说明盐析能力越弱。

大分子溶液的盐析与溶胶的聚沉有以下几点区别：

① 盐析所需无机盐的用量比溶胶聚沉所需的量大得多。

② 盐析作用的大小与大分子溶液的 pH，以及大分子化合物带电情况有关。

③ 盐析具有可逆性，例如，盐析得到的蛋白质沉淀，可以重新溶解于水形成大分子溶液。

④ 在溶胶聚沉中反离子起主导作用，而在大分子溶液盐析中正、负离子都起作用，负离子尤为突出。

⑤ 电解质对溶胶的聚沉能力与反离子价数具有明显的关系，而大分子溶液的盐析能力虽与价数有关，但规律性并不明显。

离子盐析能力大小也称感胶离子序。负离子感胶离子序是 $C_6H_5O_7^{3-}$(枸橼酸根)>$C_4H_4O_6^{2-}$(酒石酸根)>SO_4^{2-}>Ac^->Cl^->NO_3^->I^->CNS^-;正离子感胶离子序是 Li^+>K^+>Na^+>NH^{4+}>Mg^{2+}。

感胶离子序的顺序基本上与离子半径大小顺序相反,而与离子水化能力顺序相同。这说明盐析作用主要是离子与大分子化合物"争夺"水分子破坏水化层的缘故。

2. 大分子溶液对溶胶的保护作用

将一定浓度的大分子溶液加入到溶胶中可以增加溶胶的稳定性,这种作用称为保护作用。例如,在红色金溶胶中加入某种电解质可引起聚沉。若先加入一定量的动物胶,然后再加同样量的电解质,金溶胶就不会发生聚沉。这种现象就是大分子化合物对溶胶的保护作用。

大分子溶液保护作用的原因一般认为是由于溶胶的胶粒吸附大分子后形成一层稳定的保护膜,因而增加了稳定性。研究表明,不同的大分子溶液适用于保护不同的溶胶,而且大分子溶液要达到一定的浓度才能起保护作用,如果大分子溶液的浓度不够,非但起不到保护作用,反而加速聚沉。这种作用称为敏化。

大分子物质的保护作用在生理过程中有着重要意义。微溶性的碳酸钙和磷酸钙等无机盐均以溶胶形式存在于血液中,由于血液中蛋白质对它们起了保护作用,使其表观溶解度大大提高却仍能稳定存在而不聚沉。当血液中蛋白质减少,这些微溶性盐类便沉淀出来,形成肾脏、胆囊等器官中的结石。

§11.3.2 凝胶

大分子溶液(明胶、琼脂等)或某些溶胶[H_2SiO_3 溶胶、$Al(OH)_3$ 溶胶]在适当条件下形成外观均匀并具有一定形状的弹性半固体。这种半固体称为凝胶(gel),形成凝胶的过程称为胶凝(gelation)。

日常生活中的豆腐、果酱、粉皮、肉冻以及人体的肝脏、肾脏、肌肉、皮肤无一不是凝胶。血液与蛋清的凝固、豆浆形成豆腐的过程都是胶凝。

凝胶形成的条件是:①浓度达到一定程度;②温度低到一定程度;③加入少量的电解质。

凝胶是由分散相的立体网状结构和充斥其间的液体介质组成的,是处于固体和液体之间的一种中间状态,并且兼有固体和液体的特点。凝胶的这种特殊结构决定了它在生命科学中的重要意义。生物体的肌肉组织纤维、细胞膜、毛细血管壁及其他生物膜、软骨、皮肤乃至毛发、指甲等都是凝胶构成的;凝胶具有一定强度的立体网状结构而能保持一定形状;又具有一定的流动性,可在其中进行物质交换。因此,凝胶对生命活动具有重要意义。

凝胶的稳定性取决于分散相粒子间的联结力。网状结构的形成是由于大分子化合物具有链状或分枝状结构。浓度较大的大分子溶液中链与链之间互相靠拢，温度较低时，由于热运动降低，链上的基团可以通过共价键、静电引力、范德华力互相作用而交联。其中作用最强的是共价键交联[图 11-9(a)]，如硅酸凝胶；其次是静电交联[图 11-9 (b)]，如蛋白质凝胶；最弱的是范德华力交联[图 11-9 (c)]，如纤维素凝胶。

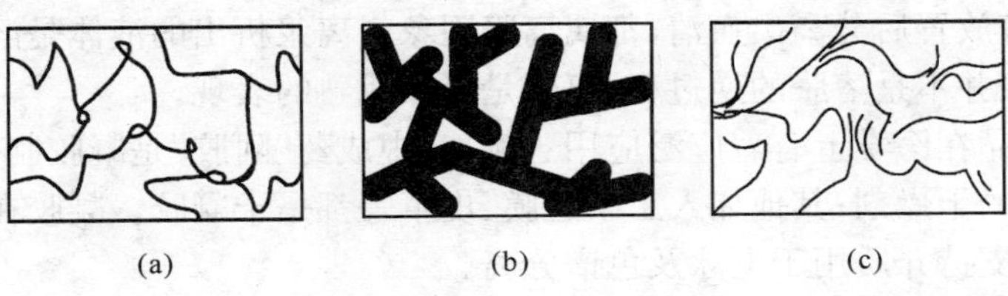

图 11-9　凝胶网状结构示意图

(a) 共价键交联；(b) 静电交联；(c) 范德华交联

电解质对胶凝的影响，有的加速，有的减慢，有的阻碍。电解质加速胶凝的本质是电解质的离子与大分子化合物“争夺”水分子，破坏水化层，所以胶凝是盐析的前奏。有的离子水化能力强，能加速胶凝；而有的离子水化能力弱，并有可能被大分子化合物或胶粒所吸附，反而增加大分子溶液或某些溶胶的稳定性，对胶凝起减慢甚至阻碍作用。

1. 凝胶的类型

按分散相粒子的性质(柔性或脆性)，凝胶可分为弹性凝胶与脆性凝胶两大类。弹性凝胶的粒子多为柔性大分子通过静电引力交联而成的，这类凝胶烘干后体积缩小得很多，且仍富有弹性，如肌肉、脑髓、软骨等。脆性凝胶的粒子是刚性的，交联力强，网状结构坚固，干燥后体积缩小有限而弹性消失、易破裂。脆性凝胶由共价键交联形成，富有刚性，不易收缩，又称为刚性凝胶。多数无机凝胶[如 $Al(OH)_3$、H_2SiO_3凝胶]就属此类。因为它们具有多孔性，表面积很大，所以常被用作吸附剂、干燥剂等。

2. 凝胶的性质

(1) 溶胀。溶胀是指凝胶在液体介质中吸收液体而膨胀的过程。溶胀是弹性凝胶的特性之一。脆性凝胶不能溶胀。凝胶溶胀时对溶剂有所选择。例如，明胶可在水中溶胀，但不能在苯中溶胀，橡胶可在苯中溶胀，但不能在水中溶胀。若弹性凝胶溶胀至一定程度体积不再增大，称为有限溶胀；如果无限制地吸收溶剂，最后形成大分子溶液则称为无限溶胀。有限溶胀说明这类凝胶交联作用较强，无限溶胀说明这类凝胶交联能力较弱。

溶胀在生理过程中具有很重要的意义，人体衰老面部出现皱纹是溶胀能力减低所致，血管发生硬化也与构成血管壁的凝胶溶胀能力下降有关。

（2）离浆。新制备的凝胶放置一段时间后，一部分液体可以自动地从凝胶中分离出来，使凝胶的体积变小，这种现象称为离浆（syneresis）。离浆的实质是因为新制备的凝胶网状结构尚未完全成熟，在放置过程中大分子间继续交联，使网状结构变得更粗、更牢，结果使液体从网状结构中挤出。例如，淀粉糊放置后分离出液体，新鲜血液放置后分离出血清，都属离浆现象。离浆析出的液体是溶液而不是溶剂，因而离浆并不是溶胀的逆过程，离浆是凝胶成熟的表现。

凝胶制品在医学上有着广泛应用。例如，中成药"阿胶"是凝胶制剂；干硅胶是实验室常用的干燥剂；其他如人工半透膜、皮革等都是干凝胶。凝胶在生命科学实验中常作为支持介质用于电泳及色谱分离。

知识拓展：纳米材料在医学上的应用

纳米材料是指三维空间尺度至少有一维处于纳米量级（1～100nm）的材料，构成纳米材料的纳米粒子是原子或分子的集合体。纳米材料具有的一些基本效应：表面效应、量子尺寸效应、小尺寸效应、介电限域效应等，使纳米材料在声、光、电、磁、热等性能方面呈现了新的特性。例如，20世纪90年代初发现的碳纳米管，其密度是钢的六分之一，但强度却是钢的100倍；将金属纳米颗粒掺入常规陶瓷中可大大改善其力学性能；在塑料中掺入金属超微粒可控制其电磁性质等。纳米材料在电子学、光学、化工、陶瓷、生物和医药等诸多方面都有广泛的应用。在医学上的应用主要有以下几个方面：

1. 人体组织上的应用

将人造血管表面涂上一层纳米材料层后可大大改善和克服其粘连沉积的问题。人造骨和人造软骨在体内起支架作用，用含有纳米材料制作的代骨材料具有更好的功能，且与周围组织有更好的相容性。纳米级羟基磷灰石-胶原复合物可模仿天然骨基质中无机和有机成分，多孔的纳米羟基磷灰石-胶原复合物形成的三维支架可为成骨细胞提供与体内相似的微环境。细胞在该支架上能很好地生长并能分泌骨基质。纳米生物材料作为牙科植入物具有耐磨性好且收缩性小，这样有利于植入物与周围组织的紧密连接，进而提高植入物的成活率。

2. 纳米材料作为药物载体

引起人体发病的病毒大小为80～100nm，一般细菌的长度为2000～3000nm，血液中红血球的大小为6000～9000nm，巨噬细胞等则更大一些，而纳米包覆体一般小于 100 nm，因而可利用纳米粒子作药物载体来控制药物释放或进行靶向治疗，以减少副作用和提高药效。纳米粒子载药量高（一般大于 30%）且可以改变膜运转机制，增加药物对生物膜的透过性，提高药物的吸收与细胞内药效发挥。例如，载带抗肿瘤药物阿霉素的纳米粒，其药效比阿霉素水针剂增加 10 倍。作为药物载体的纳米材料主要有金属、非金属和生物降解性高分子等。

纳米磁性材料作为药物载体的靶向药物，称为"定向导弹"。该技术是用磁性纳米微粒携带药物，注射到人体血管中，通过磁场导航输送到病变部位，然后释放药物。生物降解性高分子纳米材料作为药物载体还可以植入到人体的某些特定组织部位，如子宫、阴道、口（颊、舌、齿）、上下呼吸道（鼻、肺）、肛门以及眼、耳等。这种给药方式避免了药物直接被消化系统和肝脏分解而代谢掉，并防止药物对全身的作用。

3. 纳米抗菌复合材料

将银制成纳米级的超细小微粒，然后使之附着在棉织物上，由于经过纳米技术处理后的银表面积急剧增大，杀菌能力提高 200 倍左右，因此添加纳米银粒子制成的医用敷料对诸如金黄色葡萄球菌、大肠杆菌、绿浓杆菌等临床常见的 40 余种外科感染细菌有较好的抑制作用。

4. 诊断检查

金纳米粒子表面接上抗原或抗体，就能进行免疫学的间接凝聚实验，用于快速诊断。静脉注射纳米氧化铁造影剂后，氧化铁颗粒可在肝脏和脾脏被网状内皮细胞吸收，而恶性肿瘤组织仅含极少量的网状内皮细胞，吸收的氧化铁比正常组织少，通过磁共振技术可早期诊断出恶性肿瘤。

习　　题

1. 什么是分散系？根据分散相粒子的大小，液体分散系可分为哪几种类型？
2. 表面能是怎样产生的？通过什么途径和方法可降低体系的表面能？
3. 什么是比表面能和表面张力？它们有何关系？
4. 汞蒸气易引起中毒。若将液态汞（1）盛于烧杯中；（2）盛于烧杯中，其上覆盖一层水；（3）散落成直径为 2×10^{-4} cm 的汞滴。哪一种引起中毒的程度为最大？为什么？
5. 什么叫正吸附、负吸附？什么是表面活性剂、表面非活性剂？
6. 什么是乳状液？它有几种类型？
7. 将 0.05mol · L^{-1} 的 KBr 溶液 50mL 和 0.01mol · L^{-1} 的 $AgNO_3$ 溶液 30mL 混合以制备 AgBr 溶胶，试写出此溶胶的胶团结构式，并比较电解质溶液 $AlCl_3$、$MgSO_4$、$K_3[Fe(CN)_6]$ 对此溶胶的聚沉能力。

8. 为什么在长江、珠江等河流的入海处都有三角洲的形成？

9. 溶胶与高分子溶液具有稳定性的原因各有哪些？用什么方法可以分别破坏它们的稳定性？

10. 什么是凝胶？产生凝胶的条件有哪些？

（孙衍增）

第 12 章 滴定分析

§12.1 滴定分析概述

在化学学科的长期发展过程中，形成了专门研究物质的化学组成及其含量测定方法和相关原理的重要分支——分析化学。它包括定性分析和定量分析两个主要部分。定性分析的任务是鉴定物质的组成成分，定量分析的任务则是测定其中各种成分的含量。其中定量分析又根据测定手段不同分为化学分析法和仪器分析法。

滴定分析是常用的化学分析方法之一，根据分析时所用化学反应类型的不同可分为酸碱滴定法、氧化还原滴定法、配位滴定法和沉淀滴定法。滴定分析操作简便、快速，并具有足够的准确度，被广泛应用于生产实践中。本章将简要介绍酸碱滴定法、氧化还原滴定法和配位滴定法的基本原理和一些常见实例。

§12.1.1 滴定分析的基本概念

滴定分析是借助于滴定操作，利用一种已知其准确浓度的溶液与被测物质的溶液按一定化学计量关系完全反应，根据已消耗的已知准确浓度溶液的浓度、体积和被测物质溶液的体积来计算被测物质的含量的方法。习惯上，将已知准确浓度的溶液称为标准溶液（standard solution）或滴定剂（titrant）；被测物质称为试样（sample）。将标准溶液从滴定管滴加到被测物质溶液中，直到反应完全，读取所消耗的标准溶液的体积，这一全部操作过程称为滴定（titration）。当加入的标准溶液与被测组分按照化学反应式恰好反应完全时，即参与反应的两种物质的量恰好符合化学计量关系时，称为化学计量点（stoichiometric point），简称计量点，也称理论终点。在实际操作时，常借助指示剂（indicator）的颜色突变等作为终止滴定的信号。根据指示剂颜色突变，从而停止滴定的那一点称为滴定终点（end point of the titration），简称终点。滴定终点与计量点越吻合，分析结果越准确。由滴定终点与计量点不完全重合造成的分析误差称为滴定误差（titration error）。

滴定分析通常用于常量组分的测定，即被测组分的含量一般大于 1%，有时也可用于一些含量较低组分的测定。

在滴定分析中，常可根据需要应用相应的化学反应，但并不是所有的化学反应都可应用于滴定分析，能用作滴定的化学反应应该具备下列条件：

(1) 反应必须定量完成，即反应按确定的化学方程式进行，而且进行完全（要求达到 99.9%），这是定量计算的基础。

（2）反应必须迅速完成，对于速率较慢的反应可以通过加热或加催化剂等方法来加快反应。

（3）无副反应发生，若有干扰可采取适当的措施加以消除。

（4）要有适当的指示剂或其他方法确定滴定终点。

只要满足了上述要求的反应，都可应用标准溶液直接滴定被测物质，这类方法称为直接滴定法(direct titration)。例如，用 HCl 标准溶液测定 NaOH 含量等，这也是滴定分析最常用的方法。

但是有时反应不能完全符合上述要求，不能采用直接滴定法时，可选用一些间接方法来进行滴定。当反应较慢或反应物是固体或反应没有合适的指示剂时，可采用返滴定法(back titration)。即先加入准确过量的标准溶液，待反应完全后，再用另一种标准溶液滴定原先加入的标准溶液反应后的剩余量。例如，测定试样中 $CaCO_3$ 含量时，可先加入准确过量的 HCl 标准溶液，待反应结束后，再用 NaOH 标准溶液滴定剩余的 HCl，从而求出试样中 $CaCO_3$ 的含量。

对于不按确定的反应式进行的反应或伴有副反应的反应，虽不能直接滴定，但可采用置换滴定法(displaced titration)，即先用合适的试剂与被测物质反应，使其定量产生可直接滴定的物质，再用标准溶液对它进行滴定。例如，在酸性条件下，$Na_2S_2O_3$ 标准溶液不能直接滴定 $K_2Cr_2O_7$，因为 $Cr_2O_7^{2-}$ 不仅可将 $S_2O_3^{2-}$ 氧化为 $S_4O_6^{2-}$，而且部分 $S_2O_3^{2-}$ 氧化为 SO_4^{2-}，所以反应没有一定的计量关系，难以计算。但是可以在 $K_2Cr_2O_7$ 酸性溶液中加入过量的 KI，定量地置换出 I_2，再用 $Na_2S_2O_3$ 标准溶液滴定 I_2，从而最终确定试样中 $K_2Cr_2O_7$ 的含量。

§12.1.2　滴定分析的操作程序

滴定分析的操作程序包括三个主要部分，即标准溶液的配制、标准溶液的标定和被测物质含量的测定。

1. 标准溶液的配制

在滴定分析中，无论采用何种滴定法，都需要标准溶液，其配制方法分为直接配制法和间接配制法。如果试剂稳定又足够纯，则用直接配制法配制，即准确称量一定量的该物质，溶解以后全部转移至容量瓶中，加水稀释定容，摇匀，即得已知准确浓度的标准溶液。能用于直接配制准确浓度溶液的物质，称为基准物质(primary standard substance)。

作为基准物质必须具备下列条件：

（1）物质的组成应与化学式完全一致，若含结晶水，其结晶水的含量也应与化学式完全符合。

(2) 试剂的纯度要足够高,一般要求纯度在99.9%以上,杂质的含量应少到不影响分析结果的准确度。

(3) 试剂在一般情况下很稳定,如干燥时不分解,在空气中不吸收水分和二氧化碳,不易被空气氧化等。

(4) 试剂参加反应时,应按反应式定量进行,没有副反应。

(5) 试剂应具有较大的摩尔质量,这样可减少称量误差。

2. 标准溶液的标定

直接称取基准物质配制标准溶液,其浓度可以直接算出。如果试剂纯度不够或不稳定,则用间接法配制,即先配成近似浓度的溶液,然后用基准物质或已知准确浓度的溶液来确定标准溶液浓度,这种操作称为标定(standardization)。标定标准溶液的浓度,必须在同一条件下进行三次以上,标定的结果相差不能超过0.2%。准确地标定一种溶液的浓度以后,就可以用它来测定许多其他标准溶液的浓度。例如,用基准试剂无水碳酸钠标定盐酸的浓度后,就可用盐酸标准溶液来标定氢氧化钠溶液的浓度。

3. 被测物质含量的测定

标准溶液的浓度确定以后,就可以进行被测物质含量的测定。例如,可用已标定的盐酸标准溶液测定某些碱性物质的含量,用已标定的高锰酸钾溶液测定某些还原性物质的含量。

§12.1.3 滴定分析的计算

在化学反应中,物质之间的反应必然按照一定的反应方程式进行。在参加反应的物质之间有一定的比例关系,即计量关系,这是滴定分析计算的基础。因此,进行滴定分析的计算,首先必须准确写出化学反应式,再根据其提供的计量关系进行计算。下面举几个具体的例子说明计算的过程。

【例12-1】 标定HCl标准溶液时,称取了基准试剂Na_2CO_3 0.1196g,消耗了HCl标准溶液22.35mL后到达计量点,求HCl标准溶液的浓度。

解 反应方程式为

$$2HCl + Na_2CO_3 \xlongequal{\quad} H_2O + 2NaCl + CO_2 \uparrow$$

其计量关系为 $$n(Na_2CO_3) = \frac{1}{2} \times c(HCl) \cdot V(HCl)$$

因此,HCl标准溶液的浓度为

$$c(HCl) = \frac{2 \times n(Na_2CO_3)}{V(HCl)} = \frac{1000 \times 2 \times 0.1196/106.0}{22.35} = 0.1010(mol \cdot L^{-1})$$

【例 12-2】 滴定未知浓度的 NaOH 溶液 25.00mL 时，用去了 0.1250mol · L^{-1} HCl 标准溶液 20.00 mL，求 NaOH 溶液的浓度。

解 反应方程式为

$$NaOH + HCl = NaCl + H_2O$$

其计量关系为 $c(NaOH) \cdot V(NaOH) = c(HCl) \cdot V(HCl)$

则 NaOH 溶液的浓度为

$$c(NaOH) = \frac{c(HCl) \cdot V(HCl)}{V(NaOH)} = \frac{0.1250 \times 20.00}{25.00} = 0.1000(mol \cdot L^{-1})$$

【例 12-3】 量取 H_2O_2 试样 25.00mL 后置于 250mL 容量瓶中，加水至刻度摇匀，再从中准确吸出 25.00mL，加 H_2SO_4 酸化，用 0.027 32mol · L^{-1} $KMnO_4$ 标准溶液滴定，消耗了 25.86 mL，计算原试样中 H_2O_2 的浓度。

解 反应方程式为

$$5H_2O_2 + 2MnO_4^- + 6H^+ = 2Mn^{2+} + 8H_2O + 5O_2 \uparrow$$

其计量关系为 $\frac{1}{5}c(H_2O_2) \cdot V(H_2O_2) = \frac{1}{2}c(KMnO_4) \cdot V(KMnO_4)$

考虑了稀释倍数后，原试样中 H_2O_2 的浓度为

$$c(H_2O_2) = \frac{5 \times c(KMnO_4) \cdot V(KMnO_4)}{2 \times V(H_2O_2)} \times \frac{250.00}{25.00} = \frac{5 \times 0.027\,32 \times 25.86}{2 \times 25.00} \times 10$$

$$= 0.7065(mol \cdot L^{-1})$$

§12.1.4 滴定分析结果的误差

1. 误差的产生和分类

在定量分析中，测定结果与真实值一般不会完全相同。测定值与真实值之间的差值称为误差(error)。测定值大于真实值，误差为正；测定值小于真实值，误差为负。根据误差的性质及产生的原因，可以将误差分为系统误差、随机误差和过失误差三类。

系统误差(systematic error)是由某些比较固定的原因引起的，它会使测定结果系统偏高或偏低。在同一条件下，进行重复测定时，它会重复出现，其大小与正负往往可以测定，并且通过实验可以设法减免或加以校正，故又称为可测误差。产生系统误差的原因有以下几种：

(1) 方法误差。它是由于分析方法不可能尽善尽美所造成的。例如，在滴定分析中，化学反应未能定量完成，干扰离子及副反应的影响，滴定终点与计量点不可能完全符合等，都会导致测定结果总是偏高或总是偏低。

(2) 仪器误差。主要是测定仪器不够准确或未经校准所引起的误差。例如，分析天平两臂不等长，砝码锈蚀或质量不准引起称量误差，滴定管、移液管、容量瓶刻度不准所造成的误差。

(3) 试剂误差。试剂或蒸馏水中含有被测成分或干扰物质，容器被侵蚀引入杂质等，都会带来误差。

(4) 操作误差。它是由于操作人员的一些主观因素所引起的误差。例如，不同的分析人员对滴定终点指示剂颜色的判断，有的人总是偏深，有的人总是偏浅。

随机误差(random error)是由某些偶然的因素所引起的，是难以控制的。随机误差有时为正，有时为负；有时大，有时小，故又把随机误差称为偶然误差(accidental error)。例如，测定过程中温度、湿度、气压的微小变动；使用分析天平时受到突然的震动等都会引起测量数据的波动。随机误差不能通过校正方法来减小。但是，它的出现是服从统计规律的，如果大误差出现机会少，小误差出现机会多，大小相等的正负误差出现机会相等，可通过增加平行测定次数来减小随机误差。

由于分析人员粗心大意，不按操作规程操作所引起的差错，习惯上称为过失误差，实际上不能称为误差。例如，读错刻度，看错砝码，加错试剂，记录、计算出错，操作中溶液溅失等。属于过失所得的数据或结果，应该舍弃。

2. 误差的表示

(1) 准确度(accuracy)。准确度是表示测得值与真实值的符合程度。准确度的高低用误差大小表示。误差分为绝对误差和相对误差。

① 绝对误差(absolute error)表示测定值与真实值之差，即

$$E = X - X_T \tag{12-1}$$

式中，E 代表绝对误差；X 代表测定值；X_T 代表真实值。误差越小，表示测定值与真实值越接近，准确度越高；反之，误差越大，准确度越低，若误差为正，表示测定结果偏高；误差为负，表示测定结果偏低。

② 相对误差(relative error)是指绝对误差在真实值中所占的比例，可用百分率表示：

$$\mathrm{RE} = \frac{E}{X_T} \times 100\% \tag{12-2}$$

【例 12-4】 用分析天平称取无水 Na_2CO_3 两份，其质量分别为 1.0900g 和 0.1090g，假设二者的真实质量各为 1.0901g 和 0.1091g，求其绝对误差和相对误差。

解 两者称量的绝对误差分别为

$$E_1 = 1.0900 - 1.0901 = -0.0001(\mathrm{g})$$

$$E_2 = 0.1090 - 0.1091 = -0.0001(\mathrm{g})$$

两者称量的相对误差分别为

$$\mathrm{RE}_1 = \frac{-0.0001}{1.0901} \times 100\% = -0.009\%$$

$$\mathrm{RE}_2 = \frac{-0.0001}{0.1090} \times 100\% = -0.09\%$$

由计算结果可见，两次称量的绝对误差相等，但相对误差不同。当称取的量较大时，相对误差小，准确度高。反之，当称取的量较小时，相对误差大，准确度低。因此，分析结果的准确度用相对误差表示更具有实际意义。

实际工作中，客观存在的真实值不可能准确知道，人们往往用标准值或纯品中物质的理论含量作为真实值来检查方法的准确度。

(2) 精密度(precision)。为得到可靠的分析结果，需要在相同条件下对同一样品进行多次测定，以求得分析结果的平均值。精密度就是指几次平行测定结果相互符合的程度，精密度的高低用偏差(deviation)的大小表示，偏差越小，分析结果的精密度越高。偏差的表示方法有以下几种。

① 绝对偏差与相对偏差。绝对偏差(absolute deviation)是指各单次测定值与平均值之间的差值。

$$d = X - \overline{X} \tag{12-3}$$

式中，d 代表绝对偏差；X 代表单次测定值；$\overline{X}$ 代表多次测定的算术平均值。相对偏差(relative deviation)是指绝对偏差在平均值中所占的百分比。

$$\mathrm{Rd} = \frac{d}{\overline{X}} \times 100\% \tag{12-4}$$

【例 12-5】 标定某一标准溶液浓度，三次测得结果分别为 0.1027、0.1028、0.1029mol · L^{-1}，求测定的绝对偏差和相对偏差。

解 平均值为 $\overline{X} = \frac{0.1027 + 0.1028 + 0.1029}{3} = 0.1028(\mathrm{mol \cdot L^{-1}})$

各次测定的绝对偏差分别为

$$d_1 = 0.1027 - 0.1028 = -0.0001$$

$$d_2 = 0.1028 - 0.1028 = 0$$

$$d_3 = 0.1029 - 0.1028 = 0.0001$$

第一次测定的相对偏差为

$$\mathrm{Rd}_1 = \frac{-0.0001}{0.1028} \times 100\% = -0.097\%$$

其余两次分别为 0 和 +0.097%。

由计算结果可见，单次测得值对平均值的偏差，有正，有负，有零。在一般分析工作中，常用平均偏差、相对平均偏差来衡量一组分析结果的精密度。

② 平均偏差与相对平均偏差。平均偏差(average deviation)是指各次测定值对平均值的偏差的绝对值之和的平均值。相对平均偏差(relative average deviation)是指平均偏差在平均值中所占的百分比。

平均偏差：
$$\overline{d} = \frac{\sum_{i=1}^{n} |X_i - \overline{X}|}{n} \tag{12-5}$$

、 相对平均偏差：
$$\overline{\text{Rd}}=\frac{\overline{d}}{\overline{X}}\times 100\% \tag{12-6}$$

【例 12-6】 某学生分析含铁试样，五次分析结果（质量分数）分别为 0.3245、0.3220、0.3230、0.3250、0.3225，试计算其平均值、平均偏差、相对平均偏差。

解 平均值：$\overline{X}=\frac{0.3245+0.3220+0.3230+0.3250+0.3225}{5}=0.3234$

平均偏差：$\overline{d}=\frac{0.0011+|-0.0014|+|-0.0004|+0.0016+|-0.0009|}{5}=0.0011$

相对平均偏差：
$$\overline{\text{Rd}}=\frac{0.0011}{0.3234}\times 100\%=0.34\%$$

③ 标准偏差。分析化学中测定次数有限时，用标准偏差（standard deviation）来衡量该组数据的分散度，符号为 S，标准偏差的数学表达式为

$$S=\sqrt{\frac{\sum_{i=1}^{n}(X_i-\overline{X})^2}{n-1}}=\sqrt{\frac{\sum_{i=1}^{n}d_i^2}{n-1}} \tag{12-7}$$

式中，X 为单次测定值；$\overline{X}$ 为平均值；n 为测定次数；$n-1$ 为自由度，常用 f 表示，它表明在 n 次测定中，只有（$n-1$）个可变的偏差。标准偏差的优点是对单次测量偏差平方后，使大偏差能显著地反映出来，较好地说明数据的分散度，是表示数据精密度及分散程度的较理想的指标。

在一般的化学分析中，数据不多，通常采用计算简便的平均偏差和相对平均偏差来衡量测定的精密度。在通常滴定分析实验中，对一个试样平行测定两三次，然后先计算平均值，再计算分析结果的平均偏差，相对平均偏差。如果相对平均偏差小于或等于 0.2%，一般可认为符合要求，取其平均值写出报告；否则，应重做实验。

§12.2 酸碱滴定法

酸碱滴定法又称中和法，是以酸碱中和反应为基础的滴定分析方法。在酸碱滴定法中，标准溶液一般都是强酸或强碱溶液，如盐酸、硫酸、氢氧化钠、氢氧化钾等，可用来测定各种具有酸碱性质的物质。

为了在某一酸碱滴定中选用一种适宜的指示剂指示终点，使滴定终点尽量与计量点吻合，就必须了解酸碱指示剂的变色原理以及滴定过程中溶液 pH 的变化规律。

§12.2.1 酸碱指示剂

酸碱指示剂（acid-base indicator）是一种在不同 pH 溶液中，能发生自身结构变化而显示出不同颜色的有机化合物。常用的酸碱指示剂是一些有机弱酸（如酚酞）或有

机弱碱(如甲基橙)。现以有机弱酸指示剂 HIn 为例简要说明酸碱指示剂的变色情况。

指示剂 HIn 在溶液中,存在如下解离平衡:

$$\underset{\text{酸式}}{HIn} \rightleftharpoons \underset{\text{碱式}}{In^-} + H^+$$

HIn 代表指示剂的酸式,In^- 代表指示剂的碱式。HIn 和 In^- 具有不同的颜色,HIn 的颜色称为酸式色,In^- 的颜色称为碱式色。

达到平衡时

$$K_{HIn} = \frac{[In^-][H^+]}{[HIn]}$$

式中,K_{HIn} 为指示剂的离解常数,简称指示剂常数;$[In^-]$和$[HIn]$分别为指示剂的碱式的浓度和酸式的浓度。

由以上指示剂离解平衡式可得

$$[H^+] = K_{HIn}\frac{[HIn]}{[In^-]} \tag{12-8}$$

两边取负对数得

$$pH = pK_{HIn} + \lg\frac{[In^-]}{[HIn]} \tag{12-9}$$

由式(12-9) 可知:

① 由于在一定的温度下,K_{HIn} 是一个常数,当含有指示剂的溶液的 pH 改变时,$[In^-]/[HIn]$的比值随之改变,溶液的颜色也随之发生变化。这也就是指示剂的变色原理。

② 当 $pH \leqslant (pK_{HIn}-1)$时,$[In^-]/[HIn] \leqslant 0.1$,这时溶液中 HIn 多,$In^-$ 少,人的肉眼只能察觉到 HIn 的颜色,此时溶液中指示剂显现其酸式色;当 $pH \geqslant (pK_{HIn}+1)$时,$[In^-]/[HIn] \geqslant 10$,这时溶液中 HIn 少,$In^-$ 多,人的肉眼只能察觉到 In^- 的颜色,此时溶液中指示剂显现其碱式色。

③ 当溶液的 pH 介于$(pK_{HIn}-1) \sim (pK_{HIn}+1)$时,溶液中指示剂显示混合色。当$[In^-]/[HIn]=1$,溶液显现的颜色是酸式色和碱式色的等量混合色,此时 $pH = pK_{HIn}$,称为指示剂的理论变色点(theoretical color change point)。

④ 当溶液的 pH 由$(pK_{HIn}-1)$变化到$(pK_{HIn}+1)$,溶液的颜色由酸式色变到碱式色,此时 $pH=(pK_{HIn} \pm 1)$称为指示剂的理论变色范围(theoretical color change interval)。

但实际使用时,指示剂的变色范围不是根据 pK_{HIn} 计算出来的,而是根据人眼观察得到的。由于人眼对各种颜色的敏感程度不同以及指示剂两种颜色之间的相互掩盖,使实际观察到的变色范围与理论变色范围存在差异。例如,甲基橙的理论变色点为 3.7,实际变色范围为 3.1～4.4。大多数指示剂的变色范围都不到 2 个 pH 单位。在表 12-1 中列出一些常见酸碱指示剂的变色范围及其变色情况。

表 12-1 常用酸碱指示剂

指示剂	变色范围	酸式色	过渡色	碱式色	pK_{HIn}
百里酚蓝	1.2～2.8	红色	橙色	黄色	1.7
甲基橙	3.1～4.4	红色	橙色	黄色	3.7
溴酚蓝	3.1～4.6	黄色	蓝紫	紫色	4.1
溴甲酚绿	3.8～5.4	黄色	绿色	蓝色	4.9
甲基红	4.4～6.2	红色	橙色	黄色	5.0
溴百里酚蓝	6.0～7.6	黄色	绿色	蓝色	7.3
中性红	6.8～8.0	红色	橙色	黄色	7.4
酚酞	8.0～9.6	无色	淡红	红色	9.1
百里酚酞	9.4～10.6	无色	淡蓝	蓝色	10.0

在酸碱滴定中，有时需要将滴定终点限制在很窄的pH范围内，以达到一定的准确度，此时可采用混合指示剂(mixed indicator)。混合指示剂的特点是变色范围窄和颜色改变明显。混合指示剂一般有两种配制方法：一种方法是由两种或两种以上的指示剂混合而成。例如，0.1%溴甲酚绿乙醇溶液和0.2%甲基红乙醇溶液以3∶1体积比混合所得混合指示剂，在pH=5.1时，溴甲酚绿显绿色而甲基红显橙红色，两种颜色互补，使溶液呈灰色，在pH<5.1时显酒红色，在pH>5.1时显绿色，变色敏锐。另一种方法是由一种指示剂和一种惰性染料混合而成。例如，单一的甲基橙由红色变到黄色，中间有一过渡的橙色，难于辨别，如果在0.1%甲基橙水溶液中加入0.25%靛蓝二磺酸钠水溶液后，在滴定中靛蓝二磺酸钠不变色，仅作为甲基橙的蓝色背景，它和甲基橙的酸式色(红色)加合为紫色，和甲基橙的碱式色(黄色)加合为绿色。混合指示剂从紫色到绿色，不仅中间色几乎是无色的浅灰色，而且绿色与紫色明显不同，变色非常敏锐。表12-2列出常用酸碱混合指示剂，以备选用。

表 12-2 常用混合指示剂

混合指示剂的组成	变色点pH	酸式色	碱式色	备 注
1份0.1%甲基橙水溶液和 1份0.25%靛蓝二磺酸钠水溶液	4.1	紫色	黄绿	pH=4.1 灰色
3份0.1%溴甲酚绿乙醇溶液和 1份0.2%甲基红乙醇溶液	5.1	酒红	绿色	pH=5.1 灰色
1份0.1%溴甲酚绿钠盐水溶液和 1份0.1%氯酚红钠盐水溶液	6.1	蓝绿	蓝紫	pH=5.8 蓝色 pH=6.2 蓝紫
1份0.1%中性红乙醇溶液和 1份0.1%次甲基蓝乙醇溶液	7.0	蓝紫	绿色	pH=7.0 蓝紫
1份0.1%甲酚红钠盐水溶液 3份0.1%百里酚蓝钠盐水溶液	8.3	黄色	紫色	pH=8.2 玫瑰红 pH=8.4 紫色
1份0.1%百里酚蓝的50%乙醇溶液 3份0.1%酚酞的50%乙醇溶液	9.0	黄色	紫色	pH=9.0 绿色
1份0.1%百里酚蓝的乙醇溶液 1份0.1%酚酞的乙醇溶液	9.9	无色	紫色	pH= 9.6 玫瑰红 pH=10.0 紫色

§12.2.2 强碱滴定强酸

在研究酸碱滴定过程中溶液 pH 的变化规律时，常把所加酸或碱标准溶液的体积为横坐标，溶液的 pH 为纵坐标，作图获得滴定曲线（titration curve）。通过对各种不同类型的酸碱滴定曲线的研究，可以获取其酸碱滴定的 pH 变化规律，从而指导指示剂的选择。

现以 $0.1000\text{mol}\cdot\text{L}^{-1}$ NaOH 溶液滴定 20.00mL $0.1000\text{mol}\cdot\text{L}^{-1}$ HCl 溶液为例，研究强碱滴定强酸过程中 pH 的变化规律。

（1）滴定前。溶液的酸度取决于 HCl 溶液的浓度。

$$[H^+]=0.1000\text{mol}\cdot\text{L}^{-1},\text{pH}=1.00$$

（2）滴定开始至计量点前。溶液的酸度取决于剩余 HCl 的浓度，当滴入 NaOH 溶液 18.00mL（剩余 HCl 2.00mL）时 pH 为

$$[H^+]=\frac{0.1000\times 2.00}{20.00+18.00}=5.26\times 10^{-3}(\text{mol}\cdot\text{L}^{-1})$$

$$\text{pH}=-\lg(5.26\times 10^{-3})=2.28$$

当滴入 NaOH 溶液 19.80mL（剩余 HCl 0.20mL）时 pH 为

$$[H^+]=\frac{0.1000\times 0.20}{20.00+19.80}=5.02\times 10^{-4}(\text{mol}\cdot\text{L}^{-1})$$

$$\text{pH}=-\lg(5.02\times 10^{-4})=3.30$$

当滴入 NaOH 溶液 19.98mL（剩余 HCl 0.02mL）时 pH 为

$$[H^+]=\frac{0.1000\times 0.02}{20.00+19.98}=5.00\times 10^{-5}(\text{mol}\cdot\text{L}^{-1})$$

$$\text{pH}=-\lg(5.00\times 10^{-5})=4.30$$

（3）计量点时。当滴入 NaOH 溶液 20.00mL 时，恰好与 20.00mL HCl 溶液完全反应生成 NaCl 和 H_2O，溶液呈中性，此时

$$[H^+]=[OH^-]=1.00\times 10^{-7}\text{mol}\cdot\text{L}^{-1}$$

$$\text{pH}=7.00$$

（4）计量点后。溶液的酸度由过量的 NaOH 溶液决定。当滴入 NaOH 溶液 20.02mL 时，NaOH 溶液过量 0.02mL，这时

$$[OH^-]=\frac{0.1000\times 0.02}{20.00+20.02}=5.00\times 10^{-5}(\text{mol}\cdot\text{L}^{-1})$$

$$\text{pOH}=-\lg(5.00\times 10^{-5})=4.30$$

$$\text{pH}=14.00-4.30=9.70$$

同样可以计算出滴定过程中溶液的其他 pH，列在表 12-3 中，并以 NaOH 加入量为横坐标，溶液的 pH 为纵坐标作图，可得到强碱滴定强酸的滴定曲线图 12-1。

表 12-3　0.1000mol·L^{-1} NaOH 溶液滴定 20.00mL 0.1000mol·L^{-1} HCl 溶液 pH 的变化

加入 NaOH 体积/mL	加入 NaOH %	剩余 HCl /mL	过量 NaOH /mL	$[H^+]$ /(mol·L^{-1})	pH	
0.00	0.00	20.00		1.00×10^{-1}	1.00	
18.00	90.00	2.00		5.26×10^{-3}	2.28	
19.80	99.00	0.20		5.02×10^{-4}	3.30	
19.98	99.90	0.02		5.00×10^{-5}	4.30	突跃范围
20.00	100.0	0.00		1.00×10^{-7}	7.00	突跃范围
20.02	100.1		0.02	2.00×10^{-10}	9.70	突跃范围
20.20	101.0		0.20	2.00×10^{-11}	10.70	
22.00	110.0		2.00	2.10×10^{-12}	11.70	
40.00	200.0		20.00	3.00×10^{-13}	12.50	

从表 12-3 和图 12-1 可了解强碱滴定强酸过程中 pH 变化规律如下：

① 从滴定开始直到加入 19.98mL NaOH 溶液即 99.9% HCl 被作用为止，溶液的 pH 从 1.00 到 4.30 仅变化了 3.30 个单位，变化较慢。

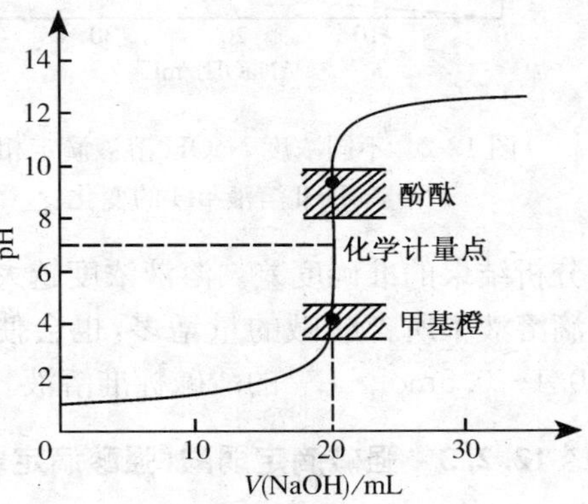

图 12-1　0.1000mol·L^{-1} NaOH 溶液滴定 20.00mL 0.1000mol·L^{-1} HCl 溶液 pH 的变化

② 在计量点前后，从剩余 0.02mL HCl 到过量 0.02mL NaOH，仅一滴 NaOH 标准溶液之差，即滴定由不足 0.1% 到过量 0.1%，就使溶液的酸度发生巨大的变化，滴定曲线直线上升。此时 pH 由 4.30 急剧增至 9.70，增大了 5.40 个 pH 单位，溶液由酸性变为碱性。这种滴定过程中溶液的 pH 突变，称为滴定突跃（titration jump）。在计量点前后±0.1%相对误差内包含的 pH 变化范围称为滴定突跃范围（titration jump interval）。

③ 此后再继续加入 NaOH 溶液，则溶液 pH 的变化又越来越小，曲线比较平坦。

如果用 0.1000mol·L^{-1} HCl 溶液滴定 20.00mL 0.1000mol·L^{-1} NaOH 溶液，滴定曲线恰与图 12-1 的曲线对称，仅 pH 变化方向相反。

滴定的突跃范围是选择指示剂的主要依据。理想的指示剂应恰好在反应的计量点时变色，但实际上这样的指示剂很难找到，而且也没有必要。因为只要在突跃范围之内能发生颜色变化的指示剂，都能满足分析结果所要求的准确度。据此，可将指示剂的变色范围在突跃范围内或至少占据突跃范围的一部分作为选择指示剂的原则。根据这一原则，在以上的滴定中，酚酞、甲基红、中性红和甲基橙等都是合适的指示剂。在实际滴定工作中，指示剂的选择还需要考虑到人肉眼对颜色的敏感程度。例如，酚酞由无色变为粉红色容易辨别；甲基橙由黄色变橙色容易判断。因此，强碱滴定强酸，常选用酚酞作指示剂，反之多选用甲基橙作指示剂。

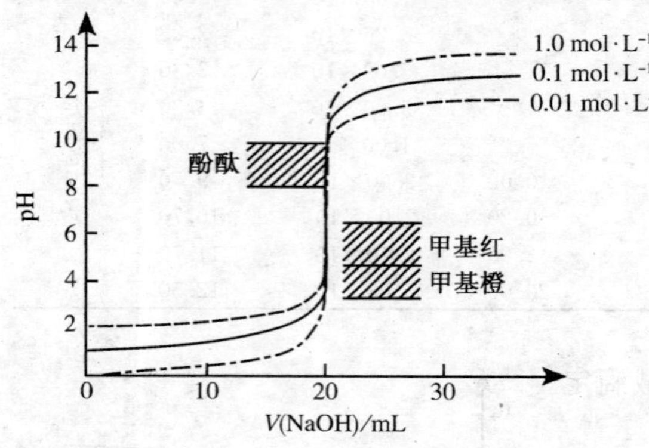

图 12-2　不同浓度 NaOH 溶液滴定相应浓度 HCl 溶液 pH 的变化

滴定突跃范围的大小和溶液的浓度有关。从图 12-2 可见，若分别用 $0.01\text{mol}\cdot L^{-1}$、$0.1\text{mol}\cdot L^{-1}$ 和 $1.0\text{mol}\cdot L^{-1}$ 的 NaOH 标准溶液分别滴定与其相同浓度的 HCl 溶液时，它们的突跃范围的 pH 分别为 5.30～8.70、4.30～9.70、3.30～10.70。由此可见，溶液浓度越稀，滴定突跃范围越窄，当用 $0.01\text{mol}\cdot L^{-1}$ NaOH 溶液滴定 $0.01\text{mol}\cdot L^{-1}$ HCl 溶液时，甲基橙就不能用作指示剂，否则滴定分析结果的准确度差。溶液浓度越大，突跃范围越宽，可选择的指示剂越多，但每滴溶液中所含酸碱的量增多，也会使滴定分析结果的准确度变差。通常多采用 $0.1\sim0.5\text{mol}\cdot L^{-1}$ 的酸碱标准溶液。

§12.2.3　强碱滴定弱酸(强酸滴定弱碱)

以 $0.1000\text{mol}\cdot L^{-1}$ NaOH 溶液滴定 20.00mL $0.1000\text{mol}\cdot L^{-1}$ HAc 溶液为例，了解强碱滴定弱酸的 pH 变化规律，其反应式为

$$\text{NaOH}+\text{HAc}\rightleftharpoons H_2O+\text{NaAc}$$

(1) 滴定前。溶液的酸度主要决定于 HAc 的解离。

$$[H^+]=\sqrt{K_a c}=\sqrt{1.75\times10^{-5}\times0.1000}=1.32\times10^{-3}(\text{mol}\cdot L^{-1})$$

$$\text{pH}=-\lg(1.32\times10^{-3})=2.88$$

(2) 滴定开始至计量点前。溶液中未反应的 HAc 和反应产物 NaAc 组成缓冲体系，溶液的 pH 可按缓冲溶液计算公式求得。

$$\text{pH}=\text{p}K_a+\lg\frac{[Ac^-]}{[\text{HAc}]}$$

当滴入 NaOH 溶液 19.98mL 时，溶液中有

$$[Ac^-]=\frac{0.1000\times19.98}{20.00+19.98}=5.00\times10^{-2}(\text{mol}\cdot L^{-1})$$

$$[\text{HAc}]=\frac{0.1000\times0.02}{20.00+19.98}=5.00\times10^{-5}(\text{mol}\cdot L^{-1})$$

$$pH = 4.75 + \lg \frac{5.00 \times 10^{-2}}{5.00 \times 10^{-5}} = 7.75$$

(3) 计量点时。HAc 恰好全部被反应生成 NaAc，根据弱碱 Ac^- 的解离平衡来计算 pH。此时 NaAC 的浓度为 0.050 00mol · L^{-1}，$c/K_b>400$，则

$$[OH^-] = \sqrt{K_b c} = \sqrt{\frac{K_w}{K_a}c} = \sqrt{\frac{1.00 \times 10^{-14} \times 5.00 \times 10^{-2}}{1.75 \times 10^{-5}}}$$

$$= 5.27 \times 10^{-6} (mol \cdot L^{-1})$$

$$pH = 14.00 - pOH = 14.00 + \lg(5.27 \times 10^{-6}) = 8.72$$

(4) 计量点后。由于过量 NaOH 存在，抑制了 Ac^- 的解离过程，溶液的 pH 由过量的 NaOH 浓度决定。当滴入 20.02mL NaOH 溶液时，NaOH 溶液过量 0.02mL，这时

$$[OH^-] = \frac{0.1000 \times 0.02}{20.00 + 20.02} = 5.00 \times 10^{-5} (mol \cdot L^{-1})$$

$$pOH = -\lg(5.00 \times 10^{-5}) = 4.30$$

$$pH = 14.00 - 4.30 = 9.70$$

用类似方法可计算出滴定过程中溶液的 pH，其结果列于表 12-4 中，并以此绘制滴定曲线(图 12-3)。

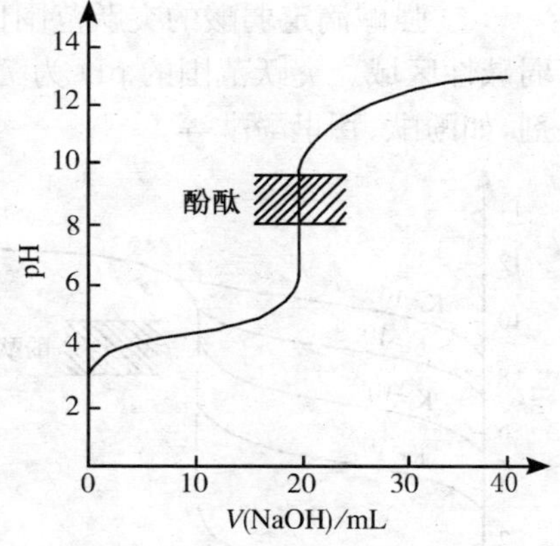

图 12-3　0.1000mol · L^{-1} NaOH 溶液滴定 20.00mL 0.1000mol · L^{-1} HAc 溶液 pH 的变化

比较图 12-1 和图 12-3，可以看出强碱滴定一元弱酸有以下特点：

① 滴定曲线起点的 pH 在 2.88 而不是 1。这是因为 HAc 是弱酸，滴定前溶液中的$[H^+]$不等于 HAc 的原始浓度。

② 滴定刚开始时，由于生成的 NaAc 抑制了 HAc 的离解，溶液中的$[H^+]$降低较迅速，于是出现坡度较大的曲线部分；随着滴定的进行，溶液中 $c(Ac^-)$与 $c(HAc)$的比值越来越接近于 1，缓冲能力渐增，使溶液 pH 的变化幅度变小，从而出现较平坦的曲线部分；继续滴定，溶液中的 $c(Ac^-)$与 $c(HAc)$的比值经过 1 后又逐渐远离 1，缓冲能力渐减，使溶液 pH 的变化幅度变大，因而又出现坡度较大的曲线部分；当滴定接近计量点时，溶液中的 $c(HAc)$已很低，这时滴加 1 滴 NaOH 溶液将会引起溶液 pH 的较大改变。出现坡度更大的曲线部分，即已临近滴定突跃。

③ 计量点时的 pH 在 8.72 而不是在 7。滴定达计量点时，HAc 与 NaOH 恰好反应完全生成 NaAc，而 Ac^- 是弱碱，所以溶液呈弱碱性而不是中性。

表 12-4　0.1000mol·L^{-1}NaOH 滴定 0.1000mol·L^{-1} HAc 时 pH 的变化

加入 NaOH		剩余 HAc /mL	过量 NaOH /mL	[H$^+$] /(mol·L^{-1})	pH	
体积/mL	%					
0.00	0.00	20.00		1.32×10^{-3}	2.88	
18.00	90.00	2.00		1.78×10^{-6}	5.75	
19.80	99.00	0.20		1.82×10^{-7}	6.74	
19.98	99.90	0.02		1.78×10^{-8}	7.75	突跃范围
20.00	100.0	0.00		1.90×10^{-9}	8.72	
20.02	100.1		0.02	2.00×10^{-10}	9.70	
20.20	101.0		0.20	2.00×10^{-11}	10.70	
22.00	110.0		2.00	2.10×10^{-12}	11.68	
40.00	200.0		20.00	3.00×10^{-13}	12.50	

④ 计量点后为 NaAc-NaOH 混合溶液，Ac^- 碱性较弱，它的解离受到过量 NaOH 的抑制，使此部分曲线与 NaOH 滴定 HCl 的曲线基本重合。

⑤ 强碱滴定弱酸的突跃范围比滴定同样浓度的强酸的突跃小得多，而且是在弱碱性区域。突跃范围的 pH 为 7.75～9.70，只能选用在碱性范围内变色的指示剂，如酚酞、百里酚酞等。

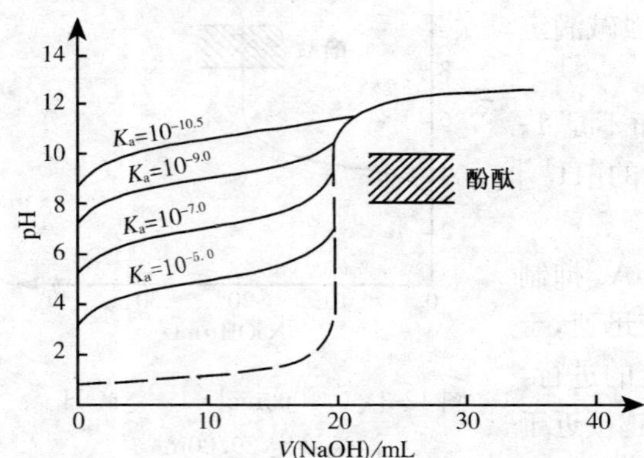

图 12-4　0.1000mol·L^{-1}NaOH 滴定 0.1000mol·L^{-1}不同强度弱酸的滴定曲线

图 12-4 是 0.1000mol·L^{-1}NaOH 滴定 20.00mL 0.1000mol·L^{-1}不同强度弱酸的滴定曲线。从中可看出当酸的浓度一定时，酸的强度越大，滴定的突跃范围越大。当 $K_a \leqslant 10^{-9}$时，滴定突跃已不明显，无法选用合适的指示剂。实验证明，只有在弱酸的 $cK_a \geqslant 10^{-8}$ 的条件下，才能用强碱进行准确地滴定。

强酸滴定弱碱的情况与强碱滴定弱酸相似，两者滴定曲线也相似，只是 pH 变化方向相反。计量点时溶液呈弱酸性，必须选用在酸性范围内变色的指示剂，如甲基红或甲基橙等。与弱酸的滴定一样，弱碱的强度(K_b)和浓度(c)都会影响滴定突跃范围的大小，只有当 $cK_b \geqslant 10^{-8}$时，才能用强酸进行准确滴定。

弱酸和弱碱之间的滴定，由于无明显的滴定突跃，无法选择适宜的指示剂，因此没有实用的意义。

§12.2.4　多元酸和多元碱的滴定

1. 多元酸的滴定

强碱滴定多元酸时，其滴定反应是分步进行的。例如，用 NaOH 滴定 H_3PO_4，其滴定反应分以下三步进行：

$$H_3PO_4 + NaOH \rightleftharpoons NaH_2PO_4 + H_2O$$
$$NaH_2PO_4 + NaOH \rightleftharpoons Na_2HPO_4 + H_2O$$
$$Na_2HPO_4 + NaOH \rightleftharpoons Na_3PO_4 + H_2O$$

在这一滴定过程中，溶液 pH 的计算比较复杂，通常采用 pH 计直接测定并记录其滴定过程中 pH 的变化，从而绘制滴定曲线，如图 12-5 所示。

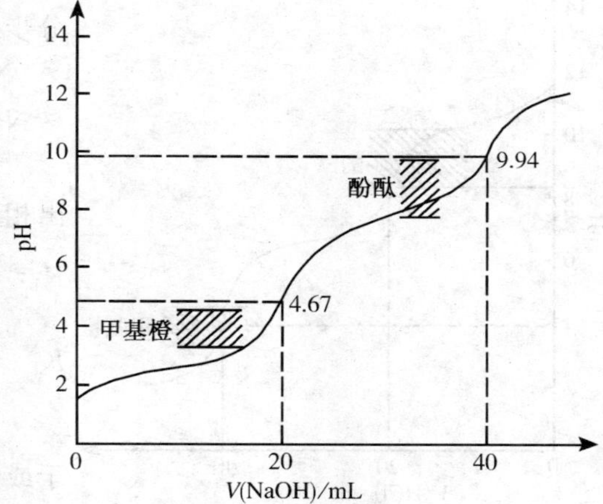

图 12-5　NaOH 溶液滴定 H_3PO_4 溶液的滴定曲线

H_3PO_4 是三元酸，其滴定反应分三步进行，但在图 12-5 中曲线上的滴定突跃只有两个而不是三个。对于多元酸的滴定，各步滴定反应是否有突跃，即能否用强碱直接进行滴定，也是有条件的。首先根据 $cK_a \geqslant 10^{-8}$ 的原则，判断各步反应能否进行滴定，然后再从多元酸相邻两级解离常数的比值是否大于 10^4，来判断各步反应能否进行分步滴定。例如，H_3PO_4 的 $K_{a_3}=2.2\times10^{-13}$，其 $cK_{a_3}<10^{-8}$，所以得不到第三步反应的滴定突跃。而 H_3PO_4 的 $K_{a_1}=7.52\times10^{-3}$ 和 $K_{a_2}=6.32\times10^{-8}$，其 cK_{a_1} 和 cK_{a_2} 大于或近于 10^{-8}，且 K_{a_1}/K_{a_2} 和 K_{a_2}/K_{a_3} 都大于 10^4，所以第一步和第二步的滴定反应都有较明显的突跃，可用 NaOH 溶液直接进行分步滴定。

在酸碱滴定分析的实际工作中，为了选择指示剂，通常只计算计量点时的 pH，然后根据该数值选择合适的指示剂。如上述滴定有两个突跃，即有两个计量点，这两个计量点时的 pH 可根据两性阴离子溶液 pH 的近似公式进行计算。

当到达第一计量点时，表明生成 NaH_2PO_4 的反应完成，此时溶液的 pH 为

$$pH = \frac{1}{2}(pK_{a_1} + pK_{a_2}) = \frac{1}{2}(2.12 + 7.21) = 4.67$$

因此，这一步滴定可选用甲基红作指示剂。

当到达第二计量点时，表明生成 Na_2HPO_4 的第二步滴定反应完成，此时溶液

的 pH 为

$$pH = \frac{1}{2}(pK_{a_2} + pK_{a_3}) = \frac{1}{2}(7.21 + 12.67) = 9.94$$

因此，这一步滴定可选用百里酚酞作为指示剂。

2. 多元碱的滴定

多元碱一般指多元酸与强碱作用后生成的盐，常见有 Na_2CO_3 和 $Na_2B_4O_7$ 等。多元碱滴定的处理方式与多元酸相似，只需将相应计算公式、判断式中的 K_a 换成 K_b。例如，用 HCl 滴定 Na_2CO_3，其分步反应为

$$Na_2CO_3 + HCl \rightleftharpoons NaHCO_3 + NaCl$$
$$NaHCO_3 + HCl \rightleftharpoons H_2CO_3 + NaCl$$

根据 H_2CO_3 的酸解离常数可以计算出相应的碱解离常数分别为

$$K_{b_1} = \frac{K_w}{K_{a_2}} = \frac{1.00 \times 10^{-14}}{5.61 \times 10^{-11}} = 1.78 \times 10^{-4}$$

$$K_{b_2} = \frac{K_w}{K_{a_1}} = \frac{1.00 \times 10^{-14}}{4.30 \times 10^{-7}} = 2.33 \times 10^{-8}$$

由这两个数值可知其 cK_{b_1} 与 cK_{b_2} 大于或近于 10^{-8}，且 K_{b_1}/K_{b_2} 大于 10^4，所以可以用 HCl 分步直接滴定 Na_2CO_3，滴定曲线如图 12-6 所示。

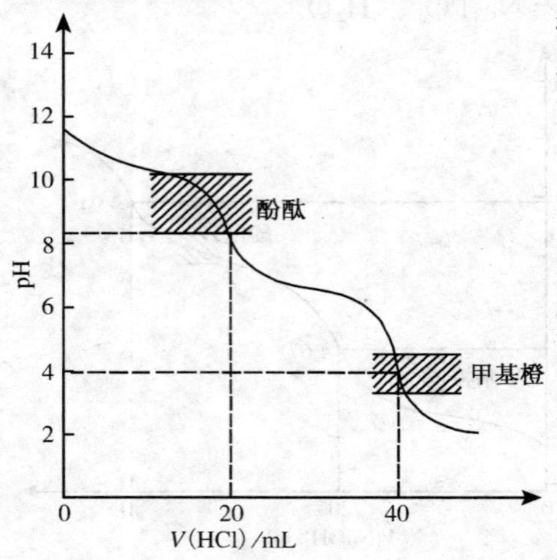

图 12-6 HCl 溶液滴定 Na_2CO_3 溶液的滴定曲线

从图 12-6 中可以看出有两个滴定突跃，有两个计量点。第一个计量点时反应产物为 $NaHCO_3$，此时溶液的 pH 为

$$pH = \frac{1}{2}(pK_{a_1} + pK_{a_2}) = \frac{1}{2}(6.37 + 10.25) = 8.31$$

因此，在要求不高时可以选用酚酞为指示剂，若希望变色明显，则可采用甲酚红和百里酚蓝混合指示剂。

第二计量点时形成的是 H_2CO_3 饱和溶液，其浓度为 0.040 mol · L^{-1}，这时多元酸当作一元酸处理，此时溶液的酸度为

$$[H^+] = \sqrt{K_a c} = \sqrt{4.30 \times 10^{-7} \times 0.040} = 1.31 \times 10^{-4} (mol \cdot L^{-1})$$
$$pH = -\lg(1.31 \times 10^{-4}) = 3.88$$

这一步滴定选用甲基橙作指示剂是适宜的。但需要注意的是溶液中剩余的 CO_2 易形成过饱和溶液，使溶液的酸度增加导致终点提前出现。因此，滴定快到终点时，应剧烈摇动溶液或加热煮沸溶液，使 CO_2 逸出，冷却后再继续滴定到终点。

§12.2.5 酸碱滴定法的应用

1. 标准溶液

用来配制酸标准溶液的有盐酸和硫酸，以盐酸最为常用。浓盐酸易逸出HCl气体，不能用直接配制法制备准确浓度的溶液，而是用间接法配制，即先配成近似于所需浓度(一般为0.1mol·L^{-1})的溶液，然后用合适的基准物质来标定。标定盐酸的常用基准物质是无水碳酸钠或硼砂。无水碳酸钠易纯化，价格便宜，因有强烈的吸湿性，用前需在270～300℃加热烘干约1h后放入干燥器中冷却备用。硼砂的摩尔质量较大，但因含有结晶水，需保存在相对湿度为60%的恒湿器中。

用Na_2CO_3标定HCl溶液时，选用甲基橙或甲基红作指示剂，反应式为

$$Na_2CO_3 + 2HCl = 2NaCl + CO_2\uparrow + H_2O$$

计量点时，有如下关系式：

$$\frac{n(Na_2CO_3)}{n(HCl)} = \frac{1}{2}$$

$$c(HCl) = \frac{2m(Na_2CO_3)}{M(Na_2CO_3) \times V(HCl) \times 10^{-3}}$$

式中，c(HCl)为HCl溶液的浓度(mol·L^{-1})；V(HCl)为HCl溶液的体积(mL)；$m(Na_2CO_3)$为Na_2CO_3的质量(g)；$M(Na_2CO_3)$是Na_2CO_3的摩尔质量(g·mol^{-1})。

若用硼砂($Na_2B_4O_7 \cdot 10H_2O$)标定HCl溶液，反应式为

$$Na_2B_4O_7 + 2HCl + 5H_2O = 4H_3BO_3 + 2NaCl$$

计量点时，有

$$\frac{n(Na_2B_4O_7 \cdot 10H_2O)}{n(HCl)} = \frac{1}{2}$$

$$c(HCl) = \frac{2m(Na_2B_4O_7 \cdot 10H_2O)}{M(Na_2B_4O_7 \cdot 10H_2O) \times V(HCl) \times 10^{-3}}$$

式中，c(HCl)是HCl溶液的浓度(mol·L^{-1})；V(HCl)为HCl溶液的体积(mL)；$m(Na_2B_4O_7 \cdot 10H_2O)$为$Na_2B_4O_7 \cdot 10H_2O$的质量(g)；$M(Na_2B_4O_7 \cdot 10H_2O)$是$Na_2B_4O_7 \cdot 10H_2O$的摩尔质量(g·$mol^{-1}$)。

此滴定计量点时，溶液的pH=5.10，可选用甲基红为指示剂。

碱标准溶液的配制常用物质有氢氧化钠和氢氧化钾，以氢氧化钠用得最多。它们均有很强的吸湿性，且易吸收空气中的CO_2，须先配成近似于所需浓度(约为0.1 mol·L^{-1})的溶液，然后进行标定。常用来标定NaOH溶液的基准物质是邻苯二甲酸氢钾和草酸等。邻苯二甲酸氢钾与NaOH的反应式为

$$\text{C}_6\text{H}_4(\text{COOH})(\text{COOK}) + \text{NaOH} = \text{C}_6\text{H}_4(\text{COONa})(\text{COOK}) + \text{H}_2\text{O}$$

计量点时，溶液的 pH＝9.10，可选用酚酞等作为指示剂。

草酸（$H_2C_2O_4 \cdot 2H_2O$）相当稳定，相对湿度为 5%～95% 时不会风化而失水，因此可保存在密闭容器内备用。草酸是二元弱酸，K_{a_1} 和 K_{a_2} 相差不够大，与 NaOH 反应时，只有一个突跃，其反应式为

$$H_2C_2O_4 + 2NaOH = Na_2C_2O_4 + 2H_2O$$

计量点时，溶液的 pH ＝ 8.50，可选用酚酞为指示剂。

若已知酸标准溶液的浓度，则可选用甲基橙、甲基红或酚酞为指示剂，用酸标准溶液标定 NaOH 溶液，准确测出酸碱体积比，再计算 NaOH 溶液的准确浓度。

2. 酸碱滴定法的应用实例

酸碱滴定法既能测定一般的酸碱以及能与酸碱起反应的物质，还可以间接测定一些非酸及非碱物质，因此应用范围非常广泛，现举几例予以说明。

（1）食醋中总酸度的测定。食醋中含有为 30～50g · L^{-1}的乙酸、乳酸等有机酸。食醋总酸度的测定结果通常以乙酸的浓度来表示，一般用 NaOH 标准溶液直接滴定，其反应式为

$$HAc + NaOH = NaAc + H_2O$$

其计量点的 pH 为 8.72，选用酚酞作为指示剂，终点颜色由无色变为淡红色。

乙酸的质量浓度可计算为

$$\rho(HAc) = \frac{c(NaOH) \cdot V(NaOH) \cdot M(HAc)}{V(\text{食醋})}$$

式中，$\rho(HAc)$ 为食醋中乙酸的质量浓度（g · L^{-1}）；$M(HAc)$为乙酸的摩尔质量（g · mol^{-1}）；V(食醋)为每次测定中食醋的实际用量（L）。

【例 12-7】 吸取食醋样品 5.00mL，加入适量水稀释后，以酚酞为指示剂，用 0.1026mol · L^{-1} NaOH 标准溶液滴定至终点，用去 NaOH 标准溶液 25.08mL，求样品的总酸度。

解

$$\rho(HAc) = \frac{c(NaOH) \cdot V(NaOH) \cdot M(HAc)}{V(\text{食醋})}$$

$$= \frac{0.102\,6 \times 25.08 \times 60.05}{5.00} = 30.9(g \cdot L^{-1})$$

（2）小苏打片中碳酸氢钠含量的测定。小苏打片由碳酸氢钠加淀粉等辅料压制而成。测定其碳酸氢钠的含量时，用 HCl 标准溶液直接滴定，反应式为

$$NaHCO_3 + HCl = NaCl + H_2O + CO_2\uparrow$$

计量点时，溶液 pH 为 3.87，可用甲基橙作指示剂，终点溶液的颜色由黄变橙。样品中碳酸氢钠含量为

$$w(\mathrm{NaHCO_3}) = \frac{c(\mathrm{HCl}) \cdot V(\mathrm{HCl}) \cdot M(\mathrm{NaHCO_3})}{m(\text{小苏打片})}$$

式中，$w(\mathrm{NaHCO_3})$ 为 $NaHCO_3$ 的质量分数；$M(\mathrm{NaHCO_3})$ 为 $NaHCO_3$ 的摩尔质量（$g \cdot mol^{-1}$）；m(小苏打片)表示每次滴定所用小苏打片的质量(g)。

在血浆中加入过量的 HCl 标准溶液，以酚酞为指示剂，用 NaOH 标准溶液返滴定过剩的 HCl 溶液，则可测定血浆中 HCO_3^- 的浓度，这一测定在临床诊断上具有一定意义。

* §12.3 氧化还原滴定法

§12.3.1 概述

氧化还原滴定法（oxidation-reduction titration）是以氧化还原反应为基础的滴定分析方法。氧化还原滴定分析的条件：

（1）被测定物质要处于所滴定的氧化态或还原态。

（2）氧化还原滴定反应要定量进行，一般要求平衡常数 $K > 10^6$，$E^\ominus > 0.4\mathrm{V}$（$n=1$ 时）。

（3）反应速率要快。

（4）氧化还原反应要有指示滴定终点的指示剂或方法。

氧化还原反应和酸碱中和反应不同，其本质是基于电子转移的反应，反应比较复杂，常是分步进行，需要一定的时间才能完成。因此，在氧化还原滴定中，需采用增大反应物浓度、升高反应的温度或加入催化剂等方法来加快反应速率，以使滴定得以顺利进行。

此外，在氧化还原反应中，除了主反应外，还经常伴有各种副反应或因条件不同而生成不同的产物。因此，在滴定时要控制适当的条件，使之符合滴定分析的基本要求。常用的氧化还原滴定法有高锰酸钾法（potassium permanganate method）、碘量法（iodimetry）、重铬酸钾法、铈量法和溴酸盐法等，本节着重介绍高锰酸钾法。

§12.3.2 高锰酸钾法

1. 基本原理

高锰酸钾法是以强氧化剂 $KMnO_4$ 为标准溶液进行滴定的氧化还原滴定法。$KMnO_4$ 是强氧化剂，它的氧化能力与溶液的酸度有关。在强酸性溶液中，$KMnO_4$ 与还原剂作用被还原成 Mn^{2+}。

$$MnO_4^- + 8H^+ + 5e^- \longrightarrow Mn^{2+} + 4H_2O$$

在弱酸性、中性或弱碱性溶液中，MnO_4^- 被还原为褐色 MnO_2 沉淀，其半反应为

$$MnO_4^- + 2H_2O + 3e^- \longrightarrow MnO_2 + 4OH^-$$

这样溶液变得浑浊，影响滴定终点的判断，因而高锰酸钾法宜在强酸性溶液中进行。为了控制溶液酸度，一般使用 H_2SO_4 来调节，使 $[H^+]$ 浓度保持在 0.5～1.0 $mol \cdot L^{-1}$。酸度过高，会引起 $KMnO_4$ 分解。

$$4MnO_4^- + 12H^+ \longrightarrow 4Mn^{2+} + 5O_2 \uparrow + 6H_2O$$

硝酸具有氧化性，盐酸可被 $KMnO_4$ 氧化，所以这两种酸均不宜用来调节溶液的酸度。

高锰酸钾法的指示剂就是 $KMnO_4$ 本身。因为 $KMnO_4$ 具有明显的紫红色而它的还原产物 Mn^{2+} 则基本无色，所以只要被滴定物质溶液及其产物没有颜色，那么在滴定过程中，在计量点前滴入的 $KMnO_4$ 所显示的颜色会很快褪去，而到达计量点时，再滴入稍过量的 $KMnO_4$ 溶液，就会使溶液出现淡红色，即为滴定终点。

高锰酸钾法的氧化还原反应在常温下进行较慢。因此，在滴定前常将溶液加热(但对亚铁盐、过氧化氢等易氧化或易分解的物质不能加热)或加催化剂，在高锰酸钾法中，Mn^{2+} 能起催化作用。但是在滴定反应刚开始时，由于溶液中 Mn^{2+} 极少，反应进行得很慢，随着反应的进行，反应产物 Mn^{2+} 逐渐起了催化作用，促使之后的反应速率大大加快。这种在反应中由反应产物本身所起的催化作用，称为自动催化作用。

2. 高锰酸钾标准溶液的配制和标定

市售高锰酸钾试剂纯度不高，常含有少量的 MnO_2、硫酸盐和硝酸盐等杂质。而且蒸馏水中也常含有微量的还原性物质，能还原 $KMnO_4$，甚至阳光、尘埃等因素也会使新配制的高锰酸钾溶液的浓度发生变化。因此，高锰酸钾标准溶液不能用直接法配制，而必须先配制成近似所需浓度的溶液，然后再加以标定。

为了 $KMnO_4$ 与蒸馏水中所含有机杂质完全反应，使 $KMnO_4$ 浓度较快地趋于稳定，在用间接法配制 $KMnO_4$ 溶液时，常将称取的 $KMnO_4$ 溶解后加热至沸，并保持微沸约 1h，放置 2～3d。也可用煮沸过的冷蒸馏水配制 $KMnO_4$ 溶液，在暗处放置 7～10d 后用烧结玻璃漏斗滤去 MnO_2(能催化 $KMnO_4$ 分解)。溶液应保存在棕色瓶中，以待标定。

标定标准溶液的基准物质有 $Na_2C_2O_4$、$H_2C_2O_4 \cdot 2H_2O$、$FeSO_4$ 和纯铁丝等。$Na_2C_2O_4$ 不含结晶水，无吸水性，尤为常用。标定 $KMnO_4$ 的反应为

$$2KMnO_4 + 5Na_2C_2O_4 + 8H_2SO_4 \longrightarrow 2MnSO_4 + 10CO_2 \uparrow + 2K_2SO_4 + 5Na_2SO_4 + 8H_2O$$

反应开始时，速率很慢，为使反应加速，可将草酸钠溶液预热至 70～80℃后进

行滴定。加热时温度不能过高，若温度超过90℃，则部分草酸受热分解：

$$H_2C_2O_4 \longrightarrow CO_2\uparrow + CO\uparrow + H_2O$$

Mn^{2+}是滴定反应的催化剂，当发生反应产生后，反应速率大大加快。用$KMnO_4$溶液滴定至溶液呈淡红色并在半分钟内不褪色，即达滴定终点。

根据标定时参加反应的$Na_2C_2O_4$实际质量m和滴定至计量点时所耗用的$KMnO_4$溶液的体积V，就可求出$KMnO_4$标准溶液的准确浓度，计算公式如下：

$$\frac{1}{2}\,\frac{c(KMnO_4)\cdot V(KMnO_4)}{1000}=\frac{1}{5}\,\frac{m(Na_2C_2O_4)}{M(Na_2C_2O_4)}$$

$$c(KMnO_4)=\frac{2}{5}\,\frac{m(Na_2C_2O_4)\times 1000}{M(Na_2C_2O_4)\times V(KMnO_4)}$$

式中，$V(KMnO_4)$的单位用mL；m为基准物质的质量(g)；$M(Na_2C_2O_4)$为$Na_2C_2O_4$的摩尔质量($g\cdot mol^{-1}$)。

3. 高锰酸钾法的应用实例

高锰酸钾是一种强氧化剂，可直接滴定一些还原性物质，如双氧水、亚铁盐、草酸盐、亚砷酸盐和亚硝酸盐等。

(1) 市售双氧水中H_2O_2含量的测定。市售双氧水100g中约含H_2O_2 30g，浓度较大，需要稀释后方可进行滴定。H_2O_2受热易分解，滴定应在室温下进行。滴定反应为

$$2KMnO_4 + 5H_2O_2 + 3H_2SO_4 \longrightarrow 2MnSO_4 + 5O_2\uparrow + 2K_2SO_4 + 8H_2O$$

滴定开始时反应速率缓慢，以后由于生成了Mn^{2+}，可以催化反应使速率大大加快。当滴入$KMnO_4$溶液呈现淡红色并在半分钟内不褪色时，即为滴定终点。

(2) 硫酸亚铁含量测定。硫酸亚铁通常含有7分子结晶水($FeSO_4\cdot 7H_2O$)，呈浅绿色。在酸性溶液中，$KMnO_4$能与$FeSO_4$发生如下反应：

$$2KMnO_4 + 10FeSO_4 + 8H_2SO_4 \longrightarrow 2MnSO_4 + 5Fe_2(SO_4)_3 + K_2SO_4 + 8H_2O$$

Fe^{2+}容易在空气中被氧化，滴定时不宜加热，而应在室温下进行。当反应进行到加入最后一滴$KMnO_4$标准溶液所呈现的淡红色并保持半分钟，即为滴定终点。$FeSO_4\cdot 7H_2O$的质量分数可计算为

$$w(FeSO_4\cdot 7H_2O)=\frac{10}{2}\,\frac{c(KMnO_4)\cdot V(KMnO_4)\cdot M(FeSO_4\cdot 7H_2O)}{m(\text{样品})\times 1000}$$

§12.4 配位滴定法

§12.4.1 EDTA配位滴定的基本原理

以配位反应为基础的滴定分析方法称为配位滴定法。配位滴定法广泛应用于

金属离子的含量测定。常用的配位剂是乙二胺四乙酸二钠盐，它与乙二胺四乙酸统称为 EDTA，因此又常将配位滴定法称为 EDTA 滴定法。

EDTA 滴定反应的特点是：① 形成的配合物十分稳定；② 与大多数金属离子，不论其氧化数大小，都可以形成 1∶1 的配合物；③ 形成的配合物大多为带负电荷的离子，易溶于水；④ 形成的配合物一般没有颜色，利于用指示剂判断终点。

配位滴定时对溶液的酸度要适当控制，因为酸度的大小影响所形成的配合物的稳定性，所以 EDTA 滴定过程中选择合适的 pH 十分重要。为了保证在滴定过程中溶液的 pH 基本稳定，在滴定前通常需要加入合适的缓冲溶液。

此外，在溶液中若有其他配体(L)存在时，这些配体可能与金属离子配位，从而影响所形成的配合物的稳定性。因此，在滴定过程中也需要注意其他配体对滴定反应的影响。

配位滴定的终点一般用金属指示剂指示滴定终点。金属指示剂(metallochromic indicator)是一类能与金属离子生成有色配合物的水溶性有机染料。金属指示剂一般应具有下列条件：

(1) 金属离子与指示剂所形成的有色配合物的颜色应与指示剂本身的颜色有明显的差别；金属指示剂本身是一种配位剂，它与金属离子能形成可溶于水的有色配合物。

(2) 金属离子与指示剂所形成的配合物要有足够的稳定性，一般要求 $K_{稳} > 10^4$；但是同时要求所形成的配合物的稳定性要小于 EDTA 与金属离子所形成的配合物的稳定性，两者的稳定常数一般要相差 10^2。

(3) 指示剂与金属离子的显色反应要灵敏、迅速、有一定选择性。此外还要求指示剂本身较稳定，易与贮藏和使用，与金属离子形成的配合物易溶于水。常用的金属指示剂主要有铬黑 T 等。铬黑 T 为弱酸性偶氮染料，可用 NaH_2In 表示，水溶液中存在以下平衡：

$$H_2In^- \xrightleftharpoons[pK_{a_2}=6.3]{-H^+} HIn^{2-} \xrightleftharpoons[pK_{a_3}=11.6]{-H^+} In^{3-}$$

紫红色	蓝色	橙色
$pH < 6.3$	$pH = 6.3 \sim 11.6$	$pH > 11.6$

铬黑 T 指示剂有如下特点：① 当 pH<6.3 时，铬黑 T 显紫红色；② 在 pH 为 6.3～11.6 时，铬黑 T 呈蓝色，而与金属离子形成的配合物呈现酒红色，两者有明显区别，因此使用铬黑 T 指示剂时，最适宜的 pH 范围常控制在 9.0～10.5，一般用 NH_3-NH_4Cl 缓冲溶液控制溶液的 pH 在 10 左右；③ 铬黑 T 指示剂可作为测定 Zn^{2+}、Ca^{2+}、Mg^{2+} 等金属离子。现以 EDTA 滴定 Mg^{2+} 为例，说明其变色情况。

滴定前：　$Mg^{2+} + HIn^{2-} \Longrightarrow MgIn^{-} + H^{+}$

　　　　蓝色　　　　酒红色

终点前：　$Mg^{2+} + HY^{3-} \Longrightarrow MgY^{2-} + H^{+}$

　　　　　　　　　　无色

终点时：　$MgIn^{-} + HY^{3-} \Longrightarrow MgY^{2-} + HIn^{2-}$

　　　　酒红色　　　　　　　蓝色

需要注意的是固体铬黑 T 性质稳定，但其水溶液却很不稳定。因此，实际工作中铬黑 T 常与固体 NaCl 或 KNO_3 按 1∶100 比例混合后使用，也可将铬黑 T 溶于三乙醇胺 -乙醇混合溶剂中配成溶液使用，可保存数月不变。

§12.4.2　EDTA 配位滴定应用实例

1. EDTA 标准溶液的配制和标定

EDTA 标准溶液一般采用乙二胺四乙酸二钠盐配制，常用的标准溶液浓度为 0.01～0.05mol · L^{-1}。配制时，如果试剂符合标准，可以用直接法配制成所需浓度的标准溶液，否则必须先配制成近似浓度，然后以基准物质予以标定。标定 EDTA溶液的基准物质很多，如分析纯的 Zn、ZnO、$ZnSO_4$、$CaCO_3$、$MgCO_3$ 等。例如，用 $MgCO_3$ 作基准物质时，准确称取一定量的 $MgCO_3$，配成 250.0mL 的溶液，从中吸取 25.00mL，用 EDTA 标准溶液滴定到溶液颜色由红色变为蓝色，即为滴定终点。EDTA 标准溶液的准确浓度可计算如下：

$$c(\mathrm{EDTA}) = \frac{m(\mathrm{MgCO_3}) \times \dfrac{25.00}{250.0}}{\dfrac{V(\mathrm{EDTA}) \cdot M(\mathrm{MgCO_3})}{1\,000}}$$

式中，$m(MgCO_3)$为实际称取的 $MgCO_3$ 的质量(g)；$M(MgCO_3)$为 $MgCO_3$ 的摩尔质量(g · mol^{-1})。

2. 应用实例——水的总硬度测定

天然水中常含有各种可溶性的钙盐和镁盐，所谓水的总硬度就是指水中钙镁离子的总含量，含量越多，硬度越大。硬度通常以 mmol · L^{-1} 为单位表示，或以每升水中所含的钙镁离子换算成 $CaCO_3$ 的质量单位(mg)表示，即 mg · L^{-1}。

测定时，加 NH_3-NH_4Cl 缓冲溶液调节 pH 为 10 左右，以铬黑 T 为指示剂，用 EDTA 标准溶液进行滴定至溶液由红色转变为蓝色，即为滴定终点，其计算式为

$$总硬度(\mathrm{mmol \cdot L^{-1}}) = \frac{c(\mathrm{EDTA}) \cdot V(\mathrm{EDTA}) \times 1000}{V(水样)}$$

或

$$总硬度(\mathrm{mg \cdot L^{-1}}) = \frac{c(\mathrm{EDTA}) \cdot V(\mathrm{EDTA}) \cdot M(\mathrm{CaCO_3}) \times 1000}{V(水样)}$$

式中,V(水样)为测定时所取的水样的体积(mL)。

习　题

1. 化学计量点与滴定终点有何不同?在各种滴定中如何选择指示剂?
2. 基准物质为何要具有较大的摩尔质量?
3. 一位同学测定某样品中氯化物的含量(质量分数),其结果为:0.2564、0.2562、0.2566 和 0.2558,而准确含量为 0.2542,求其计算结果的绝对误差和相对误差。
4. 标定 NaOH 溶液的浓度,四次测定结果为 0.1023、0.1024、0.1019 和 0.1021mol · L^{-1},试计算分析结果的平均值、相对平均偏差、标准偏差。
5. 为什么用 NaOH 标准溶液可直接滴定 HAc,而不能直接滴定 H_3BO_3?为什么用 HCl 标准溶液可滴定硼砂,而不能直接滴定 NaAc?(设各物质浓度 c=0.1000mol · L^{-1})
6. 用 0.1000mol · L^{-1} HCl 标准溶液滴定某一质量分数为 0.8000 的 Na_2CO_3 试样时,为使标准溶液的耗用量控制在 20.00~25.00mL,则称取试样的质量应控制在什么范围?
7. 以甲基橙为指示剂,用 Na_2CO_3 为基准物质标定 HCl 溶液时,0.1409g Na_2CO_3 恰好用去盐酸溶液 24.36mL,试计算 HCl 溶液的浓度。
8. 将 2.197 3g ZnO 试样溶解在 50.00mL 0.9760mol · L^{-1} H_2SO_4 溶液中,过量的酸用 1.372 mol · L^{-1}NaOH 溶液滴定,用去 31.95mL。试计算试样中 ZnO 的质量分数。
9. 称取含有 Na_2CO_3 与 NaOH 的试样 0.5895g,溶解后用 0.3014mol · L^{-1} HCl 标准溶液滴至酚酞变色时,用去 24.08mL,继续用甲基橙作指示剂,用 HCl 标准溶液滴至终点又用去 12.02 mL,试求试样中 Na_2CO_3 和 NaOH 的质量分数。
10. 高锰酸钾法中,为何不能用 HCl 或 HNO_3 来调节溶液的酸度?
11. 比较几种滴定分析方法的异同点。
12. 称取 0.5216g 基准 $Na_2C_2O_4$ 配成 100.00mL 溶液,吸取该溶液 25.00mL 用 $KMnO_4$ 溶液滴定至终点,用去 $KMnO_4$ 溶液 24.84mL,计算 $KMnO_4$ 溶液的浓度。
13. 准确量取过氧化氢试样溶液 25.00mL,置于 250mL 容量瓶中,加水稀释至刻度并摇匀。吸取 25.00mL,加硫酸酸化,用 0.026 18mol · L^{-1} $KMnO_4$ 溶液滴定至终点,用去 $KMnO_4$ 溶液 25.86mL,试计算溶液过氧化氢的质量浓度(g · L^{-1})。
14. 吸取水样 5.00mL,在 pH 为 10.0 时,以铬黑 T 为指示剂,用 0.025 00mol · L^{-1} EDTA 标准溶液滴定至终点,用去 12.20mL,求水的总硬度。
15. 溶解 0.2103g 基准 $CaCO_3$ 于 HCl 溶液中,配成 100.00mL 溶液。吸取该溶液 10.00mL 用 EDTA 进行滴定,耗用 EDTA 溶液 19.42mL,计算该 EDTA 溶液的浓度和配制这种溶液 1L 所需 $Na_2H_2Y \cdot H_2O$ 的质量。

(朱卫华)

第 13 章　常用仪器分析方法简介

仪器分析是通过仪器测量表征物质某些物理及物理化学性质的参数，并确定其化学组成、含量及化学结构的一类分析方法。20 世纪 40 年代，随着物理学、电子学、材料科学的发展和相互间的渗透，仪器分析迅速发展。仪器分析方法众多，而且相互独立，自成体系，常用的仪器分析方法分为光谱分析法、电化学分析法、色谱分析法等。仪器分析的特点是：自动化程度高、快速、选择性好且灵敏度较高，特别适合于微量及痕量组分的测定。迄今为止，它已适用于包括医学在内的各个领域，已成为现代分析化学的一个重要门类。本章将分别介绍电势分析法、紫外-可见光光度分析法和色谱分析法。

§13.1　电势分析法

电化学分析(electrochemical analysis)是以被测物质的电学和电化学性质为基础建立起来的一种分析方法。测量时要将试液构成化学电池的组成部分。通过测量该电池的某些物理量(如电势，电流，电导，电量等)的变化来对物质进行分析。电化学分析方法可分为电势分析法、电导分析法、库仑分析法、伏安法及电势溶出法。

电势分析法(potentiometry)是根据电极电势与溶液中物质的浓度(或活度)之间的对应关系进行定量分析的方法，它又分为直接电势法和电势滴定法。本章主要讨论直接电势法。

§13.1.1　电势法测定溶液的 pH

电势法测定溶液的 pH，就是用电势计(也称 pH 计或酸度计)、电势已知的参比电极和电势未知的指示电极，测量含氢离子溶液电池的电动势，根据测得的电池电动势和已知电极电势来计算待测溶液的 pH。

1. 参比电极和指示电极

参比电极(reference electrode)是在恒温恒压条件下，电极电势值不随溶液中被测定离子的浓度变化而变化的电极。在测定未知电极电势时作参考比较之用。常用的参比电极有饱和甘汞电极(saturated calomel electrode, SCE)和氯化银电极。

例如，饱和甘汞电极的电极组成式：

$$Cl^-(\text{饱和}) \mid Hg_2Cl_2(s), Hg(l)$$

电极反应为

$$Hg_2Cl_2(s) + 2e^- \rightleftharpoons 2Hg(l) + 2Cl^-(aq)$$

电极电势为

$$\varphi(Hg_2Cl_2/Hg) = \varphi^\ominus + \frac{2.303RT}{2F}\lg\frac{1}{a_{Cl^-}^2}$$

$$= \varphi^\ominus - \frac{2.303RT}{F}\lg a_{Cl^-}$$

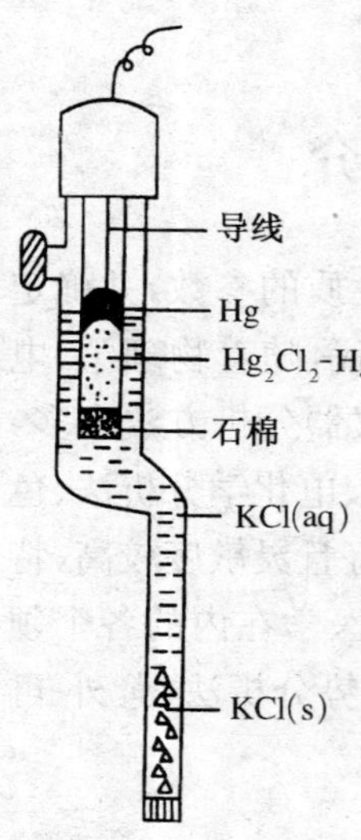

图 13-1　甘汞电极

从以上能斯特方程中可知，当 Cl^- 活度一定时，甘汞电极的电势为一定值。298K 时，若为 KCl 饱和溶液，则 $\varphi^\ominus = 0.2415V$。甘汞电极如图 13-1 所示。

如果一电极的电极电势与溶液中某种离子的活度之间存在能斯特方程所描述的函数关系，该电极可称为某种离子的指示电极(indicating electrode)。测定溶液中氢离子用氢离子指示电极。常见的氢离子指示电极有玻璃电极(glass electrode)等。

2. 玻璃电极

玻璃电极的结构如图 13-2 所示。

它的主要部分是连接在玻璃管下端的特制玻璃球膜(厚度约 50～100nm)。球膜内装有一定浓度的盐酸溶液(常用 $0.100mol \cdot L^{-1}$ HCl)作为内参比溶液，并在内参比溶液中插入一根覆盖氯化银的银丝作为内参比电极。由于玻璃电极的内阻很高，导线及电极引出线都要高度绝缘，线外加套屏蔽网线，以避免漏电和静电干扰。

玻璃球膜的成分一般为 72%SiO_2、22%Na_2O、6%CaO，具有离子选择性交换的功能，在较大的 pH 范围内，玻璃电极的电极电势与被测溶液中氢离子浓度呈能斯特方程所描述的函数关系，或者说玻璃电极对溶液中氢离子浓度的变化具有良好的能斯特响应。

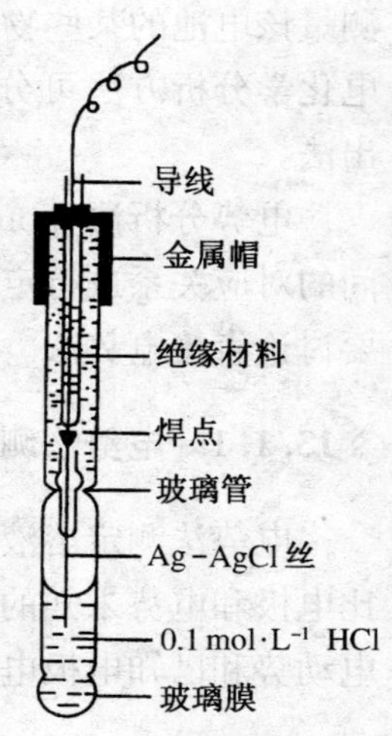

图 13-2　玻璃电极

玻璃电极可表示为

$$Ag(s), AgCl(s) \mid HCl(0.100mol \cdot L^{-1}) \mid \text{玻璃膜} \mid H^+(\text{pH 待测溶液})$$

玻璃膜内的氯化银电极称为内参比电极。

$$AgCl + e^- \rightleftharpoons Ag + Cl^-$$

$$\varphi(\text{AgCl/Ag}) = \varphi^{\ominus}(\text{AgCl/Ag}) - 0.05916\lg[\text{Cl}^-]$$

因玻璃球膜内的溶液中$[Cl^-]$为常数，故内参比电极的电极电势是一常数。玻璃电极的电极电势(φ_G)与被测溶液中氢离子的活度的关系符合能斯特方程式。

$$\varphi_G = \varphi_G^{\ominus} + \frac{2.303RT}{F}\lg a_{H^+} = \varphi_G^{\ominus} - \frac{2.303RT}{F}\text{pH} \tag{13-1}$$

在一定的温度下，$\varphi_G^{\ominus}$值是确定的，在 298K 时有

$$\varphi_G = \varphi_G^{\ominus} - 0.0592\text{pH} \tag{13-2}$$

3. 复合电极

将指示电极和参比电极组装在一起就构成复合电极(combination electrode)。测定溶液的 pH 时，使用的复合电极通常是由玻璃电极与 AgCl/Ag 电极或玻璃电极与甘汞电极组合而成，其外观如图 13-3 所示。

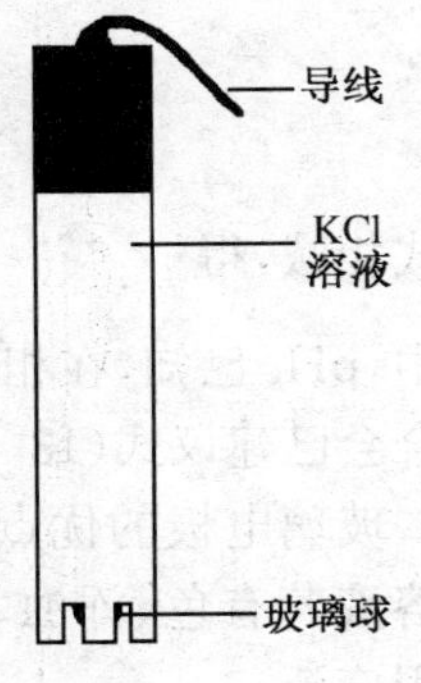

图 13-3　复合电极

电极外套将玻璃电极和参比电极包裹并固定在一起，玻璃球膜位于外套的保护栅内，比较安全。参比电极的补充液由外套上的小孔加入。初次使用的复合电极或久置后重新使用时，复合电极的球膜部分应放在 3.3mol · L^{-1} KCl 溶液中浸泡 2h 以上。不能补充 KCl 溶液的复合电极应避免长期浸泡在蒸馏水中。复合电极的优点在于使用方便，测定值较稳定。

4. 电势法测定溶液的 pH

电势法测定溶液的 pH 是用饱和的甘汞电极作参比电极，玻璃电极作指示电极，插入待测试液中，组成原电池，可表示为

$$\text{Ag(s)} \mid \text{AgCl(s)}, \text{HCl}(0.100\text{mol}\cdot\text{L}^{-1}) \mid \text{玻璃膜} \mid \text{H}^+ (\text{pH 待测溶液}) \parallel \text{Cl}^- (\text{饱和}), \text{Hg}_2\text{Cl}_2(\text{s}) \mid \text{Hg(l)}$$

298K 时　$\varphi_{SCE}^{\ominus} = 0.242\text{V}$　　$\varphi_G = \varphi_G^{\ominus} - 0.0592\text{pH}$

式中，$\varphi_G^{\ominus}$为一个常数，其数值决定于玻璃球膜内参比电极的性质和组成玻璃球膜的成分，并且$\varphi_G^{\ominus}$数值会随使用时间的延长而微小改变，但对指定的玻璃电极，在使用时总是一个常数。因此，电池的电动势 E 为

$$E = \varphi_{SCE}^{\ominus} - \varphi_G = 0.242 - (\varphi_G^{\ominus} - 0.0592\text{pH})$$
$$= (0.242 - \varphi_G^{\ominus}) + 0.0592\text{pH}$$

令
$$K = 0.242 - \varphi_G^{\ominus}$$

则
$$E = K + 0.0592\text{pH}$$

或
$$E = K + \frac{2.303RT}{F}\text{pH} \tag{13-3}$$
式中，K为常数。由式(13-3)可知，在一定条件下，原电池的电动势与被测定溶液的 pH 呈线性关系，所以通过测量原电池电动势，就可达到对溶液中氢离子浓度进行定量的目的。

但式(13-3)中的 K 值不能由理论计算求得，故不能直接计算出待测溶液的 pH。实际应用时，可采用标准校正法将 K 值互相抵消。首先用已知 pH（等于 pH_s）的标准缓冲溶液与玻璃电极、饱和甘汞电极组成电池，测出电池电动势 E_s，然后再换上被测溶液，并测出电池电动势 E_x，便可求出被测溶液的 pH。原理如下：
$$E_s = K + \frac{2.303RT}{F}\text{pH}_s$$
$$E_x = K + \frac{2.303RT}{F}\text{pH}_x$$
两式相减，得
$$\text{pH}_x = \text{pH}_s + \frac{(E_x - E_s)F}{2.303RT} \tag{13-4}$$
式中，pH_s 已知，在相同条件下，可通过测量 E_s 和 E_x 得到。国际纯粹与应用化学联合会已建议式(13-4)为 pH 的操作定义，通常也称为 pH 标度。

玻璃电极的优点是不受溶液中强氧化剂、强还原剂及各种“毒物”的影响，被测溶液若有色、浑浊、黏稠，测定前也无需作预处理，测定后溶液不受破坏，因而应用广泛。

§13.1.2 离子选择性电极

离子选择性电极（ion-selective electrode，ISE）是在玻璃电极基础上，从 20 世纪 60 年代中期迅速发展起来的，又称为膜电极（membrane electrode）。根据电势响应机制、膜材料的成分与结构，可将离子选择性电极进行以下分类：

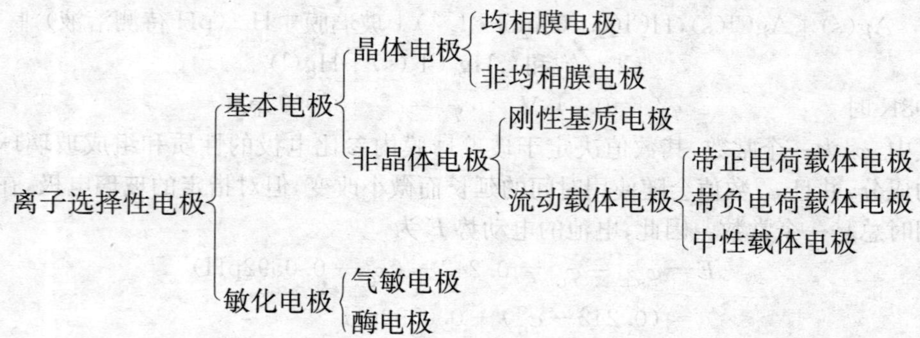

单晶体技术及有机合成的迅速发展，为制备各种离子选择性电极的敏感膜材料开辟了新的途径，迄今国内外制成的商品离子选择性电极可以直接或间接测定 50 余种离子。

离子选择性电极是一种电化学敏感器。测定溶液 pH 的玻璃电极是最早制成的一种离子选择性电极。离子选择性电极一般由敏感膜、内参比电极和内参比溶液组成。离子选择性电极膜电势的产生，基于膜与溶液之间的离子交换过程，与氧化还原电对组成电极电势的产生机制有所不同。当电极插入溶液时，在电极膜和溶液界面间将发生离子交换以及扩散作用，改变了两相界面原有的电荷分布，形成双电层，产生膜电势。由于膜内溶液的离子浓度恒定，内参比电极的电势固定不变，所以离子选择性电极的电极电势只随待测离子的活度不同而变化，并符合能斯特方程：

$$\varphi_{\mathrm{ISE}} = \varphi_{\mathrm{ISE}}^{\ominus} \pm \frac{2.303RT}{zF}\lg a_{\mathrm{x}} \tag{13-5}$$

式中，正负号分别对应阳离子、阴离子；z 为离子电荷；a_{x} 为被测定的离子活度。

用离子选择性电极测定离子活度的方法是将离子选择性电极作为指示电极，饱和甘汞电极作为参比电极，插入待测溶液中组成原电池，测出电池的电动势，由电池的电动势计算出指示电极的电极电势，从而求出待测离子的活度。当离子选择性电极为正极，饱和甘汞的为负极时，如果测定阳离子 M^{z+}，则原电池的电动势可表示为

$$E = \varphi_{\mathrm{ISE}}^{\ominus} + \frac{2.303RT}{zF}\lg a_{\mathrm{M}^{z+}} - \varphi_{\mathrm{SCE}}$$

令

$$K = \varphi_{\mathrm{ISE}}^{\ominus} - \varphi_{\mathrm{SCE}}$$

则

$$E = K + \frac{2.303RT}{zF}\lg a_{\mathrm{M}^{z+}} \tag{13-6}$$

同理，若测定的离子是阴离子，则原电池的电动势可表示为

$$E = K - \frac{2.303RT}{zF}\lg a_{\mathrm{R}^{z-}} \tag{13-7}$$

式(13-6)、式(13-7) 表明：在一定条件下，原电池的电动势与被测离子活度的对数呈线性关系。因此，通过测定原电池的电动势，就可以对被测离子进行定量分析。

常见的离子选择性电极如固体膜电极（含玻璃电极）、液膜电极、酶电极、气敏电极，其构造可以参见图 13-4。

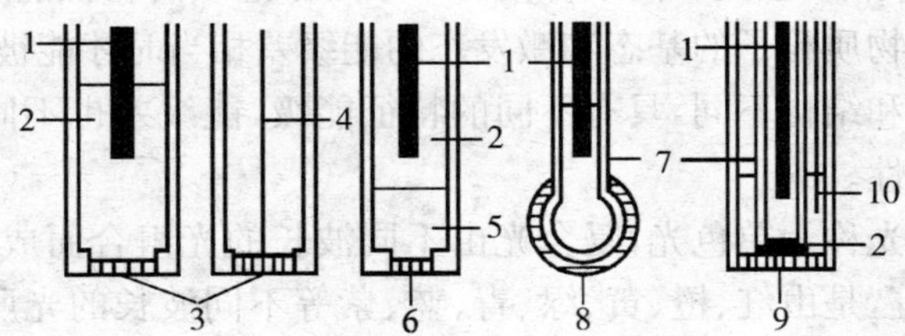

图 13-4　各种类型离子选择性电极的构造

1. 内电极；2. 内液；3. 固体感应膜；4. 导线；5. 液体离子交换剂；
6. 多孔性膜；7. 选择性电极；8. 含酶膜；9. 透气膜；10. 复合外参比电极

离子选择性电极的优点在于构造简单、价廉、轻便、操作方便快速，一般情况下样品可以不经分离就能直接测定，且不改变样品试液的组成，测定范围广（一般为10^{-6}～10^{-5}mol · L^{-1}，甚至可测到10^{-8}mol · L^{-1}），一份试样可供多个测试项目用。因此，离子选择性电极在工农业生产、环境监测等方面得到广泛的应用。

临床医学检验中，离子选择性电极用于检测体液样品中Na^+、K^+、NH_4^+、Cl^-、Ca^{2+}等物质的含量。还可以应用各种酶电极测定葡萄糖、氨基酸、尿素、胆固醇等有机代谢物的浓度。可以预期，随着离子选择性电极技术逐步向微型化、集成化、自动化发展，它在生物医学领域将呈现更好的应用前景。

§13.2　紫外-可见分光光度法

分光光度法是一种基于物质对光的选择性吸收原理而建立起来的分析方法。分光光度法按其物质所吸收光的波长区域不同，分为紫外分光光度法（200～380nm）、可见分光光度法（380～780nm）、红外分光光度法（780～3×10^5nm）。紫外分光光度法和可见分光度法合称紫外-可见分光光度法（ultraviolet and visible spectrophotometry）。

紫外-可见分光光度法，是利用溶液中物质的分子、基团或离子外层电子能级跃迁在紫外-可见光区产生光的吸收而进行定性、定量及结构分析的方法。它采用了先进的单色系统和光检测系统，在灵敏度、准确性、精密性、应用范围等方面都大大优于传统的比色分析法，特别适合于微量组分的分析测定。

§13.2.1　光度分析的基本原理

1. *光的性质与物质的颜色*

光是一种电磁波，其能量决定于光的波长(λ)或频率(ν)，波长越短，频率越高，光的能量越大。当光与物质相互作用时，其能量只能以量子化方式被物质吸收或发射。而物质的分子、基团和离子等具有一系列不连续的特征能级，只有在照射光的能量与被照射物质粒子的基态和激发态的能级差相当时才能被吸收。由于不同的物质微粒组成和结构不同，具有不同的特征能级，能级差也不同，因此物质对光的吸收具有选择性。

单一波长的光称为单色光，复合光由不同波长的光组合而成。常见的白光如日光、白炽灯光等，是由红、橙、黄、绿、青、蓝、紫等不同波长的光所组成的复合光。每种颜色的光都具有一定的波长范围，见表13-1。

实验证明，不仅7种颜色的光可以混合成白光，如果把两种适当颜色的光按一定强度比例混合，也能得到白光，我们称这两种颜色的光为互补色光。

表 13-1　各种光的近似波长范围

颜　色	红	橙	黄	绿	青	蓝	紫
λ/nm	760～620	620～590	590～560	560～500	500～480	480～430	430～400

物质的颜色与光的吸收、透过、反射有关。溶液呈现不同的颜色，是溶液中物质的分子或离子选择性地吸收某种颜色的光所引起的。例如，高锰酸钾水溶液的颜色，是由于溶液选择性吸收了白光中的绿色光而透过其互补色光——紫红色，于是呈现出透过光的颜色。当溶液的浓度改变时，溶液的颜色的深浅也随之改变，溶液越浓，颜色越深；反之，颜色则越浅。这说明溶液颜色深浅与浓度有关系，或者说溶液吸收光的程度与溶液浓度有关。

将不同波长的单色光依次通过某一固定浓度的有色溶液时，测得在不同波长下该溶液对光的吸收程度（下文要定义的吸光度 A），然后以波长 λ 为横坐标，吸光度 A 为纵坐标作图可得一条曲线，称为吸收曲线（absorbance curve）或吸收光谱（absorbance spectrum）。不同浓度的 $KMnO_4$ 溶液吸收光谱如图 13-5 所示。吸收光谱中，吸光度最大处的波长称为最大吸收波长，常用 λ_{max} 表示。由图还可以看出，几条曲线虽然吸光度不同，但曲线的形状基本相同，最大吸收波长均为 525nm。溶液越浓，吸光度越大，两者成正比关系。不同的物质具有不同的吸收光谱，可以根据吸收光谱的形状和 λ_{max} 进行物质的定性、定量分析。进行光度分析时，在 λ_{max} 处测定吸光度，灵敏度最高，所以在定量测定时首选 λ_{max} 波长作入射波长。

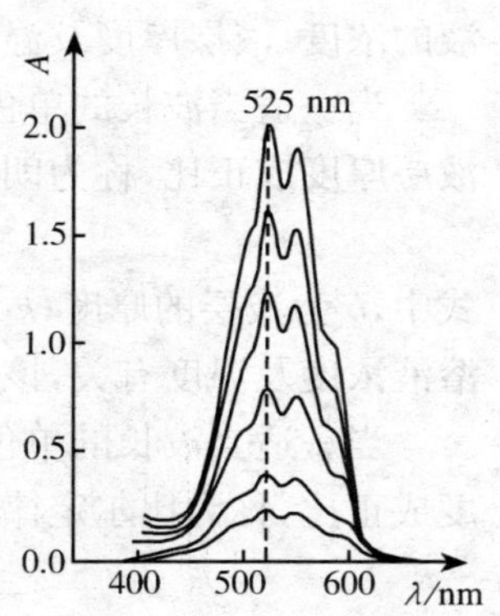

图 13-5　$KMnO_4$ 水溶液吸收曲线

2. 朗伯-比尔定律

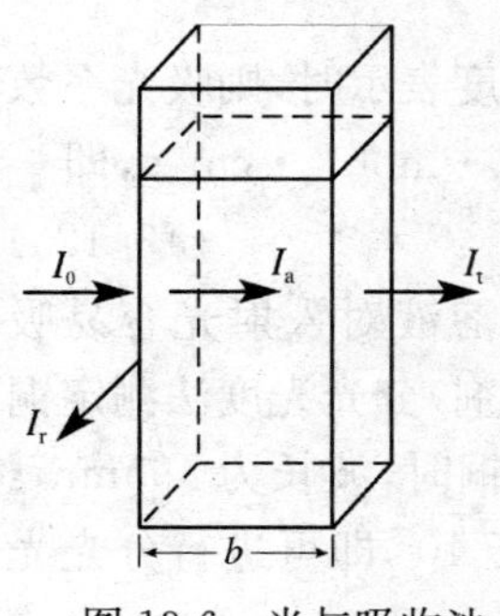

图 13-6　光与吸收池和介质的相互作用

一束强度为 I_0 的单色光照射溶液时，一部分被吸收 I_a，一部分被表面反射 I_r，一部分透过溶液 I_t，如图 13-6 所示。若溶液混浊或含有辐射荧光物质，则透射光中还应包括散射光 I_s 和荧光 I_f。如果样品为透明溶液，不发射荧光，由于分光光度法中每次实验是将被测定溶液和参比溶液分别放置在两个材料和厚度相同的吸收池中，因此 I_r、I_s、I_f 均可被忽略或相互抵消，则

$$I_0 = I_a + I_t \qquad (13\text{-}8)$$

透过光强度与入射光强度之比称为透射比（transmittance)，又称透光率，用符号 T 表示。

$$T = \frac{I_t}{I_0} \tag{13-9}$$

溶液的透光率越大，说明溶液对光的吸收程度越小；反之，透光率越小，说明溶液对光的吸收程度越大。

透光率的负对数称为吸光度(absorbance)，用符号 A 表示。A 越大，溶液对光的吸收就越多；A 越小，溶液对光的吸收就越少。

$$A = -\lg T = \lg \frac{I_0}{I_t} \tag{13-10}$$

实验证明，溶液对光的吸收程度除与溶液本性有关外，还与入射光的波长、溶液的浓度、液层厚度及温度等因素有关。

当一适当波长的单色光通过溶液时，若溶液的浓度一定，则吸光度与光通过的液层厚度成正比，称为朗伯定律，即

$$A = k_1 b$$

式中，b 为液层的厚度；k_1 为比例系数，它与被测物质的性质、入射光的波长、溶剂、溶液浓度及温度有关，该定律适用于所有均匀介质。

当一适当波长的单色光通过溶液时，若液层的厚度一定，则吸光度与溶液的浓度成正比，称为比尔定律，即

$$A = k_2 c$$

式中，c 为物质的量浓度(或质量浓度)；k_2 为比例系数，它与吸光物质的种类、入射光的波长、溶剂、液层厚度及温度有关。

将以上两式合并，得

$$A = kbc \tag{13-11}$$

式中，k 为吸光系数。式(13-11)即为朗伯-比尔定律。它表明在一定条件下，溶液的吸光度与溶液浓度及液层厚度的乘积成正比。此定律是光度法定量分析的理论基础，不仅适用于可见光，也适用于紫外光和红外光。

若液层厚度 b 以 cm 为单位。溶液浓度 c 以物质的量浓度表示时，则吸光系数称为摩尔吸光系数(molar absorptivity)，用 ε 表示，单位为 $L \cdot mol^{-1} \cdot cm^{-1}$，即

$$A = \varepsilon bc \tag{13-12a}$$

ε 是通过标准物质的稀溶液测得的，其数值越大，表明溶液对入射光容易吸收，测定的灵敏度越高。例如，用二乙胺二硫化甲酸钠(铜试剂)分光光度法测定铜时，波长为 436nm，ε 为 12 800，而用双硫腙分光光度法测定铜时，波长为 495nm，ε 为158 000，灵敏度后者较前者高得多。一般认为 ε 的值大于 10^3 即可进行分光光度法测定。

若溶液组成量度以质量浓度 ρ 表示，当 100mL 溶液中含被测物质 1g，液层厚

度 b 为 1cm 时的吸光度值，则 k 称为比吸光系数(specific absorptivity)，可用 $E_{1cm}^{1\%}$ 表示，单位为 $mL \cdot g^{-1} \cdot cm^{-1}$，即

$$A = E_{1cm}^{1\%} \rho b \tag{13-12b}$$

许多物质的摩尔吸光系数和比吸光系数均可在文献中查出。

【例 13-1】 某溶液中含 Fe^{2+} 浓度为 $1.8 \times 10^{-5} mol \cdot L^{-1}$，用邻二氮菲与其显色后，用分光光度法测定，吸收池厚度为 2.0cm，在波长 508nm 处测得 $A=0.38$，试计算摩尔吸光系数。

解
$$\varepsilon = \frac{A}{bc} = \frac{0.38}{2.0 \times 1.8 \times 10^{-5}} = 1.1 \times 10^{4} (L \cdot mol^{-1} \cdot cm^{-1})$$

§13.2.2　紫外-可见分光光度计

紫外-可见分光光度计(ultraviolet and visible spectrophotometer)是在紫外-可见光区选择适当波长的光来测定物质吸光度的仪器。目前国内外所使用的紫外-可见分光光度计的型号很多，但就其基本结构来说，都是由光源、单色器、吸收池、检测器和信号显示与处理系统(含显示器)五个部分，如图 13-7 所示。

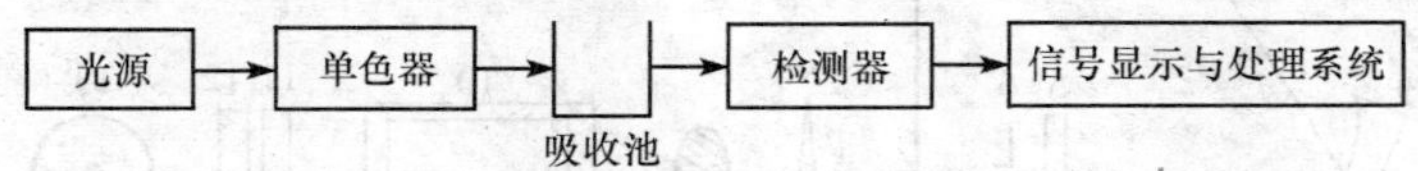

图 13-7　紫外-可见分光光度计基本结构示意图

(1) 光源。分光光度计要求有发射强度足够而且稳定、具有连续光谱的光源。在紫外-可见分光光度计中，常用的光源有两类：热辐射光源和气体放电光源。

热辐射光源用于可见光区，如钨灯和卤钨灯。钨灯常用作可见光区的连续光源，它发射出光的波长范围较宽，但紫外区很弱。通常取其波长大于 350nm 的光作为可见区光源。卤钨灯的发射出的光强度比钨灯高。

气体放电光源用于紫外区，如氢灯和氘灯。氢灯发射 150～400nm 波长的连续光谱，用作紫外区光源。氘灯比氢灯发光强，目前仪器多用氘灯。

(2) 单色器。单色器(monochromator)的作用是把来自光源的复合光分解为单色光，并分离出所需波长的光学装置。单色器由入口狭缝、出口狭缝，准直镜及色散元件、聚焦元件等组成，其核心是色散元件，它的作用是将复合光分解为单色光，常用的单色器是棱镜或光栅。光栅作为色散元件在性能上比棱镜要优越，如光栅的分辨本领比棱镜高，可使用的波长范围宽，色散近于线性。目前使用的分光光度计上多用光栅。

(3) 吸收池。吸收池(sample cell)又称比色皿。用于盛放被测定的液体。按材料可分为光学玻璃吸收池和石英吸收池两种。光学玻璃吸收池只能用于可见光区。石英制得的吸收池，适用于紫外光区，也可用于可见光区。吸收池的两个透光

面必须平行和保持洁净。常用的吸收池有 0.5cm、1cm 和 2cm 等不同规格，根据需要选择使用。

(4) 检测器。检测器(detector)的作用是检测光信号，并将所接收到的光信息转变成电信号。常用的有光电管或光电倍增管。目前使用较多的是光电倍增管。光电管通常按敏感范围分为两种：紫敏光电管，适用波长为 200～625nm；红敏光电管，适用波长为 625～1000nm。

(5) 信号显示与处理系统。很多型号的分光光度计都配置计算机或微处理机，一方面可对分光光度计进行操作控制，另一方面可进行数据处理。

紫外-可见分光光度计有多种类型，常用的 721 型分光光度计基本结构图如图 13-8 所示。

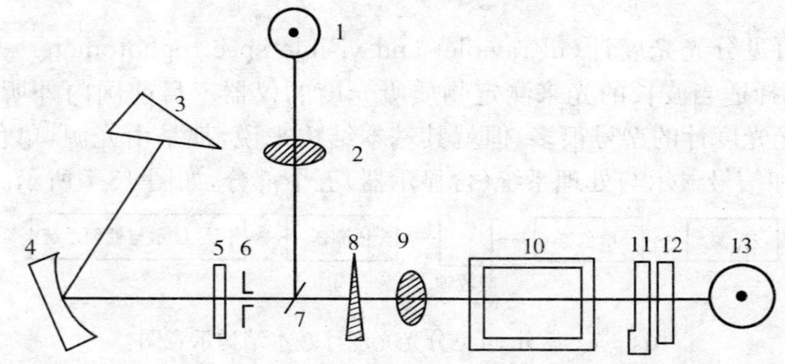

图 13-8 721 型分光光度计结构示意图

1. 光源；2. 聚光透镜；3. 色散棱镜；4. 准直镜；5. 保护玻璃；6. 狭缝；7. 反射镜；8. 光栏；9. 聚光透镜；10. 吸收池；11. 光门；12. 保护玻璃；13. 光电倍增管

§13.2.3 分光光度法的测定方法及条件选择

1. 分光光度法的测定方法

分光光度法测定物质含量的方法有标准曲线法、直接比较法和吸收系数法等，常用的方法是标准曲线法。

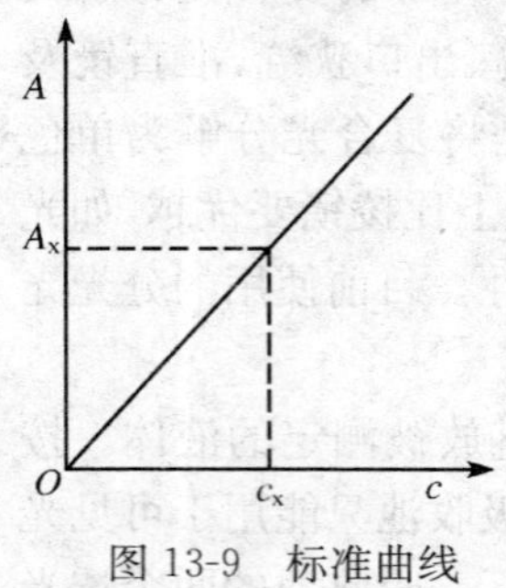

图 13-9 标准曲线

(1) 标准曲线法。标准曲线法(standard curve method)是分光光度法中最经典的方法。其方法是取标准品配制成一系列不同浓度的标准溶液，以不含被测组分的空白溶液作参比，在相同条件下测定标准溶液的吸光度。然后以浓度为横坐标，吸光度为纵坐标作图，得一条通过原点的直线，这条直线称为标准曲线，又称工作曲线(working curve)。如图 13-9所示，将被测溶液置于比色皿中，在相同条件下测定其吸光度，再根据被测溶液吸光度值，在标准曲线上查出与此对应的被测溶液的浓度值。

该方法对于经常性批量测定十分方便。因为被测定的样品浓度实际上是在与多个标准溶液的浓度比较后得出的，所以结果可靠、准确。此方法在实际操作时应注意的是，被测溶液与标准溶液在相同条件下进行测定，并要求被测溶液的浓度在标准曲线的线性范围内。

(2) 直接比较法。如果被测样品溶液的浓度在线性范围内，则可先配制一个与被测溶液浓度相近的标准溶液(其浓度用 c_s 表示)，在 λ_{max} 处测出其吸光度 A_s。在相同条件下测出试样溶液的吸光度 A_x，则被测样品溶液的浓度 c_x 便可按朗伯-比尔定律计算得

$$A_s = kc_s \qquad A_x = kc_x$$

两式相除，得

$$\frac{A_s}{A_x} = \frac{c_s}{c_x}$$

则

$$c_x = c_s \times \frac{A_x}{A_s} \tag{13-13}$$

直接比较法要求 A-c 线性良好，被测样品溶液与标准溶液浓度相近，以减小测定误差。

(3) 比吸光系数法。比吸光系数法是利用标准的 $E_{1cm}^{1\%}$ 值进行定量测定的方法。将样品的比吸收系数与标准物质的比吸收系数进行比较，计算出样品含量(质量分数或体积分数)。例如，抗菌药物呋喃妥因(痢特灵)纯品的 $E_{1cm}^{1\%}$(367nm)＝746，在相同的条件下，测定呋喃妥因样品的 $E_{1cm}^{1\%}$(367nm)＝739，因此该样品中呋喃妥因的质量分数为 $\frac{739}{746} = 0.9906$。

2. 显色反应及显色条件的选择

进行分光光度分析，常需要通过化学反应使被测组分在适当的条件下转化为有色化合物。将被测组分转变为有色化合物的反应称为显色反应，与被测组分形成有色化合物的试剂称为显色剂。显色反应的主要类型，有氧化还原反应和配位反应等，较多的还是利用配位反应进行显色，显色剂也大多为有机配位剂，特别是螯合剂，它们可与被测组分，特别是金属离子生成稳定的配合物，具有特征颜色，选择性、灵敏度都较高。

选择显色反应和显色剂，一般应满足：① 选择性要好；② 灵敏度要足够高；③ 有色配合物的组成要恒定；④ 生成的有色配合物稳定性要好；⑤ 有色配合物与显色剂之间的颜色差别要大。

分光光度法是测定显色反应达到平衡后溶液的吸光度，因此要得到准确的结果，必须从研究显色反应的平衡入手，了解影响显色反应的因素，控制适当的条件，

使显色反应进行得完全和稳定。具体而言，人们常常从显色剂的用量、溶液的酸度、显色温度和显色时间等方面考虑，优选显色反应的条件。

3. 分光光度法误差的来源

偏离朗伯-比尔定律，是分光光度法产生误差的主要原因。致使 A-c 曲线不能保持线性关系，出现弯曲，其中较为重要的因素是单色光纯度差，因为朗伯-比尔定律仅适用于单色光。溶液中吸光物质不稳定，解离、缔合、溶剂化及组成改变等都可以导致溶液吸光度改变。比尔定律通常只适用于稀溶液。光的散射、折射，溶液微胶体、有悬浮物、物质产生荧光等因素均可导致误差。

仪器测量误差也是一个不可忽视的方面。由于光电池或光电管灵敏性差、光电流测量不准、光源不稳定及读数不准等原因，使测得的透光度 T 与真实值相差 ΔT，从而引起浓度误差 Δc。由朗伯-比尔定律可推导出浓度的相对误差 RE 与溶液透光度关系为

$$\mathrm{RE}=\frac{\Delta c}{c}=\frac{0.434\Delta T}{T\lg T} \quad (13\text{-}14)$$

欲使测定结果的相对误差最小，T 应为 36.8%，即当 $A=0.434$ 时，吸光度测量误差最小。图 13-10 中曲线最低点表示测量相对误差最小。

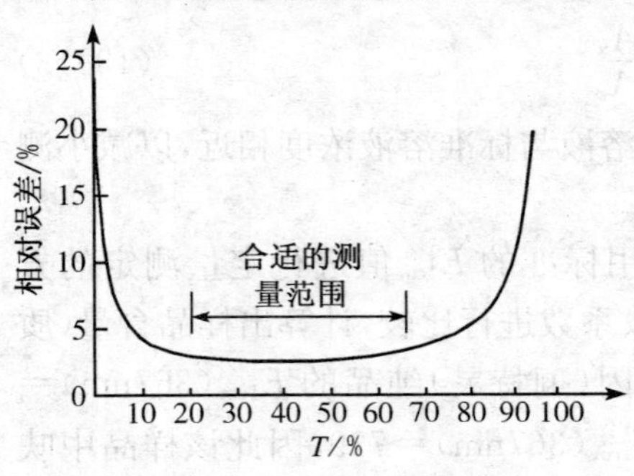

图 13-10 浓度测量的相对误差与溶液透光率的关系图

4. 吸光度测量条件的选择

(1) 入射光波长的选择。在一般情况下，入射光波长对于分析的灵敏度、准确度和选择性影响很大。在溶液中如无干扰物质存在时，应选择最大吸收波长(λ_{max})为入射光波长，因为在 λ_{max} 波长时溶液的吸光系数最大，测定的灵敏度最高。当被测物质存在干扰物，且干扰物的吸收光谱与被测物吸收光谱部分重叠时，可以根据“干扰小，吸收大”的原则，即在干扰最小的条件下选择吸光度最大的波长。为了消除其他离子的干扰，常可加入合适的掩蔽剂。

(2) 控制适当的吸光度范围。通过调节待测溶液的浓度或选用适当厚度的吸收池等方式使透光率处于 10%～70%(吸光度为 0.7～0.2)，可以减小测量的相对误差。

(3) 选择合适的参比溶液。在实际测定试样溶液吸光度之前，需用参比溶液(又称空白溶液)作对照，调节 $A=0$($T=100\%$)，以消除溶液中其他成分以及吸收池和溶剂对光的反射和吸收带来的误差。参比溶液的选用视试样溶液的性质而定，可分别采用溶剂参比溶液、试样参比溶液、试剂参比溶液等。

*§13.3　色谱分析法

§13.3.1　色谱分析的基本概念

色谱分析(chromatography)是一种物理或物理化学的分离分析方法。它最早是由俄国植物学家 Micheal Tsweet 在研究植物叶子色素分离时创立的。20 世纪初,Tsweet 将碳酸钙粉末装填在一根直立的玻璃管中,将植物叶子的萃取液加在玻璃管的顶部,萃取液中的色素就被吸附在碳酸钙颗粒上,然后连续地加入石油醚,自上而下洗脱被吸附的色素。由于各种色素在石油醚中的溶解度和在碳酸钙中的吸附能力不同,向下移动的速率也就不同,因此在玻璃管内碳酸钙上形成不同颜色的谱带,称为色层或色谱(chromatography)。这种利用混合物中各组分的吸附性或溶解性的不同而实现分离的方法中,所用的玻璃管称为色谱柱,管内的碳酸钙填充物称为固定相(stationary phase),淋洗液称为流动相(mobile phase)。色谱法不仅在分离复杂样品的组分上大显其能,与适当的检测手段相结合,构成色谱分析,还可以用来制备纯组分。因此,它在石油、化学、化工、生化、医药、农业、环境等生产和科研部门获得十分广泛的应用。

色谱法有多种类型,用气体作流动相的称为气相色谱,用液体作流动相的称为液相色谱。按色谱的分离机制可以分为吸附色谱、分配色谱、离子交换色谱凝胶色谱和亲和色谱等。按固定相使用的形式可分为柱色谱、平板色谱、薄层色谱和纸色谱等。

色谱法是先分离、后检测,分离效能高,对混合样品中各组分可以同时得到定性和定量分析的结果。色谱法可以实现高选择性分离,特别是对结构十分相似的组分的分离是其他技术所不及的。色谱法分析灵敏度高,最低可检测至 10^{-13}～10^{-11} g 物质,适于作痕量分析,且所需的样品量极少。色谱法应用范围非常广,一些有机物和无机物可直接检测;一些难挥发或易分解的有机化合物,可以通过化学反应转化为挥发性的稳定衍生物再检测;一些无机物可转化为金属卤化物、螯合物等再检测;一些大分子化合物可通过裂解分析其裂解产物。

§13.3.2　色谱分析的基本原理

色谱法是如何对混合物中不同组分实行分离的呢？这里先以液-固吸附柱色谱为例加以说明。把含有 A、B、C 三种组分的样品溶液加到色谱柱的顶端,则三种组分都被吸附在柱顶形成起始谱带如图 13-11(a)。然后用适当的洗脱剂(流动相)冲洗填充柱,则 A、B、C 被洗脱剂溶解(解吸),并随着洗脱剂向下移动,下移时遇到新的吸附剂,又被吸附,继续冲洗,被溶解,如此反复进行,则三种溶质自上而下慢慢运动。若 C 的吸附力较弱,在洗脱溶剂中溶解度较大,则容易解吸,下移的速度就快;A 的吸附力较强,在洗脱剂中溶解度较小,则较难解吸,下移的速度就慢,如图 13-11(c),最后 C、B、A 先后从柱的下端流出,达到分离的目的。因此,吸附色谱原理可概括为利用样品中各组分受到吸附剂的不同吸附作用,和它们在流动相中的溶解度不同而得到分离。

如果在色谱柱的出口连接检测器以及自动记录等装置,便可以得到以洗脱组分的浓度为纵坐标,洗脱液流出时间为横坐标绘制的组分浓度随时间变化的图形,称为色谱流出曲线或色谱图(chromatogram),如图 13-12 所示。曲线上的每一个峰相应于混合物中的一个组分,峰值对应的流出时间为每一个组分的保留时间(retention time,t_R),不同组分有各自不同的保留时间 t_R 值。每一个组分的峰面积大小(或峰的高低)可以反映出组分浓度的大小。这样,人们便可以根据保留时间和峰面积对混合物中不同组分进行定性与定量分析。

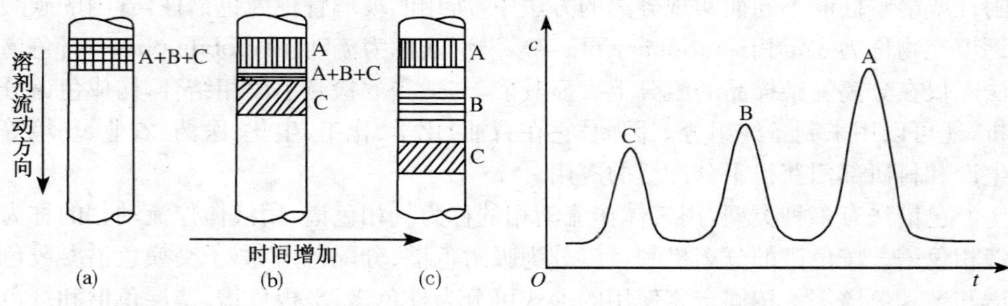

图 13-11　柱色谱分离过程示意图　　图 13-12　柱色谱流出曲线(色谱图)

色谱法定性分析的主要依据是每个组分的保留值(如 t_R)。对未知试样,仅用色谱法进行定性是十分困难的,一般采用纯物质对照定性。离开纯物质的对照,往往无法识别各色谱峰代表何种组分。对未知试样定性,也可采用化学分析及其他仪器分析方法相结合。目前比较先进的方法是同红外光谱、质谱及核磁共振谱联合定性,从而使分析结果的准确度大大提高。

色谱定量分析方法有多种。利用峰面积进行定量是最常用的方法。

在一定的操作条件下,被测组分的质量(m_i)与检测器产生的响应信号(色谱图上表现为峰面积 A_i 或峰高 h_i)成正比,即 $m_i = f_iA_i$ 或 $m_i = f_{ih}h_i$(f_i 和 f_{ih} 为校正因子),相同的色谱条件,不同的物质 f_i 或 f_{ih} 不同,相同的物质不同的色谱条件 f_i 或 f_{ih} 也不同。此为色谱定量分析的依据。

根据试样的性质不同定量分析方法又可分为外标法、内标法等。

(1) 外标法(external standard method)。这是所有色谱定量分析中最通用的方法之一。由于在一定的条件下,组分的含量越高,对应的峰面积(A_i)越大,因此可以用该组分的标准品做出峰面积对浓度的标准曲线来进行定量分析。计算公式为

$$x_i = \frac{A_i}{A_E} \times E_i \tag{13-15}$$

式中，x_i 表示试样中被测组分 i 的含量；E_i 为标准溶液中 i 组分的含量；A_i 和 A_E 分别为试样和标准样中 i 组分的峰面积。

外标法不需要校正因子，计算简便，但进样量要求十分准确，操作条件也需严格控制。外标法又称为定量进样标准曲线法。

(2) 内标法(internal standard method)。当试样在处理时有损失或是混合物中组分不能全部流出色谱柱，或是检测器不能对各组分均产生信号，或只要求对试样中某几个出现的色谱峰进行定量时，常用内标法。准确称取试样 m，加入一定量 m_s 纯物质作为内标，根据被测试样和内标物的质量比 $\frac{m_i}{m_s}$ 及相应的色谱峰面积之比，来计算被测组分的质量分数。

$$\frac{m_i}{m_s} = \frac{f_i A_i}{f_s A_s} \qquad w = \frac{m_i}{m} = \frac{f_i A_i m_s}{f_s A_s m} \tag{13-16}$$

式中，f_i 和 f_s 分别为组分和内标物的校正因子。应该指出的是，内标物是试样中不含有的组分，否则会有重叠的色谱峰，干扰测定。内标法的优点是测定的结果较为准确。但内标法的缺点是操作程序较为麻烦，每次分析时内标物和试样都要准确称量，有时很难找到合适的内标物。

§13.3.3　气相色谱法和高效液相色谱法

气相色谱法(gas chromatography，GC)是以气体作为流动相的柱色谱分离分析方法。它可以分为气-液色谱法和气-固色谱法。随着火焰离子化检测器、氩离子化和电子捕获等高灵敏度、高选择性检测器的发明和应用，气相色谱法获得了迅速的发展。气相色谱法既是一种现代分离技术，也是一种分析测定方法，具有分离效率好、灵敏度高、分析速度快及应用范围广等特点。

高效液相色谱法(high performance liquid chromatography，HPLC)是现代分析化学中最重要的分离分析方法之一，它源于经典液相色谱法。经典液相色谱法分析速度慢，分离效率低，不能适应现代分离分析的需要。由于 HPLC 使用新型的高效填充剂、高压输液泵、梯度洗脱技术以及各种高灵敏度检测器，因此具有高效、高速、高灵敏度、高度自动化等特点。高效液相色谱仪由输液系统、进样器、色谱柱、检测器、组分收集和数据处理系统等部分组成。

近年来，气相色谱和高效液相色谱互相配合，可以对绝大多数无机和有机物质进行分离、分析。它们对于性质极为相似的组分，如有机化合物的各种异构体具有较强的分离能力，并可以逐个进行定量，这是其他分析方法所不能做到的。高效液相色谱对于挥发性低、热稳定性差、相对分子质量大的高分子化合物以及离子型化合物的分离尤为有利，如氨基酸、多肽、蛋白质、生物碱、核酸、甾体、类脂、维生素、抗菌素等均可进行分离与分析。

习　题

1. 在0.001mol·L^{-1}含有F^-溶液中，放入F^-选择电极与另一根参比电极，测得电池的电动势为0.158V。在同样的电池中放入未知浓度的F^-离子溶液，测得电动势为0.217V，试计算未知液中离子的浓度。
2. 用下列原电池按直接电势法测定$C_2O_4^{2-}$浓度：

   (－)Ag(s)，AgCl(s)｜KCl(饱和)‖$C_2O_4^{2-}$(浓度未知)｜$Ag_2C_2O_4$(s)，Ag(s)(＋)

   在25℃时测得电池电动势为0.402V，试计算$C_2O_4^{2-}$的浓度。[$K_{sp}(Ag_2C_2O_4)=3.5\times10^{-11}$]
3. 一个符合朗伯-比尔定律的溶液，厚度不变，当浓度为c时，透射比为T。浓度改变为0.5c、1.5c和3c时，透射比分别是多少？哪个最大？
4. 某试液显色后用2.0cm吸收池测量时，T＝50%。若用1.0cm或5.0cm吸收池测量，T及A各为多少？
5. 0.088mgFe^{3+}在酸性溶液中，以KSCN显色后，用水稀释到50.00mL，在480nm处用1.0cm厚的比色皿测得吸光度为0.220。试计算$Fe(SCN)_3$的吸光系数、摩尔吸光系数。
6. 为了测定有机胺的摩尔质量，常将其转变为胺苦味酸盐(胺与苦味酸的比为1∶1)。现称取胺苦味酸盐0.0500g，溶于乙醇中制成1 L溶液，以1.0cm吸收池在最大波长380nm处测定吸光度为0.750($\varepsilon=1.0\times10^4$ L·mol^{-1}·cm^{-1})。求有机胺的摩尔质量。[已知M_r(苦味酸)＝229]
7. 称取不纯维生素C($C_6H_8O_5$)0.0500g，用0.005mol·L^{-1} H_2SO_4溶解成100.0mL溶液，再取出2.00mL溶液将其稀释到100.0mL，用1.0cm石英比色皿，在波长245nm测得其吸光度A＝0.551，已知$E_{1cm}^{1\%}$＝560mL·g^{-1}·cm^{-1}。求维生素C原液的质量浓度ρ。

（张利民）

*第 14 章　化学元素与人类健康

化学元素与人类健康是现代生命科学的重要课题。生命元素化学，特别是微量生命元素化学是一门新兴的、由多学科相互渗透的边缘学科，是当今国际科学界引人瞩目的崭新领域。医学工作者所关心的是各种元素与人体健康的关系。本章将主要介绍某些生命元素的生物学功能和常见污染元素的产生及其消除方法。

§14.1　生命元素

生命起源于地球原始大气（含 CH_4，NH_3，H_2O，O_2，N_2，CO_2 等），人类和其他生物体一样，为了生存必须不断地从环境中获取物质和能量。目前地球上发现的 90 多种稳定元素，绝大多数都已在人体内发现，人们把维持生命所必需的元素称为生物体必需元素(essential element)，也即生命元素。而有些元素其生理功能尚未确定或在肌体内可有可无则称为非必需元素(non-essential element)。

作为生命元素应具有的特征有：① 存在于体内正常组织中；② 在各机体中有一定的浓度范围；③ 如果从机体排除这种元素，将会引起生理或组织变态，而在重新补充该元素后，变态便会消除。

按照这一定义，生物体的必需元素至少有 26 种，它们是 H、C、O、N、P、S、Na、K、Ca、Mg、Cl、Fe、Zn、Cu、Mn、Mo、Co、Cr、V、Ni、Sn、F、I、B、Si 和 Se。由于目前对某些微量元素的生理功能了解尚很肤浅，认识也不太一致，因此在不同的文献和教科书中，列举必需元素的数目不尽相同。随着分析技术日臻精确完善以及人们对微量元素生理功能认识的不断深化，必需元素的数目将会增加。此外，上述 26 种必需元素并非任何生物都必不可少。例如，对植物来说，钠并非必需元素，而人和动物要不断补充食盐，这是由于食用植物不能提供钠的缘故。又如，硼对动物似乎并不那么重要，而对植物却是完全必需的。

人体内部分化学元素的平均含量见表 14-1。此含量大体上与地表元素的丰度有关。但有些元素如硅、铝、铁等，由于在地壳中大都以难溶的化合物形式存在，不易被人体摄取，在人体内含量较低。而有些元素如碳、钙、磷等在人体内含量较高，因为它们是构成生物体的最基本元素。

表 14-1　人体内部分化学元素的平均含量($g\cdot kg^{-1}$)

元素	含量	元素	含量	元素	含量
O	650	Na	1.5	Mn	3.0×10^{-4}
C	180	Cl	1.4	Se	2.5×10^{-4}
H	100	Mg	0.27	Ni	1.4×10^{-4}
N	30	Fe	5.7×10^{-2}	B	1.4×10^{-4}
Ca	15	Zn	3.3×10^{-2}	Cr	8.6×10^{-5}
P	12	Cu	1.4×10^{-3}	Mo	7.0×10^{-5}
S	2.3	Sn	4.3×10^{-4}	Co	4.3×10^{-5}
K	2.0	I	4.3×10^{-4}		

我们把在人体中含量大于 $0.1g\cdot kg^{-1}$的元素称为常量元素(macro element),又称为宏量元素(major element),它们分别为 O、C、H、N、Ca、P、S、K、Na、Cl 和 Mg 共 11 种,主要集中在元素周期表的前 20 号元素内。其余元素在人体中的含量均小于 $0.1g\cdot kg^{-1}$,称为微量元素(microelement)或痕量元素(trace element),即 Fe、Cu、Zn、V、Cr、Mn、Co、Ni、Mo、Sn、Se、I 等。这类元素各自含量虽微,但对人体正常生命活动起着非常重要的作用。

各种生命元素在周期表中的分布较有规律,如表 14-2 所示。

表 14-2　生命元素在周期表中的分布

IA	IIA	IIIB	IVB	VB	VIB	VIIB	VIII			IB	IIB	IIIA	IVA	VA	VIA	VIIA
H																
												B	C	N	O	F
Na	Mg												Si	P	S	Cl
K	Ca			V	Cr	Mn	Fe	Co	Ni	Cu	Zn				Se	
					Mo								Sn			I

由表 14-2 可见,大多数生命元素位于第一至第四周期,排列非常紧凑,分布在表中三个区域,可以说组成了三个“岛”:第一个岛分布在 s 区,都是宏量元素;第二个岛分布在 p 区,有宏量元素,也有微量元素;第三个岛分布在 d 区,都是微量元素,这些元素原子的外层都具有空轨道,在人体内多是与蛋白质、核酸、卟啉等生物配体结合成配合物而存在。

必须指出,元素在生物体内的作用与其含量有密切的关系。对于任何一种必需元素都有一个最适营养浓度问题(图 14-1)。当体内某种必需元素的浓度过低时,生物体显示缺乏症,影响生长,甚至死亡。随着浓度的增加,其生理效应逐渐改善。曲线的中部或高台部分表示这种元素的最适浓度，此时功能最佳。高台的宽度因不同的生物体和不同的元素而异。对人体来说，由于机体的调节能力强，高台一般较宽。然而一旦过量，该元素就对机体产生毒性，甚至致死。

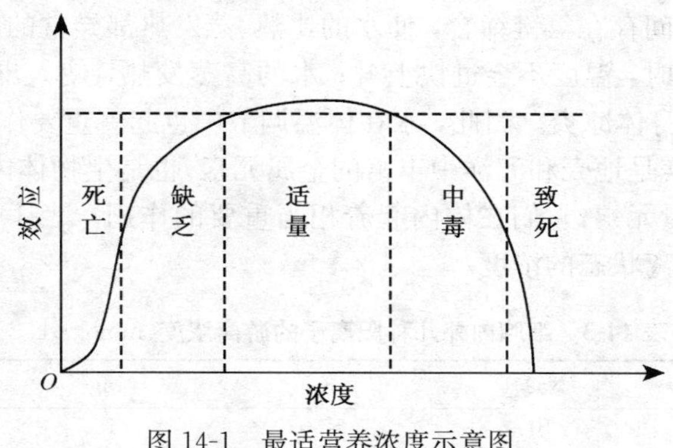

图 14-1　最适营养浓度示意图

§14.2　一些生命元素的生理功能

§14.2.1　生物配体和生物金属配合物

人体内有不少发挥重要生理作用的金属元素，它们绝大部分与生物大分子结合成配合物。这些能与金属元素结合成配合物的生物大分子称为生物配体(biological ligands)，在生物体内能用作配体的生物大分子有很多，如蛋白质、核酸、多糖、磷脂等。它们与金属离子形成具有特定生物活性或生理作用的配合物，称为生物金属配合物(biological metal complexes)，在人体内起着特定的作用。例如，金属离子与酶蛋白的某些基因，按一定几何构型配位结合，形成金属—— 酶蛋白配合物，在生物体内的物质代谢中起着重要的作用。进入人体的有毒金属元素，与特定的配体可以形成稳定配合物而被排出体外。在细胞癌变中，金属致癌物与蛋白质的 DNA 作用，置换了酶中固有的金属离子，形成更稳定的配合物，使酶的空间构型改变，部分或全部抑制了酶的活性，导致病变。同样，某些元素的配合物也具有防治癌症的作用。利用这一特性，目前经临床验证常用的抗癌药物有 60 多种，其中有 Pt、Pd、Ir、Cu、Se、Mg、Mo、Si、Zn、Mn 等元素的配合物。随着人们对生物体的金属大分子配合物的进一步研究，从仿生学的观点上看，生物配体和生物金属配合物的前景将更加广阔。

§14.2.2　必需宏量元素的功能

11 种必需宏量元素占人体质量的 99.5%以上，其中 H、O、C、N 约占 95%。它们与 S、P 一起组成水、糖、蛋白质、脂肪和核酸等基本营养物质。水占人体质量的65%，存在于所有组织和器官中。水分子有很强的极性，介电常数大，是良好的溶剂，体内许多物质都溶解或悬浮在水中。生物体通过水从外界吸取养分并运送到机体各部分。水是机体新陈代谢的重要介质。

由于水分子间存在氢键缔合，使水的比热、蒸发热都异常的高。水的高比热，使人体吸收热量时，温度不会过快上升；水的高蒸发热，使人出汗时从皮肤带走大量热，而感到身体凉爽。因此，水在体温调节中也起着重要作用。

钾、钠、钙、镁是地壳和海洋中丰富的金属元素，也是生物体内的必需元素，含量较高，属于宏量元素，它们在体内起着相当重要的作用。表14-3列出了细胞内外这四种离子游离状态的浓度。

表14-3　细胞内外几种阳离子的游离浓度($mmol \cdot L^{-1}$)

阳离子	Na^+	K^+	Mg^{2+}	Ca^{2+}
细胞内液	10	150	15	1×10^{-4}
细胞外液	145	5	0.8	1.2

K^+、Na^+等离子的主要作用是维持体液和细胞中的电荷平衡及合适的液体容量，并保持肌肉的正常兴奋性和细胞的通透性。Na^+和K^+还对神经信息传递起重要作用。

钾是细胞内液的主要阳离子，也是细胞外液的重要成分，所有生物细胞都含有钾。K^+还是某些酶的辅基，如糖分解所必需的丙酮酸激酶就需要高浓度的钾。

钠主要存在于高等动物中。对于植物来说，钠并非必需元素。人体内的钠大部分在细胞外液中，Na^+是细胞外液的主要阳离子，还有约1/3的钠分布在骨骼中。

钙是骨骼、牙齿和细胞壁的主要成分，它以无机盐(主要是磷酸盐)形式镶嵌在蛋白质框架里。Ca^{2+}对肌肉的正常收缩、神经传导、激素释放和血液凝固等起调节控制作用。血液中Ca^{2+}浓度过高也属异常，称为高血钙症，易引发尿路结石、全身性的骨骼变粗和软骨钙化，有时还会使心脏在收缩期突然停跳。反之，如果人体总的钙浓度下降，骨骼里的钙就会游离出来，引起骨骼的各种不正常。目前儿童普遍缺钙，原因之一就是蛋白摄入过多，高蛋白食物中含磷酸盐较多，它与钙形成沉淀，不易被人体吸收。

镁是细胞内重要的阳离子之一。镁参与蛋白质的合成，Mg^{2+}能激活许多酶，它是细胞内酶的辅助因子和内部结构的稳定剂。细胞内的核苷酶是以Mg^{2+}的配合物形式存在的，Mg^{2+}能优先地同磷酸根结合，因此镁是DNA的复制及蛋白质的生物合成所必需的。

血液中钾、钠、钙、镁的含量测定都已作为临床常采用的检验项目。钙和镁的生理作用在许多情况下相互拮抗。

§14.2.3　必需微量元素的一些功能

人体必需微量元素的主要功能有以下四个方面：

(1) 在酶系统中起特异活化中心作用。在几千种已知酶中，大多数含有一种或几种金属离子，这些金属离子一般具有空的价电子轨道，易接受反应物（通常称为底物）中 O、S、N 等原子的孤对电子形成配位键。金属离子对电子的吸引，造成底物中键的极化，使被极化的键容易断裂。例如，羧肽酶 A 中的 Zn^{2+} 与肽键中的氧原子配位，使肽键水解断裂。

$$-NH-\underset{R}{\underset{|}{CH}}-\overset{Zn\uparrow}{\overset{O\|}{C}}\underset{H\diagup O\diagdown H}{}-NH-\underset{R}{\underset{|}{CH}}COOH \longrightarrow -NH-\underset{R}{\underset{|}{CH}}-\overset{Zn\uparrow}{\overset{O|}{\underset{\|O}{C}}} + H_2N-\underset{R}{\underset{|}{CH}}COOH$$

此外，这些金属离子通过与酶蛋白中的特定原子形成配位键，以稳定蛋白质的空间结构，这种特定结构的空间效应和各原子间的静电作用，造成了对底物的选择性结合和定位作用，形成特异活化中心。例如，羧肽酶 A 的结构决定了它只能催化羧基端的肽键水解，且该氨基酸的侧链（R）为芳基（或带支链的较大脂基）。由此可以看出，酶催化比单纯金属离子催化的选择性更高。

(2) 作为一些激素和维生素的组成部分，微量元素可参与调节人体正常生理功能。例如，含碘的甲状腺素、含钴的维生素 B_{12} 等。

(3) 起输送物质作用。例如，人体内氧气的输送依靠血红蛋白。血红蛋白的中心原子是 Fe^{2+}。Fe^{2+} 的配位数是 6，除 4 个卟啉的氮原子外，第五个位置由蛋白质中组氨酸的一个咪唑氮原子占据，第六个位置可逆地与 O_2 配位。铁原子周围蛋白质的排列以及强场配体 O_2 的作用，使血红蛋白氧合后形成了含 Fe(Ⅱ) 的较稳定的低自旋配合物，从而保证了 Fe(Ⅱ) 与 O_2 配位后不被氧化。

(4) 参与氧化还原过程。微量元素多数为具有多种氧化态的过渡金属，能起电子的传递和授受作用，所以这些金属能够催化或参与氧化还原反应。例如，细胞色素中的铁、超氧化物歧化酶中的铜等，均能直接参与或催化体内的一些氧化还原反应。

现就一些微量元素的作用简要介绍如下：

(1) 铁(iron)。铁在人体内与多种蛋白质结合，发挥其生理生化功能。例如，血红蛋白起输送氧气作用；细胞色素和酶类参与体内的氧化还原过程；铁蛋白能储藏、转运、调节铁的吸收平衡。一般成年人每天需要摄入铁为 1～2mg。人体摄入吸收铁过少时，上述功能发生紊乱，可服用硫酸亚铁丸等铁剂进行治疗。必须注意，服用铁剂过多也会发生铁中毒。

(2) 锌(zinc)。锌参与DNA的合成。到1983年发现的锌酶已超过200种，它们参与多种代谢过程，包括糖类、脂类、蛋白质及核酸的合成与降解。锌在酶中主要起活性中心作用(如羧肽酶A中的Zn^{2+})和稳定蛋白质结构作用(如胰岛素分子中的Zn^{2+})。锌能影响细胞分裂、生长和再生，对婴儿、儿童、青少年有更重要的营养价值。缺锌可引起生长发育停滞、智力低下，同时导致肝脾肿大、性机能减退、食欲减退、贫血、组织修复不佳、创口愈合缓慢等。埃及和伊朗某些地区的地区性侏儒症就是缺锌引起的。此外很多慢性病如动脉粥样硬化症、肝硬化、高血压、心肌梗塞，甚至肺癌等病症，都与缺锌有关。

预防锌缺乏的重要措施就是坚持合理膳食，保证膳食中动物食品占一定比例和建立良好的饮食习惯，提倡母乳喂养。一旦确诊为锌缺乏，应按锌缺乏程度及治疗的需要确定锌的治疗剂量和疗程。在人体必需的二价金属元素中，锌的毒性相对较低，但长期服用大剂量的锌可引起铜缺乏、铁缺乏及血清高密度脂蛋白减少，并可抑制铁的利用而致顽固性贫血等不良后果，故应避免过量使用，以免造成锌中毒。

(3) 铜(copper)。铜离子及多数含铜酶能参与或催化体内的氧化还原反应。铜参与造血过程及铁的代谢，它影响铁吸收、运送和利用(主要影响血红蛋白和细胞色素的合成)。正常人体铜含量为$1.4\times10^{-3}\ g\cdot kg^{-1}$。缺铜时，会引起铁的利用率降低，红细胞成熟障碍以及骨质脆性增加等。但摄入过量会引起肝脏损害，所以食品中铜的允许量一般不超过$1\times10^{-2}\,g\cdot kg^{-1}$。铜和锌结构相似，在体内都易与金属硫蛋白的—SH基结合而进行竞争，因而有拮抗作用。

某些研究提示，锌能抑制人体对铜的吸收，缺锌病人往往血清铜增高。正常人血清中铜和锌的比率为0.8～1.2。在很多病理情况下，此比率会发生显著变化。例如，在恶性肿瘤活动和复发期间，其比值均增大，这对研究恶性肿瘤发病机制有重要意义。

(4) 钴(cobalt)。钴对铁的代谢、血红蛋白的合成、红细胞的发育成熟等有重要作用。钴是维生素B_{12}的组成元素。维生素B_{12}及其衍生物参与许多生化反应，主要是DNA和血红蛋白的合成、氨基酸的代谢等。反应时，Co(Ⅲ)、Co(Ⅱ)和Co(Ⅰ)的配合物之间可能起电子传递作用。许多疾病(如恶性贫血等)的病人血钴含量减少。

(5) 铬(chromium)。Cr^{3+}与糖、脂肪及胆固醇代谢有关。食物过分精制易造成铬的损失。缺铬后会引起血脂及胆固醇含量增加，糖耐受量受损，严重时出现糖尿病和动脉粥样硬化病变，补充铬后，病况可改善。铬是葡萄糖耐受因子(GTF)中重要的活性成分，GTF是Cr^{3+}与烟酸形成的配合物，其结构如下：

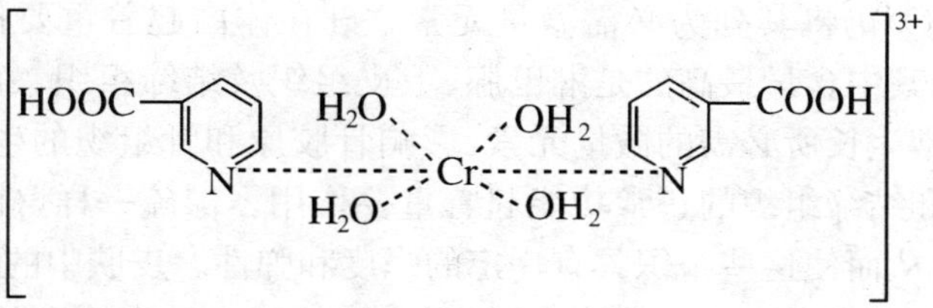

HOOC　N　H_2O　OH_2　Cr　H_2O　OH_2　N　COOH　$^{3+}$

GTF 可协助胰岛素发挥作用，同时 GTF 也只有在胰岛素存在下才能发挥其生理功能。

(6) 镍(nickel)。镍具有促进红细胞的再生、刺激生血机能的作用。镍有类似钴的生血作用，给供血者每天 5mg 镍盐可使血红蛋白的合成及红细胞的再生明显加速。小剂量的镍盐可使狗胰岛素分泌增加、血糖降低，故认为它是胰岛素的一种辅基。镍对凝血过程中的易变因子有一定的稳定作用。近年来的研究发现，镍的含量与鼻咽癌发病率有关。土壤、食物、水中镍含量高的地区鼻咽癌发病率也高。

(7) 钼(molybdenum)。钼是人体黄嘌呤氧化酶、醛氧化酶、亚硫酸氧化酶的组成成分，前两种酶参与细胞内电子传递和能量传递。

近年来调查结果显示，食道癌高发区的发病率与亚硝胺有关，钼可以中断亚硝胺类强致癌物质在体内合成，从而防止癌变。在食道癌高发区经使用钼酸铵肥料后，粮食、蔬菜中钼含量明显增高，而硝酸盐、亚硝酸盐含量大幅度下降，食道癌发病率也有明显下降趋势。

(8) 锰(manganese)。锰是精胺酸酶、RNA 多聚酶、SOD 的组成成分。有人发现，哺乳动物的衰老，可能与 Mn-SOD 减少而引起的抗氧化能力减弱有关。动物缺锰后胰腺发育不全，β 细胞和胰岛素减少，从而使葡萄糖利用率降低。缺锰后动物精子减少，性欲减退，性周期紊乱，甚至不育。锰还参与蛋白质合成和遗传信息传递等。

(9) 钒(vanadium)。钒对造血过程有一定的促进作用。给动物施用葡萄糖钒后可使实验动物的血红蛋白及红细胞数量增加。给出血后贫血及败血症患者补充钒后，可增进造血机能。钒与钴、镍、锗的造血作用一样，均属阻碍体内氧化还原系统，引起缺氧，从而刺激骨髓的造血机能。钒还能刺激 DNA 和胶原合成，提高碱性磷酸酶活性，增加骨的形成。

大量的维生素 C 和 EDTA 可加速钒的排泄。血、尿、发、指甲含钒量较能反映钒营养状况。

(10) 锡(tin)。直到 1973 年锡才被公认为必需元素。锡能促进蛋白质及核酸合成、维持某些化合物三维空间结构。锡在体内含量过多会缩短生命。一般情况下，口服金属锡没有很大毒性，饮食含锡量超过 $1.4g \cdot kg^{-1}$，可使人中毒。

(11) 硅(silicon)。成人体内含硅达 18g，已超过微量元素的划分标准，但世界卫生组织(WHO)仍将其列为必需微量元素。硅在体内起着重要作用,人体所有组织都含有硅,其中含量最高的是淋巴腺、上皮组织及结缔组织。硅是骨骼、软骨和结缔组织正常生长所必需的微量元素,影响骨胶原和骨组织的生物合成。它对发挥上皮组织和结缔组织的正常功能起着重要作用。像硫一样,硅能把蛋白质分子交联在一起,从而使这些组织具有一定的强度和弹性。皮肤中的这种交联作用,可以提高化学上和力学上的稳定性,并能阻止液体透过。血管壁的渗透性和弹性与硅密切相关。

(12) 碘 (iodine)。碘是人类发现的第二个必需微量元素。碘通过形成甲状腺素发挥生理作用,它的生物学作用包括促进蛋白质的合成、活化 100 多种酶、调节细胞内激素合成等方面。人体生长、智力发育及保持精神状态等重要机能均与碘直接有关。

正常人体内含碘约 15～36mg,每天约需 100～300μg 碘。由于肌体缺碘可引起甲状腺代偿性增生肿大。甲状腺肿多见于青春发育期及妊娠哺乳期。碘缺乏症是目前我国患病率最高、影响最广的一种地方性疾病。它不仅可引起甲状腺肿,还可导致不可逆转的神经运动发育障碍。缺碘影响胎儿和婴儿的脑发育,因此常将碘称为智力元素,即使轻度缺碘也会引起程度不同的智力障碍和生长发育迟缓。

(13) 氟 (fluorine)。氟主要分布在牙齿和骨骼中。同一机体中,牙齿的氟含量比骨骼低,牙釉质的氟含量比牙本质低,乳牙氟含量比恒牙低。随着年龄的增加,牙齿钙化程度增高,氟含量也随之增加。

适量的氟有利于形成健全的牙齿和骨组织,因此常用含氟化物的牙膏防治龋齿。氟有利于钙和磷的利用及在骨骼中沉积,加速骨骼的形成,增加骨骼的硬度。

但是如果水、土、食物中氟含量过高,超过机体的耐受量,会引起慢性氟中毒,导致氟斑牙及氟骨症。氟中毒的预防,关键是降低饮水的含氟量以降低氟的摄入,也可用活性氧化铝、三氯化铝或碱式氯化铝、硫酸铝等除去水中的氟。

(14) 硒(selenium)。硒是人体红细胞谷胱甘肽过氧化酶的组成成分。人体内的自由基过氧化反应是有害的反应,它损伤细胞, 并可能促使人衰老和造成一些威胁性大的疾病(如肿瘤,心血管疾病,关节炎等)的发生。硒能抗过氧化反应,清除有害的自由基,分解过氧化物,从而保护细胞,延缓衰老。硒在生物体内外有对抗和减弱汞、镉、砷等元素的毒性作用。

人眼内含硒量极高,有人发现注射硒化合物或服用含硒多的食物可提高视力。硒是一种半导体,光照射到硒时,会被激发而产生电流,从硒的这种光电特性可理解眼受光照射,由硒产生的生物电流可影响和提高视力。

硒是人类认识较迟但又非常重要的微量元素,也是人体必需微量元素中研究得最广泛和最深入的一个特殊元素。在体内硒能取代含硫蛋白中的硫而形成含硒蛋白。目前已被鉴定过的含硒蛋白有谷胱甘肽过氧化物酶(GSH-Px)等四种。每个 GSH-Px 分子中含四个硒原子，其活性同硒浓度有相关性。因此，测定 GSH-Px 的活性可以诊断缺硒及缺硒性疾病，并能确定硒的营养状况。GSH-Px 的主要功能是催化各种过氧化物的还原，如

$$2GSH + HOOH \xrightarrow{GSH\text{-}Px} GSSG + 2H_2O$$

$$2GSH + ROOH \xrightarrow{GSH\text{-}Px} GSSG + ROH + H_2O$$

ROOH 和 H_2O_2 是代谢中间产物，是促使人类衰老和导致很多疾病的因子。

由于营养不良、硒摄入不足或遗传缺陷可引起硒缺乏症。硒缺乏症表现为心血管疾病（如克山病）、骨关节病（如大骨节病）、白内障等。调查结果表明，许多癌症的发病率与土壤中硒的含量呈负相关。另据报道，某些硒的化合物具有抗癌或抑癌作用。

地方性克山病是一种以心肌纤维变性和坏死为特征的地方病。该疾病在 1935 年于我国黑龙江省克山县发现而得名，患者多为育龄妇女和学龄前儿童，发病率和死亡率都很高。从 1966 年起，我国对克山病发病区进行了大量调查，发现从环境、粮食到人体组织（血清，头发）均缺硒，从而得出了硒与克山病关系极为密切的结论，克山病用亚硒酸钠进行防治获得了巨大成功，使发病率从 13%降低到 0.02%，克山病得到了控制。1984 年我国因这项成果获得了国际施瓦茨奖（微量元素奖）。

硒的摄入量因地区或食物不同而存在很大的差异。直接接触、食品污染及饮水和空气中硒化物含量超标等，可致硒摄入量过多而引起硒中毒。急性硒中毒可静脉注射硫代硫酸钠，将氧化硒或硒化物还原为无害的硒。慢性中毒时，给予高蛋白饮食、保肝药物、维生素和胱氨酸等可促进硒的排泄。

必须指出，各种必需元素在人体内都有严格的含量范围，过量或缺乏都会对机体有害。人类在漫长的进化历程中逐渐形成了一系列平衡机制，调节控制必需元素在体内迁移和防止它们过量。在最高摄入量与最低摄入量之间常有一定的余地，使机体可以在某种范围内与变化的环境相适应。当摄入量不足时，机体可以动用体内储存的元素，在所谓负平衡状态下暂时维持正常的生理功能，但如果这种状态继续下去，则势必发展为一种疾病。当摄入量略为偏高时，体内的平衡机制可以把多余的微量元素排出体外，当摄入量过大，即超出机体的消除能力时，这些元素就会在体内积累，最终导致某些组织或器官损害。例如，硒作为生命元素越来越受到重视，当前人们已针对癌症、克山病及大骨节病的预防进行过大范围补硒试验，收到了一定的防治效果；但摄入过多的硒也是有害的，已发现在含硒高的地区，牲畜因硒中毒，发育迟缓，蹄和毛脱落以至死亡，接触含硒粉尘、硒化氢或生产二氧化硒的工人中，有硒中毒现象。动物硒中毒时，在呼出的气体中有大蒜臭气的挥发性物质，这是由于无机硒在肝脏中甲基化生成二甲基硒。亚硒酸

对DNA有损害，由此认为亚硒酸有诱发突变的可能性。微量元素一旦在体内累积，往往需要很长时间才能消除。因此，微量元素过量比之缺乏的后果更为严重，因为缺乏还可以及时补充，所以在利用微量元素治疗某些疾病时，应严格控制其用量，量出为入，缺则补之，多则排之，注意恰到好处，以避免过量时产生毒副作用。

§14.3 污染元素

随着工业生产的发展，一些废水、废气、废渣（通称“三废”）对环境造成污染，并从饮食、呼吸、皮肤接触等途径进入人体。这些“三废”中所含的元素，有些不是人体内所需要的，并妨碍人体的正常代谢，影响机体的正常功能，对健康有害，称为有害元素（harmful element）或有毒元素（poisonous element）。当环境中某些元素的量超常增多，直接或间接地危害人类健康时则称为污染元素（polluting element），它们绝大多数为原子序数较大的重金属元素，其中汞、铅、镉等对环境的污染尤为严重。此外，部分生命元素过量时也有毒性。

§14.3.1 工业污染金属元素

1. 汞

1953年，日本的水俣（Minamata）地区出现了一种怪病：病人开始手足、上嘴唇及舌头感觉麻痹，然后口齿不清、步态不稳、面部痴呆，进而耳聋眼瞎、全身麻木，最后神经失常、身体弯弓、高叫而死，因此称为水俣病。海鸟和家猫也受到同样的影响。三年后才确定是由是该镇上一座氮肥厂排放的废水中的有机汞含量过高引起。人畜吃了受污染的鱼引发的甲基汞中毒。这是一种迟发性疾病，一般要到三五年后才能发觉，并有很高的死亡率和严重的后遗症。1964年，日本新泻（Nigata）红珠河又爆发一起同样的中毒事件。

(1) 环境汞污染。汞（mercury）的污染自然来源是地壳解毒气及汞矿在河流中的溶解作用。由自然途径进入环境的汞量估计为$(3\sim5)\times10^4$吨/年。汞矿开采及冶炼、矿物燃料燃烧、工业（尤其是化学工业）排放、含汞农药施用等人类活动，进入环境的汞量估计为2×10^4吨/年。由于工业污染带有地区或局部性，因而易造成地方性或职业性中毒。

自然界中因环境污染而产生的有机汞，主要是水域里的汞和汞化合物在一定的条件下会甲基化，转变为$(CH_3)_2Hg$或CH_3HgX。CH_3HgX是生物循环中较重要的化合物，在水中首先累积于浮游植物中，然后通过食物链在水生动物体内累积，即生物富集。CH_3HgX具有脂溶性，生物半衰期较长，因此，在富含脂肪的鱼类体内浓度较高。甲基汞能沉积于脑组织使脑蛋白质合成活性减低，从而导致神经系统中毒。

(2) 汞的毒性。金属汞主要以汞蒸气经呼吸道进入人体，同时汞富于脂溶性，可通过皮肤吸收。单质汞蒸气吸入后，经肺泡扩散进入血液，分布到全身，并易在中枢神经、肝、肾内蓄积。无机汞离子与肾细胞中的蛋白质结合，会损害肾脏的功能。有机汞化合物在脂肪中溶解度大，人体吸收后难以排出，危害性更大。汞离子与蛋白质的半胱氨酸残基的巯基有特殊的亲和力，从而抑制酶的活性。它会使细胞色素 c 氧化酶、琥珀酸脱氢酶等多种酶失活。

急慢性汞中毒均需进行驱汞治疗。目前治疗汞中毒的主要药物是二巯基丙烷磺酸钠、二巯基丁二酸钠、二巯基丙醇和 D-青霉胺等。

2. 镉

第二次世界大战后，日本富山县神通川流域，很多中年妇女全身剧烈疼痛，终日不停地大叫，直至死亡。因而将这种病称为“痛痛病”，也称“骨痛病”。患者半数死亡，发病年龄 30～70 岁，几乎全为女性，以绝经期前后发病最多。死者骨中镉(cadmium)比正常人高出 159 倍，其他脏器中其含量比正常人高数十倍至百倍。后来证实是由于上游有一座已废弃的古老有色金属矿(含镉的锌矿)污染了土地和稻田，数百人因镉中毒死亡。我国山西省某个偏僻山村，在很长一段时间内出生的婴儿几乎全是女孩，被称为“女儿村”，在英国也有这样的情况，后来查证，当地水源被镉严重污染。

(1) 环境镉污染。镉对环境污染的程度比汞轻。镉的污染主要来自冶炼镉及镀镉工厂，某些颜料及碱性蓄电池的生产和使用也可污染环境。土壤对镉的吸附力较强，很容易累积。镉在水中易被贝类动物富集，某些植物也能使土壤中的镉富集。

(2) 镉的毒性。Cd^{2+} 进入人体后，可置换骨骼中的钙。镉的慢性中毒主要造成肝、肾和骨组织的损害，症状表现为疲劳、嗅觉失灵和血红蛋白降低等。中毒严重者引起骨痛、骨质疏松、骨质软化等，最后可发生其他并发症而死亡。镉可在人体的肝、肾内蓄积。

镉、汞与锌虽同属ⅡB 族元素，但其生理活性、毒性却差异很大，这可能与结合硫的能力有关。镉、汞与含硫蛋白的—SH 基结合能力比锌强，其性质虽似锌且可置换锌但不能代替锌。一旦发生镉、汞中毒，必然影响锌离子的生理活性，出现锌缺乏症。

目前治疗镉中毒主要采用 $CaNa_2EDTA$、2，3-二巯基-1-丙醇(BAL)、二巯基丙烷磺酸钠。为了避免用解毒剂排镉时将体内的锌一起排出，可把解毒剂转变成锌盐(或锌配合物)后再使用。

3. 铅

铅(lead)是最为常见的有害微量元素。历史上强大的古罗马帝国的灭亡与铅有关。他们的水管是铅管，贵妇的擦脸粉含大量铅白，帝王贵族吃的葡萄酱中加铅丹除酸味和染色。王公贵族中毒严重，妇女普遍流产、不孕，幸运出生的长大后非痴即傻。

环境铅污染的主要原因是人类活动。大气铅污染主要来自汽车废气，另外有色金属冶炼和煤燃烧也是另一来源。人为地进入环境的铅量达到 3×10^6 吨/年。

铅可通过呼吸道、消化道、皮肤进入人体。每天人都会从食物、空气和水摄入一定量的铅，同时也通过多种途径排出体外。在人体内，铅的吸收、积蓄、排出之间维持着动态平衡。正常情况下，接触一定量的铅后，若进入量和排出量接近并不会产生危害。但若吸收量过多，不但血液而且软组织中铅浓度增高到一定程度，就会发生铅中毒。

铅对中枢神经和周围神经均有毒性，且对儿童健康的危害远比成人严重。由于儿童生理发育上的特点，对铅的吸收、分布和排泄过程不同于成人。铅经儿童消化道的吸收率可达42%～53%，比成人高3～4倍。成人摄入体内的铅约99%随大小便排出，而儿童大约只有66%排出，约有三分之一仍留在体内。铅对儿童的毒害主要是对儿童智能产生不可逆的影响。

铅能进入胎盘屏障，在胎儿体内蓄积，造成精神发育迟缓。由于汽车等交通工具的大量使用，铅的环境污染日益严重，关于儿童铅中毒的报道日益增加。

铅进入人体，与体内蛋白质的功能基团(巯基，氨基，羧基等)形成稳定的配合物，扰乱了机体多方面的生理和生化功能，主要损害神经系统、造血系统和消化系统，其中毒症状主要有神经衰弱综合症、贫血、消化不良和中毒性脑病等。用 Na_4EDTA 排铅常会导致血钙水平降低而引起痉挛，但使用 $CaNa_2EDTA$ 或 $ZnNa_2EDTA$ 就能顺利排铅并保持血钙水平。此外，治疗铅中毒还可采用青霉胺、二巯基丁二酸钠、二巯其丙醇等。

预防铅中毒应注意职业性接触铅的人员应加强自身保护意识，坚决禁用含铅汽油、少吃罐头食品及饮料、不用锡壶烫酒等。

必须说明，任何一种有害物质，并非在人体内一点也不允许存在，正常人体内毒害元素的浓度不一定都等于零。毒害元素在人体内只有达到一定浓度以后，才会对健康造成危害。但是，许多有害元素能在人体内蓄积，而且其中毒浓度极低，故易造成毒害。

§14.3.2 生命元素过量时的毒害

1. 铬

Cr(Ⅲ)是营养元素，而Cr(Ⅵ)化合物为有害物质。Cr(Ⅵ)的毒性比Cr(Ⅲ)大100倍，主要在于Cr(Ⅵ)具有很强的氧化性，特别在酸性溶液中与有机化合物反应激烈。Cr(Ⅵ)干扰多种酶的活性，损害肝和肾，并可诱发肺癌。这说明同一元素的不同氧化态，其化学特征、生物性能是不同的。铬的污染主要来自操作处理六价铬的化学工厂、铬冶炼厂和镀铬工厂的“三废”。

2. 镍

镍是不锈钢的主要成分之一，由于其特殊的理化性质，近年来用量急剧增加。镍的大气污染主要来自矿物燃料的燃烧及镍冶炼厂的废气——[$Ni(CO)_4$]。电镀、电子及电池工业的“三废”也是镍的重要污染源。

镍的化合物具有致癌及致畸性，慢性镍中毒常表现为镍过敏性皮炎，并出现恶心、呕吐、眩晕等反应。镍冶炼厂经常出现急性羰基镍中毒。镍中毒的治疗常采用Na_2EDTA及二乙基二硫代氨基甲酸钠等。

3. 铁、铜、锌、钴

急性铁中毒可引起呕吐、脸色苍白、休克、呕血、循环性虚脱和昏迷。慢性铁中毒时，铁沉积于身体的组织和器官中，常出现高铁血症和血色素沉着。误服及服用过量是急性铁中毒最常见的原因。临床上应用的铁制剂多采用糖衣片剂及糖浆制剂，由于其形状美丽、色彩鲜艳，成年人以为既是补品就无毒性，倘若家庭存放较多而且放置地点不当等，容易造成儿童误服而中毒。急性中毒病人的死亡率很高，因此不容忽视。

水源污染和农药波尔多液等的使用是铜中毒的主要原因。铜中毒的常见表现有严重胃肠道刺激症状、溶血或溶血性贫血、黄疸、心律失常等。重者可出现肾功能衰竭及少尿症、休克、中枢神经抑制甚至死亡。尿铜增加是铜中毒指标之一。Willson's病（肝豆状核变性）能引起肝、肾和大脑内铜过量积累，导致肝、肾衰竭和多种神经疾病。如果这种状况未能识别和处理，可导致死亡。用于治疗铜中毒的螯合剂主要有BAL及D-青霉胺等。

锌矿开采、锌冶炼厂和镀锌工厂的“三废”是锌的主要污染源。空气及水源污染常会引起急性锌中毒，其症状会因进入体内的途径不同而有所差异。由胃肠道摄入者，主要表现为腹痛、腹泻、厌食等；因吸入锌雾引起中毒者，多表现为低热、感冒样症状及食欲不振等。急性锌中毒的治疗与其他金属中毒的疗法相同。慢性中毒时，应尽快停止服用锌剂，不再与锌污染的空气、水源及食品接触。

微量的维生素B_{12}是哺乳动物合成血红蛋白所必需的维生素。但长期饮用加钴过多的啤酒后，常可使机体产生慢性钴中毒，即所谓“心肌病变综合征”。急性钴中毒可致紫绀、昏迷及很快死亡。目前对钴中毒治疗尚无特效疗法。有人认为，钴的毒性系干扰了组织中巯基化合物，使氧化还原系统发生障碍，因此提出用含巯基的半胱氨酸治疗。

（刁海鹏）

部分习题参考答案

第1章 绪　论

2. (1) 23.1；(2) 667
3. 5.12%

第2章 溶　液

1. 0.0188；1.02mol·L^{-1}；1.06mol·kg^{-1}
2. 0.22mol
3. As_4
4. 342.4g·mol^{-1}
5. 280mmol·L^{-1}；721.7kPa
6. (3)>(2)>(1)
7. 等渗
8. 5766g·mol^{-1}

第3章 电解质溶液与离子平衡

1. 0.60
3. 5.15；11.15；5.48；10.78
4. 0.185 mol·L^{-1}
5. 3.75×10^{-6}
6. 5；3.0×10^{-4}
7. 8.31
8. 1.22×10^{-21}mol·L^{-1}
9. 5.12×10^{-17}mol·L^{-1}；9.51×10^{-15}mol·L^{-1}
10. 9.8×10^{-9}
11. 9.2×10^{-14}mol·L^{-1}和4.5×10^{-3}mol·L^{-1}；AgI 先析出
12. 7.76×10^{-18}mol·L^{-1}

第4章 缓冲溶液

2. 4.75；9.43；9.25；4.75

3. 0.14；0.071$mol \cdot L^{-1} \cdot pH^{-1}$
4. 0.0576$mol \cdot L^{-1} \cdot pH^{-1}$；0.037$mol \cdot L^{-1} \cdot pH^{-1}$
5. 3.75×10^{-6}
6. 4.45；4.37
7. Na_2HPO_4 28mL；KH_2PO_4 72mL
8. 49.38g
9. 7.40；7.30；7.70
10. 47.6mL；1.66g

第5章　化学热力学基础

1. －210J；210J
2. 38.3L；320K；500J；－760J；－1260J
3. 105.5$kJ \cdot mol^{-1}$
4. －176.2$kJ \cdot mol^{-1}$；－178.5$kJ \cdot mol^{-1}$
5. －2602.2$kJ \cdot mol^{-1}$；85.9$kJ \cdot mol^{-1}$
6. －111.2$kJ \cdot mol^{-1}$；－110.1$kJ \cdot mol^{-1}$
7. －142.0$kJ \cdot mol^{-1}$；－29.4$kJ \cdot mol^{-1}$
8. 161.1$kJ \cdot mol^{-1}$；164.6$kJ \cdot mol^{-1}$；116.3$kJ \cdot mol^{-1}$；1022K
9. 62.8$kJ \cdot mol^{-1}$
10. －18.2$kJ \cdot mol^{-1}$
11. 6.3×10^{-3}；45.9$kJ \cdot mol^{-1}$
12. 8.4×10^{40}；5.3×10^{31}

第6章　化学动力学基础

2. 2；4.4×10^{7} $L \cdot mol^{-1} \cdot s^{-1}$；$v = k \cdot c(NO_2) \cdot c(O_3)$
3. 47.8月；24.6月
4. 17.6h
5. 226.8$kJ \cdot mol^{-1}$
6. 1.9×10^{3}；5.5×10^{8}
7. 75.2$kJ \cdot mol^{-1}$
8. 1.20倍
9. (1) 9.6×10^{-2} $mol \cdot L^{-1} \cdot s^{-1}$，7.2；(2) 6.7h

第7章　氧化还原与电极电势

4. ＋0.830V；＋0.386V；＋0.986V
5. －0.414V；＋0.815V

6. $-1.473V<0$,逆向；$-0.558V<0$,逆向；$+0.458V>0$,正向
7. $0.04mol \cdot L^{-1}$
8. 0.478V
9. $-1.287V<0$,逆向；$+0.0183V>0$,正向
10. $-0.268V<0$,逆向；$+1.495V>0$,正向
11. 1.19×10^{-18}
12. 6.40；$-0.39V<0$,逆向；$+0.070V>0$,正向
13. 9.54×10^{-6}

第10章　配位化合物

9. $1.0\times10^{-5}mol \cdot L^{-1}$
10. IP$<K_{sp}$,不产生AgI沉淀；IP$>K_{sp}$,能产生Ag_2S沉淀
11. $0.44mol \cdot L^{-1}$；有AgI沉淀生成
12. $-0.057V$；0.138V
13. 2.0×10^{38}
14. 6.3×10^{18}
15. 1.3×10^{21}

第12章　滴 定 分 析

3. 0.2562；0.20%,0.79%
4. 0.1022；0.2%,0.0002
6. 0.1325～0.1656 g
7. $0.1091mol \cdot L^{-1}$
8. 99.57 %
9. 0.6514；0.2466
12. $0.015\ 67mol \cdot L^{-1}$
13. $23.02g \cdot L^{-1}$
14. $61.00mmol \cdot L^{-1}$或$6.100g \cdot L^{-1}$
15. $0.010\ 83mol \cdot L^{-1}$；3.833g

第13章　常用仪器分析方法简介

1. $0.0001mol \cdot L^{-1}$
2. $1.58\times10^{-4}mol \cdot L^{-1}$
6. $666.7g \cdot mol^{-1}$；$437.7g \cdot mol^{-1}$
7. 0.0492

主要参考文献

北京大学《大学基础化学》编写组. 2003. 大学基础化学. 北京:高等教育出版社

北京师范大学等. 2002. 无机化学(上、下册). 第四版. 北京:高等教育出版社

郭子建,孙为银. 2006. 生物无机化学. 北京:科学出版社

计量年,黄锦汪,莫庭焕. 2001. 生物无机化学导论. 第二版. 广州:中山大学出版社

南京大学《无机及分析化学》编写组. 2006. 无机及分析化学. 第四版. 北京:高等教育出版社

濮良忠等. 2004. 物理化学. 北京:人民卫生出版社

祁嘉义. 2006. 基础化学. 第二版. 北京:高等教育出版社

邱治国,张文莉. 2008. 大学化学. 第二版. 北京:科学出版社

曲保中,朱炳林,周伟红. 2007. 新大学化学. 第二版. 北京:科学出版社

魏祖期. 2006. 基础化学. 第五版. 北京:人民卫生出版社

武汉大学,吉林大学等. 2004. 无机化学. 第四版. 北京:高等教育出版社

徐如人,庞文琴. 2001. 无机合成与制备化学. 北京:高等教育出版社

杨频. 2002. 生物无机化学原理. 北京:科学出版社

Challice J. 2006. Chemistry. 10th ed. London:Pearson Education Limited

Gary L M, Donald A T. 2004. Inorganic Chemistry. 3rd ed. London: Pearson Education Limited

Geoff R C. 1996. Description Inorganic Chemistry. New York:WH Freeman and Company

Housecreft C E, Sharpe A G. 2001. Inorganic Chemistry. London:Pearson Education Limited

附　录

附录Ⅰ　常用物理常量

常数名称	符　号	数　值	单位(SI)
真空光速	c	$2.997\,924\,585\times10^{3}$	$m\cdot s^{-1}$
基本电荷	e	$1.602\,189\,2\times10^{-19}$	C
原子质量单位	u	$1.660\,565\times10^{-27}$	kg
电子静质量	m_e	$9.109\,534\times10^{-34}$	kg
质子静质量	m_p	$1.672\,648\,5\times10^{-27}$	kg
中子静质量	m_n	$1.674\,954\,3\times10^{-27}$	kg
阿伏伽德罗常量	N_A	$6.022\,045\times10^{23}$	mol^{-1}
法拉第常量	F	$9.648\,456\times10^{4}$	$C\cdot mol^{-1}$
普朗克常量	h	$6.626\,176\times10^{-34}$	$J\cdot s$
玻耳兹曼常量	k	$1.380\,662\times10^{-23}$	$J\cdot K^{-1}$
摩尔气体常量	R	8.314 41	$J\cdot K^{-1}\cdot mol^{-1}$
万有引力常量	G	6.6720×10^{-11}	$N\cdot m^{2}\cdot kg^{-2}$
标准压力	$p^{\ominus}$	1.0×10^{5}	Pa
标准状态下理想气体摩尔体积	$V_m^{\ominus}$	$2.241\,383\times10^{-2}$	$m^{3}\cdot mol^{-1}$
重力加速度	g	9.8066	$m\cdot s^{-2}$

附录Ⅱ　弱电解质在水中的解离常数

化合物	温度/℃	分　步	K_a(或 K_b)	pK_a(或 pK_b)
砷酸	18	1	5.6×10^{-3}	2.25
		2	1.7×10^{-7}	6.77
		3	4.0×10^{-12}	11.60
亚砷酸	25	—	6.0×10^{-10}	9.23
硼酸	20	1	7.3×10^{-10}	9.14
碳酸	25	1	4.3×10^{-7}	6.37
		2	5.6×10^{-11}	10.25
铬酸	25	1	1.8×10^{-1}	0.74
		2	3.2×10^{-7}	6.49
氢氟酸	25	—	3.5×10^{-4}	3.45
氢氰酸	25	—	4.9×10^{-10}	9.31
氢硫酸	25	1	1.1×10^{-7}	6.96
		2	1.0×10^{-14}	14.00
过氧化氢	25	—	2.4×10^{-12}	11.62
次溴酸	25	—	2.1×10^{-9}	8.69

续表

化合物	温度/℃	分 步	K_a(或 K_b)	pK_a(或 pK_b)
次氯酸	18	—	3.0×10^{-8}	7.53
次碘酸	25	—	2.3×10^{-11}	10.64
碘酸	25	—	1.7×10^{-1}	0.77
亚碘酸	12.5	—	4.6×10^{-4}	3.37
高碘酸	25	—	2.3×10^{-2}	1.64
磷酸	25	1	7.5×10^{-3}	2.12
	25	2	6.2×10^{-8}	7.21
	18	3	6.2×10^{-13}	12.67
正硅酸	30	1	2.2×10^{-10}	9.66
		2	2.0×10^{-12}	11.70
		3	1.0×10^{-12}	12.0
硫酸	25	2	1.2×10^{-2}	1.92
亚硫酸	18	1	1.5×10^{-2}	1.81
		2	1.0×10^{-7}	6.91
氨水	25	—	1.8×10^{-5}	4.75
氢氧化铝	25	—	5.0×10^{-9}	8.30
氢氧化银	25	—	1.0×10^{-2}	2.0
氢氧化锌	25	—	7.9×10^{-7}	6.10
甲酸	25	1	1.8×10^{-4}	3.75
乙酸	25	1	1.8×10^{-5}	4.75
丙酸	25	1	1.3×10^{-5}	4.87
一氯乙酸	25	1	1.4×10^{-3}	2.85
草酸	25	1	5.9×10^{-2}	1.23
		2	6.4×10^{-5}	4.19
柠檬酸	20	1	7.1×10^{-4}	3.14
		2	1.7×10^{-5}	4.77
		3	4.1×10^{-7}	6.39
巴比士酸	25	1	9.8×10^{-5}	4.01
甲胺盐酸盐	25	1	2.70×10^{-11}	10.57
二甲胺盐酸盐	20	1	1.8×10^{-11}	10.73
乳酸	25	1	1.4×10^{-4}	3.86
乙胺盐酸盐	20	1	1.6×10^{-11}	10.81
苯甲酸	25	1	6.65×10^{-5}	4.19
苯酚	20	1	1.3×10^{-10}	9.89
邻苯二甲酸	25	1	1.3×10^{-3}	2.89
		2	3.9×10^{-6}	5.51
Tris-HCl	37	1	1.4×10^{-8}	7.85
氨基乙酸盐酸盐	25	1	4.5×10^{-3}	2.35
		2	1.6×10^{-10}	9.81

本表数据主要引自：Weast R C. CRC Handbook of Chemistry and Physics. 69th ed. 1988～1989&80th ed. 1999～2000. New York：CRC Press。

附录Ⅲ 一些难溶化合物的溶度积(298K)

微溶化合物	K_{sp}	微溶化合物	K_{sp}
$AgBr$	5.35×10^{-13}	$MgNH_4PO_4$	2.5×10^{-13}
$AgBrO_3$	5.34×10^{-5}	$MgCO_3$	2.38×10^{-6}
Ag_2CO_3	8.45×10^{-12}	MgF_2	7.42×10^{-11}
$AgCl$	1.77×10^{-10}	$Mg(OH)_2$	5.61×10^{-12}
Ag_2CrO_4	1.12×10^{-12}	MgC_2O_4	4.83×10^{-6}
$AgCN$	5.97×10^{-17}	$Mn(OH)_2$	2.06×10^{-14}
$AgOH$	1.52×10^{-13}	MnS	4.56×10^{-14}
AgI	8.51×10^{-17}	PbC_2O_4	8.51×10^{-10}
Ag_2S	6.69×10^{-50}	$PbSO_4$	1.82×10^{-3}
$AgSCN$	1.03×10^{-12}	PbS	9.04×10^{-29}
$Al(OH)_3$	1.1×10^{-33}	$SrCO_3$	5.60×10^{-10}
$BaCO_3$	2.58×10^{-9}	SrF_2	4.33×10^{-9}
$BaCrO_4$	1.17×10^{-10}	SrC_2O_4	5.61×10^{-8}
BaF_2	1.84×10^{-7}	$SrSO_4$	3.44×10^{-7}
BaC_2O_4	1.2×10^{-7}(18℃)	$Sn(OH)_2$	5.45×10^{-28}
$BaSO_4$	1.07×10^{-10}	SnS	3.25×10^{-28}
CdS	1.40×10^{-29}	$Zn(OH)_2$	6.86×10^{-17}
$CaCO_3$	4.96×10^{-9}	$ZnCO_3$	1.19×10^{-10}
CaF_2	1.46×10^{-10}	ZnS	2.93×10^{-23}
CaC_2O_4	2.34×10^{-9}	HgS	6.44×10^{-53}
$CaSO_4$	7.10×10^{-5}	Hg_2Br_2	6.41×10^{-23}
$Ca_3(PO_4)_2$	2.05×10^{-35}	Hg_2Cl_2	1.45×10^{-18}
$CuBr$	6.27×10^{-9}	Hg_2I_2	5.33×10^{-29}
$CuCl$	1.72×10^{-7}	HgI_2	2.82×10^{-29}
CuI	1.27×10^{-11}	$NiCO_3$	1.42×10^{-7}
Cu_2S	2.26×10^{-48}	$Ni(OH)_2$	5.47×10^{-16}
CuS	1.27×10^{-36}	NiS	1.07×10^{-21}
$Fe(OH)_2$	4.87×10^{-17}	$Ni_3(PO_4)_2$	4.73×10^{-32}
$Fe(OH)_3$	2.64×10^{-39}		

本表数据引自 Weast R C. CRC Handbook of Chemistry and Physics. 69th ed. New York: CRC Press. 1988～1989. B-207。

附录Ⅳ　一些物质的基本热力学数据

附录Ⅳ-1　标准摩尔生成焓、标准摩尔生成自由能和标准摩尔熵(298K)

物　质	$\Delta_f H_m^\ominus$ /(kJ·mol^{-1})	$\Delta_f G_m^\ominus$ /(kJ·mol^{-1})	$S_m^\ominus$ /(J·K^{-1}·mol^{-1})
Ag(s)	0	0	42.6
Ag^+(aq)	105.6	77.1	72.7
$AgNO_3$(s)	−124.4	−33.4	140.9
AgCl(s)	−127.0	−109.8	96.3
AgBr(s)	−100.4	−96.9	107.1
AgI(s)	−61.8	−66.2	115.5
Ba(s)	0	0	62.5
Ba^{2+}(aq)	−537.6	−560.8	9.6
$BaCl_2$(s)	−855.0	−806.7	123.7
$BaSO_4$(s)	−1473.2	−1362.2	132.2
Br_2(g)	30.9	3.1	245.5
Br_2(l)	0	0	152.2
C(dia)	1.9	2.9	2.4
C(gra)	0	0	5.7
CO(g)	−110.5	−137.2	197.7
CO_2(g)	−393.5	−394.4	213.8
Ca(s)	0	0	41.6
Ca^{2+}(aq)	−542.8	−553.6	−53.1
$CaCl_2$(s)	−795.4	−748.8	108.4
$CaCO_3$(s)	−1206.9	−1128.8	92.9
CaO(s)	−634.9	−603.3	38.1
$Ca(OH)_2$(s)	−985.2	−897.5	83.4
Cl_2(g)	0	0	223.1
Cl^-(aq)	−167.2	−131.2	56.5
Cu(s)	0	0	33.2
Cu^{2+}(aq)	64.8	65.5	−99.6
F_2(g)	0	0	202.8
F^-(aq)	−332.6	−278.8	−13.8
Fe(s)	0	0	27.3

续表

物质	$\Delta_f H_m^\ominus$ /(kJ·mol^{-1})	$\Delta_f G_m^\ominus$ /(kJ·mol^{-1})	$S_m^\ominus$ /(J·K^{-1}·mol^{-1})
Fe^{2+}(aq)	−89.1	−78.9	−137.7
Fe^{3+}(aq)	−48.5	−4.7	−315.9
FeO(s)	−272.0	−251	61
Fe_3O_4(s)	−1118.4	−1015.4	146.4
Fe_2O_3(s)	−824.2	−742.2	87.4
H_2(g)	0	0	130.7
H^+(aq)	0	0	0
HCl(g)	−92.3	−95.3	186.9
HF(g)	−273.3	−275.4	173.8
HBr(g)	−36.3	−53.4	198.7
HI(g)	265.5	1.7	206.6
H_2O(g)	−241.8	−228.6	188.8
H_2O(l)	−285.8	−237.1	70.0
H_2S(g)	−20.6	−33.4	205.8
I_2(g)	62.4	19.3	260.7
I_2(s)	0	0	116.1
I^-(aq)	−55.2	−51.6	111.3
K(s)	0	0	64.7
K^+(aq)	−252.4	283.3	102.5
KI(s)	−327.9	−324.9	106.3
KCl(s)	−436.5	−408.5	82.6
Mg(s)	0	0	32.7
Mg^{2+}(aq)	−466.9	−454.8	−138.1
MgO(s)	−601.6	−569.3	27.0
MnO_2(s)	−520.0	−465.1	53.1
Mn^{2+}(aq)	−220.8	−228.1	−73.6
N_2	0	0	191.6
NH_3	−45.9	−16.4	192.8
NH_4Cl(s)	−314.4	−202.9	94.6
NO(g)	91.3	87.6	210.8
NO_2(g)	33.2	51.3	240.1

续表

物　质	$\Delta_f H_m^\ominus$ /(kJ · mol^{-1})	$\Delta_f G_m^\ominus$ /(kJ · mol^{-1})	$S_m^\ominus$ /(J · K^{-1} · mol^{-1})
Na(s)	0	0	51.3
Na^+(aq)	−240.1	−261.9	59.0
NaCl(s)	−411.2	−384.1	72.1
O_2(g)	0	0	205.2
OH^-(aq)	−230.0	−157.2	−10.8
SO_2(g)	−296.8	−300.1	248.2
SO_3(g)	−395.7	−371.1	256.8
Zn(s)	0	0	41.6
Zn^{2+}(aq)	−153.9	−147.1	−112.1
ZnO(s)	−350.5	−320.5	43.6
CH_4(g)	−74.6	−50.5	186.3
C_2H_2(g)	227.4	209.9	200.9
C_2H_4(g)	52.4	68.4	219.3
C_2H_6(g)	−84.0	−32.0	229.2
C_6H_6(g)	82.9	129.7	269.2
C_6H_6(l)	49.1	124.5	173.4
CH_3OH(g)	−201.0	−162.3	239.9
CH_3OH(l)	−239.2	−166.6	126.8
HCHO(g)	−108.6	−102.5	218.8
HCOOH(l)	−425.0	−361.4	129.0
C_2H_5OH(g)	−234.8	−167.9	281.6
C_2H_5OH(l)	−277.6	−174.8	160.7
CH_3CHO(l)	−192.2	−127.6	160.2
CHA_3COOH(l)	−484.3	−389.9	159.8
H_2NCONH_2(s)	−333.1	−197.3	104.6
$C_{16}H_{12}O_6$(s)	−1273.3	−910.6	212.1
$C_{12}H_{22}O_{11}$(s)	−2226.1	−1544.6	360.2

本表数据主要引自：Lide D R. Handbook of Chemistry and Physics. 80th ed. New York：CRC Press，1999～2000。

附录Ⅳ-2　一些有机化合物的标准摩尔燃烧焓

化合物	$\Delta_c H_m^\ominus/(kJ \cdot mol^{-1})$	化合物	$\Delta_c H_m^\ominus/(kJ \cdot mol^{-1})$
$CH_4(g)$	−890.8	$HCHO(g)$	−570.7
$C_2H_2(g)$	−1301.1	$CH_3CHO(l)$	−1166.9
$C_2H_4(g)$	−1411.2	$CH_3COCH_3(l)$	−1789.9
$C_2H_6(g)$	−1560.7	$HCOOH(l)$	−254.6
$C_3H_8(g)$	−2219.2	$CH_3COOH(l)$	−874.2
$C_5H_{12}(l)$	−3509.0	$C_{17}H_{35}COOH$ 硬脂酸(s)	−11 281
$C_6H_6(l)$	−3267.6	$C_6H_6O_6$ 葡萄糖(s)	−2803.0
CH_3OH	−726.1	$C_{12}H_{22}O_{11}$ 蔗糖(s)	−5640.9
C_2H_5OH	−1366.8	$CO(NH_2)_2$ 尿素(s)	−631.7

本表数据主要引自：Lide D R. Handbook of Chemistry and Physics. 80th ed. New York: CRC Press, 1999～2000。

附录Ⅴ　标准电极电势 $\varphi^\ominus$(298K)

附录Ⅴ-1　酸性溶液中

半反应	$\varphi^\ominus/V$	半反应	$\varphi^\ominus/V$
$Li^+ + e^- \rightleftharpoons Li$	−3.0401	$Tl^+ + e^- \rightleftharpoons Tl$	−0.336
$K^+ + e^- \rightleftharpoons K$	−2.931	$[Ag(CN)_2]^- + e^- \rightleftharpoons Ag + 2CN^-$	−0.31
$Ba^{2+} + 2e^- \rightleftharpoons Ba$	−2.912	$Co^{2+} + 2e^- \rightleftharpoons Co$	−0.28
$Ca^{2+} + 2e^- \rightleftharpoons Ca$	−2.868	$Ni^{2+} + 2e^- \rightleftharpoons Ni$	−0.257
$Na^+ + e^- \rightleftharpoons Na$	−2.71	$V^{3+} + e^- \rightleftharpoons V^{2+}$	−0.255
$Mg^{2+} + 2e^- \rightleftharpoons Mg$	−2.70	$AgI + e^- \rightleftharpoons Ag + I^-$	−0.152 24
$Al^{3+} + 3e^- \rightleftharpoons Al$	−1.662	$Sn^{3+} + 2e^- \rightleftharpoons Sn$	−0.1375
$Mn^{2+} + 2e^- \rightleftharpoons Mn$	−1.185	$Pb^{2+} + 2e^- \rightleftharpoons Pb$	−0.1262
$2H_2O + 2e^- \rightleftharpoons H_2 + 2OH^-$	−0.8277	$Fe^{3+} + 3e^- \rightleftharpoons Fe$	−0.037
$Zn^{2+} + 2e^- \rightleftharpoons Zn$	−0.7618	$Ag_2S + 2H^+ + 2e^- \rightleftharpoons 2Ag + H_2S$	−0.0366
$Cr^{3+} + 3e^- \rightleftharpoons Cr$	−0.744	$2H^+ + 2e^- \rightleftharpoons H_2$	0.000 00
$AsO_4^{3-} + 2H_2O + 2e^- \rightleftharpoons AsO_2 + 4OH^-$	−0.71	$AgBr + e^- \rightleftharpoons Ag + Br^-$	0.071 33
$2CO_2 + 2H^+ + 2e^- \rightleftharpoons H_2C_2O_4$	−0.49	$S_4O_6^{2-} + 2e^- \rightleftharpoons 2S_2O_3^{2-}$	0.08
$Fe^{2+} + 2e^- \rightleftharpoons Fe$	−0.447	$Sn^{4+} + 2e^- \rightleftharpoons Sn^{2+}$	0.151
$S + 2e^- \rightleftharpoons S^{2-}$	−0.426 27	$Cu^{2+} + e^- \rightleftharpoons Cu^+$	0.153
$Cr^{3+} + e^- \rightleftharpoons Cr^{2+}$	−0.407	$SO_4^{2-} + 4H^+ + 2e^- \rightleftharpoons H_2SO_3 + H_2O$	0.172
$Cd^{2+} + 2e^- \rightleftharpoons Cd$	−0.4030	$AgCl + e^- \rightleftharpoons Ag + Cl^-$	0.222 33

续表

半反应	$\varphi^{\ominus}$/V	半反应	$\varphi^{\ominus}$/V
$Hg_2Cl_2+2e^- \rightleftharpoons 2Hg+2Cl^-$	0.268 08	$Br_2(l)+2e^- \rightleftharpoons 2Br^-$	1.066
$Cu^{2+}+2e^- \rightleftharpoons Cu$	0.3419	$2IO_3^-+12H^++10e^- \rightleftharpoons I_2+6H_2O$	1.195
$[Ag(NH_3)_2]^++e^- \rightleftharpoons Ag+2NH_3$	0.373	$O_2+4H^++4e^- \rightleftharpoons 2H_2O$	1.229
$O_2+2H_2O+4e^- \rightleftharpoons 4OH^-$	0.401	$Cr_2O_7^{2-}+14H^++6e^- \rightleftharpoons 2Cr^{3+}+7H_2O$	1.232
$I_2+2e^- \rightleftharpoons 2I^-$	0.5355	$Tl^{3+}+2e^- \rightleftharpoons Tl^+$	1.252
$MnO_4^-+e^- \rightleftharpoons MnO_4^{2-}$	0.558	$Cl_2(g)+2e^- \rightleftharpoons 2Cl^-$	1.358 27
$AsO_4^{2-}+2H^++2e^- \rightleftharpoons AsO_3^{2-}+H_2O$	0.559	$MnO_4^-+8H^++5e^- \rightleftharpoons Mn^{2+}+4H_2O$	1.507
$H_3AsO_4+2H^++2e^- \rightleftharpoons HAsO_2+2H_2O$	0.560	$MnO_4^-+4H^++3e^- \rightleftharpoons MnO_2+2H_2O$	1.679
$MnO_4^-+2H_2O+3e^- \rightleftharpoons MnO_2+4OH^-$	0.595	$Au^++e^- \rightleftharpoons Au$	1.692
$O_2+2H^++2e^- \rightleftharpoons H_2O_2$	0.695	$Ce^{4+}+e^- \rightleftharpoons Ce^{3+}$	1.72
$Fe^{3+}+e^- \rightleftharpoons Fe^{2+}$	0.771	$H_2O_2+2H^++2e^- \rightleftharpoons 2H_2O$	1.776
$Ag^++e^- \rightleftharpoons Ag$	0.7996	$Co^{3+}+e^- \rightleftharpoons Co^{2+}$	1.92
$Hg^{2+}+2e^- \rightleftharpoons Hg$	0.851	$S_2O_8^{2-}+2e^- \rightleftharpoons 2SO_4^{2-}$	2.010
$2Hg^{2+}+2e^- \rightleftharpoons Hg_2^{2+}$	0.920	$F_2+2e^- \rightleftharpoons 2F^-$	2.866

本表数据主要引自：Lide D R. Handbook of Chemistry and Physics. 80th ed. New York: CRC Press, 1999～2000。

附录Ⅴ-2　碱性溶液中

半反应	$\varphi^{\ominus}$/V	半反应	$\varphi^{\ominus}$/V
$Ca(OH_2)+2e^- \rightleftharpoons Ca+2OH^-$	−3.02	$Fe(OH)_3+e^- \rightleftharpoons Fe(OH)_2+OH^-$	−0.56
$Mg(OH)_2+2e^- \rightleftharpoons Mg+2OH^-$	−2.69	$S+2e^- \rightleftharpoons S^{2-}$	−0.48
$H_2AlO_3^-+H_2O+3e^- \rightleftharpoons Al+4OH^-$	−2.35	$Cu(OH)_2+2e^- \rightleftharpoons Cu+2OH^-$	−0.224
$Mn(OH)_2+2e^- \rightleftharpoons Mn+2OH^-$	−1.55	$2Cu(OH)_2+2e^- \rightleftharpoons Cu_2O+2OH^-+H_2O$	−0.09
$ZnO_2^{2-}+2H_2O+2e^- \rightleftharpoons Zn+4OH^-$	−1.216	$O_2+H_2O+2e^- \rightleftharpoons HO_2^-+OH^-$	−0.076
$As+3H_2O+3e^- \rightleftharpoons AsH_3+3OH^-$	−1.21	$Co(NH_3)_6^{3+}+e^- \rightleftharpoons Co(NH_3)_6^{2+}$	+0.1
$Zn(NH_3)_4^{2+}+2e^- \rightleftharpoons Zn+4NH_3$	−1.04	$IO_3^-+3H_2O+6e^- \rightleftharpoons I^-+6OH^-$	+0.26
$Sn(OH)_6^{2-}+2e^- \rightleftharpoons HSnO_2^-+3OH^-+H_2O$	−0.93	$Ag_2O+H_2O+2e^- \rightleftharpoons 2Ag+2OH^-$	+0.342
$SO_4^{2-}+H_2O+2e^- \rightleftharpoons SO_3^{2-}+2OH^-$	−0.93	$O_2+2H_2O+4e^- \rightleftharpoons 4OH^-$	+0.401
$HSnO_2^-+H_2O+2e^- \rightleftharpoons Sn+3OH^-$	−0.91	$IO^-+H_2O+2e^- \rightleftharpoons I+2OH^-$	+0.49
$P+3H_2O+3e^- \rightleftharpoons PH_3$(气)$+3OH^-$	−0.87	$IO_3^-+2H_2O+4e^- \rightleftharpoons IO^-+4OH$	+0.56
$2H_2O+2e^- \rightleftharpoons H_2+2OH^-$	−0.8277	$MnO_4^-+e^- \rightleftharpoons MnO_4^{2-}$	+0.564
$Ag_2S+2e^- \rightleftharpoons 2Ag+S^{2-}$	−0.69	$MnO_4^-+2H_2O+3e^- \rightleftharpoons MnO_2+4OH^-$	+0.588
$AsO_4^{3-}+2H_2O+2e^- \rightleftharpoons AsO_2^-+4OH^-$	−0.67	$H_2O_2+2e^- \rightleftharpoons 2OH^-$	+0.88

本表数据主要引自：Lide D R. Handbook of Chemistry and Physics. 80th ed. New York: CRC Press, 1999～2000。

附录Ⅵ 配合物的稳定常数

配体及金属离子		$\lg\beta_1$	$\lg\beta_2$	$\lg\beta_3$	$\lg\beta_4$	$\lg\beta_5$	$\lg\beta_6$
氨(NH_3)							
	Co^{2+}	2.11	3.74	4.79	5.55	5.73	5.11
	Co^{3+}	6.7	14.0	20.1	25.7	30.8	35.20
	Cu^{2+}	4.31	7.98	11.02	13.32		
	Hg^{2+}	8.8	17.5	18.5	19.28		
	Ni^{2+}	2.8	5.04	6.77	7.96	8.71	8.74
	Ag^{+}	3.24	7.05				
	Zn^{2+}	2.37	4.81	7.31	9.46		
	Cd^{2+}	2.65	4.75	6.19	7.12	6.80	5.14
氯离子(Cl^-)							
	Sb^{3+}	2.26	3.49	4.18	4.72		
	Bi^{3+}	2.44	4.74	5.04	5.64		
	Cu^{+}		5.5				
	Pt^{2+}		11.5	14.5	16.0		
	Hg^{2+}	6.74	13.22	14.07	15.07		
	Au^{3+}		9.8				
	Ag^{+}	3.04	5.04				
氰离子(CN^-)							
	Au^{+}		38.3				
	Cd^{2+}	5.48	10.60				
	Cu^{+}		24.0	28.59	30.30		
	Fe^{2+}						35
	Fe^{3+}						42
	Hg^{2+}				41.4		
	Ni^{2+}				31.3		
	Ag^{+}		21.10	21.7	20.6		
	Zn^{2+}				16.7		
氟离子(F^-)							
	Al^{3+}	6.10	11.15	15.00	17.75	19.37	19.84
	Fe^{3+}	5.28	9.30	12.06			15.77
碘离子(I^-)							
	Bi^{3+}	3.63		14.95	16.80	18.80	
	Hg^{2+}	12.87	23.82	27.60	29.83		
	Ag^{+}	6.58	11.74	13.68			
硫氰酸根(SCN^-)							
	Fe^{3+}	2.95	3.36				

续表

配体及金属离子	$\lg\beta_1$	$\lg\beta_2$	$\lg\beta_3$	$\lg\beta_4$	$\lg\beta_5$	$\lg\beta_6$
Hg^{2+}		17.47		21.23		
Au^+		23		42		
Ag^+		7.57	9.08	10.08		
硫代硫酸根						
Ag^+	8.82	13.46				
Hg^{2+}		29.44	31.90	33.24		
Cu^+	10.27	12.22	13.84			
乙酸根(CH_3COO^-)						
Fe^{3+}	3.2					
Hg^{2+}		8.43				
Pb^{2+}	2.52	4.0	6.4	8.5		
枸橼酸根						
Al^{3+}	20.0					
Co^{2+}	12.5					
Cd^{2+}	11.3					
Cu^{2+}	14.2					
Fe^{2+}	15.5					
Fe^{3+}	25.0					
Ni^{2+}	14.3					
Zn^{2+}	11.4					
乙二胺						
Co^{3+}	5.91	10.64	13.94			
Cu^{2+}	10.67	20.00	21.00			
Zn^{2+}	5.77	10.83	14.11			
Ni^{2+}			18.33			
草酸根($C_2O_4^{2-}$)						
Cu^{2+}	6.16	8.5				
Fe^{2+}	2.9	4.52	5.22			
Fe^{3+}	9.4	16.2	20.2			
Hg^{2+}		6.98				
Zn^{2+}	4.89	7.60	8.15			
Ni^{2+}	5.3	7.64	8.5			

本表数据引自：Dean J A. Lange's Handbook of Chemistry. 15th ed. New York：McGraw-Hill Book Company，1999。

科学出版社 高等教育出版中心

www.sciencep.com

教学支持说明

科学出版社高等教育出版中心为了对教师的教学提供支持，特对教师免费提供本教材的电子课件，以方便教师教学。

获取电子课件的教师需要填写如下情况的调查表，以确保本电子课件仅为任课教师获得，并保证只能用于教学，不得复制传播用于商业用途。否则，科学出版社保留诉诸法律的权利。

地址：北京市东黄城根北街 16 号，100717

科学出版社　高等教育出版中心　化学与资源环境分社　杨向萍（收）

电话：010-64015208

传真：010-64033787

（登陆科学出版社网站：www.sciencep.com“教材天地”栏目可下载本表。）

请将本证明签字盖章后，传真或者邮寄到我社，我们确认销售记录后立即赠送。

如果您对本书有任何意见和建议，也欢迎您告诉我们。意见经采纳，我们将赠送书目，教师可以免费赠书一本。

证　明

兹证明＿＿＿＿＿＿＿大学＿＿＿＿＿＿＿学院/＿＿＿＿系第＿＿＿学年□上/□下学期开设的课程，采用科学出版社出版的＿＿＿＿＿＿＿＿＿＿/＿＿＿＿＿（书名/作者）作为上课教材。任课老师为＿＿＿＿＿＿＿＿＿＿共＿＿＿人，学生＿＿＿个班共＿＿＿人。

任课教师需要与本教材配套的电子课件。

电　话：＿＿＿＿＿＿＿＿＿＿＿＿＿＿

传　真：＿＿＿＿＿＿＿＿＿＿＿＿＿＿

E-mail：＿＿＿＿＿＿＿＿＿＿＿＿＿＿

地　址：＿＿＿＿＿＿＿＿＿＿＿＿＿＿

邮　编：＿＿＿＿＿＿＿＿＿＿

院长/系主任：＿＿＿＿＿＿（签字）

（盖章）

＿＿＿年＿＿＿月＿＿＿日